普通高等教育一流本科专业建设成果教材

化学工业出版社“十四五”普通高等教育规划教材

水污染控制工程

第二版

成官文 主编

黄翔峰 魏江洲 朱宗强 副主编

化学工业出版社

·北京·

内容简介

《水污染控制工程》（第二版）系统介绍了水污染控制工程的基本概念、基本理论、基本技术，重点阐述了基于标准规范的水污染控制工程理念、工程技术及其设计计算，使理论教学与工程案例有机结合。本书重视传统的物理技术、化学技术、生物技术经典理论传承和新技术、新工艺的补充，注重工程设计与规范标准的衔接，践行"绿水青山就是金山银山"理念，以生态文明建设引领高质量发展，以适应新时期工程类本科课程教学改革、"双一流"专业建设、学生自主学习的需求，具有良好的教学针对性与工程实用性。

本书可作为高等院校环境科学、环境工程、给水排水及相关专业师生的教材，也可供从事水处理和环境保护的研究、设计与运维人员使用。

图书在版编目（CIP）数据

水污染控制工程/成官文主编. —2版. —北京：化学工业出版社，2023.8（2024.9重印）

普通高等教育一流本科专业建设成果教材　化学工业出版社"十四五"普通高等教育规划教材

ISBN 978-7-122-43292-6

Ⅰ.①水…　Ⅱ.①成…　Ⅲ.①水污染-污染控制-高等学校-教材　Ⅳ.①X520.6

中国国家版本馆CIP数据核字（2023）第066716号

责任编辑：满悦芝　　文字编辑：郭丽芹　杨振美

责任校对：宋　玮　　装帧设计：张　辉

出版发行：化学工业出版社（北京市东城区青年湖南街13号　邮政编码100011）

印　　装：北京科印技术咨询服务有限公司数码印刷分部

787mm×1092mm　1/16　印张18¾　字数462千字　2024年9月北京第2版第2次印刷

购书咨询：010-64518888　　售后服务：010-64518899

网　　址：http://www.cip.com.cn

凡购买本书，如有缺损质量问题，本社销售中心负责调换。

定　　价：68.00元

前言

自工业革命以来，随着全球经济不断增长，全球性环境问题相继出现，使人类生存和发展受到巨大的挑战。水环境污染、水资源短缺是现在和未来很长一段时间内全人类必须面对的重大环境问题，开展水污染控制和污水处理厂节能降耗降碳成为解决上述难题的重要举措。

党的十八大以来，以习近平同志为核心的党中央以前所未有的力度抓生态文明建设，美丽中国建设迈出重大步伐，我国生态环境保护发生历史性、转折性、全局性变化。我国水污染控制工程无论在理论研究上还是在工程应用上都取得了长足的发展，新理论、新技术、新工艺、新设备、新材料大量涌现，如氧化沟工艺、A^2/O 工艺、SBR 改良工艺、生物滤池、UASB 等生物处理技术，以及各种催化氧化技术、紫外（UV）辐射消毒技术、膜过滤技术等物理、化学处理技术广泛用于城镇污水处理。与此同时，有关污水处理的各种标准、规范、规程陆续出台，污水处理厂的设计、建设、运行管理、污泥处理处置、除臭、标准化建设更加规范，工艺技术更加经济合理，显著地推动了“美丽中国”和“绿水青山”的建设。

当前世界大部分国家均面临水环境污染和水资源短缺的严峻现实。尽快有效控制水环境污染，保护环境，成为环境保护工作者肩负的重大使命。编写这本教材，旨在使环境学科的青年学子全面了解水环境污染现状与危害，系统学习和掌握水污染控制工程的基本理论和工程技术知识，以期在未来的水污染治理、水生态恢复和水资源保护工作中起到积极的作用。

本书基于编者二十余年的环境工程本科教学研究工作，在《水污染控制工程》（化学工业出版社，2009 年）教材基础上修编而来。近十年来，编者在国家级精品课程与“双一流”建设过程，以及多地环保督察与环境检查、工程项目可研与设计评审过程中积累了大量优质教学资源，并将其用于教材编写与教学工作。在这期间，陆续出台的污水处理的各种标准、规范、规程，对各种技术及其工艺参数做了新的规定，也推进了教学内容的不断更新。本书是桂林理工大学环境工程国家级一流专业建设成果教材。本次修编重视原教材课程体系的传承和新技术、新工艺的引进，注重与工程实践和标准、规范的衔接，并对原教材与新标准、规范冲突的知识进行了更新，以适应新时期水污染控制工程课程本科教学改革以及普通高等学校学生自主学习的需要。

本书由成官文主编，同济大学黄翔峰教授承担了第 12 章的编写，桂润环境科技股份有限公司魏江洲高级工程师承担了第 11 章的编写，桂林理工大学朱宗强教授参与了第 2 章的编写，其余章节均由成官文完成。感谢教材编写过程中给予大力支持的桂林理工大学教务处、桂林理工大学环境科学与工程学院，以及参与课程和教材建设的同人们的杰出工作。

由于编者水平有限，书中难免会出现一些疏漏和不当之处，敬请广大同行和师生批评指正。

编　者

2023 年 6 月

目录

第一章

绪论

第一节 水资源和水环境

一、水资源

水是生命的源泉，人类生存、生产与生活离不开水。

地球是一个以水圈为主的球体，海洋占地球表面积的71%，全世界的总水量约有$14\times10^8km^3$。其中海水占全部水资源的97.3%，淡水占2.7%。淡水资源的77.2%存在于雪山、冰川中，22.4%为土壤含水和地下水（降水与地表水渗入），只有0.4%为地表水。地球上每年从陆地流入海洋的水量为$4\times10^4km^3$，其中$2.8\times10^4km^3$为洪水径流，$5\times10^4km^3$进入无人区，只有$0.7\times10^4km^3$的水资源可供人类利用，其中人们可以从河流和湖泊中直接抽取的只占0.014%。

由于地理和气候的影响，全球水资源分布极不均匀，靠近赤道和极地的国家水资源丰富，而大陆性国家较为干旱，如北非和中东诸国，中国也是世界上水资源最贫乏的13个国家之一。

中国大小河川总长42万公里，湖泊总面积7.56万平方公里，约占国土总面积的0.8%。中国水资源量为$2.8124\times10^{12}m^3$，人均不足$2300m^3$，仅占世界平均值的22.5%，列世界第121位。水资源的匮乏制约着我国社会经济的可持续发展。合理开发、利用和保护水资源已成为关乎我国社会经济可持续发展的重大课题。

为应对水资源危机，我国先后在长江流域中游、下游实施了南水北调工程，以缓解京津唐地区、河南、河北、山东等地的水资源紧缺状况。目前，正在论证红旗河西部调水工程，从雅鲁藏布江“大拐弯”附近开始取水，沿途入怒江、澜沧江、金沙江等干流进行调水，并绕过大雪山、邛崃山、岷山分别到达岷江、白龙江、黄河，以明渠绕乌鞘岭进入河西走廊，调水至武威、金昌、张掖、酒泉、嘉峪关、玉门、和田、喀什以及延安等地。该工程预计年总调水量约600亿立方米，在我国西北干旱区再造约20万平方公里的绿洲，解决中国西部生态、粮食、社会发展等可持续发展问题。

二、水环境与水环境污染

1. 水环境及其污染现状

水环境污染主要是由人类活动导致的。有害化学物质进入水体，造成水的使用价值降低或丧失的现象称为水污染。水环境污染物主要来源于工业废水、生活污水与农业面源污水。工业生产中的一些环节，如原料生产加工、加热和冷却、成品整理等会排放各种含有酸、碱、盐、重金属、油类、有机化合物等有毒有害污染物的废水；农业生产过程中会产生含有农药、化肥、畜禽粪便、农产品加工废料等的有机污水；城乡居民生活过程中会排放含洗涤剂、粪污、油类、致病菌的污水。

据统计，目前全世界每年至少有 $42\times10^{10}\,m^3$ 以上的工业废水排入水体，致使 1/3 的淡水受到不同程度的污染。以 20 世纪中叶的发达国家为例：在北美洲，美国年排放工业废水达 $15\times10^{10}\,m^3$，52 条河流和五大湖泊都遭受污染。伊利湖湖水汞含量超出标准 14 倍，致使鱼类全部绝迹；37 个州的地表水源中各类化学物质浓度不断增加。在亚洲，日本 47 条主要河流已有 23 条受到严重污染，第一大湖琵琶湖沿岸的 500 多家工厂排放的废水使湖泊遭受严重污染，藻类大量繁殖，2-甲基异莰醇（2-MIB）等有毒有害污染物含量逐年增加，水体功能严重丧失。在欧洲，法国自 20 世纪 60 年代末开始，河流受到工业废水、城市生活污水以及农业面源的污染，水质开始严重恶化。表 1-1 为塞纳河、马恩河和瓦兹河水质数据，由表可知，河水中三氯甲烷、四氯化碳等多种微量有机物含量超标，致使水厂不得不在水净化处理中增加各种深度处理工艺，强化对饮用水中各种污染物的控制。水环境污染的现实使得人们不得不深刻反思与认真面对。水环境污染防治已成为 21 世纪全世界的重要议题。

表 1-1 法国塞纳河、马恩河和瓦兹河水质资料

污染物	单位	塞纳河	马恩河	瓦兹河
三氯甲烷提取物	μg/L	700	600	800
邻苯二甲酸酯	μg/L	2500	1000	13000
三氯甲烷	μg/L	5	3	20
四氯化碳	μg/L	0.10	0.05	0.40
四氯乙烯	μg/L	0.2	0.3	1.8
氨	mg/L	0.6	0.3	0.8
硝酸盐	mg/L	3	2	4
总有机碳	mg/L	5.3	5.0	7.0

在我国，2015 年是近年来废水排放量最高的一年。全国废水排放总量 735.3 亿吨，其中，工业废水排放量 199.5 亿吨，城镇生活污水排放量 535.2 亿吨。废水中化学需氧量排放量 2223.5 万吨，其中，工业源化学需氧量排放量为 293.5 万吨，农业源化学需氧量排放量为 1068.6 万吨，城镇生活源化学需氧量排放量为 846.9 万吨。废水中氨氮排放量 229.9 万吨，其中，工业源氨氮排放量为 21.7 万吨，农业源氨氮排放量为 72.6 万吨，城镇生活源氨氮排放量为 134.1 万吨。

2017 年我国废水排放总量为 699.7 亿吨。其中，工业废水排放量 181.6 亿吨，占总排放量的 26.0%；城镇生活污水排放量 517.8 亿吨，占总排放量的 74.0%。城镇生活污水占比逐年升高，已经成为污水的主要来源。

为保护水环境，近年来我国出台了《水污染防治行动计划》《城市黑臭水体整治工作指南》《关于全面推进河长制的意见》《关于推进农村“厕所革命”专项行动的指导意见》，加大了城镇、农村生活污水的处理力度与水生态环境保护工作的力度。2010 年我国城市污水处理厂为 1688 座，2018 年增加到 2300 座，同比增长 4.12%。其对应的城市污水日处理能力在 2018 年也较 2017 年同比增长 3.18%。我国水环境污染控制取得了一定成效。

至 2019 年，全国地表水Ⅰ～Ⅲ类水质断面比例为 71.0%，同比上升 3.1 个百分点；劣Ⅴ类断面比例为 6.7%，同比下降 1.6 个百分点。其中，长江、黄河、珠江、松花江、淮河、海河、辽河七大流域和浙闽片河流、西北诸河、西南诸河的 1613 个水质断面中，Ⅰ～Ⅲ类水质断面比例为 74.3%，同比上升 2.5 个百分点；劣Ⅴ类断面比例为 6.9%，同比下降 1.5 个百分点。全国大江大河流域水环境状况总体有所好转。

2019 年，国控监测的 111 个重要湖泊（水库）中，Ⅰ～Ⅲ类水质湖库比例为 66.7%，劣Ⅴ类比例为 8.1%。107 个监测营养状态的湖库中，贫营养占 9.3%，中营养占 61.7%，轻度富营养占 23.4%，中度富营养占 5.6%。湖库的水环境状况仍不容乐观。

2019 年，国控 906 个在用集中式生活饮用水水源监测断面（点位）中，814 个全年均达标，占 89.8%；871 个在用集中式生活饮用水水源地中，达标水源地比例为 90.9%。饮用水水源地水环境质量仍需要持续改善。

2019 年，10168 个国家级地下水水质监测点中，Ⅰ类水质监测点占 1.9%，Ⅱ类占 9.0%，Ⅲ类占 2.9%，Ⅳ类占 70.7%，Ⅴ类占 15.5%。全国 2833 处浅层地下水监测井水质总体较差。Ⅰ～Ⅲ类水质监测井占 23.9%，Ⅳ类占 29.2%，Ⅴ类占 46.9%。地下水水环境质量偏差。

2019 年，近岸海域水质优良（一类、二类）海水比例为 74.6%，三类为 6.7%，四类为 3.1%，劣四类为 15.6%。与 2017 年相比，优良海水比例上升 6.7 个百分点，三类下降 3.4 个百分点，四类下降 3.4 个百分点，劣四类持平。近岸海域水质总体稳中向好。

从总体看，近年来我国持续推进“美丽中国”“美丽乡村”建设，全国生态环境质量明显改观，水环境污染的势头得到遏制，但水环境污染的防治工作仍任重道远。

2. 水环境污染的危害

进入 21 世纪以来，世界范围内发生了一些严重的水环境污染事件。

2000 年 1 月 30 日，罗马尼亚境内一处金矿污水沉淀池因积水暴涨发生漫坝，10 多万升含有大量氰化物及铜和铅等重金属的污水冲泄到多瑙河支流蒂萨河，并迅速汇入多瑙河向下游扩散，匈牙利等国深受其害，国民经济和人民生活都遭受一定的影响，严重破坏了多瑙河流域的生态环境，这是自苏联切尔诺贝利核电站事故以来欧洲最大的环境灾难。这场事故还引发了国际诉讼。

2010 年 4 月 20 日晚 10 点，美国南部路易斯安那州沿海一个“深水地平线”钻井平台起火爆炸。4 月 28 日浮油覆盖面长 160km，最宽处 72km，5 月 27 日原油漂浮带长 200km，宽 100km，演变成美国历来最严重的油污大灾难，并对墨西哥湾沿岸 1609km 长的湿地和海滩，以及渔业、物种带来了毁灭性影响（见图 1-1、图 1-2）。

环境污染事件的发生可能派生一系列的水环境污染问题：

① 使淡水资源更加紧缺，水资源供需矛盾更加紧张，严重影响工农业生产和人民的生活。

② 水生态环境失去平衡，水体功能下降，饮用水安全受到威胁。如 2007 年太湖、滇池、巢湖等湖泊蓝藻大规模暴发就是典型的案例。

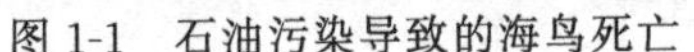
图 1-1 石油污染导致的海鸟死亡

图 1-2 石油污染导致的鱼类死亡

③ 造成水环境污染，致使渔业资源受到严重危害，农田与近海水域受到污染，渔产品和农产品品质受到影响；地表水和地下水水质下降，净水、供水成本和运行费用大大增加。

④ 带来各种社会纠纷，甚至跨国环境纠纷。

水环境污染严重制约了社会经济的可持续发展，并由此产生一系列环境、经济、社会、生态、资源、健康、伦理、法律法规等方面的各种问题，因此，认真学习和掌握水污染控制工程的基本原理与方法，深入研究水体污染物来源及其污染特征、水污染治理方法与技术、水处理工艺与设计、水污染治理工程及其运维管理，成为当代环境科学与环境工程专业工作者必须承担的使命与责任。

第二节 水污染控制工程的概念、内容和任务

一、基本概念

1. 工程

“工程”是一项精心计划和设计以实现一个特定目标的工作，它是人们为了达到一定目的，应用相关科学技术和知识，建立一系列行之有效的工艺技术应用过程，具体包括项目可行性研究、环评、规划、勘察、设计、施工、运营和维护，以及新产品与装备开发和制造、技术创新与改造等。工程必须考虑技术经济性或项目成本控制，需要进行技术经济比选，并在确保质量的前提下尽可能获得效益。

2. 水污染控制工程

水污染控制工程是环境工程学科中的一个重要分支，主要研究污（废）水中污染物质物理、化学和生物特性以及系统工程控制技术，并采用与之相适应的物理、化学、生物、工程的方法或者多种复合工艺技术使污染物浓度降低、总量减少或去除，使污（废）水达到相应排放标准或回用标准，排入水体、回灌农田、回用于生产或用于城市景观。水污染控制工程是一门利用物理、化学、生物、工程、材料、机械、电气与自动化、物联网技术、运维管理、质量控制以及系统工程等学科的相关理论，解决水污染控制工程问题的学科。它是自然科学和工程科学等诸多领域交叉和融合的产物。

3. 科学、技术、工程以及环境科学与环境工程的相互关系

科学的本质是解决未知问题，技术的本质是解决个人问题，工程的本质是解决公众问

题。科学研究是由具体到抽象的过程，目的是认识世界；而工程则相反，是由抽象到具体的过程，目的是改造世界。科学是技术的源泉，技术是工程的基础，工程是技术的实现过程。科学、技术、工程是经济建设领域的三个密切关联的重要因素。

反映到环境学科，环境科学研究与环境基础性相关联的原理、机理、规律等科学性问题，其研究过程一般并不追求经济效益；而环境工程则利用环境科学的研究成果，并结合相应工程技术、设备设施、标准规范等进行具体的工程设计、施工、运维，以提高环境质量，获取相应的经济效益、社会效益、生态效益与环境效益，环境工程追求综合效益。

具体到水污染控制工程就是设计院所、环保企业利用水污染控制基本原理、工程技术、设备设施、标准规范等进行的一系列环境影响评价、水污染控制工程设计、工程施工、设施运维管理活动，确保污水处理设计工艺技术上可行、经济上合理，污水处理工程施工质量优良，污水处理设施工艺运行稳定、出水水质达标、接纳水体水环境质量安全，并在此基础上获得相应的工程设计、工程施工、设施运维的经济回报。

二、水污染控制工程的内容和任务

水污染控制工程的基本任务是：根据区域或流域水环境污染状况，制定区域、流域水污染综合防治规划，实施流域水环境容量控制，进行工业废水和生活污水治理，实施农业面源污染防治；阐明生物、化学、物理方法去除或降解污染物的化学动力学条件及其作用机理，以探索新理论，开发新工艺、新技术和新设备；根据对污（废）水中污染物的物理、化学和生物指标分析，并结合当地社会经济情况或企业的生产经营状况、排水系统、接纳水体环境状况等选择适宜的污（废）水处理工艺、污泥处理处置方法、废气控制措施、构筑物及其设备、药剂以及消毒方案，进行污水处理厂与工业废水处理站的工艺设计、工程施工、运行和管理，实现污（废）水中污染物的有效去除；结合污（废）水处理理论研究最新成果和生产实践过程中存在的问题，开展水污染控制工程的关键技术研发，并应用于水污染控制工程实践。

水污染控制工程的内容相当广泛，主要包括以下几个方面的内容：

① 污水水质及排放标准。包括污水的物理性质及其指标、化学性质及其指标、生物性质及其指标，水环境污染及其危害，以及其他相关的标准和规范。

② 水体自净作用与水污染控制的基本方法。包括水体自净作用、水污染控制的基本方法及其处理工艺、黑臭水体治理方法等；研究水体自净作用，污染物的降解、转化规律及污染控制方法。

③ 污水物理处理。包括研究污染物的物理特性及絮凝、沉淀或上浮规律，以采取筛滤、沉淀、隔油、气浮等多种物理工艺治理技术进行相关工程设计与工程控制。

④ 污水化学处理。包括中和、混凝/絮凝、沉淀、氧化还原等工艺技术，以及相应工艺设计和工程控制。

⑤ 污水生物处理。包括厌氧、缺氧、好氧生物处理以及自然生物处理。结合生物学特点、作用，进行生物接种驯化与泥龄控制、曝气供氧与泥水分离、污染负荷与水力负荷控制，以选择适宜的工艺流程与工艺技术参数进行工艺设计和工程控制。

⑥ 污水深度处理与回用。包括膜技术（电渗析、反渗透、超滤、微滤和纳滤等）、吸附、离子交换、高级氧化（湿式空气氧化、催化湿式氧化、光化学氧化、光化学催化氧化等）、消毒（二氧化氯消毒、臭氧消毒、过氧化氢消毒和紫外消毒等）和污水回用等。

⑦ 污水处理厂、废水处理站的设计、运行与管理。根据给定进水水量、水质、排放标

准、当地社会经济状况、接纳水体情况、占地、周边环境状况等进行工艺设计计算，提出运营管理措施。

第三节 水污染控制技术的发展与展望

一、水污染控制技术的发展

污水处理的发展史是一个有关环境容量、水体自净、人造强化处理系统与人类用水需求的辩证统一史。

在我国古代就已经有排水、排污系统。追溯我国最早的排水系统，出现在裴李岗文化遗址内，距今约有 8000 年。在我国发掘最早的一座古城址——平粮台遗址（现河南省周口市的淮阳区，距今 4600 多年前），也发现了大量呈倒“品”字形、在地下纵横交错的管网及陶瓦管道，这是迄今发现具有实证的原始早期排水系统（图 1-3、图 1-4）。河南殷墟遗址（商朝，3000 多年前）也发现了大量陶制下水道管道（图 1-5）。西周和春秋战国时期，城市规模不断变大，排水系统也逐步完善，秦代南越王宫遗址（公元前 200 多年）保留了很完善的排水系统。到了汉代，长安城已经有很大规模，是名副其实的大都市，全城排水干渠总长约 35km，并有昆明池、镐池、太液池等调蓄湖池和净化水体，道路两旁都有沟洫用以排水，城门设有石砌下水道（图 1-6），相互联通，形成了一套完整的城市排水、排涝、调蓄、净化系统。目前，我国尚存的大量古建筑中，很多具有完善的排水系统以及稻田、湖塘、河流等水体自净系统，如北京故宫、婺源古村落、福建龙岩土楼等等。

图 1-3 平粮台龙山文化遗址陶制排水管网

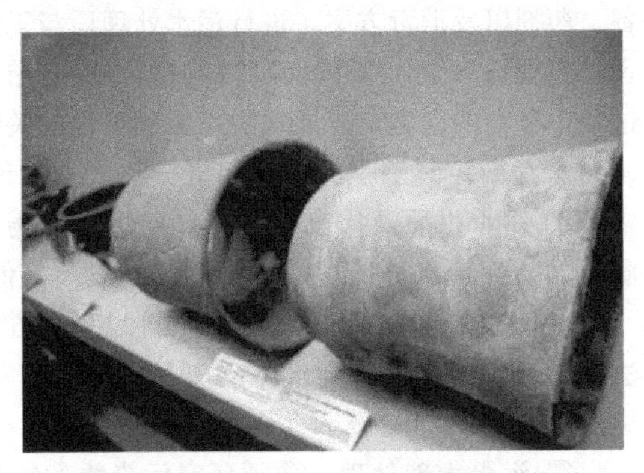

图 1-4 平粮台龙山文化遗址陶制排水管道

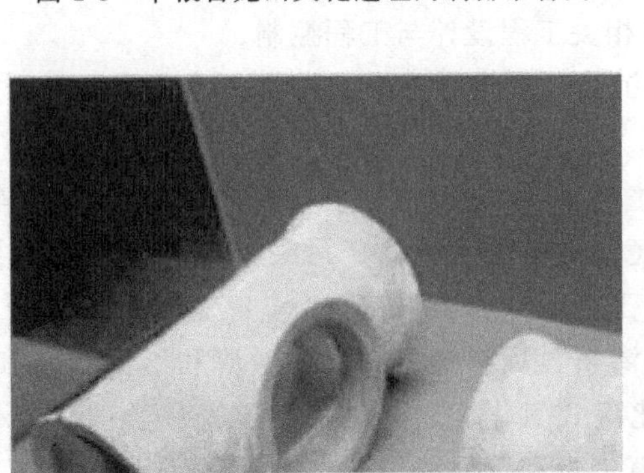

图 1-5 殷墟遗址陶制排水管道

图 1-6 汉长安城直城门南门道地下古排水涵道

18 世纪中叶，世界各地人口数量少，社会经济总量小，没有工业污染和农业面源污染，仅有的生活垃圾与生活污水都被看作“有机肥”而加以利用，形成了原始的农业种养型循环经济模式。自然界的环境容量大，水体自净能力能够满足当时人类的用水需求，人们仅需考虑排水问题即可，水污染可以通过自然湿地系统的自净作用得到控制。

伴随城市（镇）化进程，邻近水体的人口聚居区出现了通过生活污水传播病菌引发的传染病扩散蔓延。出于对健康的考虑，人类开始对排放的生活污水进行处理，尤其是在传染病大流行期间对可能受污染的水井、水塘、小溪等饮用水水源进行处理，如我国古代书籍中就有大量有关传染病大流行期间采用中药材熬制的药剂，以及石膏粉、明矾、石灰等进行处理的记载。明代晚期，我国已出现污水净化装置，但由于当时需求少而失传。我国生活污水处理直到 20 世纪中叶仍采用农业灌溉、河湖湿地自净的处理方式。

在国外，1762 年，英国开始采用石灰及金属盐类等处理城市污水。1881 年，法国科学家发明了第一座生物反应器，拉开了生物法处理污水的序幕。1893 年，第一座生物滤池在英国威尔士投入使用，并迅速在欧洲、北美等地推广。1912 年，英国皇家污水处理委员会提出以 BOD_5 来评价水体的污染程度。1914 年，英国曼彻斯特活性污泥法二级生物处理技术问世。20 世纪中后叶，厌氧、好氧生物处理和膜技术、高级氧化等新技术不断发展，先后出现了 AB 法、氧化沟、SBR、厌氧-缺氧-好氧工艺、曝气生物滤池与硝化反硝化滤池、化学除磷与纤维转盘等污水处理新工艺，紫外（UV）消毒也在污水处理中得到广泛应用。

二、水污染控制技术的展望

自活性污泥法问世以来，世界各国环境工作者针对生活污水的活性污泥法处理派生出的出水水质标准、脱氮除磷、配套设备设施与材料试剂、工艺管理与运维成本、工程技术与工程质量、污泥处理与处置等水污染控制工程系统各环节不断进行研究、改造、改良、提高和完善，先后推出了普通活性污泥法、厌氧-缺氧-好氧活性污泥法（A/O 法、A^2/O 法）、间歇式活性污泥法（SBR 法）、改良型 SBR 法（MSBR 法）、一体化活性污泥法（UNITANK 法）、两段活性污泥法（AB 法）及各种类型的生物膜法等工艺技术，以及相配套的构筑物、风机及曝气器、泵阀及其控制系统、环保材料与各种试剂等成果，使水污染控制工程从 20 世纪 60 年代的末端治理模式发展到 70 年代的防治结合模式、80 年代的集中治理模式、90 年代的清洁生产模式，再发展到 21 世纪初的分散式治理模式和现在的深度处理与水体生态修复模式。其间出现了一系列同步生物脱氮除磷技术、生物处理组合工艺技术、高效生物处理-物化处理技术、生物处理-膜过滤技术、物联网-远程智能控制等新工艺、新技术。许多国家在水环境污染治理目标与技术路线方面已经有了重大变化，由传统意义上的“污水处理、达标排放”转变成以水质再生为核心的“水的循环再利用”，由单纯的“污染控制”上升为“水生态修复”，并正在由高能耗、高碳排放到低能耗、碳中和方向发展和转型。

与此同时，工业化程度愈来愈高，各专业领域细分与跨行业复合越来越普遍，工业污水的类型和化学成分将更加复杂多样，其中有毒有害和难生物降解污染物将更加常见，如电子与芯片生产、制药与生物医药等行业排放的废水及其污染物。工业废水处理的难度将会不断增加，行业的水质排放标准及资源化利用的要求将会更加严格。

随着生物技术、材料科学、物联网技术的迅速发展，新技术、新材料、新设备的开发与应用，标准化管理广泛用于污（废）水生物处理、物化处理及其在线监测、过程监控，降低了水处理成本，提高了污（废）水处理质量管控效果。展望未来，我国污水的氮、磷营养物质去除仍是重点难点；工业废水治理开始转向全过程控制；水处理技术由单纯工艺技术转向工艺、设备、工程集成产业化发展；污水低碳、低耗处理与污泥处置要求日益严格。未来几十年，水污染控制工程技术将在以下几个方面不断发展：

① 生物工程技术被不断开发和应用。生物工程技术的迅速发展推动生物新技术不断融入环境领域，如改造和培育高效微生物工程菌，开发新型生物絮凝剂，用于污水处理，并使之产业化。

② 新理论和新技术被迅速用于水污染控制。随着脱氮除磷、节能降耗工程技术研发，一些污水生物处理新技术，如厌氧氨氧化、同步硝化反硝化、好氧颗粒污泥技术等，以及一些与碳中和、碳达峰相关的低碳节能环保技术，如热泵技术、污泥热能利用技术、太阳能光伏技术、碳减排技术与管理等等，将得到大规模开发与工程应用推广。

③ 新材料和新设备被充分应用。一些新材料，如膜材料、新型填料和滤料，都将有助于膜生物反应器（MBR）工艺不断完善，并广泛应用于水污染控制；一些节能曝气设备、高效搅拌设备、优质固液分离设备、在线监测设备将广泛应用于污水处理厂运维管理。

④ 5G及物联网技术将广泛用于水污染控制的全过程。大数据、云计算背景下的5G及物联网技术将广泛用于污水处理工艺优化、工程设计、数据实时传输、远程在线监测和运行管理等。

⑤ 资源化理念不断深入。城市污水处理以及高浓度有机废水厌氧处理可以回收能源；污泥垃圾一体化（厨余垃圾、生活垃圾、污泥处理处置的渗滤液）处理技术将得到逐步推广和应用；处理尾水可回用于工业生产，补充景观用水，用于市政杂用水，等等。

⑥ 微型污水处理工艺及其设备设施得到开发。适用于独立工矿企业、高等院校、高速公路服务站、中小型乡镇、社区村庄、养殖场、餐馆饭店等的小型、微型污水处理站的水处理技术与设备将会大量开发，如动态膜生物反应器（DMBR）工艺、厌氧-微氧-人工湿地技术等。

复习思考题

1. 结合专业知识的学习，谈谈你对环境科学专业或环境工程专业的理解。

2. 水污染控制工程的主要内容有哪些？你所在学校在水污染控制工程研究领域的哪些方面做得较为突出？取得了哪些研究成果或技术突破？

3. 结合微生物学、化学、流体力学或水力学、材料学相关知识，谈谈你最感兴趣的水污染控制工程研究方向或先进的工程技术。

4. 结合本章知识的学习，谈谈你对水生态环境安全、节能减排、可持续发展的理解。

参考文献

[1] 成官文. 水污染控制工程 [M]. 北京：化学工业出版社，2009.

[2] 生态环境部. 2018中国生态环境状况公报 [R]. (2019-05-31).

[3] 生态环境部. 2019中国生态环境状况公报 [R]. (2020-06-02).

第二章

污水水质与标准规范

第一节　污水分类

污水根据其来源一般可分为生活污水、工业废水、初期雨水和城镇污水。

1. 生活污水

生活污水是指家庭、学校、商店、机关、市政公共设施、宾馆、餐馆、洗衣店等排放的厕所用水、厨房用水、衣物洗涤水、浴室沐浴水以及其他排水等。生活污水中的主要污染物有纤维素、淀粉、糖类、脂肪、蛋白质、动植物油、洗涤剂、表面活性剂、盐和泥沙等有机物和无机物，以及粪便、尿液等含有的细菌、病毒等微生物。影响生活污水水质的主要因素有生活水平、生活习惯、气候条件等。

2. 工业废水

工业废水是指工业生产过程中被各种物料、中间产品、成品以及生产设备所污染的水。由于工业行业众多，工业废水的成分和性质相当复杂，其所含的有机物、植物营养素、无机固体悬浮物、酸、碱、盐、重金属离子、微生物、化学有毒有害物、放射性物质、易燃易爆物质、抗生素等均可对环境造成污染。影响工业废水水质的主要因素有工业类型、生产工艺、生产管理等。

3. 初期雨水

初期雨水是指雨雪降至地面后形成的初期地表径流。初期雨水水量、水质与降雨强度、降雨历时、大气质量、区域建筑环境、地面状况有关，水量变化较大，成分较为复杂。尤其是大气悬浮物浓度较高、工业粉尘排放量大、机动车保有量大、工业废渣和建筑垃圾存放量大、建筑工地多且地面覆盖差的地区，初期雨水的污染物浓度往往会超过生活污水，对水环境产生较为严重的污染。

4. 城镇污水

城镇污水由生活污水、工业废水和雨水组成。其中，在合流制排水系统中包括雨水，在半分流制排水系统中包括初期雨水。对于大多数城镇而言，由于工业企业一般迁到工业园区，城镇污水水质、水量变化往往与生活污水排放特点以及排水体制有关。

第二节 污水水质及其指标

污水水质是指污水污染环境的性质，通常采用适当的水质参数描述污水质量的好坏或者污染程度。以生活污水为例，其来源于日常生活的洗涤以及粪尿污水排放，产生的最常用、最富有代表性的污染物指标是悬浮固体、五日生化需氧量、凯氏氮与总磷。工业废水与工业生产过程的工序环节以及生产使用的物料有关，常常采用酸碱度、水温、悬浮固体、化学需氧量、石油类、重金属、表面活性剂、有机污染物等参数来表征工业废水水质。

污水水质指标，即各种受污染水体中污染物质的最高容许浓度或限量阈值的具体限制和要求，是判断水污染程度的具体衡量尺度，也是污水处理工艺选择和工程设计、污水处理厂运行维护管理、水污染防治的基本依据。

按照污染物的特性，污水水质指标有物理性质、化学性质、微生物性质三类。

一、污水的物理性质及特征指标

表征污水物理性质的主要指标有色度、温度、固体物质、吸光度与透光率以及臭和味等。

1. 色度

纯水无色透明。清洁水在水层浅时应为无色，深层为浅蓝绿色。混有杂质的水一般有色不透明。天然水中存在的腐殖质、泥土、浮游生物、各种无机离子使水呈现一定的颜色。纺织、印染、造纸、食品、有机合成等工业废水，常含有大量的染料、色素和有色悬浮颗粒等，导致废水颜色各异，从而使环境水体着色，给人以不愉快的感受。带色废水排入环境后会减弱水体的透光性，影响水生植物的光合作用。

水的色度单位是度，定义 1 升纯水中含有 2mg 六水合氯化钴（Ⅱ）（相当于 0.5mg 钴）和 1mg 铂［以六氯铂（Ⅳ）酸的形式］时产生的颜色为 1 度。

测定较清洁的地表水、地下水和饮用水的色度，用铂钴标准比色法，以度数表示结果。对受污染的地表水以及生活污水、工业废水，可用稀释倍数法测定色度。

2. 温度

水的温度因水的类型而不同。地下水温度比较稳定，通常为 8～12℃；地表水温度随季节和气候变化较大，大致变化范围为 0～30℃。工业废水的温度因生产工艺不同而有很大差别。因地下管网及微生物产能，城镇污水水温一般在 10～20℃之间。

水温的变化会导致水的物理化学性质发生变化。水中溶解性气体（如 O_2、CO_2 等）的溶解度、水生微生物的活动、化学和生物反应速率、非离子氨、碳酸钙饱和度等都受水温变化的影响。当某些高温的工业废水排入水体后会使受纳水体水温升高，造成热污染，使水体饱和溶解氧浓度降低，并加快生物耗氧速率，导致水体缺氧、鱼类死亡和水质恶化。城镇污水温度过高（＞40℃）和过低（＜5℃）都会影响污水的生物处理。温度过低会导致饱和脂肪酸类物质凝固，从而影响生化反应速率；温度过高，微生物活性降低甚至死亡。

温度为现场监测项目之一，常用的测量仪器是各种类型的水温计等。

3. 固体物质

水中所有残渣的总和称为总固体（TS）。总固体包括悬浮固体（SS）和溶解固体（DS）两大类。在水质分析中，水样过滤滤渣烘干所得颗粒物质即为悬浮固体（SS），而滤液蒸干所得固体即为溶解固体。目前，常采用孔径为 0.45μm 的滤膜对水样进行过滤，进行悬浮固体和溶解固体的分离。

悬浮物会降低水体的透光性，进而影响水生生物的光合作用、生存和水体自净。悬浮固体还会成为各种污染物的吸附载体。污水处理固液分离方法与颗粒粒径大小及分布有关（图 2-1），因此，水中悬浮固体的组成、性质、粒径大小和分布会对污水处理工艺选择、二沉池泥水分离方法、水的深度处理工艺以及处理出水的再利用产生影响。

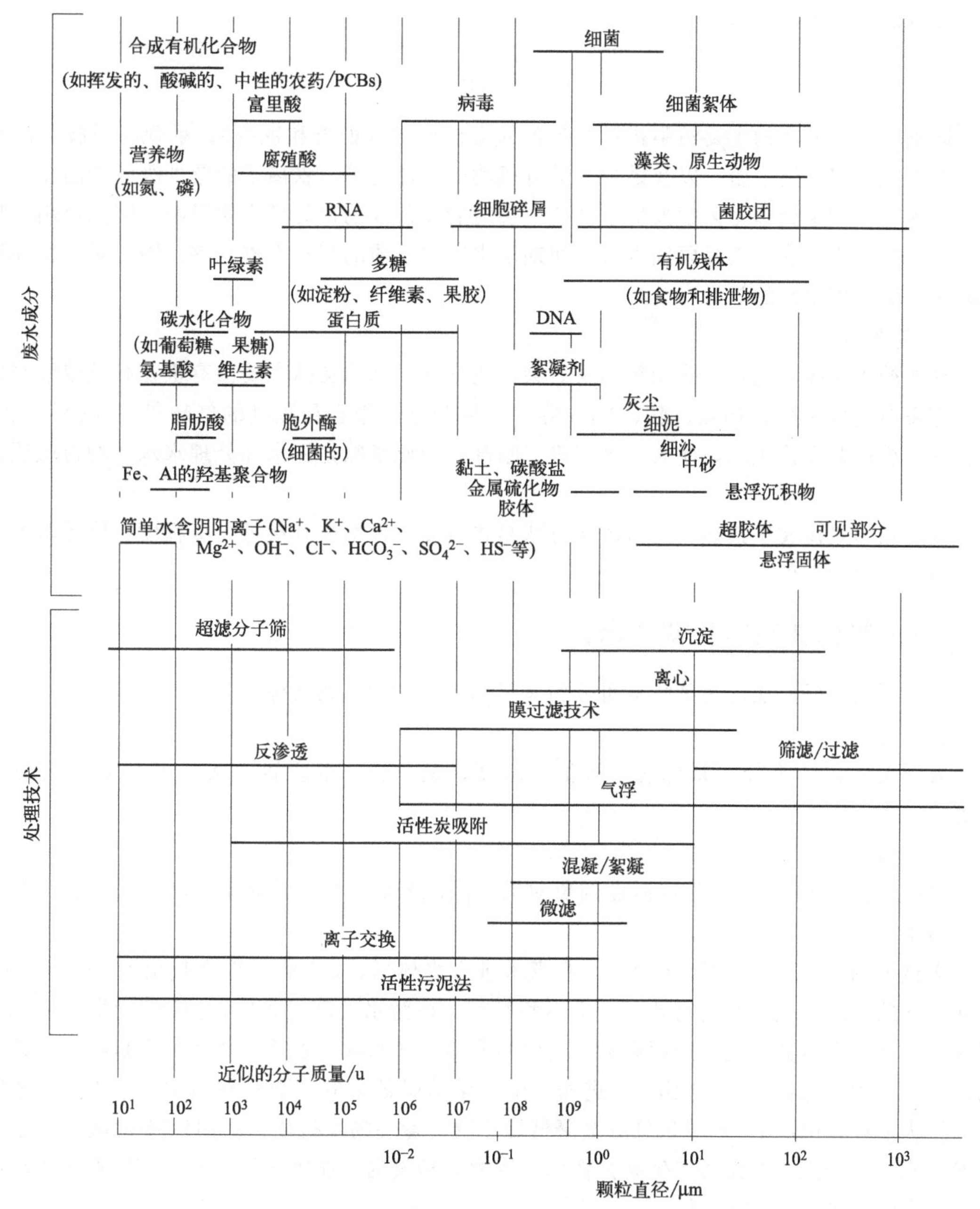

图 2-1　污水处理固液分离方法与颗粒粒径大小的关系

4. 吸光度与透光率

吸光度是指溶液中的物质对特定波长的波的吸收程度。吸光度通常采用特定波长（常用

254nm）的分光光度计来测量。具体定义为

$$A=\lg\left(\frac{I_0}{I}\right) \tag{2-1}$$

式中 A——吸光度，为通过每厘米通道的吸光单位数；

I_0——检测器在光通过空白液（如蒸馏水）时的起始光强读数；

I——检测器在光通过含有某种成分液体时的最终光强读数。

透光率定义为

$$T=\frac{I}{I_0}\times 100\% \tag{2-2}$$

影响污水透光率的主要污染指标有带色的无机离子（如铜和铁等），呈现各类颜色的有机物如有机染料、腐殖质，以及黏附大量有机物的悬浮物等。铁离子的紫外吸收能阻止紫外线穿透颗粒，如果处理工艺中投加了铁盐，会对后续紫外消毒处理产生影响，因此控制铁盐投加量是非常重要的。在暴雨发生后，初期雨水因腐殖质的存在而透光率下降，影响紫外消毒处理一级处理出水的效果。

5. 臭和味

纯净的水无味无臭，水体受到污染后会产生异味。水的臭味主要由有机物腐败或废水含有的挥发性气体造成，如氨、胺、H_2S 等，产生刺鼻、恶心和腥臭的气味等。臭味使人不悦，甚至会危及人体生理，使人呼吸困难、呕吐，因此臭味是原水和处理水水质的检验项目之一。

臭、味多采用文字描述，定量测定方法是将待测水样稀释到接近无臭程度，取此时的稀释倍数表示臭的程度。

二、污水的化学性质及特征指标

表示污水化学性质的污染指标可分为有机物指标和无机物指标。

1. 无机物指标

表征无机化学组分的指标有 pH 值、碱度、氮、磷、重金属及无机非金属有毒有害物等。

(1) pH 值

pH 值是水中氢离子浓度或活度的负对数。pH 值表示水的酸碱强度，是水化学中最常用和最重要的检测项目之一。

天然水的 pH 值一般在 6～9。工业废水进入水体后，pH 值可能会超出 6～9 的范围，从而对水的物理、化学及生物处理产生不利影响。在污水处理过程中，pH 值的变化可能会引起微生物表面电荷变化，进而影响微生物对营养物的吸收；影响污水中的有机物和无机物的离子化作用及毒性（如硫化物），进而影响化学除磷效果等；酶只在最适宜 pH 值时才能发挥最大活性，pH 值过高或过低都会降低微生物对毒性的抵抗能力；pH$<$6 的酸性污水对管网、水处理构筑物及设备产生腐蚀作用，因此，排放的工业废水和污水处理后的尾水均应将 pH 值控制在 6～9 的范围。

pH 值测定可以采用试纸法、比色法和玻璃电极法。pH 试纸法较为粗糙、不够精确，但不需要仪器设备，操作方便快捷，因而常用于现场初步测定或判断；比色法简单，但受色度、浊度、胶体物质、氧化剂、还原剂及盐度的干扰；玻璃电极法基本上不受以上因素的干

扰，因而成为 pH 值测定的主要方法。

（2）碱度

碱度是指污水中含有的能与 H^+ 发生中和反应的物质的总量。地表水的碱度基本上由氢氧化物碱度、碳酸盐碱度和重碳酸盐碱度组成。污水中的碱度非常重要，它使污水处理系统具有一定的缓冲能力，能避免因 pH 值的急剧变化（如硝化反硝化过程）而给生物处理系统带来不良影响。所以，碱度指标常用于评价水体的缓冲能力，是水和废水处理过程控制的判断性指标。但碱度过高容易结垢，形成的碳酸盐对化学沉淀具有严重影响，如碱度对鸟粪石法 Mg^{2+} 沉淀去除氮磷具有显著影响。

碱度一般用 $CaCO_3$ 浓度表示（mg/L，以 $CaCO_3$ 计）。对于天然水和未受污染的地表水可直接以酸滴定至 pH 值为 8.3 时消耗的量为酚酞碱度，以酸滴定至 pH 值为 4.4～4.5 时消耗的量为甲基橙碱度。

（3）氮

氮是形成蛋白质的重要元素，是植物的重要营养物质。氮主要来源于动植物残体、人畜粪便和尿液、土壤和盐矿、大气等。在废水中氮主要以有机氮、氨氮、亚硝酸盐氮和硝酸盐氮四种形式存在。氮元素能导致水体微生物大量繁殖和水体富营养化，从而消耗水中的溶解氧，使水体质量恶化。因此，氮成为污水处理厂出水水质的重要指标之一。

有机氮、氨氮、硝酸盐氮和亚硝酸盐氮四者的总和称为总氮（TN）；有机氮和氨氮之和称凯氏氮（KN）；硝态氮为总氮和凯氏氮之差。由于污水中大多只有有机氮和氨氮存在，凯氏氮基本代表了污水处理厂进水的氮含量，常被用来判断污水好氧生物处理时氮元素是否适宜，根据 C∶N∶P＝100∶5∶1 的比例，若氮的比例偏高则需要进行脱氮处理。

总氮测定一般采用容量法。凯氏氮测定一般采用容量法，当含量低时使用分光光度法，含量高时使用滴定法。氨氮测定常采用容量法、纳氏比色法、水杨酸-次氯酸盐比色法等，当氨氮含量很高时，可采用蒸馏-酸滴定法。硝酸盐氮测定常用酚二磺酸光度法、离子色谱法和电极法等。铵的测定常采用水杨酸分光光度法。

（4）磷

磷是生物细胞新陈代谢过程中起能量传递和储存作用的辅酶——三磷酸腺苷（ATP）和二磷酸腺苷（ADP）的重要组分。在天然水和废水中，磷可以以各种磷酸盐包括正磷酸盐、焦磷酸盐、偏磷酸盐、多磷酸盐以及有机磷（如磷脂等）的形式存在。水体中的磷可分为有机磷与无机磷两大类。有机磷多以葡萄糖-6-磷酸、2-磷酸甘油酸及磷肌酸等胶体和颗粒状形式存在，可溶性有机磷只占 30%左右。无机磷几乎都以可溶性磷酸盐形式存在，如正磷酸盐（PO_4^{3-}）、磷酸氢盐（HPO_4^{2-}）、磷酸二氢盐（$H_2PO_4^-$）和偏磷酸盐（PO_3^-）等，此外还有聚合磷酸盐如焦磷酸盐（$P_2O_7^{4-}$）、三磷酸盐（$P_3O_{10}^{5-}$）等。

磷是生物生长必需的元素之一，但磷在水体中的过量存在会给环境带来危害。水体中磷含量一般较低，但当其超过 0.035mg/L 时可造成藻类过度繁殖，使湖泊、河流透明度降低，水质变坏。在城镇污水中，磷含量多在 4～16mg/L 之间。化肥、冶炼、合成洗涤剂等行业的工业废水常含有较多的磷。因此，磷是评价水质的重要指标之一。

水中磷的测定包括溶解性正磷酸盐、总溶解性磷和总磷。水样经 0.45μm 滤膜过滤后的滤液可直接测定溶解性正磷酸盐含量，滤液再经消解可测定总溶解性磷含量。正磷酸盐的测定可采用离子色谱法、钼锑抗分光光度法等。水样经消解后，废水中一切含磷化合物都转化成正磷酸盐（PO_4^{3-}），之后再进行总磷测定。总磷测定常用钼酸铵分光光度法。

(5) 重金属

废水中的重金属主要有汞(Hg)、镉(Cd)、铅(Pb)、铬(Cr)、砷(As)以及锌(Zn)、铜(Cu)、镍(Ni)、锡(Sn)等。重金属在自然界广泛分布,其在正常水体中本底含量很低,但矿山开采、金属冶炼、机械加工制造、电镀等行业排放的废水常常含有各种重金属,会造成局部(域)水环境污染。重金属不能被生物降解,极易在生物体内大量累积(表 2-1),并经过食物链进入人体,造成慢性中毒。如果重金属在微生物的作用下转化为有机化合物,其生物毒性会显著增加。

表 2-1 水生生物对常见重金属的平均富集倍数

重金属	淡水生物			海水生物		
	淡水藻类	无脊椎动物	鱼类	海水藻类	无脊椎动物	鱼类
汞	1000	100000	1000	1000	100000	1700
镉	1000	4000	300	1000	250000	3000
铬	4000	2000	200	2000	2000	400
砷	330	330	330	330	330	230
钴	1000	1500	5000	1000	1000	500
铜	1000	1000	200	1000	1700	670
锌	4000	40000	1000	1000	100000	2000
镍	1000	100	40	250	250	100

重金属浓度超过一定值后,即会产生毒害作用,特别是汞、镉、铅、铬及其化合物(第一类污染物)。重金属毒性大小与金属元素类别、浓度及存在的价态和形态有关。例如,汞、铅、镉、铬(Ⅵ)等重金属的有机化合物比相应的无机化合物毒性要强得多,可溶性重金属要比颗粒态重金属毒性强,高价离子要比低价离子的毒性高。

汞(Hg)及其化合物属于剧毒物质,可在体内蓄积。天然水中含汞极少,一般不超过 0.1μg/L。进入水体的无机汞离子可转变为毒性更大的有机汞,经食物链进入人体,积累到一定程度即引发“水俣病”。因此,《地表水环境质量标准》规定总汞≤0.00005~0.001mg/L(取决于水域功能分类,下同),《渔业水域水质标准》规定不得超过 0.0005mg/L,《农田灌溉水质标准》规定不得超过 0.001mg/L。汞的测定常采用冷原子吸收法、冷原子荧光法和原子荧光法。

镉(Cd)不是人体必需的元素。绝大多数淡水含镉量低于 1μg/L。镉主要来自电镀、采矿、冶炼、染料、电池和化学工业等废水排放。镉的毒性很大,当水中含镉 0.1mg/L 时,就会对地表水的自净作用产生抑制;当农灌水中含镉 0.007mg/L 时,即可造成污染。日本骨痛病就是镉污染的典型案例。因此,《地表水环境质量标准》规定,总镉≤0.001~0.01mg/L,《渔业水域水质标准》和《农田灌溉水质标准》分别规定不得超过 0.005mg/L 和 0.01mg/L。测定镉的方法有直接吸入火焰原子吸收分光光度法、萃取或离子交换浓缩火焰原子吸收分光光度法、石墨炉原子吸收分光光度法、双硫腙分光光度法等。

铬(Cr)是生物体所必需的微量元素之一。在水体中六价铬一般以 CrO_4^{2-}、$Cr_2O_7^{2-}$、$HCrO_4^-$ 三种阴离子形式存在,受水中 pH 值、有机物、氧化还原物质、硬度等条件影响,三价铬和六价铬的化合物可以相互转化。铬污染主要来自含铬矿石的加工、金属表面处理、皮革鞣制和印染等行业。六价铬的毒性比三价铬要高,且易为人体吸收,在人体内富集而导致肝癌。所以，《地表水环境质量标准》规定，六价铬≤0.01～0.1mg/L，《渔业水域水质标准》和《农田灌溉水质标准》规定不得超过0.1mg/L。铬的测定可采用二苯碳酰二肼分光光度法、原子吸收分光光度法、等离子发射光谱法和滴定法。

铅（Pb）是可在人体和动物组织中蓄积的有毒金属。淡水中铅含量范围为0.06～120μg/L。铅主要来自蓄电池、冶炼、五金、机械、涂料和电镀工业等行业。铅的毒性效应是导致贫血症、神经机能失调和肾损伤。所以，《地表水环境质量标准》规定，总铅≤0.01～0.1mg/L，《渔业水域水质标准》和《农田灌溉水质标准》分别规定不得超过0.05mg/L和0.2mg/L。

砷（As）是人体非必需元素。土壤、水、空气、植物和人体都含有微量的砷，对人体不会构成危害。砷主要来自采矿、冶金、化工、化学制药、农药生产、纺织、玻璃、制革等行业废物排放。砷的毒性较低，但砷的化合物均有剧毒，其中三价砷化合物比五价砷化合物毒性更强，且有机砷对人体和生物都有剧毒。所以，《地表水环境质量标准》规定，总砷≤0.05～0.1mg/L，《渔业水域水质标准》及《农田灌溉水质标准》分别规定不得超过0.05mg/L和0.05～0.1mg/L（取决于作物种类）。

（6）无机非金属有毒有害物

水中无机非金属有毒有害污染物主要有硫的化合物以及氰化物等。

硫在水中的存在形式有硫酸盐、硫化氢以及有机硫化物。硫酸盐在自然界分布广泛。地表水和地下水中硫酸盐主要来源于岩石和土壤中矿物组分的风化和淋溶，金属硫化物氧化也会使硫酸盐含量增大。生活废水中的硫酸盐主要来自人类排泄物。在厌氧环境中，硫酸盐能被硫酸盐还原菌还原形成硫化氢，具有较强的毒性，对构筑物及管网有严重的腐蚀作用，使水体黑臭，因而成为水体严重污染的标志之一。硫酸盐的测定方法主要有离子色谱法、硫酸钡重量法、铬酸钡光度法和铬酸钡间接原子吸收法。

氰化物是指含有CN^-的一类化合物的总称。最常见的氰化物有氰化氢、氰化钠和氰化钾，极易溶于水，有剧毒。天然水体一般不含氰化物，氰化物的出现往往是电镀、焦化、高炉煤气、制革、选矿、冶金、化纤、塑料、农药等工业废水污染所致。所以，《地表水环境质量标准》规定，CN^-≤0.005～0.2mg/L，《渔业水域水质标准》和《农田灌溉水质标准》分别规定不得超过0.005mg/L和0.5mg/L。

2. 有机物指标

有机污染物主要来自生活废水和部分工业废水，主要为蛋白质、碳水化合物和脂肪等。这些物质的共同特性是在微生物作用下最终被分解成简单的无机物、二氧化碳和水等，同时消耗大量溶解氧，故又称好氧污染物。好氧污染物是导致水体黑臭的主要因素之一。

由于水中所含有机物种类繁多，已有的分析技术难以逐一区分和定量，且在实际工程中不是必要的，目前多采用有机物在一定条件下所消耗的氧量来间接表征。通常采用生化需氧量（BOD）、化学需氧量（COD）、总有机碳（TOC）以及总需氧量（TOD）等指标反映水中有机污染物的含量。

（1）生化需氧量

生化需氧量（BOD）是指在好氧微生物的作用下，将有机物氧化成无机物所消耗的溶解氧的量，以氧的浓度表示，间接反映了水中可生物降解的有机物量。

在好氧条件下，废水中的有机物在微生物的作用下降解，其降解过程可分为两个阶段：第一阶段称为碳氧化阶段，在异养菌的作用下，含碳有机物被分解为CO_2、H_2O和NH_3，

所消耗的氧量以 O_a 表示，同时合成新细胞并放出能量；第二阶段是硝化阶段，在自养菌的作用下，NH_3 被氧化为 NO_2^- 和 H_2O，所消耗的氧量用 O_c 表示，NO_2^- 继续在自养菌的作用下被氧化为 NO_3^-，所消耗的氧量用 O_d 表示，同时合成新细胞并放出能量。另一部分有机物合成新细胞，进行内源呼吸，所消耗的氧量用 O_b 表示（图 2-2）。

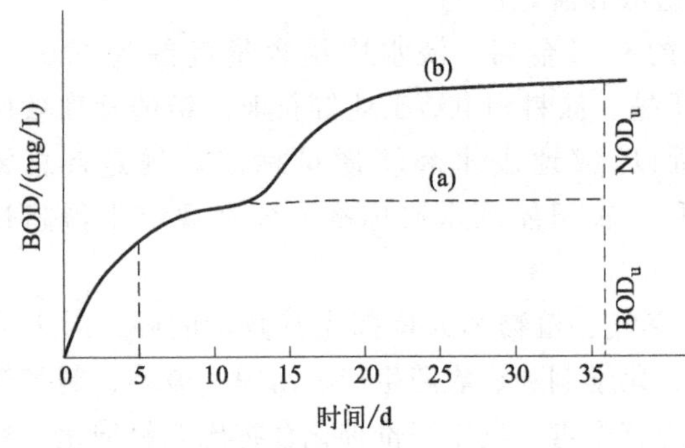

图 2-2 两阶段生化需氧量曲线

耗氧量 O_a+O_b 称为总生化需氧量（第一阶段生化需氧量），用 BOD_u 表示。耗氧量 O_c+O_d 称为硝化需氧量（第二阶段生化需氧量），用 NOD_u 表示。

由于有机物的生化过程持续时间很长，在 20℃ 水温下，完成两阶段约需 100d 以上。20d 以后的生化反应趋于平缓，因此常用 BOD_{20} 作为总生化需氧量 BOD_u。在实际应用中，20d 时间太长，故用 5d 生化需氧量（BOD_5）作为可生物降解有机物的综合指标（5d 生化需氧量约占总生化需氧量 BOD_u 的 70%～80%）。生化需氧量测定方法包括稀释接种法、活性污泥曝气降解法等。

（2）化学需氧量

化学需氧量（COD）是指将水中有机污染物氧化所消耗的氧化剂量，单位为 mg/L。化学需氧量的测定主要有重铬酸钾法和高锰酸钾法。以重铬酸钾作氧化剂时，测得的化学需氧量称 COD_{Cr} 或简称 COD；以高锰酸钾作氧化剂时，测得的化学需氧量称 COD_{Mn} 或简称 OC。由于重铬酸钾的氧化能力强于高锰酸钾，测得的 COD_{Cr} 会高于 COD_{Mn}。在污水处理中，有机污染物测定通常采用重铬酸钾法，而较清洁的地表水和地下水中低浓度有机污染物测定常采用高锰酸钾法。

当污水中有机物的组分相对稳定时，可以通过 BOD_5/COD（即可生化性）测算有机物被好氧微生物降解的程度，当废水 $BOD_5/COD \geq 0.3$ 时可以认为该废水适合生化处理。

（3）总有机碳

总有机碳（TOC）是以碳元素含量来反映废水中有机物总量的一种水质指标，它是在 950℃高温下以铂为催化剂使水样汽化燃烧后测定气体中 CO_2 的含量，由此确定水样中的碳元素总量，在此总量中减去碳酸盐等无机碳元素含量即可得到总有机碳的含量。TOC 常见的测定方法有燃烧氧化-非分散红外吸收法。

对于大多数废水，BOD_5、COD 和 TOC 等指标之间都存在着一定的关系（按数值大小的排序为 $COD > BOD_5 > TOC$）。

（4）油和油脂

油类污染物有石油类和动植物油脂两种。

石油类主要来自工业废水和生活污水。其中，工业废水中石油类污染物主要来自原油的开采、加工、运输以及各种炼制油使用行业等。石油类碳氢化合物漂浮于水体表面，将影响空气与水体界面氧的交换；分散于水中以及吸附于悬浮颗粒上或以乳化状态存在于水中的油被微生物氧化分解，将消耗水中的溶解氧，使水质恶化。石油类污染物中所含的芳烃类虽较烷烃类少，但其毒性较大。

各种含油脂废水，如油脂工业以及肉类、乳品等食品行业带来的含油脂有机废水的高排放量，也会对城市水环境造成很大影响。

如果这些油类物质进入江河湖海，会影响水体复氧及自然净化过程，危害水体生态系统，严重污染周围环境。因此，《地表水环境质量标准》规定石油类≤0.05～1.0mg/L，《渔业水域水质标准》规定不得超过0.05mg/L，《农田灌溉水质标准》规定水田作物≤5.0mg/L、旱地作物≤1.0mg/L、蔬菜≤1.0mg/L。

废水水样中含油量的测定一般采用有机溶剂提取的重量法和红外分光光度法。当废水水样含油量较低时，重量法不易测准，可采用荧光比色法进行测定。

（5）酚类污染物

酚类是芳香烃的衍生物，有毒有害。酚类污染物主要来自石油化工、炼油、焦化、合成树脂、合成纤维等化工行业。根据能否随水蒸气一起挥发，可将其分为挥发酚和不挥发酚。挥发酚包括苯酚、甲酚、二甲苯酚等，属于可生物降解有机物。不挥发酚包括间苯二酚、邻苯三酚等多元酚，属于难生物降解有机物。酚类污染物与酚蒸气易通过皮肤或呼吸道进入人体，引起中毒。

酚类对水生生物有较大毒性。当水体挥发酚含量达到1.0～2.0mg/L时，鱼类会中毒；挥发酚含量超过0.002mg/L的水体，若作为饮用水水源，加氯消毒时会形成氯酚，产生臭味。因此，《地表水环境质量标准》规定挥发酚≤0.002～0.1mg/L，《渔业水域水质标准》规定不得超过0.005mg/L，《农田灌溉水质标准》规定≤1.0mg/L。

废水中挥发酚的测定常采用4-氨基安替比林分光光度法和溴化容量法。

（6）表面活性剂

表面活性剂有两类：①烷基苯磺酸盐，俗称硬性洗涤剂（ABS），含有磷，易产生大量泡沫，为难生物降解有机物，目前已少用；②直链烷基苯磺酸盐，俗称软性洗涤剂（LAS），为可生物降解有机物。LAS代替ABS，使泡沫大大减少，但仍然含有磷。目前，我国生产的表面活性剂多属于阴离子表面活性剂，以LAS为主。家庭厨房废水、酒店宾馆废水、洗衣房废水中均含有LAS，洗涤、化工、纺织等行业也产生大量含表面活性剂废水。阴离子表面活性剂具有抑制和杀死微生物的作用，而且还抑制其他有毒物质的降解，同时表面活性剂在水中起泡会降低水中复氧速率和充氧程度，使水质变差，并造成水体富营养化问题。所以，《地表水环境质量标准》规定阴离子表面活性剂≤0.2～0.3mg/L，《农田灌溉水质标准》规定水田作物≤5.0mg/L、旱地作物≤8.0mg/L、蔬菜≤5.0mg/L。

表面活性剂为二类污染物，其常见检测方法为亚甲蓝分光光度法和电位滴定法。

（7）挥发性有机化合物（VOCs）

沸点≤100℃的有机物或者25℃时蒸气压>1mmHg（1mmHg=133.32Pa）的有机物一般被认为是挥发性有机物（VOCs）。挥发性有机物容易转化为不稳定的蒸气形态，释放到环境中造成污染（见表2-2），因此需要注意废水中的挥发性有机物，尤其是有挥发性有机物排放的源头、污水处理系统各单元，需要关注有关工作人员的健康和安全。

表2-2　废水收集与处理系统中VOCs逸散的主要地点和方式

VOCs逸散地点	VOCs逸散方式
排水管网	以挥发方式逸散，发生紊流处逸散量增加
检查井	以挥发和吹脱方式逸散
泵站	以挥发和吹脱方式逸散

续表

VOCs 逸散地点	VOCs 逸散方式
格栅	以挥发方式逸散
沉砂池	平流沉砂池以挥发方式逸散,曝气沉砂池以挥发和吹脱方式逸散
调节池	表面挥发逸散,但设置扩散曝气管后以吹脱方式逸散
初沉池	以挥发方式逸散
活性污泥曝气池	扩散曝气以吹脱方式逸散,表面曝气以挥发方式逸散

三、污水的生物学性质及特征指标

城市废水、医院废水、制革厂与屠宰场的工业废水、垃圾渗滤液等均含有多种病原性细菌（如霍乱弧菌、伤寒杆菌和痢疾杆菌等病菌）、病毒（如肠道病毒和传染性肝炎病毒）、虫卵和原虫（如蛔虫、血吸虫和阿米巴虫）等，如果不进行有效处理，这些致病性微生物会在水体中大量繁殖，从而引发各种传播性疾病的流行。因此需要严格控制废水中的微生物。

表征污水和废水微生物学特征的污染指标主要有细菌总数、大肠菌群和病毒。

细菌总数反映水体被细菌污染的程度，可作为评价水质清洁程度和考核污水处理厂水质净化效果的生物学指标。细菌总数测定是将定量水样接种于营养琼脂培养基中，在37℃下培养24h后，数出生长的细菌菌落数，然后根据接种的水样数量计算出每毫升水中所含的菌数。细菌总数越大，说明水被污染的程度越严重。

大肠菌群与粪便污染有关，被视为粪便污染指示微生物，大肠菌群的多少表明水体受粪便污染的程度。通过大肠菌群的检测可判断水体是否遭受粪便污染和是否有肠道传染病菌存在。

病毒具有很强的专性寄生性，可采用组织培养法检验，常用蚀斑法测定。

第三节　标准规范

标准、规范、规程都是标准的一种表现形式，习惯上统称为标准，只有针对具体对象时才加以区别。当针对产品、方法等基础标准时，一般采用“标准”；当针对工程勘察、规划、设计、施工等通用技术事项做出规定时，一般采用“规范”；当针对操作、工艺、管理等专用技术要求时，一般采用“规程”。

环境保护标准、规范、规程是国家从环境保护产业的工程设计、施工、运维、管理、安全、经济及其配套的材料、机械、自动化、附属建筑物等等“标准化”“规范化”角度，或从污染物处理系统科学、合理、安全、经济、有序、匹配的角度进行的国家层面的技术管理与强制规定，是环境知识产权保护、环境工程技术竞争、环保设施智能化、环保产业现代化的重要环节。水污染控制工程相关的可行性研究、设计、施工、运维、管理等各项工作均需要严格执行本行业相关标准、规范与规程的规定与要求。

一、标准

标准是对重复性的事物和概念所作的统一规定。它以科学、技术和实践经验的综合成果为基础，经有关各方协商一致，由主管部门批准，以特定形式发布，作为共同遵守的准则和依据。水污染控制工程领域常用的标准有水环境质量标准、污水排放标准等。

1. 水环境质量标准

水环境质量标准，也称水质量标准，是指为保护人体健康和水的正常使用而对水体中污染物或其他物质的最高容许浓度所作的规定。水环境质量标准按水体类型划分有地表水环境质量标准、海水水质标准、地下水质量标准；按水资源用途划分有生活饮用水卫生标准、城市供水水质标准、渔业水质标准、农田灌溉水质标准、生活杂用水水质标准、景观娱乐用水水质标准、瓶装饮用纯净水标准、无公害食品畜禽饮用水水质标准、各种工业用水水质标准等；按照制定的权限，可分为国家水环境质量标准和地方水环境质量标准。

水环境质量直接关系着人类生存和发展的基本条件，水环境质量标准是制定污染物排放标准的根据，同时也是确定排污行为是否造成水体污染及排污单位是否应当承担法律责任的根据。

我国目前水环境质量标准主要有《地表水环境质量标准》（GB 3838—2002）、《地下水质量标准》（GB/T 14848—2017）、《农田灌溉水质标准》（GB 5084—2021）、《海水水质标准》（GB 3097—1997）、《渔业水质标准》（GB 11607—89）。这些标准详细规定了各类污染物的最高允许含量，以便保证水环境质量。

根据地表水水域环境功能和保护目标，《地表水环境质量标准》按功能高低依次将水体划分如下五类：

Ⅰ类水体：主要适用于源头水、国家自然保护区。

Ⅱ类水体：主要适用于集中式生活饮用水地表水源地一级保护区、珍稀水生生物栖息地、鱼虾类产卵场、幼鱼的索饵场等。

Ⅲ类水体：主要适用于集中式生活饮用水地表水源地二级保护区、鱼虾类越冬场、洄游通道、水产养殖区等渔业水域及游泳区。

Ⅳ类水体：主要适用于一般工业用水区及人体非直接接触的娱乐用水区。

Ⅴ类水体：主要适用于农业用水区及一般景观要求水域。

《海水水质标准》按照海域不同使用功能和保护目标，将海水水质分为四类：

第一类适用于海洋渔业水域，海上自然保护区和珍稀濒危海洋生物保护区；

第二类适用于水产养殖区，海水浴场，人体直接接触海水的海上运动或娱乐区，以及与人类食用直接有关的工业用水区；

第三类适用于一般工业用水区，滨海风景旅游区；

第四类适用于海洋港口水域，海洋开发作业区。

2. 污水排放标准

污水排放标准根据控制形式可分为浓度标准和总量控制标准。根据地域管理权限可分为国家排放标准、行业标准、地方排放标准。

浓度标准规定了排出口排放污染物的浓度限值，其单位一般为 mg/L。我国现有的国家标准和地方标准基本上都是浓度标准。浓度标准指标明确，对每个污染指标都执行一个标准，管理方便。这些行业排放浓度标准有《电子工业水污染物排放标准》（GB 39731—2020）、《船舶水污染物排放控制标准》（GB 3552—2018）、《无机化学工业污染物排放标准》（GB 31573—2015）、《合成氨工业水污染物排放标准》（GB 13458—2013）、《电池工业污染物排放标准》（GB 30484—2013）、《制革及毛皮加工工业水污染物排放标准》（GB 30486—

2013)、《柠檬酸工业水污染物排放标准》(GB 19430—2013)、《纺织染整工业水污染物排放标准》(GB 4287—2012)、《麻纺工业水污染物排放标准》(GB 28938—2012)、《毛纺工业水污染物排放标准》(GB 28937—2012)、《缫丝工业水污染物排放标准》(GB 28936—2012)、《钢铁工业水污染物排放标准》(GB 13456—2012)、《汽车维修业水污染物排放标准》(GB 26877—2011)、《铁合金工业污染物排放标准》(GB 28666—2012)、《发酵酒精和白酒工业水污染物排放标准》(GB 27631—2011)、《磷肥工业水污染物排放标准》(GB 15580—2011)、《淀粉工业水污染物排放标准》(GB 25461—2010)、《制糖工业水污染物排放标准》(GB 21909—2008)、《生物工程类制药工业水污染物排放标准》(GB 21907—2008)、《中药类制药工业水污染物排放标准》(GB 21906—2008)、《提取类制药工业水污染物排放标准》(GB 21905—2008)、《化学合成类制药工业水污染物排放标准》(GB 21904—2008)、《发酵类制药工业水污染物排放标准》(GB 21903—2008)、《合成革与人造革工业污染物排放标准》(GB 21902—2008)、《电镀污染物排放标准》(GB 21900—2008)、《制浆造纸工业水污染物排放标准》(GB 3544—2008)、《医疗机构水污染物排放标准》(GB 18466—2005)、《啤酒工业污染物排放标准》(GB 19821—2005)、《味精工业污染物排放标准》(GB 19431—2004)、《城镇污水处理厂污染物排放标准》(GB 18918—2002)、《畜禽养殖业污染物排放标准》(GB 18596—2001)、《污水综合排放标准》(GB 8978—1996)、《肉类加工工业水污染物排放标准》(GB 13457—1992)等。

在上述排放标准中，《污水综合排放标准》(GB 8978—1996)是基于地表水与海洋水体水质类型规定的：排入地表水Ⅲ类水域(划定的保护区和游泳区除外)和排入海洋水体中二类海域的污水，执行一级标准；排入地表水中Ⅳ、Ⅴ类水域和排入海洋水体中三类海域的污水，执行二级标准；排入设置二级污水处理厂的城镇排水系统的污水，执行三级标准；地表水Ⅰ、Ⅱ、Ⅲ类水域中划定的保护区和海洋水体中第一类海域，禁止新建排污口，现有排污口应按水体功能要求实行污染物总量控制，以保证受纳水体水质符合规定用途的水质标准。

总量控制标准是以水体环境容量为依据而设定的。水体的水环境质量要求高，则环境容量小。水环境容量可采用水质模型法计算。这种标准可以保证水体的质量，但对管理技术要求高，需要与排污许可证制度相结合进行总量控制。

我国现行的行业排放标准是根据行业排放废水的特点、治理技术发展水平、工业行业发展及其污染状况而制定的，但未考虑排放总量以及接纳水体的环境容量、性状和要求等，因此不能完全保证水体的环境质量。当排放总量超过接纳水体的环境容量时，水体水质不能达到质量标准，此时需同时执行浓度标准和总量控制标准，并通过区域、流域项目审批限控措施、落实排污许可证以及污染企业排污提高一级浓度排放标准[如将《城镇污水处理厂污染物排放标准》(GB 18918—2002)一级B标准提高到一级A标准]等措施来推进流域或区域环境总量控制。

国家排放标准按照污水排放去向，规定了水污染物最高允许排放浓度，适用于排污单位水污染物的排放管理，以及建设项目的环境影响评价、建设项目环境保护设施工艺设计、竣工验收及投产后的运行管理。

省、直辖市等根据地方社会经济发展水平和管辖地水体污染控制需要，可以依据《中华人民共和国环境保护法》《中华人民共和国水污染防治法》制定地方污水排放标准。地方污水排放标准可以增加污染物控制指标数，但不能减少；可以提高对污染物排放标准的要求，但不能降低标准。

3. 污水处理厂运行维护标准

常见的污水处理厂运维标准有《城镇污水处理厂运营质量评价标准》（CJJ/T 228—2014）。

二、规范

规范是在工农业生产和工程建设中，对设计、施工、制造、检验等技术事项所作的一系列规定。主要包括设计规范、技术规范与运维管理规范。

设计规范是指对设计的具体技术要求，是设计工作的规则。工程设计是科技工作者运用科技知识和方法，对工程项目的建设提供有技术依据的设计文件、图纸的整个活动过程，是工程技术与经济匹配关联的关键性环节，对建设造价控制具有重要意义。

污水处理设计常用的设计规范有《城市工程管线综合规划规范》（GB 50289—2016）、《泵站设计规范》（GB/T 50265—2010）、《室外排水设计标准》（GB 50014—2021）、《给水排水工程构筑物结构设计规范》（GB 50069—2002）、《工业循环冷却水处理设计规范》（GB/T 50050—2017）等等。

常见的技术规范有：《农村生活污水处理工程技术标准》（GB/T 51347—2019）、《铜冶炼废水治理工程技术规范》（HJ 2059—2018）、《城镇给排水技术规范》（GB 50788—2012）、《生物滤池法污水处理工程技术规范》（HJ 2014—2012）、《厌氧颗粒污泥膨胀床反应器废水处理工程技术规范》（HJ 2023—2012）、《生物接触氧化法污水处理工程技术规范》（HJ 2009—2011）、《农村生活污染控制技术规范》（HJ 574—2010）、《酿造工业废水治理工程技术规范》（HJ 575—2010）、《厌氧-缺氧-好氧活性污泥法污水处理工程技术规范》（HJ 576—2010）、《序批式活性污泥法污水处理工程技术规范》（HJ 577—2010）、《氧化沟活性污泥法污水处理工程技术规范》（HJ 578—2010）、《膜分离法污水处理工程技术规范》（HJ 579—2010）、《含油污水处理工程技术规范》（HJ 580—2010）、《人工湿地污水处理工程技术规范》（HJ 2005—2010）、《污水混凝与絮凝处理工程技术规范》（HJ 2006—2010）、《污水气浮处理工程技术规范》（HJ 2007—2010）、《污水过滤处理工程技术规范》（HJ 2008—2010）、《城镇污水处理厂污泥处置—混合填埋用泥质》（GB/T 23485—2009）、《城镇污水处理厂污泥泥质》（GB 24188—2009）等等。

常见的环境保护产品技术要求有：城镇给排水紫外线消毒设备（GB/T 19837—2019），膜生物反应器（HJ 2527—2012），中空纤维膜生物反应器组器（HJ 2528—2012），紫外线消毒装置（HJ 2522—2012），旋流除砂装置（HJ 2538—2014），潜水排污泵（HJ/T 336—2006），污泥浓缩带式脱水一体机（HJ/T 335—2006），散流式曝气器（HJ/T 281—2006），单级高速曝气离心鼓风机（HJ/T 278—2006），刮泥机（HJ/T 265—2006），吸泥机（HJ/T 266—2006），格栅除污机（HJ/T 262—2006），鼓风式潜水曝气机（HJ/T 260—2006），微孔过滤装置（HJ/T 253—2006），中、微孔曝气器（HJ/T 252—2006），罗茨鼓风机（HJ/T 251—2006），旋转式细格栅（HJ/T 250—2006），悬浮填料（HJ/T 246—2006），悬挂式填料（HJ/T 245—2006），生物接触氧化成套装置（HJ/T 337—2006），等等。

常见的工程施工规范有：《城镇污水处理厂工程施工规范》（GB 51221—2017）、《给水排水构筑物工程施工及验收规范》（GB 50141—2008）、《给水排水管道工程施工及验收规范》（GB 50268—2008）、《城镇污水处理厂工程质量验收规范》（GB 50334—2017）等等。

常见的运维管理规范有：《城镇污水处理厂运行监督管理技术规范》（HJ 2038—2014）。

这些技术规范为环境工作者进行污水处理厂工程设计、设备选型、环保材料选择、运维管理提供了十分具体的技术规则、规定与要求。

三、规程

规程是对工艺、操作、安装等具体技术要求和实施程序所作的统一规定，简单说就是“规则＋流程”。所谓流程即为实现特定目标而采取的一系列前后匹配衔接的行动组合或多个工序环节组成的工作程序；规则则是对具体工艺流程操作的具体要求、规定、标准和制度等。规程强调标准、规模在各工艺操作环节中的具体落实。

常用的规程有《城镇污水处理厂运行、维护及安全技术规程》（CJJ 60—2011）、《镇（乡）村排水工程技术规程》（CJJ 124—2008）、《城镇污水处理厂污泥处理技术规程》（CJJ 131—2009）、《城镇污水处理厂臭气处理技术规程》（CJJ/T 243—2016）等等。

复习思考题

1. 简述水质污染指标在水体污染控制、污水处理工程设计中的作用。
2. 废水有机污染特性的指标有哪些？解释 BOD/COD 的作用及意义。
3. 解释有关描述废水物理特性指标的含义。
4. 解释有关描述废水化学特性指标的含义。
5. 标准、规范、规程之间有何关系？试述我国制定排放标准、技术规范、产品要求、操作规程的作用与意义。
6. 污水处理厂工程设计、设备选型、工程建设、运行管理不按照相关工艺标准规范进行是否可以？为什么？

参考文献

[1] 成官文．水污染控制工程 [M]．北京：化学工业出版社，2009.
[2] 成官文，梁斌，黄翔峰．水污染控制工程设计（论文）指南 [M]．北京：化学工业出版社，2011.
[3] 高廷耀，顾国维，周琪．水污染控制工程 [M]．北京：高等教育出版社，2007.
[4] 《水和废水监测分析方法》编委会．水和废水监测分析方法 [M]．4 版．增订版．北京：中国环境科学出版社，2002.

第三章

水污染控制工程的基本原理与方法

第一节 水体自净作用及其水污染控制工程原型

一、水体污染

水体污染是指当进入水体的污染物超过了水体的环境容量或水体的自净能力，使水质变坏，从而破坏了水体的原有价值和作用的现象。

从来源看，水体污染的成因可分为点源污染和面源污染。点源污染来自未经处理或处理后不达标的生活污水和工业废水。面源污染主要是指农业生产过程中使用的农药、肥料，随雨水径流进入水体的城镇地面污染物以及随大气扩散的有毒有害物质随重力沉降进入水体造成污染。

水体污染带来的影响和危害范围极其广泛，主要有物理、化学和生物的影响和危害。

二、水体自净作用

污染物随污水排入水体后，经过物理、化学与生物作用，浓度降低或总量减少，受污染的水体部分或完全恢复原状，这种现象称为水体自净或水体净化。水体所具备的这种能力称为水体自净能力。若污染物的数量超过水体的自净能力，就会导致水体污染。

水体自净过程非常复杂，按净化机理可分为如下几类作用：

① 物理净化作用：水体中的污染物通过稀释、混合、沉淀、挥发等作用浓度降低的过程。

② 化学净化作用：水体中的污染物通过氧化还原、酸碱反应、分解化合、吸附凝聚等作用发生存在形态变化或浓度降低的过程。

③ 生物净化作用：水体中的污染物通过水生生物特别是微生物的氧化分解作用，发生存在形态变化和浓度降低的过程。在生物净化作用过程中，有机污染物的总量不断减少，并被无机化和无害化，氨氮也被逐渐转化为亚硝酸盐、硝酸盐。

水体的自净作用十分复杂，在实际过程中这些净化作用常常交织在一起，但生物净化作用在水体自净作用中起主要作用。

1. 物理净化作用

物理净化作用包括稀释、混合、沉淀和挥发。

（1）稀释

污水排入水体后，在流动的过程中，逐渐和水体水相混合，使污染物的浓度不断降低的过程称为稀释。稀释作用受对流与扩散运动的影响。由于大江大河的河床宽阔，污水与河水不易达到完全混合，从而在排污口的一侧形成长度与宽度都较稳定的污染带。

（2）混合

污水与水体混合后，污染物浓度会降低。河流的混合稀释效果，取决于污水与水体的比例和混合系数。混合系数受河流形状、污水排放形式（包括排放口构造、排放方式、排污量）等因素的影响。

（3）沉淀和挥发

可通过沉淀去除污染物中的可沉物质，使水体中污染物的浓度降低，但底泥中污染物的总量会增加。如果长期沉淀，会淤塞河床。当河流受到暴雨冲刷或扰动时，底泥会再次悬浮形成二次污染。

若污染物属于挥发性物质，挥发会使水体中的污染物浓度降低。

2. 化学净化作用

（1）氧化还原

氧化还原是水体化学净化作用的主要反应。水体中的溶解氧可与某些污染物发生氧化反应。如铁、锰等重金属可被氧化成难溶性的氢氧化铁、氢氧化锰而沉淀。硫离子可被氧化成硫酸根随水流迁移。还原反应则多在微生物的作用下进行，如硝酸盐在水体缺氧条件下被反硝化细菌还原成氮气而被去除。

（2）酸碱反应

水体中存在的矿物质（如石灰石）以及游离二氧化碳、碳酸盐碱度等，对排入水体的酸、碱有一定的缓冲能力，使水体的pH值维持稳定。排入的酸、碱量超过缓冲能力后，水体的pH值就会发生变化。若变成偏碱性水体，会引起某些物质的逆向反应，例如已沉淀于底泥中的三价铬、硫化砷（AsS、As_2S_3）等，可分别被氧化成六价铬（$C_rO_4^{2-}$）、硫代亚砷酸盐（AsS_3^{3-}）而重新溶解；若变成偏酸性水体，沉淀于底泥中的重金属化合物又会溶解而从底泥中溶出。

（3）吸附与凝聚

吸附与凝聚属于物理化学作用，产生这种净化作用的原因在于天然水体中存在着大量具有很大的表面能并带有电荷的胶体颗粒。胶体颗粒有体系能量最低及同性相斥、异性相吸的性质，可以吸收和凝聚水体中各种阴、阳离子，然后絮凝沉降，达到净化的目的。

3. 生物化学净化作用

图3-1为水体中含氮有机物生物化学净化过程示意图。含氮有机物等各种污染物质进入水体后，可沉物质发生沉淀，形成有机底泥。由于水体底部缺氧，沉淀的有机污染物在厌氧条件下被厌氧菌分解为NH_3、CH_4、CO_2和少量H_2S等气体，并通过挥发作用进入水体和逸入大气中。另一些悬浮在水中的细小有机物和胶体状有机物在有溶解氧的条件下，经好氧生物作用被分解成铵盐（NH_4^+）、氨（NH_3）、水和二氧化碳。NH_4^+与NH_3在亚硝化细菌作用下被氧化为亚硝酸盐（NO_2^-），然后在硝化细菌作用下被氧化成NO_3^-。水体中被消耗掉的溶解氧，由水面大气复氧不断得到补充。

三、水污染控制工程原型

根据上述水体自净机理分析，可以把水体自净的规律作为原型应用于水污染控制工程中。

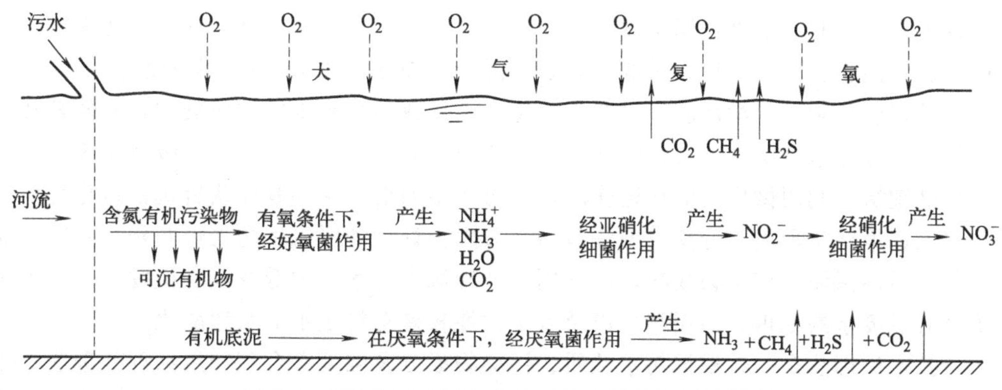

图 3-1　水体中含氮有机物生物化学净化过程示意图

① 在污水进入河流后，河流沿流程方向发生物理净化作用、化学净化作用和生物化学净化作用。其中生物化学净化作用过程为先发生水解作用和有机物降解作用，后发生亚硝化作用和硝化作用。这为污水处理工艺设计提供了实物模型，如沉砂池在前，曝气池在后；去除有机物在前，去除氨氮在后。

② 在垂向上，伴随水面波动，气液界面破碎而实现大气复氧。大气复氧作用弱，污水进入水体后，水体溶解氧迅速降低，甚至水质恶化，说明供氧能力制约了水体的自净速度；水体中部为水生生物活动或作用的主要区域，由于往河流下游或湖泊中心断面尺寸加大，水力坡度降低，水动力减缓，生物絮凝作用和沉降作用会明显加强，致使水中微生物量不断减少，水体自净作用或速度缓慢；水体底部因液固界面黏滞作用和黏性底层的存在，颗粒污染物在水体底部发生沉淀作用，沉淀的污泥因缺氧而发生厌氧反应。水体自上而下溶解氧浓度不断降低，在水体上部进行好氧作用，中部进行兼氧作用，底部进行厌氧作用。可见，水体自净作用明显受水体供氧能力、微生物浓度、水动力作用影响。要想提高水体自净能力或污水处理能力，进行人工强制通风曝气、增加微生物浓度或接种微生物（回流污泥）、改善水动力学状态将十分必要，这为污水处理提供了充分的借鉴作用。

③ 参与水体自净的生物既有悬浮生长的微生物、固着生长的水生植物，又有附着在这些水生植物和石块上的微生物，反映出用于污水生物处理的生物可以是悬浮的、附着的甚至固着的。因而，污水生物处理可以利用活性污泥法、生物膜法与人工湿地法。

④ 水体可以处于静态与动态，具有流体特性。水体厌氧、悬浮物沉淀和污泥淤积均发生在静止水体或者流动性差的河床底部，因此，可以通过聚能与消能使水体处于静止或者运动状态。反映到污水处理上，对于污水处理构筑物，其曝气设备和水下推进或搅拌设备应尽可能安装在池的下部；对于扰动能力较差的表面曝气，沟道系统必须设置水下推进器或搅拌器，以防污泥淤积；化学处理与生物化学降解过程中三相传质需要聚能或输送动能，而水体澄清与泥水分离需要消能，逐步扩大过水断面面积、明显减缓水流速度的辐流式沉淀能够实现泥水分离，改善出水水质。

第二节　水污染控制的基本方法及其常见处理工艺

一、水污染控制的基本方法

① 污水处理按原理分为物理处理法、化学处理法、生物处理法和复合技术处理法四类。

物理处理法是利用物理作用实现固液分离，去除较大颗粒物和呈悬浮状的污染物。方法包括筛滤、沉淀、上（气）浮、过滤、离心、澄清、隔油（或除油）、膜过滤等。

化学处理法是利用化学反应，分离、转化、破坏或回收废水中的污染物，并使其转化为无害化物质。方法包括中和、混凝沉淀、氧化还原、离子交换、消毒、高级氧化等。

生物处理法是利用微生物的代谢作用，使污水中的溶解性和胶体状有机物转化为稳定的无害化物质，最终实现泥水分离。方法包括好氧生物处理和厌氧生物处理两种。其中，前者又可细分为活性污泥法和生物膜法，广泛用于处理城市污水及中低浓度有机废水；后者多用于高浓度有机废水的处理、污泥消化以及可生化性较差有机废水的水解酸化。

复合技术处理法是一种根据污水性质、污染物成分及浓度等合理利用物理处理法、化学处理法和生物处理法对污水进行综合处理的方法。由于城市生活污水和工业废水中的污染物是多种多样的，采用单一的方法或技术很难达到预期的处理效果，往往需要整合多种方法或技术，才能处理不同性质、不同成分的污染物，达到污水净化的目的，使污水符合排放标准要求。目前，常见的城镇污水处理厂的污水处理工艺都是采用复合技术处理法，如物理预处理＋生物处理、物理预处理＋生物处理＋化学处理等等。

② 污水处理按处理程度分为一级处理、一级半处理（一级强化处理）、二级处理、二级半处理（二级强化处理）和三级处理。

一级处理主要是采用物理法去除污水中悬浮状态的固体污染物，一般可去除 30%的 BOD，为预处理。对普通活性污泥法，因初沉池水力停留时间较长，可去除 40%以上的 COD。

一级半处理（一级强化处理）是在一级物理处理的基础上，在沉砂池至初沉池之间投加化学絮凝剂或生物絮凝剂，进行絮凝沉淀，能去除 70%左右的 SS、50%左右的 BOD 和绝大部分磷。香港昂船洲污水处理厂就是采用此处理方法。

二级处理是指采用物理法预处理＋传统生物处理，通过生物处理去除污水中的胶体状和溶解性有机物，能去除 90%左右的 COD、BOD，但氮、磷可能不达标。常规方法有传统活性污泥法、AB 法和生物膜法等。

二级强化处理和三级处理是在二级处理基础上，进行污水混凝沉淀、膜分离等深度处理，进一步去除难降解有机物和氮、磷。三级处理与深度处理基本相同，只是后者以污水回用为目的。

二、水污染控制的基本工艺

对于以去除有机物为目标的传统污水处理厂，典型工艺流程如图 3-2 所示。

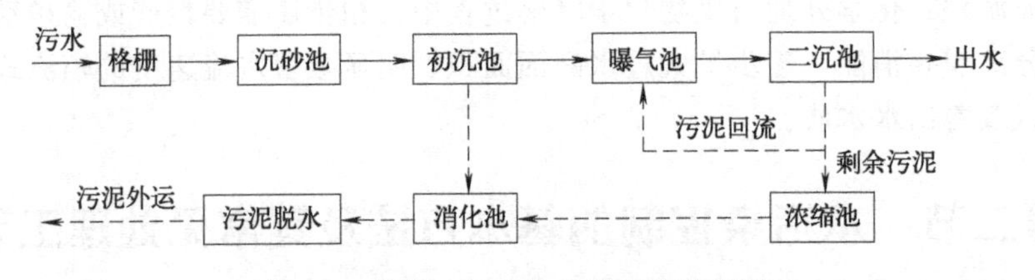

图 3-2 传统二级生物处理工艺流程图

随着人们对环境质量要求的日益提高，污水处理厂一般都要求进行脱氮除磷，常见的处理工艺如图 3-3 所示。

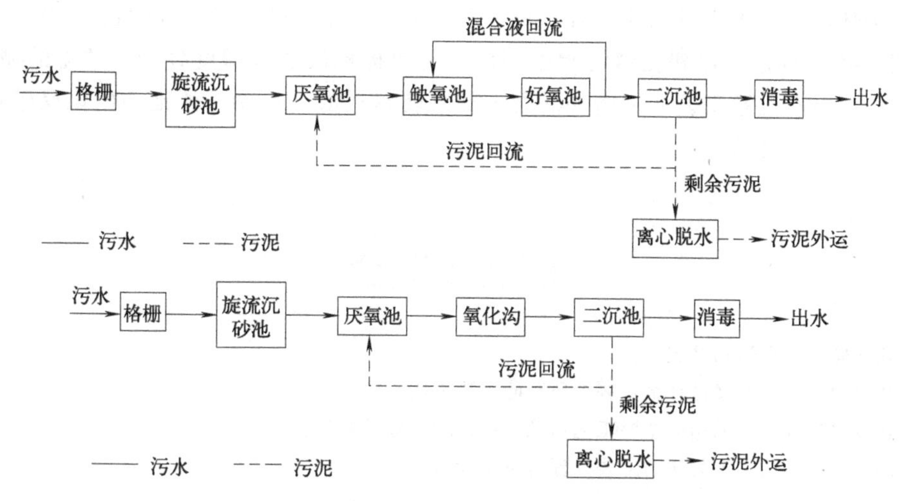

图 3-3　常见生物脱氮除磷工艺流程图

对于乡镇、独立厂矿企业、高校等的污水处理设施，常见处理工艺如图 3-4 所示。

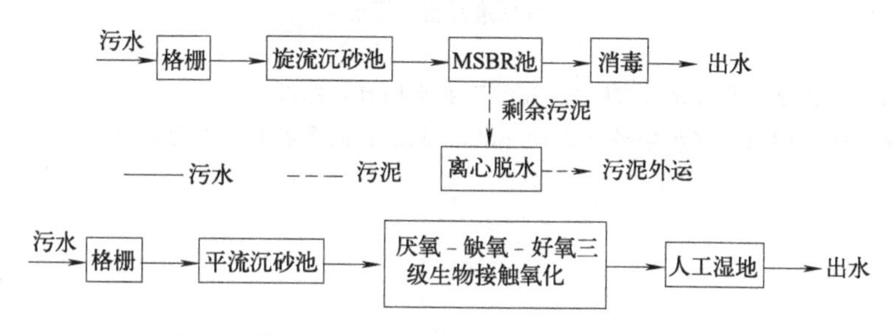

图 3-4　常见小型、微型污水处理设施工艺流程图

对于农村污水处理设施，较为适宜的污水处理工艺如图 3-5 所示。

图 3-5　常见农村微型污水处理设施工艺流程图

为推进碳达峰、碳中和，实现污水处理厂节能减排或低碳运行，可以在现有脱氮除磷工艺生物处理环节前增加初沉池，就能够在预处理环节去除更多的颗粒状有机污染物（见图 3-6），从而实现低碳运行。

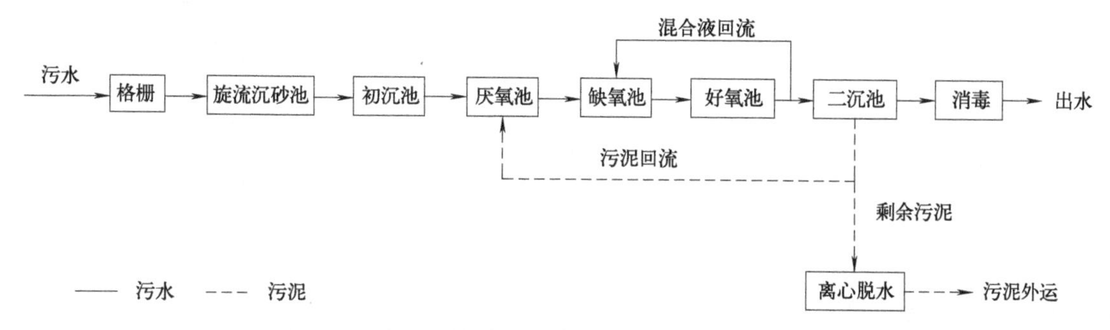

图 3-6　低碳生物脱氮除磷工艺流程图

为保护环境，消除黑臭水体，我国城镇污水处理厂污染物排放标准由原来的一级B标准提高到一级A标准，已建城镇污水处理厂多需要提标改造或深度处理，常见的城镇污水处理工艺多在原有处理工艺后端增加混凝+纤维转盘过滤、混凝+滤池、硝化反硝化滤池、膜过滤等深度处理环节。

复习思考题

1. 简述水体自净有哪几种类型。
2. 水体自净的工程意义是什么？哪个环节起主要作用？
3. 简述废水处理通常采用的主要工艺以及各级处理去除的对象。
4. 物理法、化学法和生物法的主要处理对象是什么？

参考文献

[1] 成官文. 水污染控制工程 [M]. 北京：化学工业出版社，2009.
[2] 高廷耀，顾国维，周琪. 水污染控制工程 [M]. 北京：高等教育出版社，2007.

第四章

污水的物理处理

污水物理处理是指借助重力、浮力、离心力等物理作用使污水中的某些污染物得以分离的处理过程。生活污水和工业废水都可能含有大量的漂浮物、悬浮物以及泥沙等，其进入水处理构筑物会沉入水底或浮于水面，会淤塞水处理构筑物，对污水处理设备的正常运行造成影响。污水物理处理的作用就在于去除这些不利于水处理构筑物及其设备运行的漂浮物、悬浮物和泥沙等。污水物理处理方法有筛滤、截留、水质水量调节、重力分离、离心分离等；采用的处理设备和构筑物有筛网、格栅、滤池、微滤机、沉砂池、旋流分离器、沉淀池、隔油池、气浮池等。根据污水和工业废水的性质及需要的处理程度，上述处理设备和构筑物可以单独使用，也可以与化学处理和生物处理工艺联合使用。

第一节　格　　栅

一、格栅的作用

格栅由一组平行的金属栅条、筛网或穿孔板制成，安装在污水渠道、泵房集水井的进口处或污水处理厂的前部，用以截留较大的悬浮物或漂浮物，如纤维、毛发、果皮、蔬菜、烟蒂、塑料和泡沫制品等，以减轻后续处理构筑物的处理负荷，并使之正常运行。被截留的物质称为栅渣，栅渣的含水率约为70%～80%，容重约为750kg/m^3。

二、格栅的分类

格栅按栅条的间隙大小分为超细格栅（0.2～2mm)、细格栅（2～10mm)、中格栅（10～40mm）和粗格栅（40mm及以上）。粗格栅常用在中途泵站提升泵房前，中格栅常用于污水处理厂泵前，细格栅常用于污水处理厂泵后，超细格栅常用于沉砂池后。

格栅按形状又可分为平面格栅与曲面格栅两大类。平面格栅多用于污水处理厂泵前与中途泵站提升泵房前。曲面格栅又可分为固定曲面格栅与旋转鼓筒式格栅两种，多用于污水处理厂提升泵站后。

格栅按结构特征可细分为：抓扒格栅、循环式格栅、弧形格栅、回转式格栅、转鼓式格栅和阶梯式格栅。目前泵前格栅运用较多的有回转式、高链式和三索式，泵后格栅运用较多的有回转式、弧形和阶梯式。

目前，采用一级 B 标准的污水处理厂多采用中、细二级格栅。采用一级 A 标准的污水处理厂多采用中、细、超细三道格栅，其中泵前中格栅多采用平面格栅，泵后细格栅多采用回转式格栅，超细格栅采用转鼓式格栅。

1. 平面格栅

平面格栅由栅条与框架组成。基本形式见图 4-1。图中 A 型是栅条布置在框架的外侧，适用于机械清渣或人工清渣；B 型是栅条布置在框架的内侧，在格栅的顶部设有起吊架，可将格栅吊起，进行人工清渣。

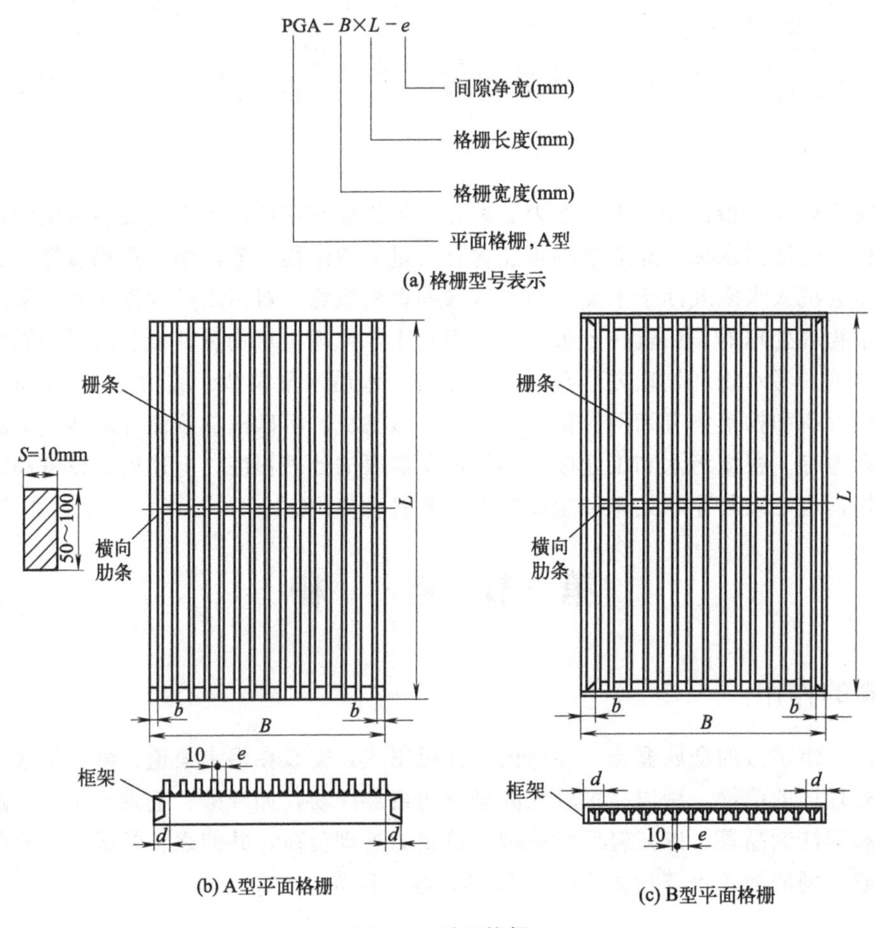

图 4-1 平面格栅

平面格栅的基本参数与尺寸包括宽度 B、长度 L、间隙净宽 e 及栅条至外边框的距离 b，具体参数与尺寸见表 4-1。

表 4-1 格栅的基本参数与尺寸

名称	数值/mm
格栅宽度 B	600,800,1000,1200,1400,1600,1800,2000,2200,2400,2600,2800,3000,3200,3400,3600,3800,4000 用移动除渣机时，B＞4000
格栅长度 L	600,800,1000,1200…… 以 200 为一级增长，上限值取决于水深

续表

名称	数值/mm
间隙净宽 e	10,15,20,25,30,40,50,60,80,100
栅条至外边框距离 b	b 值按下式计算： $b=\frac{B-10n-(n-1)e}{2}\quad b\leqslant d$ 式中 B——格栅宽度； n——栅条根数； e——间隙净宽； d——框架周边宽度

平面格栅多用于泵前中格栅与泵后细格栅。

中格栅一般位于中途泵站集水井和污水处理厂提升泵站之前，以防粗大漂浮物堵塞构筑物的孔道、闸门、管道，损坏水泵、水下搅拌机或推进器等机械设备。

中格栅按清渣方式可分为人工清渣和机械清渣两种。为了改善管理人员的工作条件，减轻劳动强度，宜采用机械格栅清污机。机械清渣格栅适用于较大的污水处理厂或当栅渣量大于 0.2m^3/d 时采用，多采用平面格栅倾斜布设和垂直布设。常见的平面格栅有往复式移动耙格栅［图 4-2（a）］、链式格栅、钢绳式格栅等［图 4-2（b）］。

机械清渣格栅不宜少于 2 台，每台格栅前后水渠均应设置滑动阀门，以利于清空和检

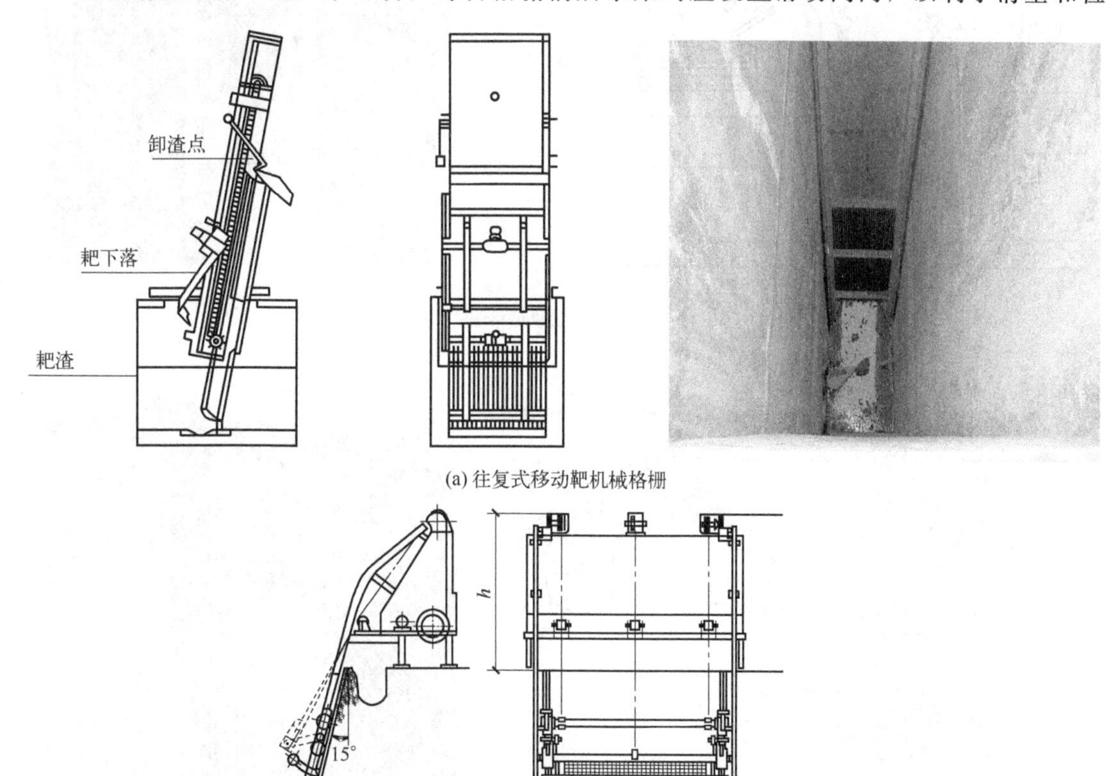

(a) 往复式移动耙机械格栅

(b) 钢丝绳牵引机械格栅

图 4-2 平面格栅

修。如果只安装1台机械清渣格栅，必须设置1台人工清渣格栅备用。

往复式移动耙机械格栅［图4-2（a）］通过设在水面上部的驱动装置将渣耙从格栅的前部或者后部嵌入栅条，往复上下将栅渣从栅条上剥离下来。

钢丝绳牵引机械格栅［图4-2（b）］依靠钢绳驱动装置放绳，耙斗从最高位置沿导轨下行，撇渣板在自重的作用下随耙斗下降。撇渣板复位后，耙斗在耙斗装置（电动推杆）的推动下通过中间钢绳牵引张开并继续下行直抵格栅底部下限位，待耙齿插入格栅间隙后，钢绳驱动装置收绳，强制耙斗完全闭合后，耙斗和斗车沿导轨上行，清除栅渣直至触及撇渣板，在两者相对运动的作用下，栅渣被撇出，经导渣板落入渣槽，实现清渣。

2. 回转式格栅

污水处理厂泵后细格栅多采用回转式格栅以及往复式移动耙平面格栅。

回转式机械格栅［图4-3（a）］是一种可以连续自动清除栅渣的格栅。它由许多个相同的耙齿机件交错平行组装成一组封闭的耙齿链，在电动机和减速机的驱动下，通过一组槽轮

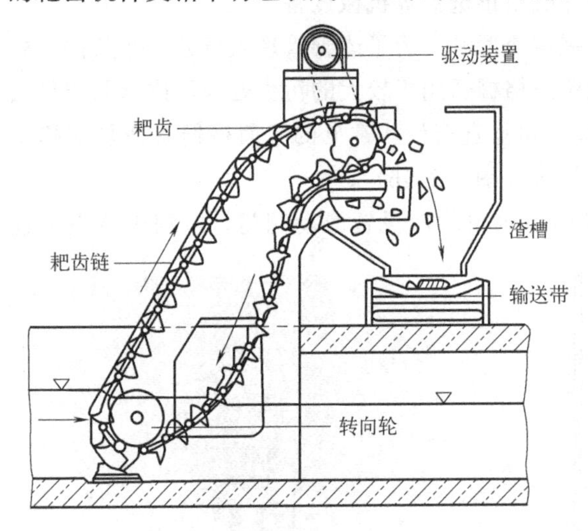

(a) 回转式机械格栅

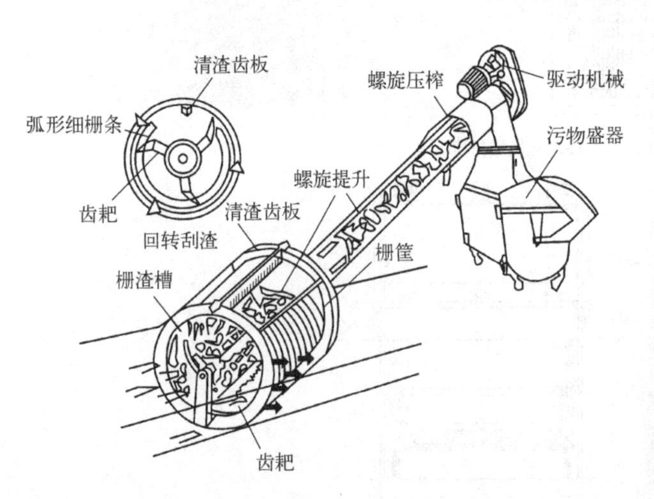

(b) 转鼓式机械格栅

图4-3 机械格栅

和链条实现连续不断的自下而上的循环运动，达到不断清除栅渣的目的。当耙齿链运转到设备上部及背部时，链轮和弯轨的导向作用可以使平行的耙齿排产生错位，促使粗大固体污物靠自重下落到渣槽内，再由槽底螺旋输送器送至渣池或斗车中。

3. 转鼓式格栅

转鼓式机械格栅［图 4-3 (b)］是一种集细格栅除污机、栅渣螺旋提升机和螺旋压榨机于一体的设备。格栅片按栅间隙制成鼓形栅筐，处理水从栅筐前端流入，通过格栅过滤，流向栅筐后的渠道，栅渣被截留在栅筐内栅面上，当栅内外的水位差达到一定值时，安装在中心轴上的旋转齿耙回转清污，当清渣齿耙把污物扒至栅筐顶点的位置时，通过栅渣自重、水的冲洗及挡渣板的作用，栅渣卸入中间渣槽，再由槽底螺旋输送器提升，至上部压榨段压榨脱水后外运。

三、格栅的设计计算

1. 基本要求

(1) 中格栅

泵前中格栅一般采用固定式清污机，单组工作宽度不宜超过 3m，否则应使用多组。

城镇污水处理厂中格栅设置不得低于二组，当设置二组以上时，应设人工铲除格栅备用。乡镇、独立厂矿企业、村屯等小微型污水处理设施一般设置一组泵前格栅。

格栅间隙：根据水泵叶轮间隙允许通过的污物能力决定，即格栅间隙应小于水泵叶轮的间隙，目前一般采用 20mm。

格栅安装角度：机械清渣一般 60°～75°，回转式一般 60°～90°，特殊时为 90°。

格栅水头损失一般选用 0.08～0.15m。

(2) 细格栅

泵后细格栅可采用回转式格栅以及往复式移动耙平面格栅。

细格栅间隙多选用 3～10mm。

格栅安装角度：机械清渣一般 60°～75°，回转式一般 60°～90°。

栅前渠道流速 0.4～0.8m/s，过栅流速为 0.6～1.0m/s。

过栅水头损失一般在 0.1～0.3m 之间。栅后渠底应比栅前降低 0.1～0.3m。

2. 设计计算

格栅的设计内容包括尺寸计算、水力计算、栅渣量计算以及清渣机械的选型、格栅管渠宽度等。图 4-4 为格栅计算图。

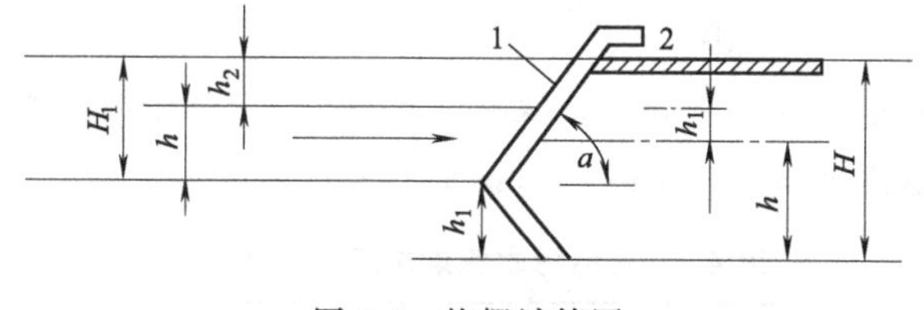

图 4-4　格栅计算图

1—栅条；2—工作平台

栅槽宽度：

$$B=S(n-1)+en \tag{4-1}$$

$$n=\frac{Q_{\max}\sqrt{\sin\alpha}}{ehv}\times 1000$$

式中 B——栅槽宽度，mm；

S——栅条宽度，mm；

e——栅条净间隙，mm；

n——格栅间隙数；

$Q_{\max}$——最大设计流量，m^3/s；

α——格栅倾角，(°)；

h——栅前水深，m；

v——过栅流速，m/s，$Q_{\max}$ 时为 0.8～1.0m/s，平均设计流量时为 0.3m/s；

$\sqrt{\sin\alpha}$——经验系数。

过栅的水头损失：

$$h_1=kh_0 \tag{4-2}$$

$$h_0=\xi\frac{v^2}{2g}\sin\alpha$$

式中 h_1——过栅水头损失，m；

h_0——计算水头损失，m；

g——重力加速度，9.81m/s^2；

k——系数，格栅受污物堵塞后，水头损失增大的倍数，一般 k 取 3；

ξ——阻力系数，与栅条断面形状有关，$\xi=\beta\left(\frac{S}{e}\right)^{\frac{4}{3}}$，当为矩形断面时，$\beta=2.42$。

为避免造成栅前壅水，故将栅后槽底下降 h_1 作为补偿。

栅槽总高度：

$$H=h+h_1+h_2 \tag{4-3}$$

式中 H——栅槽总高度，m；

h——栅前水深，m；

h_2——栅前渠道超高，m，一般用 0.3m。

每日栅渣量计算：

$$W=\frac{Q_{\max}W_1\times 86400}{K_{总}\times 1000} \tag{4-4}$$

式中 W——每日栅渣量，m^3/d；

W_1——污水栅渣量（$m^3/10^3m^3$），取 0.01～0.1，细格栅用大值，中格栅用中值；

$K_{总}$——生活污水流量总变化系数，见表 4-2。

表 4-2 生活污水流量总变化系数 $K_{总}$

平均日流量/(L/s)	4	6	10	15	25	40	70	120	200	400	750	1600
$K_{总}$	2.3	2.2	2.1	2.0	1.89	1.80	1.69	1.59	1.51	1.40	1.30	1.20

【例 4-1】 已知某城市污水的最大设计流量 $Q_{\max}=0.4m^3/s$，$K_{总}=1.4$，计算格栅尺寸，并进行格栅选型与配套进水沟渠尺寸设计。

【解】 格栅计算草图见图 4-4。设栅前水深 $h=0.4\text{m}$，过栅流速取 $v=0.9\text{m/s}$，栅条净间隙 $e=20\text{mm}$，格栅安装倾角 $a=60°$。

栅条间隙数：

$$n=\frac{Q_{\max}\sqrt{\sin a}}{ehv}\approx 52$$

栅槽宽度：取栅条宽度 $S=0.01\text{m}$，则

$$B=S(n-1)+en=0.01\times(52-1)+0.02\times 52=1.55\ (\text{m})，取 1.6\text{m}。$$

过栅水头损失：取 $k=3$，因栅条为矩形截面，取 $\beta=2.42$，并将已知数据代入式(4-2) 得：

$$h_1=2.42\times\left(\frac{0.01}{0.02}\right)^{\frac{4}{3}}\times\frac{0.9^2}{2\times 9.81}\sin 60°\times 3=0.103\ (\text{m})，取 0.1\text{m}。$$

栅后槽总高度：取栅前渠道超高 $h_2=0.3\text{m}$，则

$$H=h+h_1+h_2=0.4+0.1+0.3=0.8\ (\text{m})$$

每日栅渣量：取 $W_1=0.07\text{m}^3/10^3\text{m}^3$，则

$$W=\frac{Q_{\max}W_1\times 86400}{K_{总}\times 1000}=\frac{0.4\times 0.07\times 86400}{1.4\times 1000}=1.728\ (\text{m}^3/\text{d})$$

采用机械清渣。

查环保设备资料，细格栅拟采用某环保设备厂 GX-1600 往复式移动耙平面格栅，具体参数见表 4-3。相对应的进水沟渠设计宽度为 1.7m（即相对应的设备安装宽度或水槽宽度），沟渠设计水深 H 为 0.8m。

表 4-3　GX-1600 参数一览表

型号	设备宽度/mm	设备安装宽度/mm	耙齿间隙/mm	电机总功率/kW
GX-1600	1600	1700	10	1.5

第二节　调　节　池

工业企业往往采用分批或周期性方式组织生产，由于采用的生产工艺和所用原料的不同，导致许多工业废水的流量、污染物组成和污染物的浓度或负荷随时间而波动。乡镇、高校、高速公路服务站以及独立社区，污水排放具有很强的时段性，致使排水水质和水量不均。为确保污水处理设施连续正常运行，需要采用均衡调节的方法来缓和这种水质和水量的波动。

一、调节池的作用

调节池具有如下作用或功能：①尽量减少或防止有机物冲击负荷以及高浓度有毒物质对生物处理系统的不利影响；②实现酸性废水和碱性废水中和，尽可能使处理过程中的 pH 值保持稳定，以减少中和所需要化学药品的数量；③使不同温度废水得到充分混合，调节水温；④当工厂不开工或间歇排放废水时，可以在一定时间内保持生物处理系统的连续进水。

设置调节池，具有以下优势：由于消除或降低了冲击负荷，抑制性物质得以稀释，稳定了 pH 值，后续生物处理的效果得到了保证；由于生物处理单元在固体负荷率方面保持相对

一致性，后续的二沉池在出水质量和沉淀分离方面效果也大大改善；需要投加化学药剂时，由于水量与水质得到调节，化学投药易于控制，工艺也更加具有可靠性。当然，设置调节池也存在不足。例如，占地面积较大，可能需要加盖以防臭味逸散，增加基建投资，需要管理与维护等。

二、调节池的设置

1. 调节池布设位置

调节池布设的最佳位置取决于废水收集系统和待处理废水的特性、占地需要、处理工艺类型等。可以在一级处理与生物处理之间设置高位调节池，但需要考虑调节池向后续工艺供水的均匀性。也可以在泵前设计低位调节池，但需要选择合理的水下搅拌装置或者设置泥斗定期排泥。

2. 调节池的类型与均质、均量方式

如果调节池的作用是调节水量，则只需设置简单的水池，保持必要的调节池容积并使出水均匀即可。如果调节池的作用是使废水水质能达到均衡，则需使调节池的构造特殊一些，以使不同时间进入调节池的废水能相互混合，获得水质均质的效果，穿孔导流槽式调节池属于此类（见图 4-7）。为了使废水充分混合，防止悬浮物在调节池内沉淀淤积，工程上多在池内增设空气、机械、水力等搅拌设施。

三、调节池的设计计算

1. 水量调节池

常用的水量调节池，一般进水为重力流，出水用泵抽升；但在市区内，因工厂用地紧张，水量调节池也可以是高位的（如废水处理站楼顶），进水通过水泵提升，出水为重力流。

调节池的容积可用图解法计算。例如某工厂废水在生产周期（T）内，废水流量变化曲线如图 4-5 所示。曲线下时间 T 内所围的面积等于废水的总流量 $W_T(\mathrm{m}^3)$。

$$W_T=\sum_{i=0}^{T}q_i t_i \tag{4-5}$$

式中 q_i——在 t 时段内废水的平均流量，m^3/h；

t_i——时段，h。

在周期 T 内废水平均流量（Q）为

$$Q=\frac{W_T}{T}=\frac{\sum_{i=0}^{T}q_i t_i}{T} \tag{4-6}$$

根据废水流量变化曲线，可绘制如图 4-6 所示的废水流量累积曲线。流量累积曲线与周期 T（本例为 24h）的交点 A（流量曲线末端）读数为 $W_T(1464\mathrm{m}^3)$，连接 OA 直线，其斜率为 $Q(61\mathrm{m}^3/\mathrm{h})$。

假设一台水泵 24h 工作，该水量曲线即为泵抽水量的累积水量（即 $OBCA$ 曲线）。

根据废水流量累积曲线，作平行于 OA 的两条切线 ab、cd，交 $OBCA$ 曲线于切点 B 和 C，通过 B 和 C，作平行于纵坐标的直线 BD 和 CE，此二直线与出水累积曲线分别相交于 D 和 E 点。从纵坐标可得到 BD 和 CE 的水量分别为 $220\mathrm{m}^3$ 和 $90\mathrm{m}^3$，两者相加即为所需调节池的容积 $310\mathrm{m}^3$。

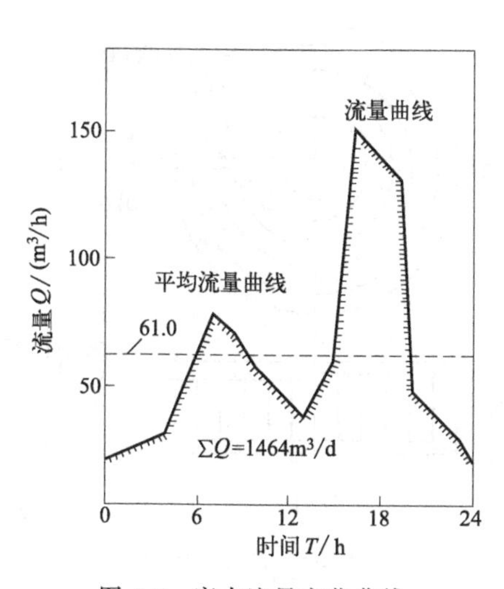

图 4-5　废水流量变化曲线

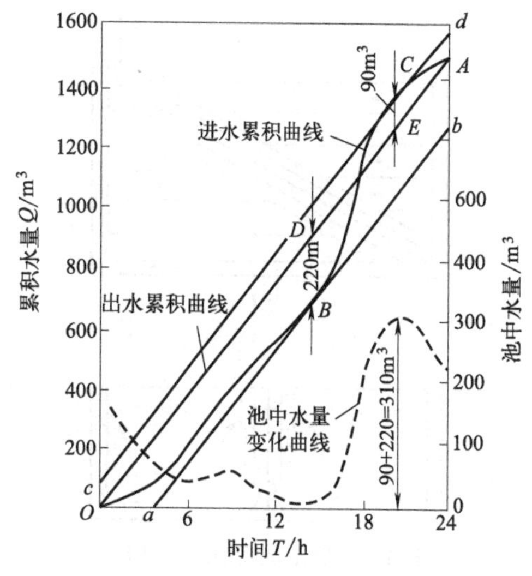

图 4-6　废水流量累积曲线

2. 水质调节池

(1) 普通水质调节池

调节池的物料平衡方程如下：

$$c_1QT+c_0V=c_2QT+c_2V \tag{4-7}$$

式中　Q——取样间隔时间内的平均流量，m^3/h；

c_1——取样间隔时间内进入调节池污物的浓度，mg/L；

T——取样间隔时间，h；

c_0——取样间隔开始时调节池污物的浓度，mg/L；

V——调节池容积，m^3；

c_2——取样间隔时间终了时调节池出水污物的浓度，m^3/h。

假设在一个取样间隔时间内出水浓度不变，将式（4-7）变化后，每一个取样间隔后的出水浓度为

$$c_2=\frac{c_1T+c_0V/Q}{T+V/Q} \tag{4-8}$$

当调节池容积已知时，利用上式可求出各间隔时间的出水污物浓度。

(2) 穿孔导流槽式水质调节池

穿孔导流槽式调节池如图 4-7 所示。同时进入调节池的废水，由于流程长短不同，使前后进入调节池的废水相混合，以此达到均和水质的目的。

这种调节池的容积可按下式计算：

$$W_T=\sum_{i=1}^{t}\frac{q_i}{2} \tag{4-9}$$

考虑到池内流动可能出现短路，一般引入 $\eta=0.7$ 的容积加大系数。则上式应为

$$W_T=\sum_{i=1}^{t}\frac{q_i}{2\eta} \tag{4-10}$$

水质调节池的形式还可以是方形和圆形的。圆形调节池如图 4-8 所示。

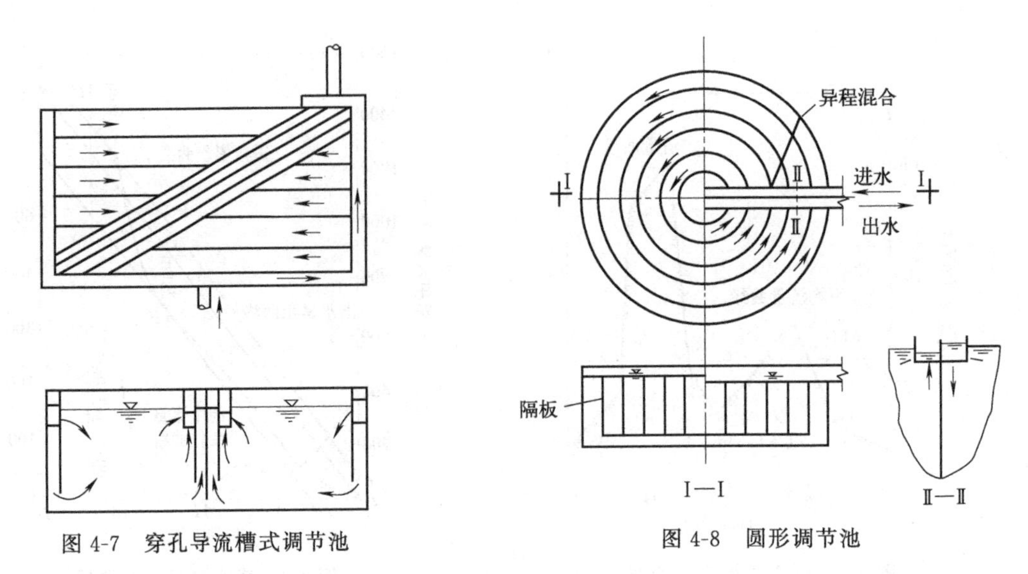

图 4-7 穿孔导流槽式调节池

图 4-8 圆形调节池

【例 4-2】 已知某化工厂酸性废水的平均日流量为 $1004m^3/d$，废水流量及盐酸浓度列于表 4-4 中，求 6h 的平均浓度和调节池的容积。

表 4-4 某化工厂酸性废水浓度与流量的变化

时间	流量 /(m^3/h)	浓度 /(mg/L)	时间	流量 /(m^3/h)	浓度 /(mg/L)
0:00～1:00	50	3000	12:00～13:00	37	5700
1:00～2:00	29	2700	13:00～14:00	68	4700
2:00～3:00	40	3800	14:00～15:00	40	3000
3:00～4:00	53	4400	15:00～16:00	64	3500
4:00～5:00	58	2300	16:00～17:00	40	5300
5:00～6:00	36	1800	17:00～18:00	40	4200
6:00～7:00	38	2800	18:00～19:00	25	2600
7:00～8:00	31	3900	19:00～20:00	25	4400
8:00～9:00	48	2400	20:00～21:00	33	4000
9:00～10:00	38	3100	21:00～22:00	36	2900
10:00～11:00	40	4200	22:00～23:00	40	3700
11:00～12:00	45	3800	23:00～24:00	50	3100

【解】 将表 4-4 中的数据绘制成水质和水量变化曲线图（图 4-9）。从图 4-9 可以看出，废水流量和浓度较高的时段为 12：00～18：00。此 6h 废水的平均浓度为

$$c=\frac{5700\times37+4700\times68+3000\times40+3500\times64+5300\times40+4200\times40}{37+68+40+64+40+40}$$

$$=4341\ (\mathrm{mg/L})$$

选用矩形平面对角线出水调节池，根据式（4-10），废水流量和浓度较高时段 12：00～18：00 其容积为 $W_T=\frac{\sum_{i=1}^{t}q_i}{2\eta}=\frac{289}{2\times0.7}=206\ (m^3)$

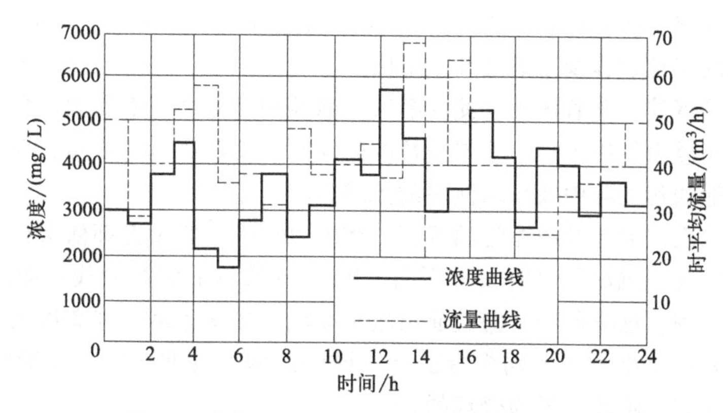

图 4-9　某化工厂酸性废水浓度和流量变化曲线

设有效水深取 1.5m，则调节池面积为 $137m^2$。取池宽 6m，池长则为 23m。纵向隔板间距采用 1.5m，将池分成 4 廊道。

(3) 搅拌调节池

采用空气搅拌的调节池，一般多在池底或池一侧装设曝气穿孔管。空气搅拌不仅起到混合及防止悬浮物下沉作用，还有一定的预除臭和预曝气作用。为了保持调节池内的好氧条件，空气供给量以 $0.01 \sim 0.015m^3/(m^3 \cdot min)$ 为宜。

机械搅拌调节池一般是在池内安装机械搅拌设备以实现废水的充分混合。为降低机械搅拌功率，调节池尽可能设置在沉砂池之后，采用的搅拌功率宜控制在 $0.004 \sim 0.008kW/m^3$ 之间。

水力搅拌调节池多采用水泵强制循环搅拌，即在调节池内设穿孔管，穿孔管与水泵的压水管相连，利用水压差进行强制搅拌。

第三节　沉淀理论

沉淀是利用重力沉降作用使污水和废水中密度较大的悬浮物分离的一种过程。它是水污染控制工程应用中使用最为广泛的方法之一。在城镇污水处理厂，无论是传统的二级生物处理，还是具有脱氮除磷功能的 A^2/O 工艺，沉淀法均可用于沉砂池的除砂、初沉池去除悬浮固体污染物、二沉池泥水分离和浓缩池的污泥浓缩。

一、沉淀类型

根据悬浮物质的性质、浓度及絮凝性能，沉淀可分为 4 种类型。

第一类为自由沉淀。自由沉淀是发生在水中悬浮固体浓度不高时的一种沉淀类型。在沉淀的过程中，颗粒之间互不碰撞，呈单颗粒状态，各自独立地完成沉淀过程。典型例子是砂粒在沉砂池中的沉淀以及初沉池中沉淀初期的沉淀过程。

第二类为絮凝沉淀（也称干涉沉淀）。在絮凝沉淀中，悬浮固体浓度不高（50～500mg/L），但颗粒与颗粒之间可能互相碰撞产生絮凝作用，使颗粒的粒径与质量逐渐加大，沉淀速度不断加快，实际沉速很难用理论公式计算，主要依靠试验测定。典型例子是化学混凝沉淀和活性污泥在二次沉淀池中间段的沉淀。

第三类为区域沉淀（或称成层沉淀、拥挤沉淀）。当悬浮物质浓度大于 500mg/L 时，相邻颗粒之间互相妨碍、干扰，沉速大的颗粒也无法超越沉速小的颗粒，颗粒群结合成一个整体向下沉淀，各自保持相对位置不变，并与澄清水之间形成清晰的液-固界面。典型例子是二次沉淀池下部的沉淀过程及浓缩池开始阶段。

第四类为压缩沉淀。随着区域沉淀的继续，悬浮固体浓度不断加大，颗粒间互相接触和支撑，上层颗粒在重力作用下挤出下层颗粒的间隙水，使污泥得到浓缩。典型的例子是活性污泥在二次沉淀池的污泥斗中及浓缩池中的浓缩过程。

活性污泥在二次沉淀池及浓缩池的沉淀与浓缩过程中，实际上都依次存在着上述四种沉淀类型，只是产生各类沉淀的时间长短不同。图 4-10 所示的沉淀曲线，即活性污泥在二次沉淀池中的沉淀过程。这类似于公路交通由较少车辆到较多车辆再到交通拥挤的过程，当交通发生拥挤时，各种类型的车辆均缓慢前行，说明道路上并非车辆越多通行能力越强，适度、适宜，保持一定车距才是最为合理的。

由于城镇生活污水一般采用生物处理，为节能而采用二沉池泥水分离、排放清水。根据沉淀理论与沉淀曲线，如果好氧池采用高浓度生物处理（如 10000mg/L），其生物量大，生物降解速率快，污水生物处理的水力停留时间短，生化池容积可以缩小，节省工程投资与构筑物占地，但其混合液浓度高，进入二沉池后不易沉降与泥水分离，难以排放清洁出水。所以，沉淀理论给我们提供了需要从工艺全系统看问题的思路，需要基于二沉池泥水分离的效果反向控制好氧池的活性污泥浓度或生物量。图 4-11 为传统活性污泥工艺流程物料平衡图，一般情况下二沉池在泥斗的回流污泥浓度为 10000mg/L，则好氧池中的 MLSS 浓度为 $(50\% \times Q \times 10000)/(Q + 50\% Q) = 3333\text{mg/L}$。

反之，为了提高生化池的生物降解速率，可以增加 MLSS 浓度，但其泥水分离就不能采用二沉池重力沉降的方法，此时需要采用膜分离的人工强制分离技术进行泥水分离。MSBR 工艺就是采用这种方法。

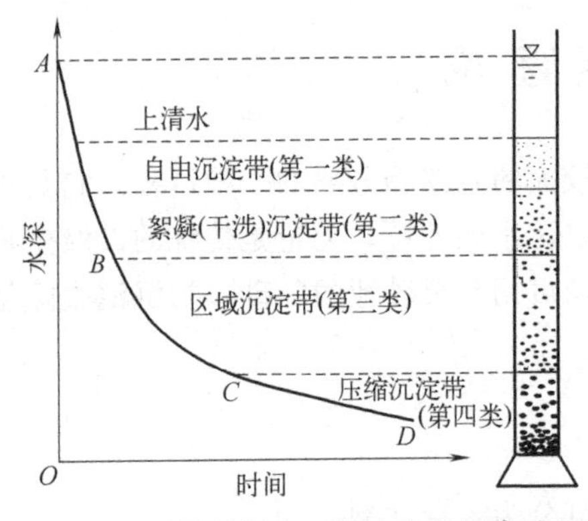

图 4-10　活性污泥在二沉池中的沉淀过程

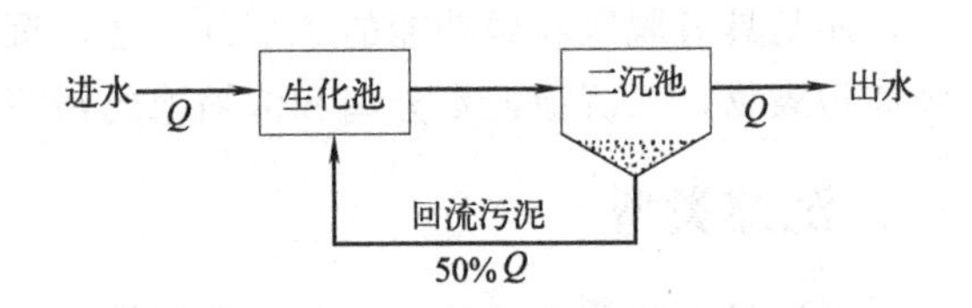

图 4-11　传统活性污泥工艺流程物料平衡图

二、沉淀理论基础

1. 自由沉淀分析

悬浮固体在静水中会受到三种作用力：悬浮固体自身的重力 F_1、悬浮固体排开水体体积所产生的浮力 F_2 和颗粒下沉过程中受到的摩擦阻力 F_3（图 4-12）。沉淀开始时，因重力作用大于其他两种力的作用而加速下沉；随着沉速加大，摩擦阻力也随之加大，三种作用力逐渐达到平衡，颗粒最后呈等速下沉。

假设颗粒为球形，其沉淀过程可通过牛顿第二定律表示：

$$m\frac{\mathrm{d}u}{\mathrm{d}t}=F_1-F_2-F_3 \tag{4-11}$$

$$F_1=\frac{\pi d^3}{6}g\rho_g$$

$$F_2=\frac{\pi d^3}{6}g\rho_y$$

$$F_3=\frac{C\pi d^2\rho_y u^2}{6}=C\frac{\pi d^2}{4}\rho_y\frac{u^2}{2}=CA\rho_y\frac{u^2}{2}$$

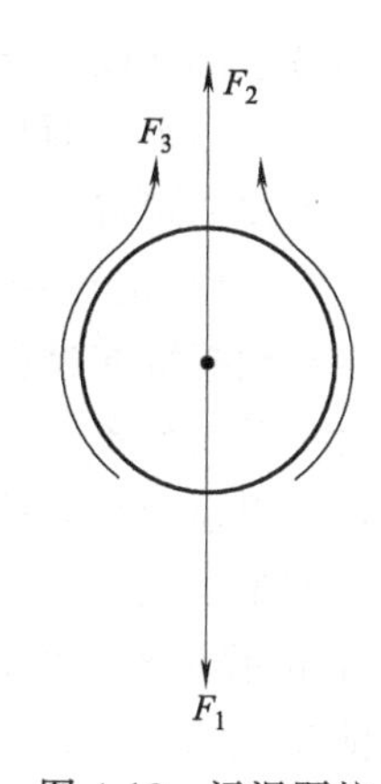

图 4-12　污泥颗粒沉淀受力状况

式中　u——颗粒沉速，m/s；

m——颗粒质量，g；

t——沉淀时间，s；

F_1——颗粒的重力，kN；

F_2——颗粒的浮力，kN；

F_3——下沉过程中受到的摩擦阻力，kN；

A——颗粒在垂直面上的投影面积，m^2；

d——颗粒的直径，m；

g——重力加速度，m/s^2；

ρ_g——颗粒的密度，kg/m^3；

ρ_y——液体的密度，kg/m^3；

C——阻力系数，是球形颗粒周围液体绕流雷诺数的函数，由于污水中颗粒直径较小，沉速不大，绕流处于层流状态，可用层流阻力系数公式计算阻力系数：

$$C=\frac{24}{Re}$$

式中　Re——雷诺数，$Re=\frac{du\rho_y}{\mu}$，其中 μ 为液体的黏度（单位 Pa·s）。

把上述各关系式代入式（4-11），整理后得：

$$m\frac{\mathrm{d}u}{\mathrm{d}t}=g(\rho_g-\rho_y)\frac{\pi d^3}{6}-C\frac{\pi d^2}{4}\rho_y\frac{u^2}{2} \tag{4-12}$$

颗粒下沉时，起始沉速为0，逐渐加速，摩擦阻力 F_3 也随之增大，很快约束重力与阻力。达到平衡，加速度为0，颗粒等速下沉。故式（4-12）可改写为：

$$u=\left(\frac{4}{3}\times\frac{g}{C}\times\frac{\rho_g-\rho_y}{\rho_y}d\right)^{\frac{1}{2}}$$

代入阻力系数公式，整理后得：

$$u=\frac{\rho_g-\rho_y}{18\mu}gd^2 \tag{4-13}$$

式（4-13）即为斯托克斯公式。从该式可知：①颗粒沉速的决定因素是 $\rho_g-\rho_y$。当$\rho_g<\rho_y$ 时，颗粒上浮；$\rho_g>\rho_y$ 时，颗粒下沉；$\rho_g=\rho_y$ 时，颗粒在水中随机运动，不沉不浮，对于这种情况，在水污染控制工程中就需要采用混凝或气浮的方法加以强制沉降或上浮予以去除。②沉速 u 与颗粒的直径成正比，所以增大颗粒直径 d，可大大提高沉淀（或上浮）效果。③u 与 μ 成反比，μ 取决于水质与水温，在水质相同的条件下，水温高则 μ 值小，有利于颗粒下沉（或上浮）。

由于污水中颗粒非球形，故不能直接利用式（4-13）进行工艺计算，但该公式有助于对沉淀规律的理解，并可以指导对沉淀过程的分析。

2. 絮凝沉淀分析

在絮凝沉淀过程中，悬浮固体会发生絮凝。絮凝的程度和效果与悬浮固体浓度、颗粒粒径大小及其分布、沉淀池池深、沉淀池内流体速度梯度、沉淀池污泥负荷等多因素密切相关，难以借助有关理论进行计算，只能通过絮凝沉淀试验测试确定。

絮凝沉淀试验是在一个直径150～200mm、高度2000～2500mm、在高度方向每隔500mm设取样口的沉淀柱内进行，见图4-13（a）。将已知悬浮物浓度c_0及水温的水样注满沉淀筒，搅拌均匀后开始计时，每隔一定时间间隔，如2min、4min、6min、8min、10min、15min、20min、30min、40min……120min，同时在各取样口取水样150～200mL，分析各水样的悬浮物浓度，并计算出各自的去除率$\eta=\frac{c_0-c_i}{c_0}\times100\%$，记录于表4-5。

根据表4-5，在直角坐标纸上，以取样口深度（m）为纵坐标，取样时间（min）为横坐标，将同一沉淀时间不同深度的去除率标于其上，然后把去除率相等的各点连接成等去除率曲线，见图4-13（b）。从图4-13（b）可求出与不同沉淀时间、不同深度相对应的总去除率。求解方法通过例4-3说明。

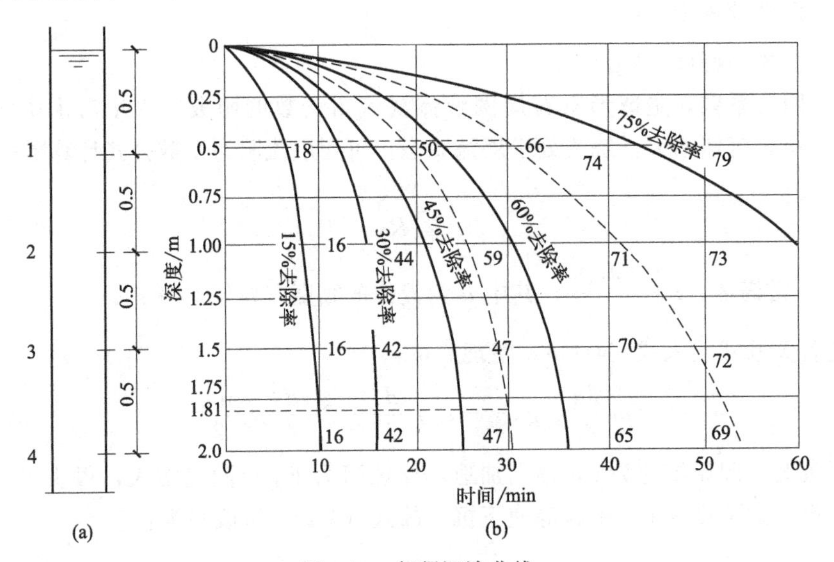

图4-13 絮凝沉淀曲线

表4-5 絮凝沉淀试验记录表

取样口编号	取样深度/m	取样时间							
		0min		10min		20min		…	
		浓度/(mg/L)	去除率/%	浓度/(mg/L)	去除率/%	浓度/(mg/L)	去除率/%	浓度/(mg/L)	去除率/%
1	0.5	200	0	164	18	82	50	…	…
2	1.0	200	0	168	16	94	44	…	…
3	1.5	200	0	168	16	97	42	…	…
4	2.0	200	0	168	16	97	42	…	…

【例 4-3】 图 4-13（b）是某城市污水的絮凝沉淀试验得到的等去除率曲线。求解沉淀时间 30min，深度 2m 处的总去除率。

【解】 因为 $t=30\text{min}$、$H=2\text{m}$ 处的 $u_0=\dfrac{H}{t}=\dfrac{2}{30}=0.067\ (\text{m/min})=1.11\ (\text{mm/s})$，故凡 $u_t \geqslant u_0=0.067\text{m/min}$ 的颗粒都可被去除。由图 4-13（b）知，这部分颗粒的去除率为 45%，$u_t > u_0=0.067\text{m/min}$ 的颗粒的去除率可用图解法求得。

图解法的步骤：①在等去除率曲线 45% 与 60% 之间作中间曲线［见图 4-13（b）上的虚线］，该曲线与 $t=30\text{min}$ 的垂直线交点对应的深度为 1.81m，得颗粒的平均沉速为 $u_1=\dfrac{1.81}{30}=0.06\ (\text{m/min})=1.0\ (\text{mm/s})$；②用同样的方法，在 60% 与 75% 两条曲线之间，作中间曲线，中间曲线与 $t=30\text{min}$ 的垂直线交点对应深度为 0.5m（为避免虚线与 0.5 坐标线重合而略微上移标示），得这部分颗粒的平均沉速为 $u_2=\dfrac{0.5}{30}=0.017\ (\text{m/min})=0.28\ (\text{mm/s})$。沉速更小的颗粒可略去不计。故沉淀时间 $t=30\text{min}$，$H=2\text{m}$ 深度处的总去除率为：

$$
\begin{aligned}
\eta &= 45\% + \frac{u_1}{u_0}\times(60\%-45\%) + \frac{u_2}{u_0}\times(75\%-60\%) \\
&= 45\% + \frac{1.0}{1.11}\times 15\% + \frac{0.28}{1.11}\times 15\% \\
&= 62.3\%
\end{aligned}
$$

三、沉淀池的工作原理

为便于说明沉淀池的工作原理，分析悬浮颗粒在沉淀池内的实际运动规律和沉淀效果，Hazen 和 Camp 提出了“理想沉淀池”这一概念。理想沉淀池分流入区、流出区、沉淀区和污泥区（图 4-14）。其假设如下：

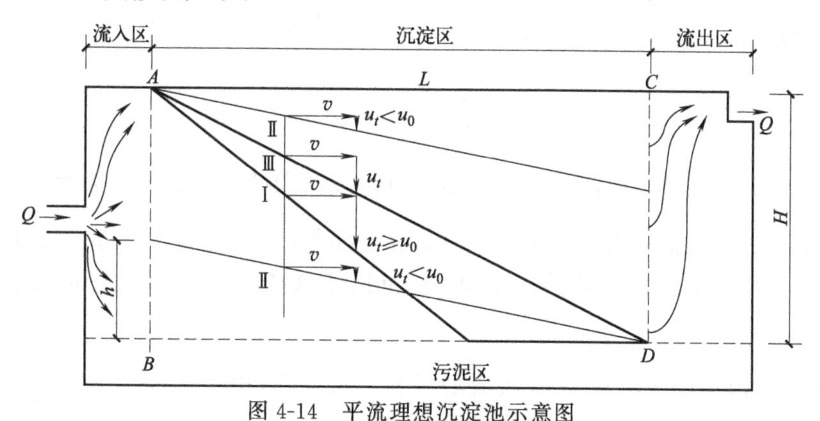

图 4-14　平流理想沉淀池示意图

① 污水在池内沿水平方向做等速流动，流速为 v，从入口到出口的流动时间为 t；

② 在流入区，颗粒沿截面 AB 均匀分布并处于自由沉淀状态，颗粒的水平分速等于水平流速 v，颗粒沉速为 u；

③ 颗粒沉到池底即认为被去除。

根据上述假设，从 A 进入的颗粒，它们的运动轨迹是水平流速 v 和颗粒沉速 u 的矢量和。在这些颗粒中，必存在某一粒径的颗粒，其沉速为 u_0，刚好能在沉淀池出口处沉至池底。故可得关系式：

$$\frac{u_0}{v}=\frac{H}{L} \quad u_0=v\frac{H}{L} \tag{4-14}$$

式中 u_0——颗粒沉速；

v——污水的水平流速，即颗粒的水平分速；

H——沉淀区水深；

L——沉淀区长度。

从图 4-14 可以看出：沉速 $u_t \geqslant u_0$ 的颗粒（轨迹Ⅰ所代表的颗粒），都可在 D 点前沉淀。沉速 $u_t < u_0$ 的那些颗粒（轨迹Ⅱ所代表的颗粒），能否沉淀取决于其在流入区所处的位置。若处在靠近水面处，则不能被去除；若处在靠近池底的位置，就可能被去除。

假设沉速 $u_t < u_0$ 的颗粒质量占全部颗粒质量的 $\mathrm{d}P$(%)，可被沉淀去除的量应为$\frac{h}{H}\mathrm{d}P$，因 $h=u_t t$，$H=u_0 t$，所以 $\frac{h}{u_t}=\frac{H}{u_0}$，对$\frac{u_t}{u_0}\mathrm{d}P$ 积分得$\int_0^{P_0}\frac{u_t}{u_0}\mathrm{d}P=\frac{1}{u_0}\int_0^{P_0}u_t\mathrm{d}P$。故沉速小于 u_0 的颗粒被去除的量为 $\frac{1}{u_0}\int_0^{P_0}u_t\mathrm{d}P$，理想沉淀池总去除量为 $(1-P_0)+\frac{1}{u_0}\int_0^{P_0}u_t\mathrm{d}P$，$P_0$ 为沉速小于 u_0 的颗粒占全部悬浮颗粒的比值（即剩余量）。用去除率表示，可改写为：

$$\eta=(100-P_0)+\frac{100}{u_0}\int_0^{P_0}u_t\mathrm{d}P \tag{4-15}$$

根据理想沉淀池的原理，可说明两点：

① 设处理水量为 $Q(\mathrm{m^3/s})$，沉淀池的宽度为 B，水面面积为 $A(\mathrm{m^2})=BL$，故颗粒在池内的沉淀时间为：

$$t=\frac{L}{v}=\frac{H}{u_0} \tag{4-16}$$

沉淀池的容积为 V，$V=Qt=HBL$。因 $Q=\frac{V}{t}=\frac{HBL}{t}=Au_0$，所以

$$\frac{Q}{A}=u_0=q \tag{4-17}$$

$\frac{Q}{A}$的物理意义是在单位时间内通过沉淀池单位表面积的流量，称为表面负荷或溢流率，用符号 q 表示。表面负荷或溢流率 q 的单位是 $\mathrm{m^3/(m^2 \cdot s)}$，也可简化为 m/s 或 m/h。表面负荷的数值等于颗粒沉速 u_0，需要去除颗粒的沉速 u_0 确定后，则沉淀池的表面负荷 q 值同时被确定。

② 根据图 4-14，在水深 h 以下入流的颗粒，可被全部沉淀去除，因为$\frac{h}{u_t}=\frac{L}{v}$，所以 $h=\frac{u_t}{v}L$，则沉速为 u_t 的颗粒的去除率为：

$$\eta=\frac{h}{H}=\frac{\frac{u_t}{v}L}{H}=\frac{\frac{u_t}{vH}}{L}=\frac{\frac{u_t}{vHB}}{LB}=\frac{\frac{u_t}{Q}}{A}=\frac{u_t}{q} \tag{4-18}$$

据此可知，平流理想沉淀池的去除率仅取决于表面负荷 q 及颗粒沉速 u_t，而与沉淀时

间、沉淀池面积、沉淀池池深以及沉淀池的容积无关。由于沉淀池内不同深度和宽度的水流速度分布不均、配水不均与水流紊流、风力和温差等均会影响沉淀池的沉淀效果，故实际沉淀池的沉淀效果低于理想沉淀池。

第四节 沉 砂 池

污水中的无机颗粒不仅会磨损污水处理厂的机械设备及其管道，在构筑物中产生淤积，还会在污泥处理时磨损滤带。设置沉砂池就是为去除这些密度较大的无机颗粒（如泥沙、煤渣等），以免影响污水处理厂后续构筑物及其设备的正常运行。管网系统的沉砂池一般设于泵站、倒虹管前，以减轻无机颗粒对水泵、管道的磨损；污水处理系统中的沉砂池设于初沉池与生化池前，以减轻二沉池负荷，改善污泥处理构筑物的处理条件。常用的沉砂池有平流沉砂池、曝气沉砂池、旋流沉砂池和钟式沉砂池等。其中，平流沉砂池多用于小型、微型污水处理设施（如难以选择标型设备的农村污水处理）中，旋流沉砂池和钟式沉砂池多用于大中型城镇污水处理中；因污水需要生物反硝化脱氮，为避免消耗碳源，污水处理厂已很少采用曝气沉砂池进行预处理。

一、设计规范要求

1. 一般规定

① 沉砂池是按去除相对密度为 2.65、粒径大于 0.2mm 的砂粒设计的。

② 设计流量：当污水自流入池时，应按最大设计流量计算；当污水采用水泵抽升时，按工作水泵最大组合流量计算；对合流制处理系统，按降雨时设计流量计算。

③ 城镇污水处理厂沉砂池应不少于 2 个，并宜按并联运行。当污水量较少时，可考虑一用一备（乡镇、农村、独立厂矿企业微型污水处理设施可以按一用设计）。

④ 沉砂量：城市污水按每 10 万立方米污水的砂量为 $3m^3$ 计，其含水率为 60%，容重 $1.5t/m^3$。

⑤ 砂斗容积按 2d 的沉砂量计，斗壁倾角不小于 55°。排砂管直径不应小于 200mm。

⑥ 沉砂池超高不宜小于 0.3m。

2. 设计参数

（1）平流式沉砂池

最大流速为 0.3m/s，最小流速为 0.15m/s；最大设计流量时停留时间不少于 30s，一般为 30～60s；设计有效水深不应大于 1.2m，一般采用 0.25～1.0m，每格池宽不宜小于 0.6m；进水头部采取消能和整流措施；池底底坡一般为 0.01～0.02。

（2）竖流式沉砂池

常见的竖流式沉砂池有旋流沉砂池和钟式沉砂池，最大流速为 0.1m/s，最小流速为 0.02m/s；最大设计流量时停留时间不少于 20s，一般设计流量为 30～60s；进水中心管最大流速为 0.3m/s。

（3）曝气沉砂池

旋流速度 0.25～0.30m/s；水平流速 0.06～0.12m/s；最大设计流量时停留时间为 1～3min；有效水深为 2～3m，宽深比为 1～2；长宽比可达 5，当池长宽比过大时，应考虑设计横向挡板；每立方米污水所需曝气量为 $0.2m^3$ 或每 m^2 池表面积 $3～5m^3/h$，空气扩散装置设在池一侧，其距池底0.6～0.9m，送风管应设置调节气量阀门。

二、平流式沉砂池

1. 平流式沉砂池的构造

平流式沉砂池是早期污水处理系统常采用的一种除砂构筑物。它由入流渠、出流渠、沉砂斗等部分组成，见图4-15。它具有截留无机颗粒效果较好、工作稳定、构造简单、排沉砂较方便等优点，但排出的砂粒含有较多有机物，需要进行洗砂处理。目前污水处理厂已经很少采用平流沉砂池。

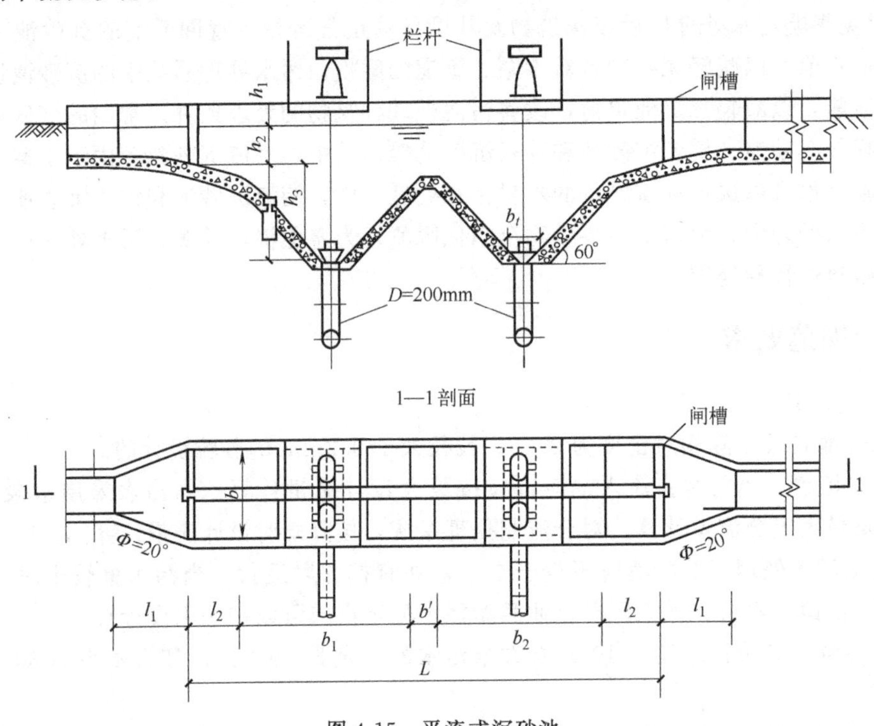

图4-15 平流式沉砂池

2. 设计计算

(1) 沉砂池水流部分的长度

$$L=vt \tag{4-19}$$

式中 L——水流部分长度，m；

v——最大流速，m/s；

t——最大设计流量时的停留时间，s。

(2) 水流断面积

$$A=\frac{Q_{max}}{v} \tag{4-20}$$

式中 A——水流断面面积，m^2；

Q_{max}——最大设计流量，m^3/s。

(3) 池总宽度

$$B=\frac{A}{h_2} \tag{4-21}$$

式中 B——池总宽度，m；

h_2——设计有效水深，m。

（4）沉砂斗容积

$$V=\frac{86400Q_{\max}tx_1}{10^5K_{总}}或V=Nx_2t' \tag{4-22}$$

式中 V——沉砂斗容积，m^3；

x_1——城市污水沉砂量，取 $3m^3/10^5m^3$；

x_2——生活污水沉砂量，L/(人·d)；

t'——清除沉砂的时间间隔，d；

$K_{总}$——流量总变化系数；

N——沉砂池服务人口数，人。

（5）沉砂池总高度

$$H=h_1+h_2+h_3 \tag{4-23}$$

式中 H——总高度，m；

h_1——超高，0.3m；

h_3——贮砂斗高度，m。

（6）验算

按最小流量时，池内最小流速 $v_{\min}>0.15m/s$ 进行验算。

$$v_{\min}=\frac{Q_{\min}}{nw} \tag{4-24}$$

式中 $v_{\min}$——最小流速，m/s；

$Q_{\min}$——最小流量，m^3/s；

n——最小流量时，工作的沉砂池个数；

w——工作沉砂池的水流断面面积，m^2。

三、曝气沉砂池

1. 曝气沉砂池的构造

曝气沉砂池呈矩形，池底一侧有 $i=0.1\sim0.5$ 的坡度，坡向另一侧的集砂槽。曝气装置设在集砂槽侧，空气扩散器距池底 0.6～0.9m，使池内水流做旋流运动，无机颗粒之间的互相碰撞与摩擦机会增加，把表面附着的有机物磨去。此外，由于旋流产生的离心力，相对密度较大的无机颗粒被甩向外层并下沉，相对密度较小的有机物被旋至水流的中心部位随水带走。集砂槽中的砂可采用机械刮砂、空气提升器或泵吸式排砂机排除。曝气沉砂池断面见图 4-16。

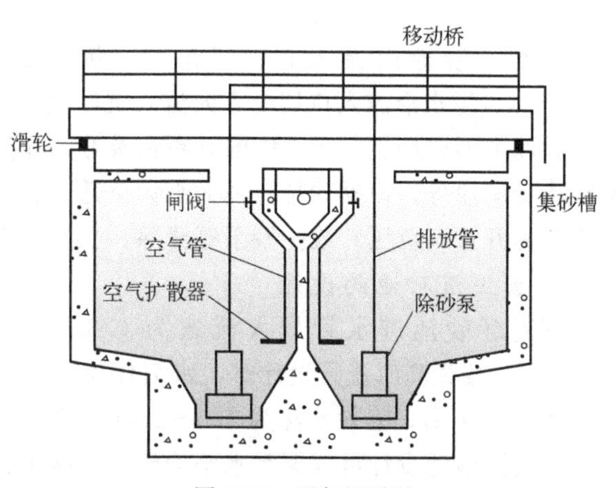

图 4-16 曝气沉砂池

2. 曝气沉砂池设计

(1) 总有效容积

$$V=60tQ_{max} \tag{4-25}$$

式中 V——总有效容积，m^3；

Q_{max}——最大设计流量，m^3/s；

t——最大设计流量时的停留时间，min，一般取 1min。

(2) 池断面积

$$A=\frac{Q_{max}}{v} \tag{4-26}$$

式中 A——池断面积，m^2；

v——最大设计流量时的水平流速，m/s。

(3) 池总宽度

$$B=\frac{A}{H} \tag{4-27}$$

式中 B——池总宽度，m；

H——有效水深，m。

(4) 池长

$$L=\frac{V}{A} \tag{4-28}$$

式中 L——池长，m。

(5) 所需曝气量

$$q=3600DQ_{max} \tag{4-29}$$

式中 q——所需曝气量，m^3/h；

D——每立方米污水所需曝气量，m^3/m^3，一般取 0.2。

四、旋流沉砂池

1. 旋流沉砂池的构造

旋流沉砂池是利用机械力控制水流流态与流速，加速砂粒的沉淀并使水流带走有机物的沉砂装置。

旋流沉砂池由流入口、流出口、沉砂区、砂斗、驱动装置以及排砂系统组成(图 4-17)。污水沿流入口切线方向流入沉砂区，利用电动机及传动齿轮带动转盘和斜叶片，在沉砂池中形成旋流。污水中的砂粒在离心力作用下被甩向池壁，掉入砂斗，而有机物随出水旋流带出池外。根据砂粒粒径大小调整适宜转速，可达到很好的沉砂效果。沉砂可采用压缩空气提升管（负压）或排砂泵等清除，再经过渣水分离器达到清洁排砂标准。

2. 旋流沉砂池的设计

旋流沉砂池进水管最大流速为 0.3m/s，池内最大流速为 0.1m/s，最小流速为 0.02m/s；按最高时流量设计时，水力停留时间不应小于 30s，设计水力表面负荷为 150～200$m^3/(m^2 \cdot h)$，有效水深为 1.0～2.0m，池径与池深比以 2.0～2.5 为宜。

旋流沉砂池设计可根据污水平均流量直接进行设备选型，后采用上述设计参数进行校核即可。

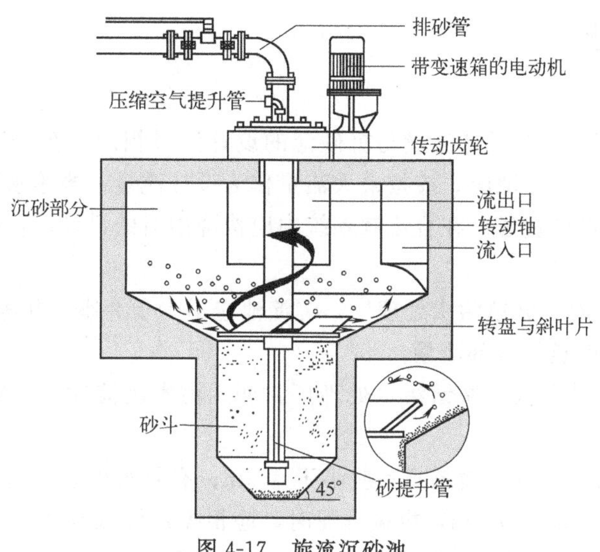

图 4-17 旋流沉砂池

【例 4-4】 已知某城镇污水处理厂设计日最大流量为 $150000m^3/d$，拟采用旋流沉砂池除砂，请进行沉砂池设计。

【解】 根据规范要求，拟设计 2 组旋流沉砂池，则单池设计流量为：

$$Q_{max}=150000/(2\times24)=3125\ (m^3/h)$$

根据计算的设计流量查环保设备手册，选择 XLCS-3170 型作为设计旋流沉砂池，具体设计尺寸如表 4-6 所示。

表 4-6 旋流沉砂池（XLCS-3170）**尺寸** 单位：mm

型号	沉砂池直径	贮砂区直径	进水渠宽度	出水渠宽度	锥斗底径	贮砂区深度
XLCS-3170	4870	1500	1200	2400	400	2200
型号	沉砂区底坡	进水渠水深	沉砂区水深	超高	沉砂区深度	
XLCS-3170	1000	510	600	400	1850	

第五节 沉 淀 池

沉淀池按工艺布置不同，可分为初次沉淀池（简称初沉池）和二次沉淀池（简称二沉池）。初沉池是一级污水处理厂的主体处理构筑物，或作为二级污水处理厂预处理构筑物设在生物处理构筑物的前面。初沉池的作用是去除污水中的悬浮物质（SS，去除率 40%～55%），同时可去除部分 BOD_5（约占总 BOD_5 的 20%～30%），以改善生物处理构筑物的运行条件并降低其 BOD 负荷。初沉池中沉淀的物质称为初沉污泥。二沉池设在生物处理构筑物（活性污泥法或生物膜法）的后面，用于泥水分离去除活性污泥或腐殖污泥（指生物膜法脱落的生物膜），它是生物处理系统的重要组成部分。初沉池、生物膜法及其后续二沉池的 SS 总去除率为 60%～90%，BOD_5 总去除率为 65%～90%；初沉池、活性污泥法及其后续二沉池的 SS 和 BOD_5 总去除率分别为 70%～90%和 65%～95%。

沉淀池按池内水流方向不同，可分为平流式沉淀池、辐流式沉淀池和竖流式沉淀池。

一、设计规范要求

1. 一般要求

① 设计流量：沉淀池的设计流量与沉砂池的设计流量相同。在分流制的污水处理系统中，当污水是自流进入沉淀池时，应按最大流量作为设计流量；当用水泵提升时，应按水泵的最大组合流量作为设计流量。在合流制系统中应按降雨时的设计流量校核，但沉淀时间应不小于 30min。

② 沉淀池数量：对于城镇污水处理厂，沉淀池应不少于 2 座，并考虑 1 座发生故障时，其余工作的沉淀池能够负担全部流量。

③ 沉淀池经验设计参数：城镇污水处理厂，如无污水沉淀性能的实测资料时，可参照表 4-7 的经验参数选用。

④ 沉淀池构造尺寸：沉淀池超高不应小于 0.3m；有效水深宜采用 2.0～4.0m；缓冲层高度，非机械排泥时宜采用 0.5m，机械排泥时，应根据刮泥板高度确定，且缓冲层上缘宜高出刮泥板 0.3m；贮泥斗斜壁的倾角，方斗宜为 60°，圆斗宜为 55°。

⑤ 沉淀池出水部分：一般采用堰流，堰口应保持水平。为减轻堰的水力负荷，或提高出水水质，可采用多槽出水布置。

⑥ 污泥区容积：初沉池一般按不大于 2d 的污泥量计算，采用机械排泥的污泥斗可按 4h 污泥量计算；二沉池的污泥区容积，宜按不小于 2h 贮泥量计算。

⑦ 排泥部分：沉淀池一般采用静水压力排泥，初沉池排泥静水头不应小于 1.5m；生物膜法的二沉池不应小于 1.2m；活性污泥法的二沉池不应小于 0.9m。排泥管直径不应小于 200mm；采用多斗排泥时，每个泥斗均应设单独的闸阀和排泥管。

表 4-7 沉淀池经验设计参数

类型	在处理工艺中的位置	沉淀时间/h	表面水力负荷/[$m^3/(m^2 \cdot h)$]	每人每日污泥量/[g/(人·d)]	污泥含水率/%	固体负荷/[$kg/(m^2 \cdot d)$]
初沉池	单独沉淀处理	1.5～2.0	1.5～2.5	16～36	95～97	—
	生物处理前	0.5～1.5	2.0～4.5	14～26	95～97	—
二沉池	生物膜法后	1.5～4.0	1.0～2.0	10～26	96～98	≤150
	活性污泥法后	1.5～4.0	0.6～1.5	12～32	99.2～99.6	≤150

2. 设计参数

(1) 平流式沉淀池

沉淀池长宽比不小于 4，以 4～5 为宜；长深比不小于 8，以 8～12 为宜；沉淀区有效水深多介于 2.5～3.0m 之间；池底坡不小于 0.005，一般采用 0.01～0.02；最大水平流速为初沉池 7mm/s、二沉池 5mm/s。

进、出水口处应设挡板，其高出池内水面 0.1～0.15m。挡板淹没深度为进水口处不应小于 0.25m，一般为 0.5～1.0m；出水口一般 0.3～0.4m。挡板位置距进水口 0.5～1.0m，距出水口 0.25～0.5m。溢流多采用三角堰出水，水面宜位于池高的 1/2 处。出水堰前需要设置收集和排除浮渣的设施。

(2) 竖流式沉淀池

竖流式沉淀池直径与有效水深之比不大于 3，池直径不宜大于 8m，一般采用 4～7m；

中心管流速不大于30mm/s。中心管下口设反射板，其倾角为17°，板底距泥面应大于0.3m。当池直径小于7m时，采用周边出水；反之，应增设集水支渠。排泥管上端超出水面不小于0.4m，下端距池底不大于0.2m。

(3) 辐流式沉淀池

辐流式沉淀池池径不宜小于16m，沉淀区有效水深2～4m，池径与有效水深之比宜为6～12；池底坡一般采用0.05。当池径小于20m时，一般采用中心传动刮泥机；池径大于20m时，一般采用周边传动的刮泥机。刮泥机转速一般1～3r/h，外周线速度不超过3m/min，一般采用1.5m/min。在进水口周围设置整流板，整流板开孔面积为池断面面积的10%～20%。

对于周边进水辐流式沉淀池，除上述规定外，其流入槽采用环形平底槽，等距设布水孔，孔径一般50～100mm，并加长度50～100mm的短管，管内流速0.3～0.8m/s。为了施工安装方便，导流絮凝区的宽度$B \geqslant 0.4$m，与配水槽等宽；设计表面负荷为中心进水辐流式沉淀池的2倍，即取3～4$m^3/(m^2 \cdot h)$。

二、平流式沉淀池

1. 沉淀池构造

平流式沉淀池由流入区、流出区、沉淀区、缓冲层、污泥区及排泥管等组成(图4-18)。

流入装置由设有侧向或槽底潜孔的配水槽、挡流板组成，起均匀布水与消能作用。挡流板水下深度不小于0.25m，水面以上0.15～0.2m，距流入槽0.15m。

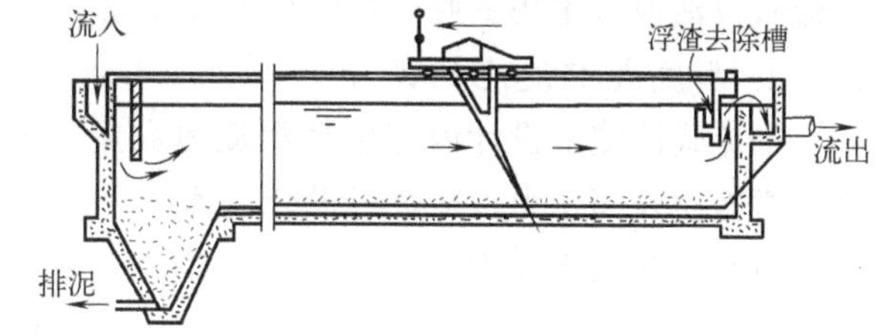

图4-18 平流式沉淀池

流出装置由流出槽与挡板组成。流出槽设有自由溢流堰，溢流堰常采用锯齿形，要求严格水平，以保证水流均匀，并控制沉淀池水位(图4-19)。溢流堰最大负荷不宜大于2.9L/(m·s)(初沉池)和1.7L/(m·s)(二沉池)。为了减少水力负荷、改善出水水质，溢流堰可采用多槽沿程布置，但堰前需设出流挡板阻挡浮渣随水流走。出流挡板入水深0.3～0.4m，距溢流堰0.25～0.5m。

缓冲层的作用是避免已沉淀污泥被水流搅起以及缓解冲击负荷。

污泥区起贮存、浓缩和排泥的作用。

排泥装置与方法一般有：

① 静水压力法：利用池内的静水压力，将污泥排出池外(图4-20)。排泥管直径$d=$200mm，插入污泥斗，上端伸出水面以便清通。静水压力H分别取1.5m(初沉池)、0.9m(活性污泥法后二沉池)和1.2m(生物膜法后二沉池)。为了使池底污泥能滑入污泥斗，沉淀池底应有0.01～0.02的坡度，也可采用多斗式平流沉淀池排泥。

② 机械排泥法：链带式刮泥机链带装有刮板，沿池底缓慢移动，速度约1m/min，把沉泥缓缓推入污泥斗，当链带刮板转到水面时，又可将浮渣推向流出挡板处的浮渣槽。链带式的缺点是机件长期浸于污水中，易被腐蚀，且难维修。机械排泥法主要适用于初沉池。当平流式沉淀池用作二沉池时，由于活性污泥密度小，含水率高达99%以上，呈絮状，不可能被刮除，只能采用单口扫描泵吸，使集泥与排泥同时完成。吸泥时的耗水量约占处理水量的

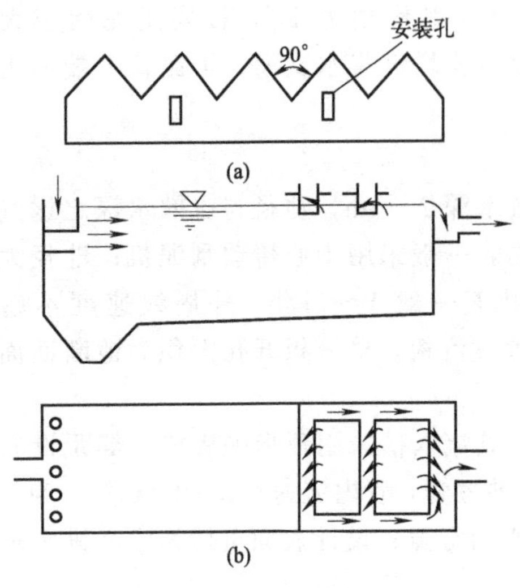

图 4-19 溢流堰及多堰出流

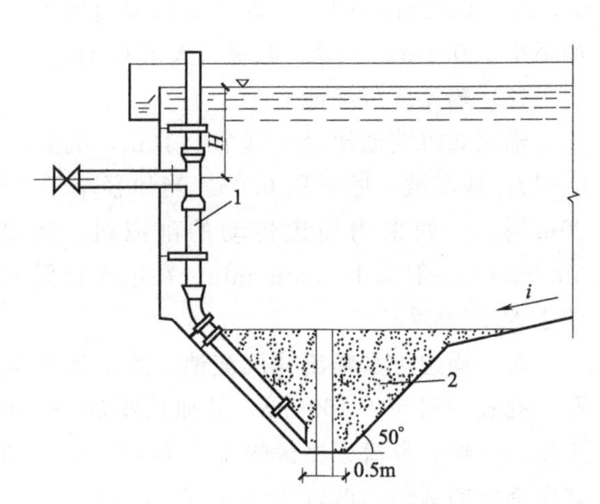

图 4-20 沉淀池静水压力排泥
1—排泥管；2—集泥斗

0.3%～0.6%。由于排泥方法可较好地解决，故平流式沉淀池可用作二沉池。若将曝气池的出口直接作为二沉池的入口，则可使污水处理厂的总水头损失大为减小。采用机械排泥时，平流式沉淀池可采用平底，池深也可大大减小。

2. 平流式沉淀池的设计

平流式沉淀池设计内容包括沉淀池数量、沉淀池的尺寸等。当无污水悬浮物沉降资料时，常按照表面水力负荷进行设计计算。

(1) 沉淀区水面积

$$A=\frac{Q_{\max}}{q} \tag{4-30}$$

式中 A——沉淀区水面积，m^2；

$Q_{\max}$——最大设计流量，m^3；

q——表面水力负荷，$m^3/(m^2 \cdot h)$，通过试验取得或参见表 4-7。

(2) 沉淀池有效水深

$$h_2=qt \tag{4-31}$$

式中 h_2——有效水深，m；

t——沉淀时间，h。

(3) 沉淀区有效容积

$$V=Ah_2 \text{ 或 } V=Q_{\max}t \tag{4-32}$$

式中 V——沉淀区有效容积，m^3。

(4) 池长

$$L=3.6vt \tag{4-33}$$

式中 L——沉淀池长度，m，一般为 30～50m，长宽比不小于 4，长深比不小于 8；

v——最大设计流量时的水平流速，mm/s，一般不大于 5mm/s。

(5) 沉淀区总宽度

$$B=\frac{A}{L} \tag{4-34}$$

式中　B——沉淀区总宽度，m。

（6）沉淀池座数或分格数

$$n=\frac{B}{b} \tag{4-35}$$

式中　n——沉淀池座数或分格数；

b——每座或每格宽度，与刮泥机有关，一般用5～10m。

（7）污泥区容积

$$W=\frac{SNt}{1000} \tag{4-36}$$

式中　W——每日污泥量，kg/d；

S——每人每日产生的污泥量，g/(人·d)，生活污水的污泥量见表4-7；

N——设计人口数，人；

t——两次排泥的时间间隔，初沉池按2d考虑，曝气池后的二沉池按2h考虑，机械排泥的初沉池和生物膜法处理后的二沉池污泥区容积宜按4h设计计算。

如已知污水悬浮物浓度与去除率，污泥量可按下式计算：

$$W=\frac{Q_{max}\times 24(c_0-c_1)\times 100}{\gamma(100-\rho_0)}\times t \tag{4-37}$$

式中　c_0，c_1——进水与沉淀出水的悬浮物浓度，kg/m^3；

ρ_0——污泥含水率，%，见表4-7；

γ——污泥密度，kg/m^3；

t——两次排泥的时间间隔，同上。

（8）沉淀池的总高度

$$H=h_1+h_2+h_3+h_4 \tag{4-38}$$

式中　H——总高度，m；

h_1——超高，采用0.3m；

h_3——缓冲区高度，当无刮泥机时，取0.5m，有刮泥机时，取0.3m；

h_4——污泥区高度，m。

（9）污泥斗容积

$$V_1=\frac{1}{3}h_5(f_1+f_2+\sqrt{f_1f_2}) \tag{4-39}$$

式中　f_1——斗上口面积，m^2；

f_2——斗下口面积，m^2；

h_5——泥斗高度，m。

（10）污泥斗以上梯形部分污泥容积

$$V_2=\frac{(l_1+l_2)}{2}\times h_4'b \tag{4-40}$$

式中　l_1，l_2——梯形上、下底边长，m；

h_4'——梯形的高度，m。

三、竖流式沉淀池

1．竖流式沉淀池的构造与工作原理

竖流式沉淀池平面可为圆形或正方形。为了池内水流分布均匀，池径不宜太大，一般≤10m，池直径与有效水深之比一般不大于3。

图4-21为圆形竖流式沉淀池，图中1为进水管，污水从中心管2自上而下，经反射板3折向上流，泥水分离后的出水通过池四周的锯齿溢流堰溢入流出槽6，7为出水管。如果池径大于7m，为了使池内水流分布均匀，可增设辐射方向的流出槽。流出槽前设有挡板5，用于隔除浮渣。污泥斗的倾角用55°～60°。依靠静水压力h将污泥从排泥管4排出，排泥管管径不小于200mm。作为初沉池用时，h不应小于1.5m；作为二沉池用时，生物滤池后不应小于1.2m，曝气池后不应小于0.9m。

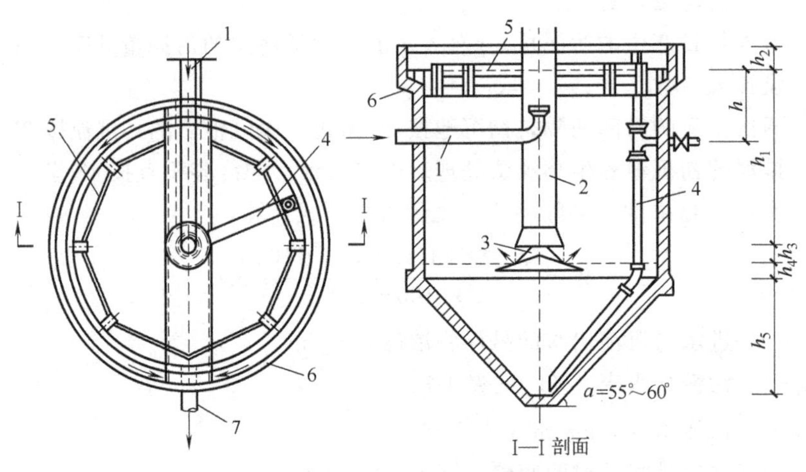

图4-21　圆形竖流式沉淀池

1—进水管；2—中心管；3—反射板；4—排泥管；5—挡板；6—流出槽；7—出水管

竖流式沉淀池水流流速v是向上的，而颗粒沉速u是向下的，颗粒实际沉速是v与u的矢量和，如前所述只有$u \geqslant v$的颗粒才能被沉淀去除，因此较平流式与辐流式沉淀池去除率少$\frac{100}{u_0}\int_0^{P_0} u_t \mathrm{d}P$，但若颗粒具有絮凝性能，则由于水流向上，带着微颗粒在上升过程中互相碰撞，促进絮凝，颗粒变大，沉速随之增大，又有被去除的可能。故竖流式沉淀池作为二沉池是可行的。竖流式沉淀池的池深较深，适用于小型污水处理厂。

图4-22是竖流式沉淀池的中心管1、喇叭口2及反射板3的尺寸关系图。中心管内的流速v_0不宜大于30mm/s，喇叭口及反射板起消能和使水流折向上流的作用。污水从喇叭口与反射板之间的间隙流出的流速v_1不应大于40mm/s。

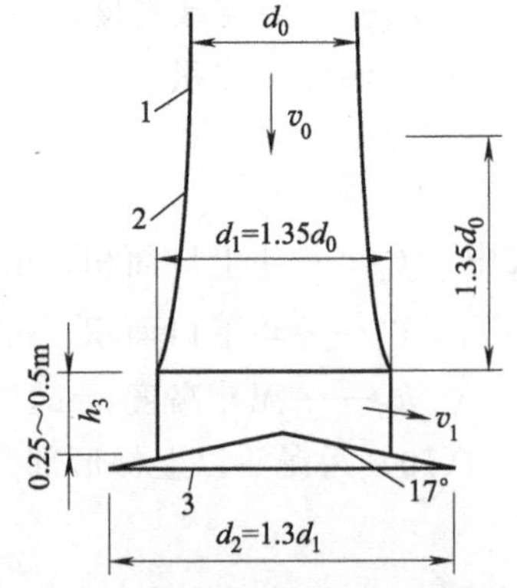

图4-22　中心管、喇叭口及反射板尺寸关系图

1—中心管；2—喇叭口；3—反射板

2．竖流式沉淀池的设计

（1）中心管截面积与直径

$$f_1=\frac{q_{\max}}{v_0} \tag{4-41}$$

$$d_0=\sqrt{\frac{4f_1}{\pi}} \tag{4-42}$$

式中　f_1——中心管截面积，m^2；

d_0——中心管直径，m；

q_{max}——每个池的最大设计流量，m^3/s；

v_0——中心管内的流速，m/s。

（2）沉淀池的有效沉淀高度，即中心管的高度

$$h_2=3600vt \tag{4-43}$$

式中　h_2——有效沉淀高度，m；

v——污水在沉淀区的上升流速，mm/s，取0.5～1.0mm/s；

t——沉淀时间，h，一般初沉池采用1.0～2.0h；二沉池采用1.5～2.5h。

（3）中心管喇叭口到反射板之间的间隙高度

$$h_3=\frac{q_{max}}{\pi v_1 d_1} \tag{4-44}$$

式中　h_3——间隙高度，m；

v_1——间隙流速，一般不大于40mm/s；

d_1——喇叭口直径，m，见图4-22。

（4）沉淀池总面积和沉淀池直径

$$f_2=\frac{q_{max}}{v} \tag{4-45}$$

$$A=f_1+f_2 \tag{4-46}$$

$$D=\sqrt{\frac{4A}{\pi}} \tag{4-47}$$

式中　f_2——沉淀区面积，m^2；

A——沉淀池面积（含中心管面积），m^2；

D——沉淀池直径，m。

（5）缓冲层高

缓冲层高h_4采用0.3m。

（6）污泥斗及污泥斗高度

污泥斗计算同平流式沉淀池。

（7）沉淀池总高度

$$H=h_1+h_2+h_3+h_4+h_5 \tag{4-48}$$

式中　H——池总高度，m；

h_1——超高，m，采用0.3m；

h_3、h_4、h_5——见图4-21。

【例4-5】 某城镇污水最大流量$q_{max}=0.4m^3/s$，拟采用竖流式沉淀池作为初沉池，请进行沉淀池设计。

【解】 由于没有提供试验资料，故根据竖流式沉淀池的一般规定进行设计。

（1）中心管截面积与直径

$$f_1=\frac{q_{max}}{v_0}=\frac{0.4}{0.03}=13.3\ (m^2)$$

若用8座沉淀池，则每座池中心管截面积为13.3/8=1.7（m^2）

$$d_0=\sqrt{\frac{4f_1}{\pi}}=\sqrt{\frac{4\times1.7}{3.14}}=1.47\ (m)，取1.5m$$

（2）沉淀池的有效沉淀高度，即中心管高度

$$h_2=vt\times3600=0.0007\times1.5\times3600=3.78\ (m)，取3.8m$$

（3）中心管喇叭口到反射板之间的间隙高度

$$h_3=\frac{q_{max}}{\pi v_1 d_1}=\frac{\frac{0.4}{8}}{3.14\times0.04\times2.0}=0.2\ (m)$$

式中，$d_1=1.35d_0=1.35\times1.5=2.025$（m），取2.0m；$v_1$ 取0.04m/s。

反射板直径 $d_2=1.3d_1=1.3\times2.0=2.6$（m）。

（4）沉淀池总面积及沉淀池直径

每座沉淀池的沉淀区面积

$$f_2=\frac{q_{max}}{v}=\frac{\frac{0.4}{8}}{0.0007}=71.4\ (m^2)，取72m^2$$

每座池的总面积为 $A=f_1+f_2=85.3m^2$

每座池的直径 $D=\sqrt{\frac{4A}{\pi}}=\sqrt{\frac{4\times85.3}{\pi}}=10.4$（m），取10m

（5）污泥斗及污泥斗高度

取 $a=60°$，截头直径0.4m，则

$$h_5=\frac{10-0.4}{2}\tan60°=8.3\ (m)$$

（6）沉淀池的总高度

$$H=h_1+h_2+h_3+h_4+h_5=0.3+3.8+0.2+0.3+8.3=12.9\ (m)$$

四、辐流式沉淀池

1. 辐流式沉淀池的构造

辐流式沉淀池是一种大型圆形沉淀池，直径最大可达100m，池周水深1.5～3.0m。有中心进水和周边进水两种形式（图4-23、图4-24）。

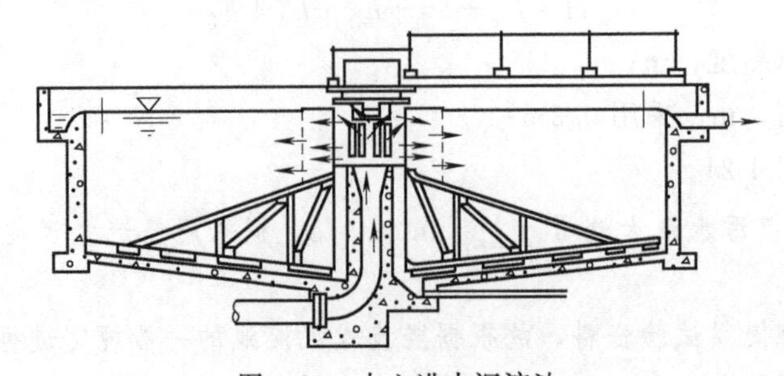

图4-23 中心进水沉淀池

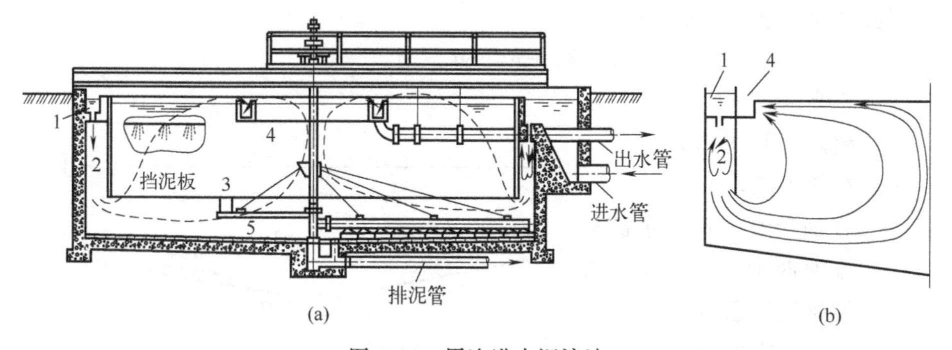

图 4-24 周边进水沉淀池

1—进水渠；2—配水槽；3—泥水分离区；4—出水槽；5—刮泥机

中心进水辐流式沉淀池进水部分在池中心，因中心导流筒流速大，可达到 100mm/s，当作为二次沉淀池用时，活性污泥在中心导流筒内难以絮凝，且相对密度较大，向下流动时动能也较高，易冲击池底沉泥。周边进水辐流式沉淀池的入流区在构造上有两个特点：①进水槽断面较大，而槽底的孔口较小，布水时的水头损失集中在孔口上，故布水比较均匀，但配水渠内浮渣难以排除，容易结壳；②进水挡板的下沿深入水面下约 2/3 深度处，距进水孔口有一段较长的距离，这有助于进一步把水流均匀地分布在整个入流区的过水断面上。由于过水面积变大，故下向流的流速小，可促使活性污泥絮凝，加速沉淀区的沉淀，对池底沉泥无冲击现象。周边进水沉淀池出水槽多设在池中间或周边，在一定程度上克服了中心进水辐流式沉淀池的缺点，成倍提高了沉淀池容积利用系数。

沉淀于池底的污泥一般采用机械刮泥机与吸泥机排出。刮泥机由刮泥板和桁架组成，刮泥板固定在桁架底部，桁架绕池中心缓慢地转动，池底污泥可以通过虹吸刮泥板推入池中心处的泥斗中，污泥在泥斗中可利用静水压力排出，亦可用泵抽吸。对于辐流式沉淀池而言，目前常用的刮泥机械有中心传动式刮泥机（吸泥机）以及周边传动式刮泥机（吸泥机）等。

2. 辐流式沉淀池的设计

（1）每座沉淀池表面积和池径

$$A_1=\frac{Q}{nq_0} \tag{4-49}$$

$$D=\sqrt{\frac{4A_1}{\pi}} \tag{4-50}$$

式中 A_1——每座沉淀池表面积，m^2；

Q——单池流量，m^3/h（对于初沉池，Q 为 Q_{max}/n；对于二沉池，Q 为单池平均设计流量与回流污泥量之和）；

D——每池直径，m；

n——池数；

q_0——表面水力负荷，$m^3/(m^2 \cdot h)$。

（2）沉淀池有效水深

$$h_2=q_0t \tag{4-51}$$

式中 h_2——有效水深，m；

t——沉淀时间，h。

(3) 沉淀池总高度（见图 4-25）

$$H=h_1+h_2+h_3+h_4+h_5 \tag{4-52}$$

式中 H——总高度，m；

h_1——超高，取 0.3m；

h_2——有效水深，m；

h_3——缓冲层高，m，非机械排泥时宜为 0.5m，机械排泥时取 0.3m；

h_4——沉淀池底坡落差，m；

h_5——污泥斗高度，m，对于吸泥机排泥沉淀池，泥斗高度为 0。

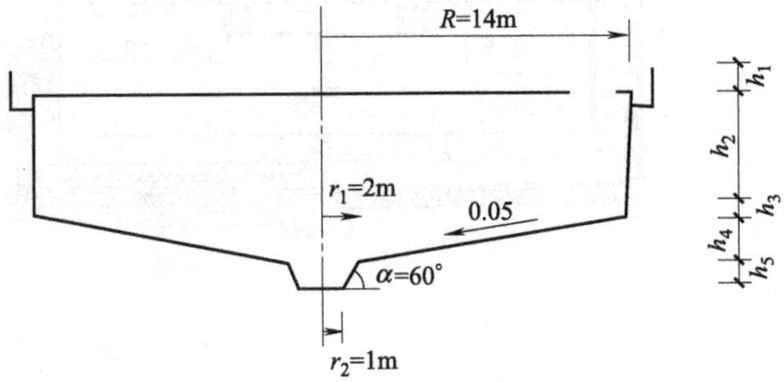

图 4-25 辐流式沉淀池计算图

【例 4-6】 某城镇污水厂平均设计流量 $Q=125000\text{m}^3/\text{d}$，污泥回流比为 50%，二沉池拟按 3 座设计，请设计中心进水周边出水辐流式二沉池。

【解】 沉淀池表面积：根据表 4-7，取二沉池表面水力负荷 $q_0=1.4\text{m}^3/(\text{m}^2\cdot\text{h})$，$n=3$ 座，则设计流量 $Q=(1+0.5)\times125000\div24=7812.5\ (\text{m}^3/\text{h})$

$$A_1=\frac{Q}{nq_0}=1860\text{m}^2$$

$$\text{池径 } D=\sqrt{\frac{4A_1}{\pi}}=\sqrt{\frac{4\times1860}{\pi}}=48.7\ (\text{m})\text{，取 } D=50\text{m}$$

查环保设备手册，采用 BZX-50 半桥式周边传动刮泥机，池深 3.0～4.4m，二沉池周围线速度为 3m/min，功率为 0.75kW。具体数据如表 4-8 所示。

表 4-8 二沉池设计数据

项目	D	D_1	D_2	B	B_1
尺寸	50m	5500mm	5200mm	400mm	600mm
项目	H	H_1	H_2		
尺寸	4400mm	1400mm	500mm		

具体设计图如图 4-26 所示。

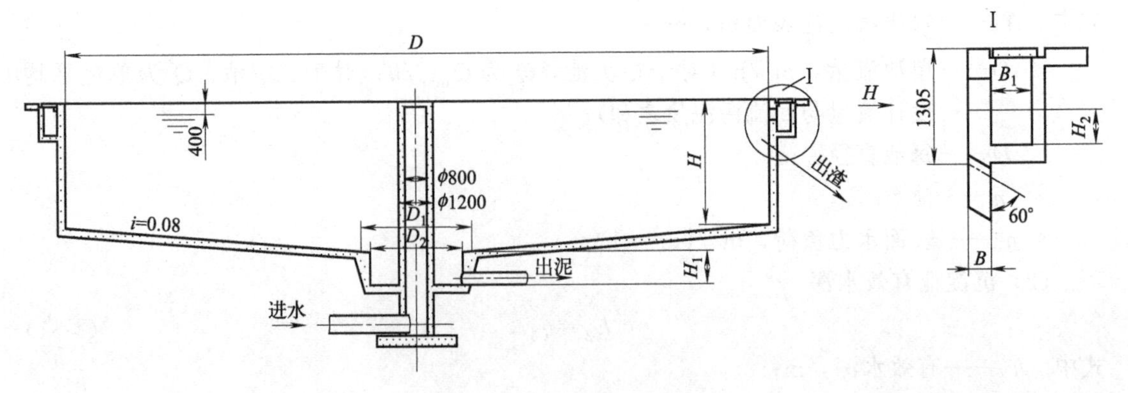

图 4-26 辐流式二沉池

五、斜板（管）沉淀池

1. 斜板（管）沉淀池构造及理论基础

根据理想沉淀池原理，Hazen认为，在L与V不变的条件下，在池深上把沉淀池分成n层，就可把处理能力提高n倍，该理论称为浅池沉淀理论（简称浅池理论）（图4-27）。

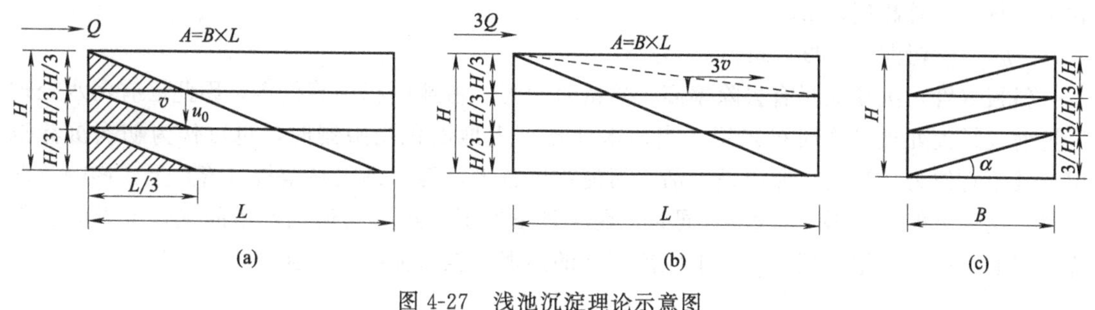

图4-27　浅池沉淀理论示意图

为了解决沉淀池的排泥问题，浅池理论将水平隔板改为倾角为α的斜板（管），α采用50°～60°。由于浅池的Re一般控制在200以下，远小于层流界限500，其Fr（弗劳德数）可达10^{-4}～10^{-3}，确保了水流的稳定性。

按斜板或斜管间水流与沉淀污泥的相对运动，斜板（管）沉淀池可分为异向流、同向流和侧向流三种。在污水处理中多采用升流式异向流斜板（管）沉淀池。

斜板（管）沉淀池由沉淀区、进水配水区、出水区、缓冲区和污泥区组成。

2. 斜板（管）沉淀池的设计

（1）沉淀池水表面积

$$A=\frac{Q_{max}}{nq_0\times 0.91} \tag{4-53}$$

式中　A——水表面积，m^2；

n——池数；

q_0——表面负荷，$m^3/(m^2 \cdot h)$（可按中心进水沉淀池表面负荷一倍设计）；

Q_{max}——最大设计流量，m^3/h；

0.91——斜板（管）面积利用系数。

（2）沉淀池平面尺寸

$$D=\sqrt{\frac{4A}{\pi}} \tag{4-54}$$

$$a=\sqrt{A}$$

式中　D——圆形池直径，m；

a——矩形池边长，m。

（3）池内停留时间

$$t=\frac{(h_2+h_3)\times 60}{q_0} \tag{4-55}$$

式中　t——池内停留时间，min；

h_2——斜板（管）区上部的清水层高度，m，一般取0.7～1.0m；

h_3——斜板（管）的自身垂直高度，m，一般为0.866～1.0m。

(4) 斜板（管）下缓冲层高

为了布水均匀，不扰动下沉的污泥，h_4 一般采用1.0m。

(5) 沉淀池的总高度

$$H=h_1+h_2+h_3+h_4+h_5 \tag{4-56}$$

式中 H——总高度，m；

h_5——污泥斗高度，m。

斜板（管）沉淀池具有去除率高、停留时间短、占地面积小等优点，因此已有污水处理厂挖潜或扩大处理能力时可采用，当污水处理厂占地面积受限制时，也可作为初次沉淀池用。其不宜作为二沉池，原因是：活性污泥黏度较大，容易黏附在斜板（管）上，影响沉淀效果，甚至可能堵塞斜板（管）。同时，在厌氧条件下，经厌氧消化产生的气体上升时会干扰污泥的沉淀，并把从板（管）上脱落下来的污泥带至水面结成污泥层。

第六节 隔 油 池

石油、石化、钢铁、焦化、煤气、机械加工等工业生产均会产生含油废水。含油废水中的油类除重焦油相对密度可达1.1以外，其余的相对密度都小于1。重油密度大，宜通过沉淀方法去除，而其他相对密度小于1的废油在废水中以浮油、分散油、乳化油和溶解油四类形式存在，较难处理。

浮油粒径一般大于100μm，易于浮在水面形成油膜或油层；分散油粒径一般为10～100μm，在水中不稳定，静置一段时间后会转化成浮油。因此，这两种废油常用隔油池去除。乳化油一般来自金属切削、接丝、压延等加工工序以及零件清洗和防锈淋洗过程。含乳化油废水一般呈碱性，pH＝7～12，油珠粒径0.1～10μm，高度分散在水中。由于该废水表面活性剂和有机添加剂较多，稳定性高，需要通过化学法和超滤予以去除。溶解油粒径比乳化油要小，可达纳米级，溶于水，只有通过超滤去除。后两种废油不能采用隔油池去除。

隔油池为自然上浮的油水分离器，常用隔油池有平流式和斜板式两种形式。

一、隔油池结构

1. 平流式隔油池

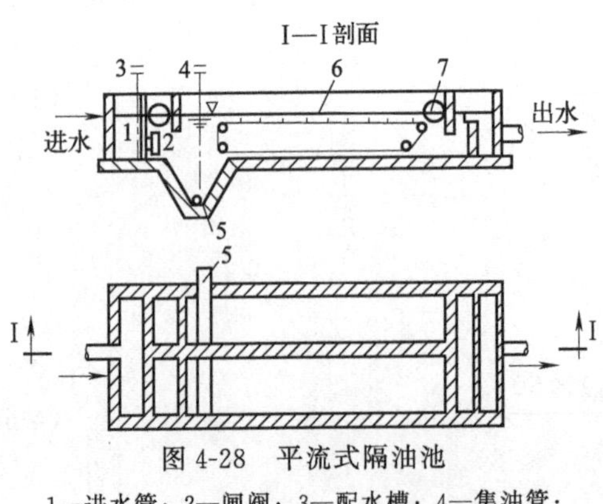

图4-28 平流式隔油池

1—进水管；2—闸阀；3—配水槽；4—集油管；5—排泥管；6—刮油器；7—集油管

图4-28为典型的平流式隔油池，它与平流式沉淀池在构造上基本相同。

废水从池子的一端流入，以较低的水平流速（2～5mm/s）流经池子，流动过程中，密度小于水的油粒浮出水面，密度大于水的颗粒杂质沉于池底，水从池子的另一端流出。在隔油池的出水端设置集油管。集油管一般用内径为200～300mm的钢管制成，沿长度在管壁的一侧开弧度为60°～90°的槽口。集油管可以绕轴线转动，平时槽口位于水面上，当浮油层积到一定厚度时，将集油管的开槽方向转向水面以下，让浮油进入管内，导出池外。为了能及时排油及排出底泥，在大型隔油池中还应设置刮油刮泥机。刮油刮泥机的刮板移动速度一般应与池中水流流速相近，以减少对水流的影响。收集在排泥斗中的污泥由设在池底的排泥管借助静水压力排走。隔油池池底底坡一般为 0.01～0.02，泥斗倾角 45°，池底构造与沉淀池基本相同。

平流式隔油池表面一般应设置盖板便于冬季保持浮渣的温度，从而保证其流动性，并防火与防雨。在寒冷地区还应在集油管及油层内设置加温设施。

平流式隔油池的特点是构造简单、便于运行管理、油水分离效果稳定。有资料表明，平流式隔油池可以去除直径为 100～150μm 的油滴，相应上升速度不高于 0.9mm/s。

2. 斜板式隔油池

图 4-29 为斜板式隔油池，由进水、出水、集油和油水分离装置组成。斜板式隔油池进水、出水和集油与平流式隔油池基本相同。其油水分离通常采用波纹形斜板，板间距约 40mm，倾角不小于 45°，废水沿板面向下流动，从出水堰排出，水中油滴沿板的下表面向上流动，经集油管收集排出。斜板式隔油池的工作原理可以利用浅池理论说明。

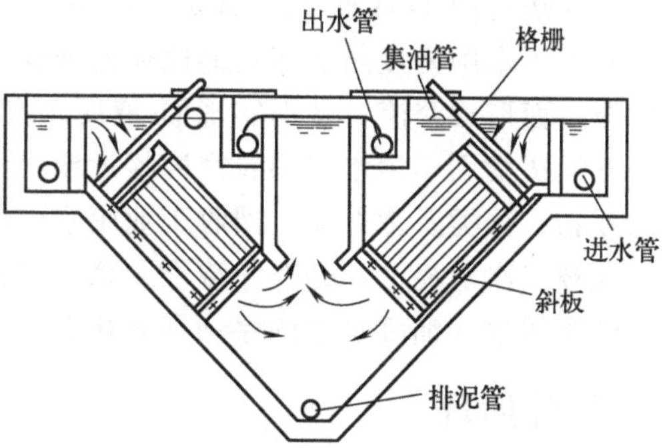

图 4-29　斜板式隔油池

斜板式隔油池可分离油滴的最小粒径约为 80μm，相应的上升速度约为 0.2mm/s，表面水力负荷为 0.6～0.8$m^3/(m^2 \cdot h)$，停留时间一般不大于 30min。斜板式隔油池仅依靠油滴与水的密度差，油滴产生上浮而进行油水分离，油的去除效率一般为 70%～80%，隔油池的出水仍含有一定数量的乳化油和附着在悬浮固体上的油分，一般较难降到排放标准以下。

二、隔油池的设计计算

平流式隔油池的设计与平流式沉淀池基本相似，按表面负荷设计时，一般采用 1.2$m^3/(m^2 \cdot h)$；按停留时间设计时，一般采用 1.5～2.0h。具体计算公式如下。

（1）隔油池的总容积

$$W = Qt \tag{4-57}$$

式中　Q——隔油池设计流量，m^3/h；

t——设计水力停留时间，h，一般采用 1.5～2.0h。

（2）隔油池的过水断面面积

$$A = \frac{Q}{3.6v} \tag{4-58}$$

式中　v——隔油池中废水水平流速，mm/s。

（3）隔油池的分格数

$$n = \frac{A}{bh} \tag{4-59}$$

式中　b——单格隔油池的宽度，m；

h——隔油池水深，m。

按规定，隔油池的分格数不得小于 2。

(4) 池长

$$L=3.6vt \tag{4-60}$$

(5) 隔油池的建筑高度

$$H=h+h' \tag{4-61}$$

式中 h'——超高，m，一般采用0.4m。

第七节 气 浮 池

气浮法是固-液或液-液分离的一种方法。它是设法在水中通入或产生大量微细气泡，使其黏附于废水中密度与水接近的固体或液体微粒上，造成密度小于水的气浮体，并依靠浮力上浮至水面形成浮渣，从而实现固-液或液-液分离的一种净水方法。

气浮法常用于污水中颗粒密度接近或小于1的细小颗粒的分离。气浮法可以分离水中细小悬浮物、藻类及微聚体；回收工业废水中的有用物质，如造纸厂废水中的纸浆纤维及填料等；代替二次沉淀池，分离和浓缩剩余活性污泥，特别适用于易产生污泥膨胀的生化处理工艺；分离回收含油废水中的浮油和乳化油等。

一、气浮原理

空气在水中的溶解度与压力及温度有关。在一定范围内，压力越大、温度越低，空气在水中的溶解度越大。因此，增加压力，利于水中溶解更多的溶解氧。相反，当含有饱和溶解氧的水减压时，溶解氧会从水中迅速逸出。由于减压速度快，气泡来不及凝并，而以微小气泡出现，从而显著提高气浮效果。

在液、气、固三相混合体系中，不同介质的相表面上都因受力不均衡而存在界面张力(σ)。由于固体颗粒表面性质不同，有些颗粒在固液界面上呈现疏水界面，易于为气泡黏附；有些固液界面呈现亲水界面，不易为气泡所黏附。

二、气浮法的类型

按产生微小气泡的方法，气浮法可分为散气气浮、电解气浮和溶气气浮等。

1. 散气气浮

散气气浮是利用机械剪切力，将溶解于水中的空气粉碎成微细气泡，以进行气浮的方法。按粉碎方法散气气浮又分为射流气浮、扩散曝气气浮和剪切气泡气浮等三种。

射流气浮是利用射流器（图4-30）喉管中高速水流形成的负压或真空，造成大量空气被吸入，并产生强烈的混合，空气被粉碎成微细气泡。进入扩散段后，压强增大，压缩气泡，增大了空气在水中的溶解度，随后进入气浮池。

扩散曝气气浮是利用扩散板（或微孔扩散装置）的微孔将压缩空气分散成细小气泡的一种方法（图4-31）。扩散曝气气浮的优点是简单易行，但也存在空气扩散装置的微孔易堵、气泡较大、气浮效果不好等不足。

剪切气泡气浮是将空气通过空气管引入高速旋转叶轮附近，依靠叶轮高速旋转在固定盖板下形成的负压，把空气吸入废水中，空气与循环水流被叶轮充分搅拌和切割，成为细小的气泡。在浮力作用下，气泡上浮，形成的泡沫不断被缓慢旋转的刮板刮出槽外，如图4-32所示。剪切气泡气浮法适用于处理水流不大而污染物浓度较高的废水，用于除油时，除油效率在80%左右。

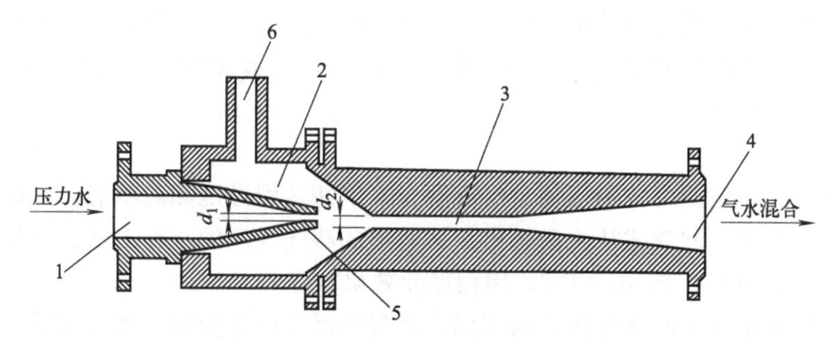

图 4-30　射流器的构造

1—进水管；2—吸入室；3—喉管；4—扩散管段；5—喷嘴；6—空气竖管

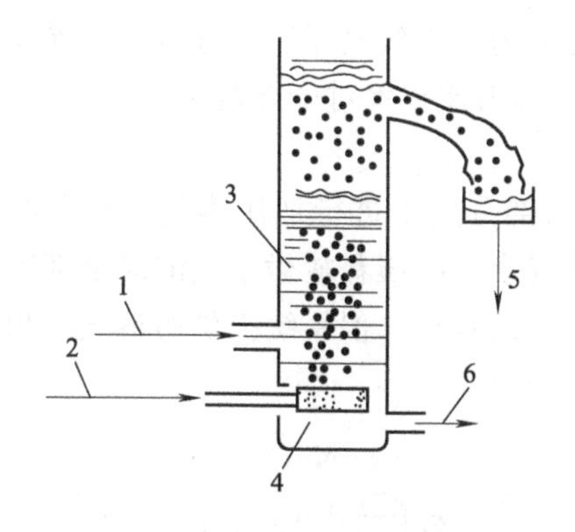

图 4-31　微孔曝气气浮法示意图

1—入流废水；2—空气；3—分离区；4—微孔扩散装置；5—浮渣；6—出流

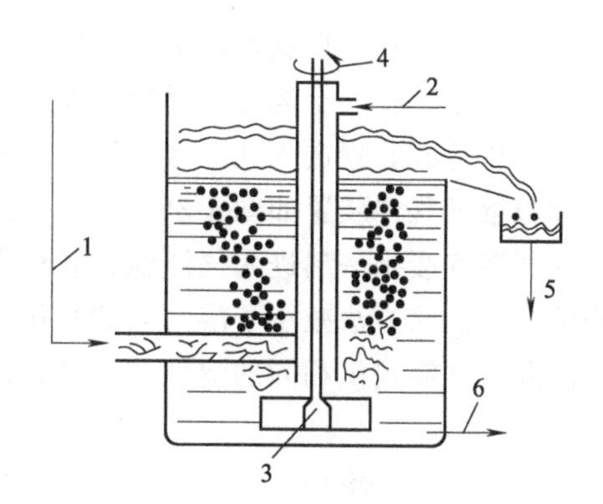

图 4-32　叶轮气浮法示意图

1—进水；2—进气管；3—叶轮；4—转轴；5—泡沫槽；6—出水

2. 电解气浮

电解气浮是利用电流在不溶性阳极和阴极电解废水，在正负电极间产生氢和氧微小气泡，而将废水中细小颗粒状污染物黏附并带至水面以实现固液分离的一种方法（图 4-33）。

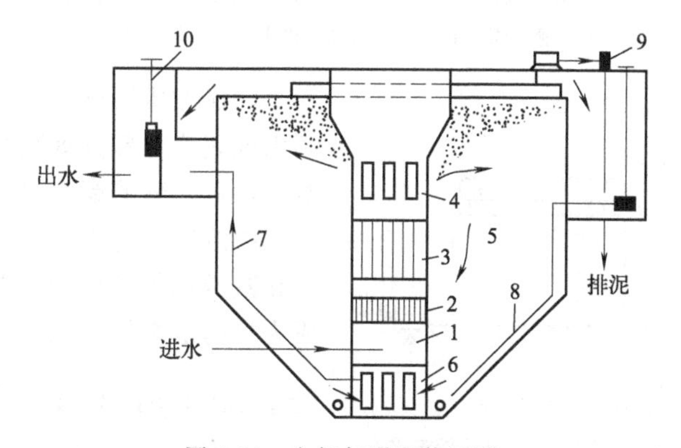

图 4-33　电解气浮法装置图

1—入流室；2—整流栅；3—电极组；4—出流孔；5—分离室；6—集水孔；7—出水孔；8—沉淀排泥管；9—刮渣机；10—水位调节器

电解气浮产生的气泡细小，能够有效地利用电解液中的氧化还原反应，以及由此产生的微小气泡的上浮作用处理废水。这种方法不仅能使废水中的微细悬浮颗粒和乳化油与气泡黏附而浮出，还有氧化、脱色和杀菌作用，而且对水中一些金属离子和某些溶解性有机物也同样具有净化效果。电解气浮法具有去除污染物范围广、泥渣量少、工艺简单、设备小等优点，主要缺点是能耗大。

3. 溶气气浮

溶气气浮是在一定压力作用下使空气溶解于水中并达到过饱和的状态，后经减压使溶解于水中的空气以微细气泡形式从水中逸出，从而形成溶气气浮的一种方法。溶气气浮形成的气泡细小，其初始粒径在 80μm 左右，因而净化效果较好。

根据气泡从水中析出时所处压力的不同，溶气气浮又可分为加压溶气气浮和真空气浮两种类型。前者是空气在加压条件下溶入水中，而在常压下析出；后者是空气在常压或加压条件下溶入水中，在负压条件下析出。加压溶气气浮是国内外最常用的气浮方法。

加压溶气气浮法根据加压溶气水的来源不同又可分为全溶气气浮、部分溶气气浮和回流加压溶气气浮三种。全溶气气浮装置如图 4-34 所示。利用该装置对全部废水进行加压溶气，再经过减压释放装置进入气浮池，进行固液分离。

部分溶气气浮装置如图 4-35 所示。利用该装置对部分废水进行加压溶气，其余部分废水与加压溶气废水一起进入气浮池，利用部分加压溶气水的减压释放微小气泡对全部废水进行固液分离。该方法减小了溶气罐的容积，节省了加压的能耗，但系统提供的溶气量相对较少。因此，如需提供相同的溶气量，则必须加大溶气压力。

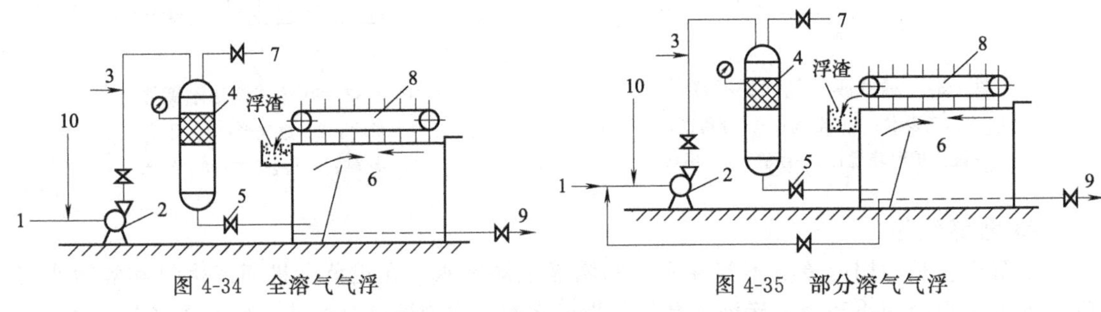

图 4-34 全溶气气浮　　图 4-35 部分溶气气浮

1—废水；2—加压水泵；3—空气；4—压力溶气罐；5—减压阀；6—气浮池；7—泄气阀；8—刮渣机；9—出水；10—化学药剂

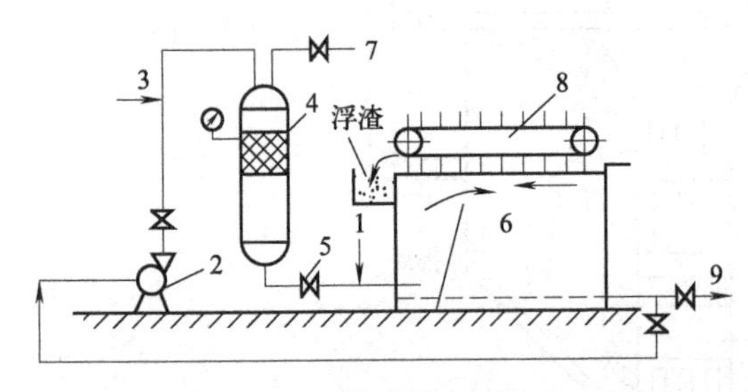

图 4-36 回流加压溶气气浮

1—废水；2—加压水泵；3—空气；4—压力溶气罐；5—减压阀；6—气浮池；7—泄气阀；8—刮渣机；9—出水

回流加压溶气气浮装置如图 4-36 所示。利用该装置对部分处理后的清洁水回流加压溶气，该处理的废水则全部进入气浮池。该流程中溶气水为处理后的清洁水，对加压溶气和减压释气过程均较为有利，因此该工艺成为目前最常见的气浮处理工艺。

三、加压溶气气浮装置组成及设计计算

1. 压力溶气系统

压力溶气系统包括加压泵、压力溶气罐、空压机及其附属设备。加压泵的作用是提升水，将水以一定压力送至压力溶气罐；压力溶气罐的作用是使空气和水充分接触，促进空气的溶解；空压机的作用是将空气以一定压力送入压力溶气罐中，以增加氧在水中的溶解度。

加压泵主要采用离心泵，压力0.25～0.35MPa，流量10～200m^3/h。

压力溶气罐可以是空塔或填料塔，其中填料塔的溶气效率高。影响填料塔的溶气效率的主要因素有：填料特性、填料层高度、气水接触方式和接触时间、温度以及压力罐内液位高度等。其主要工艺技术参数为：

过流密度：2500～5000$m^3/(m^2 \cdot d)$。

填料层高度：填料多采用阶梯环、拉西环或波纹片卷，填料高度0.8～1.3m。

压力罐压力：大于0.6MPa。

液位控制高度：0.6～1.0m。

处理空气量：按25%过量空气考虑，实际空气用量取处理水量的1%～5%（体积分数）或应去除细小颗粒物量的0.5%～1%（质量分数）。

处理回流水量：进水的25%～50%。

气水接触方式：气水同向流填充。

溶气罐容积V（m^3）：按下式计算

$$V=\frac{Q_R T}{60} \tag{4-62}$$

式中　Q_R——进溶气罐的废水流量，m^3/h；

T——水在溶气罐内的停留时间，一般为3～5min。

2. 释放系统

溶气释放系统由输送管道和溶气释放装置组成，常见的溶气释放装置包括减压阀和溶气释放器等。溶气释放装置的作用是将压力溶气水减压，使溶气水中的气体在池内均匀地以微气泡（直径在20～100μm）形式释放出来，并与水中的细小颗粒物黏附，形成浮渣。由于减压阀安装在气浮池外，而释放器安装在气浮池接触室的池底，二者有一段距离，会出现气泡减压凝并，从而影响气浮效果。因此，应尽可能减小减压阀与释放器之间的输送距离。

释放器在国内有同济大学开发的TS型、TJ型和TV型等（图4-37）。这些释放器能在较低工作压力下以平均直径20～40μm的微气泡瞬时释放99%溶气量，气泡密集、附着性能好。

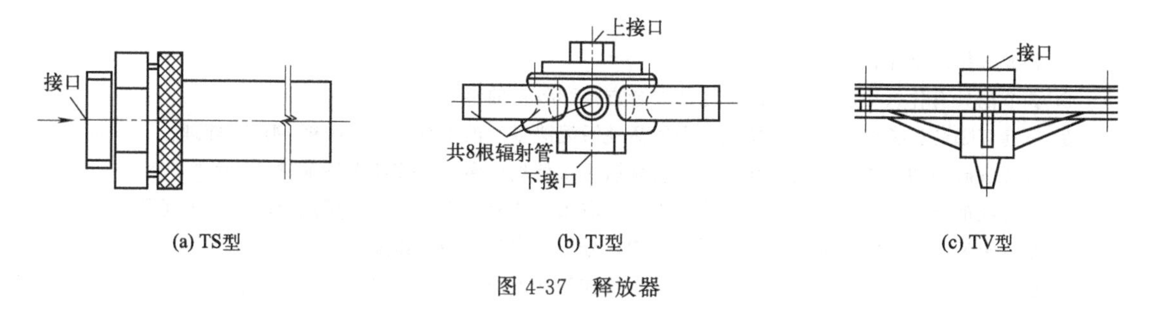

图4-37　释放器

3. 气浮池

气浮池按进水方式分为平流式和竖流式两种，其中应用较多的为平流式。

(1) 平流式气浮池

平流式气浮池如图4-38所示，通过反应池的废水从气浮池底部进入接触区，废水中的颗粒物在接触区与微气泡充分结合后沿导流板进入气浮分离区，渣水分离。浮在水面的浮渣用刮渣机刮入集渣槽，处理后的水从池底集水管排出。

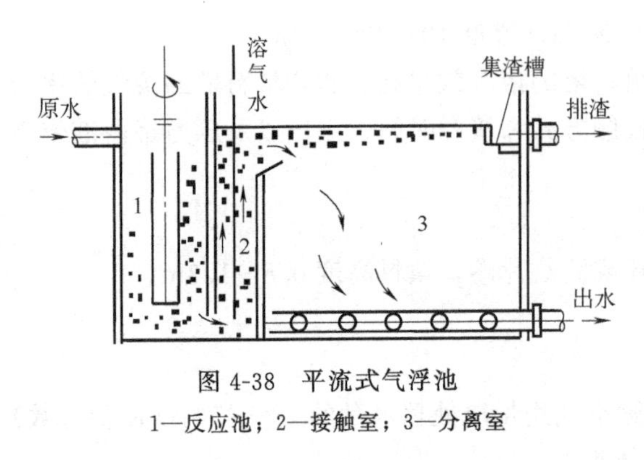

图 4-38 平流式气浮池
1—反应池；2—接触室；3—分离室

构筑物：一般为矩形，单池长≤15m、宽≤10m，长宽比为1∶1～1∶1.5，有效水深2～2.5m；接触区导流板下端高度0.3～0.5m，导流板倾角一般为60°，板顶距水面高度0.3m。

工艺技术参数：表面负荷一般为6～$8m^3/(m^2 \cdot h)$，最大不超过$10m^3/(m^2 \cdot h)$；反应池的停留时间一般为5～15min，接触室的水力停留时间1～2min，分离区的水力停留时间一般为10～20min；为避免打碎絮体，废水进入气浮接触室时的流速应小于0.1m/s，接触室下端水流上升流速20mm/s，上端水流流速5～10mm/s；分离区水流向下流速1～3mm/s；刮渣机行进速度≤5m/min。

池面浮渣一般都用机械方法清除，刮渣机的行进速度宜控制在5 m/min左右。池底部可设污泥斗，以排出颗粒相对密度较大、没有与气泡黏附上浮的沉淀污泥。

(2) 竖流式气浮池

竖流式气浮池（图4-39）的基本工艺参数与平流式气浮池相同。其优点是接触室在池中央，水流向四周扩散，水力条件较好。缺点是气浮池与反应池较难衔接，容积利用率较低。经验表明，当处理水量大于150～$200m^3/h$，废水中的悬浮固体浓度较高时，宜采用竖流式气浮池。

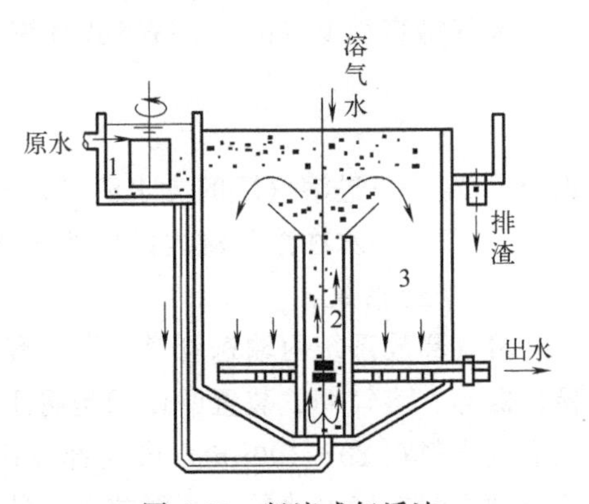

图 4-39 竖流式气浮池
1—反应池；2—接触室；3—分离室

复习思考题

1. 格栅的作用是什么？
2. 调节池具有什么功能？简述调节池的混合方式和各自的特点。
3. 沉淀有哪几种类型，各有何特点？为何活性污泥法曝气池不宜采用高浓度MLSS处理？
4. 设置沉砂池的目的和作用是什么？为何城镇污水处理厂多采用旋流沉砂池进行除砂？
5. 结合浅池沉淀理论，讨论污水生物处理工程应用中斜板（管）沉淀池可能会出现什么问题。
6. 结合竖流式沉淀池、辐流式沉淀池的结构，分析说明各自的工作原理。
7. 加压溶气气浮法的基本原理是什么？有哪几种基本流程与溶气方式？各有何特点？
8. 在废水处理中，气浮法与沉淀法相比较，各有何优缺点？

参考文献

[1] 成官文. 水污染控制工程 [M]. 北京：化学工业出版社，2009.
[2] 高廷耀，顾国维，周琪. 水污染控制工程 [M]. 北京：高等教育出版社，2007.

第五章

污水生物处理基础

污水生物处理是利用自然界中分布范围广、繁殖代谢速度快、代谢营养类型多样、适应能力强的微生物的新陈代谢作用，对污水进行净化处理的一种技术。污水生物处理方法是建立在水体自净作用基础上的人工生物强化技术，其意义在于调控有利于微生物生长繁殖的良好环境，增加系统微生物总量，优化生态系统的组成及其比例，强化微生物的代谢作用，加速有机物的无机化和氮磷去除，促进污水生物净化过程。

根据微生物代谢活动的需氧差异，污水生物处理可分为好氧生物处理、缺氧生物处理和厌氧生物处理。好氧生物处理是在水中存在溶解氧（即水中存在分子氧）的条件下进行的生物处理过程；缺氧生物处理是在水中无分子氧存在，但存在原子氧（化合态氧，如硝酸盐、硫酸盐等）的条件下进行的生物处理过程；厌氧生物处理是在水中既无分子氧又无原子氧的条件下进行的生物处理过程。好氧生物处理是目前去除城镇污水中有机物、促进生物好氧吸磷最有效的方法，缺氧生物处理是去除污水氨氮的主要途径，厌氧生物处理常常用于高浓度有机污水的处理和生物释磷。为提高污水处理效果，在污水处理中常将厌氧生物处理、缺氧生物处理和好氧生物处理相结合，并将其用于悬浮生长法和附着生长法，以实现有机物、氮和磷的同时生物去除，降低处理运行成本。

第一节　污水生物处理的微生物学原理

在污水生物处理过程中，生物降解有机物的实质是有机底物（或基质）作为微生物的营养物而被摄取、代谢和利用的过程。在这一过程中，废水得到净化，部分氮与磷被微生物同化，微生物获得能量合成新的细胞，得以增殖和繁殖。

一、污水处理系统中的微生物

在污水生物处理系统中，活性污泥微生物主要由细菌类、真菌类、原生动物、后生动物组成，并通过食物链形成较为稳定的生态系统。

细菌类以异养型原核细菌为主，常见的有产碱杆菌属（*Alcaligenes*）、芽孢杆菌属（*Bacillus*）、黄杆菌属（*Flavobacterium*）、动胶杆菌属（*Zoogloea*）、大肠埃希氏杆菌（*Escherichia coli*）、假单胞菌属（*Pseudomonas*）等等。主要优势菌属主要取决于污水中有机物的种类、浓度及其环境。含大量糖类、烃类污染物的污水，利于假单胞菌属（*Pseudo-*

monas）的增殖，而含较多蛋白质的污水，则利于产碱杆菌属（*Alcaligenes*）的增殖。

在污水处理系统中出现的真菌主要是腐生或寄生的丝状菌，具有分解碳水化合物、脂肪、蛋白质及其他含氮化合物的作用，但其大量增殖会引发污泥膨胀。丝状菌的异常增殖是导致活性污泥膨胀的主要原因。

污水处理系统中常见的原生动物有肉足虫、鞭毛虫和纤毛虫三类。原生动物是细菌的捕食者，其在污水处理系统中的种类和数量随处理过程的水质和细菌的数量变化而变化。原生动物不断摄食水中的游离细菌，起到了进一步净化水质的作用。

后生动物（主要指轮虫）一般出现在有机物浓度较低的污水生物处理系统中，因此，轮虫的出现常常被认为是水质稳定的标志（主要针对有机污染物去除而言）。

当底物充分时，以有机物为食料的细菌占优势，数量最多；当细菌很多时，出现以细菌为食料的原生动物；而后出现以细菌及原生动物为食料的后生动物。因此，污水生物处理构筑物中的细菌类、原生动物、后生动物等组成了具有一定的食物链关系的微生物生态系统（图 5-1）。细菌是污水处理的主要承担者，原生动物是一次捕食者和污水净化的第二承担者，后生动物是第二捕食者，三者彼此相互作用，共同完成污水有机污染物的去除。

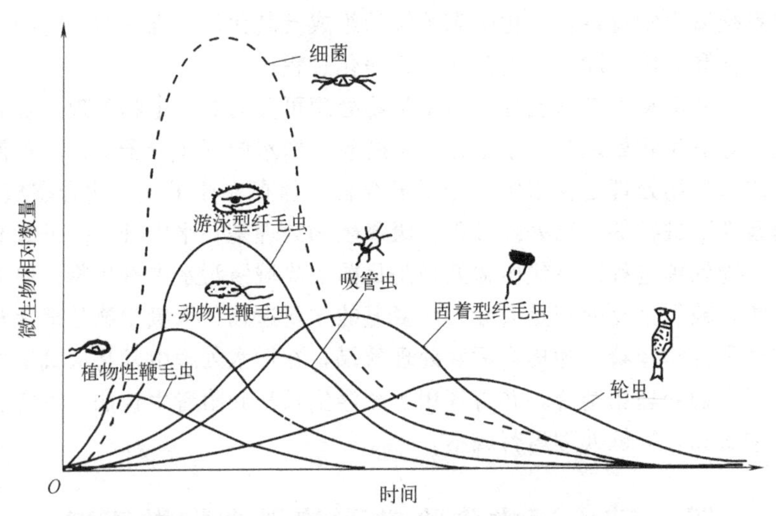

图 5-1 污水处理过程中的微生物生态系统

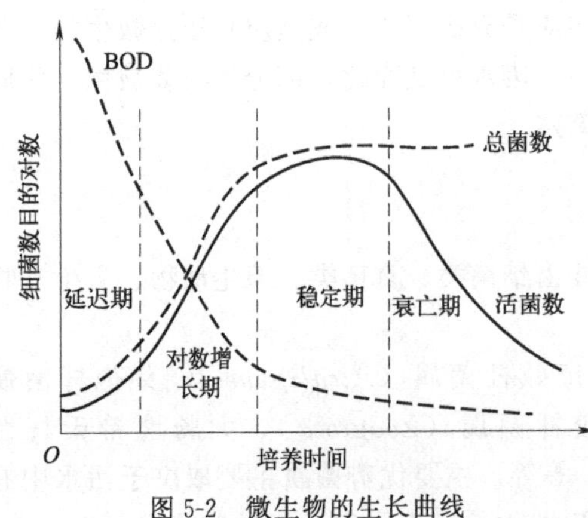

图 5-2 微生物的生长曲线

随着有机污染物的不断降解，污水中的BOD/N不断降低，异养菌的底物浓度成为异养菌增殖的限制性因素，自养菌（主要为硝酸菌、亚硝酸菌、聚磷菌等）开始大量增殖，并逐步将氨氮转化成亚硝酸盐和硝酸盐，同时，聚磷菌吸收污水中的正磷酸盐，使污水中的氮、磷发生转化。

二、微生物的生长

微生物生长实际上是微生物对周围环境中物理的或化学的各种因素的综合反应。微生物的生长规律一般通过生长曲线来反映，以表示微生物在不同环境下生长情况及生长过程。纯菌种生长规律研究显示，微生物生长过程可分为延迟期、对数增长期、稳定期和衰亡期（图 5-2）。

1. 延迟期（适应期）

延迟期为微生物细胞进入新环境的时期。由于细胞内的各种生物酶需要适应新的环境，在这个时期细胞一般不繁殖，活细胞数目不会增加，但细胞体积会显著增大。

2. 对数增长期

由于底物充足，微生物细胞经过延迟期的适应之后，基本以恒定的生长速率进行繁殖。细胞的形态特征与生理特征比较一致（即细胞的大小、形态及生理生化反应比较一致）。从生长曲线上可看出细胞增殖数量与培养时间基本上呈线性关系。伴随有机底物的大量消耗，细胞内代谢物质逐步得到了积累。

3. 稳定期（减速增长期）

随着底物不断消耗，代谢物质不断积累，环境条件逐渐不利于微生物生长，微生物生长进入稳定期。这一时期微生物细胞生长速率下降，死亡速率上升，新增加细胞数与死亡细胞数趋于平衡。此时，微生物活动能力降低，细菌分泌物增多，活性污泥絮体开始形成。稳定期活性污泥的生物氧化能力较好，具有良好的絮凝沉降性能。

4. 衰亡期（内源呼吸期）

这个时期营养物质已耗尽，微生物细胞靠内源呼吸代谢以维持生存。生长速率为零，而死亡速率随时间延长而加快，细胞形态多呈衰退型，许多细胞出现自溶。此时由于能量水平低，絮凝体吸附有机物的能力显著，但污泥活性降低，污泥较松散。

在污水生物处理构筑物中，微生物是一个混合群体，系统中每一种微生物都有自己的生长曲线，其增殖规律较为复杂，一种微生物生长曲线的形状取决于底物类型、浓度以及各种环境因素，如温度、pH 值等，因此，微生物种群还存在递变规律。

微生物对有机污染物的降解必然带来微生物的增殖。因此，在污水生物处理过程中，利用微生物的生长规律调控污水处理系统运行具有非常重要的意义。例如，将微生物维持在活力很强的对数增长期未必会获得较好的处理效果。这是因为维持较高生物活性就需要有充足的营养物质，而高浓度有机底物易造成出水达不到排放要求；对数增长期的微生物活力强，但微生物凝聚和沉降性能差，给泥水分离造成一定困难。将微生物维持在衰亡期末期，此时处理的污水中含有的有机物浓度固然很低，但此时微生物氧化分解有机物能力较差。所以，为了获得既具有较强的氧化和吸附有机物的能力，又具有良好沉降性能的微生物，在污水处理实践中常将微生物控制在稳定期末期和衰亡期初期。

三、微生物的生长环境

微生物的生长与环境条件关系极大。在污水生物处理过程中，应设法创造良好的环境，以利于微生物生长、繁殖，改善生物处理系统的运行效果，提高出水水质。

影响微生物生长的环境因素很多，其中最主要的是污水的营养、水温、pH 值、溶解氧以及有毒物质。

1. 营养

微生物为合成自身的细胞物质，需要从污水中摄取自身生存所必需的各种物质，包括碳和氮、磷等，这些是微生物细胞化学构成的主要组成部分。对于微生物，碳、氮、磷营养有一定的比例，一般为 BOD_5 ∶ N ∶ P＝100 ∶ 5 ∶ 1。

生活污水来源复杂，一般含有微生物能利用的碳、氮和磷，且三者的比例较为适宜，可以满足污水生物处理时微生物的营养需求。但对于大多数工业废水，往往碳、氮、磷的比例不协调，需要根据 BOD_5 ∶ N ∶ P＝100 ∶ 5 ∶ 1 的比例适当补充碳源、氮源或磷源。如造纸废水、糖业废水等需要投加粪便、尿素等补充氮源，投加磷酸盐补充磷源。

2. pH 值

不同的微生物有不同的 pH 值适应范围。例如细菌、放线菌、藻类和原生动物的 pH 值适应范围是 4.0～10.0。大多数细菌适宜中性和偏碱性环境（pH＝6.5～7.5）；硫氧化硫杆菌适于生长在酸性环境中，其最适 pH 值为 3.0，亦可在 pH＝1.5 的环境中生活；酵母菌和霉菌要求在酸性或偏酸性的环境中生活，最适 pH 值为 3.0～6.0。

在污水生物处理过程中，适宜 pH 值范围为 6.5～8.5。如果 pH 值上升到 9.0，原生动物将由活跃转为呆滞，菌胶团黏性物质解体，活性污泥结构遭到破坏，处理效果显著下降。如果进水 pH 值突然降低，曝气池混合液呈酸性，活性污泥结构也会发生变化，二沉池中将出现大量浮泥。因此，当污（废）水的 pH 值变化较大时，应调节 pH 值，使之保持在适宜的范围内。

3. 水温

各类微生物依适宜生长的水温范围不同可分成低温性、中温性和高温性三类。低温性微生物的生长温度在 20℃以下，中温性微生物的生长温度在 20～45℃，高温性微生物的生长温度在 45℃以上。

一般污水好氧生物处理中的微生物多属中温性微生物，其生长繁殖的最适温度范围为 20～37℃，当温度超过最高生长温度时，微生物的蛋白质迅速变性，且酶系统会遭到破坏失去活性，严重时可能死亡。低温会使微生物代谢活力降低，进而处于生长繁殖停止状态，但仍可维持生命。

厌氧生物处理中，常利用中温和高温两种类型的微生物，中温厌氧菌的最适温度范围为 25～40℃，高温厌氧菌的最适温度范围为 50～60℃。如厌氧消化中的中温消化常采用温度为 33～38℃，高温消化常采用 52～57℃。

水温影响微生物的活性。因此，对于过高温度的污水（如工业废水）应通过冷却塔散热或通过调节池混合进行水温调控；在冬季气温过低时，对于水温较低的生物处理系统应注意适当保温。

4. 溶解氧

溶解氧是影响生物处理效果的重要因素。在好氧生物处理中，如果溶解氧不足，好氧微生物由于得不到充足的氧，其活性将受到影响，新陈代谢能力降低，影响好氧生化反应过程，造成处理效果下降。对于生物脱氮除磷，厌氧释磷和缺氧反硝化过程又不需要溶解氧，否则将导致氮、磷去除效果下降。

好氧生物处理的溶解氧一般以 2mg/L 左右为宜。缺氧反硝化一般应控制溶解氧在 0.5mg/L 以下，厌氧释磷则要求溶解氧低于 0.3mg/L。

5. 有毒物质

工业废水中有时存在对微生物具有抑制和毒害作用的化学物质。如重金属（砷、铅、镉、铬、铁、铜、锌等）能与细胞内的蛋白质结合，使酶变质失去活性。因此，生物处理中应对有毒物质严加控制。

除此之外，氧化还原电位、压力、光以及中量、大量元素（如镁、钙等）等也对微生物的生长有一定的影响。

四、微生物的代谢

微生物对有机物的降解首先表现为初期吸附。微生物个体小，比表面积大。当大量处于内源呼吸期的微生物与污水混合时，污水中的有机物以及氮、磷营养物能迅速被微生物吸附；之后在酶的催化作用下，微生物通过新陈代谢对吸附的有机污染物进行分解和转化。分解代谢是微生物在利用底物的过程中，一部分底物在酶的催化作用下降解并同时释放出能量的过程。合成代谢是微生物利用另一部分底物或分解代谢过程中产生的中间产物，在合成酶的作用下合成微生物细胞的过程，合成代谢所需的能量由分解代谢提供。污水生物处理过程中有机物的生物降解实际上就是微生物将有机物作为底物进行分解代谢获取能量的过程。不同类型微生物进行分解代谢所利用的底物是不同的，异养微生物利用有机物，自养微生物则利用氮、硫等无机物。

有机底物的生物氧化主要以脱氢（包括失电子）方式实现，底物氧化后脱下的氢可表示为：

$$2H \longrightarrow 2H^{+} + 2e^{-}$$

根据氧化还原反应中最终电子受体的不同，分解代谢可分成发酵与呼吸，其中呼吸又可分为好氧呼吸和缺氧呼吸两种方式。

1. 发酵

发酵是指微生物将有机物氧化过程释放的电子直接交给底物本身未完全氧化的某种中间产物，同时释放能量并产生不同代谢产物的过程。在发酵条件下有机物只是部分地氧化，因此，只释放出一小部分能量，并合成少量的 ATP。

发酵在污水和污泥厌氧生物处理（或称厌氧消化）过程中起着重要作用。国内外研究表明，在厌氧生物处理中主要存在两种发酵类型：丙酸型发酵和丁酸型发酵。参与丙酸型发酵的细菌是丙酸杆菌属，发酵特点是气体（CO_2）产量很少，甚至无气体产生，主要发酵末端产物为丙酸和乙酸。参与丁酸型发酵的细菌是某些梭状芽孢杆菌，含可溶性碳水化合物（如葡萄糖、蔗糖、乳糖、淀粉等）污水的发酵常出现丁酸型发酵，发酵中主要末端产物为丁酸、乙酸、H_2、CO_2及少量丙酸。

2. 呼吸

微生物在降解底物的过程中，将释放出的电子交给 $NAD(P)^{+}$（辅酶Ⅱ）、FAD（黄素腺嘌呤二核苷酸）或 FMN（黄素单核苷酸）等电子载体，再经电子传递系统传给外源电子受体，从而生成水或其他还原型产物并释放能量的过程，称为呼吸作用。其中以分子氧作为最终电子受体的称为好氧呼吸（aerobic respiration），以氧化型化合物作为最终电子受体的称为缺氧呼吸（anoxic respiration）。呼吸作用与发酵作用的根本区别在于：电子载体不是将电子直接传递给底物降解的中间产物，而是交给电子传递系统，逐步释放出能量后再交给最终电子受体。

（1）好氧呼吸

好氧呼吸的最终电子受体是 O_2，反应的电子供体（底物）则因微生物的不同而异，异养微生物的电子供体是有机物，自养微生物的电子供体是无机物。异养微生物进行好氧呼吸时，有机物最终被分解成 CO_2、氨和水等无机物，同时释放出能量，具体反应如下

$$C_xH_yO_z+\left(x+\frac{y}{4}-\frac{z}{2}\right)O_2\longrightarrow xCO_2+\frac{y}{2}H_2O-\Delta E \tag{5-1}$$

式中 $C_xH_yO_z$——有机污染物的化学式。

与此同时，大部分有机污染物被微生物用于合成代谢，其具体反应为：

$$nC_xH_yO_zN+n\left(x+\frac{y}{4}-\frac{z}{2}-5\right)O_2+nNH_3\longrightarrow(C_5H_7NO_2)_n+$$
$$n(x-5)CO_2+n/2(y-4)H_2O-\Delta E \tag{5-2}$$

式中 $C_5H_7NO_2$——微生物细胞组织的化学式。

随着曝气作用的进行，曝气池末端的营养物质趋于贫乏，微生物进入内源呼吸期，微生物对其自身的细胞物质进行代谢反应：

$$(C_5H_7NO_2)_n+5nO_2\longrightarrow 5nCO_2+2nH_2O+nNH_3+\Delta E \tag{5-3}$$

可见，好氧过程中微生物的代谢可分成分解代谢和合成代谢（图 5-3）。通过对上述过程进行系统研究，提出了如图 5-4 所示的数量关系。从图中可以看出，在微生物作用下，可降解有机物的 1/3 为微生物所氧化分解，并形成无机物，产生能量；可降解有机物的 2/3 用于微生物合成细胞，实现微生物的增殖；通过内源呼吸，80%的细胞物质被分解为无机物，并产生能量，剩余的 20%为不能分解的残留物。污水中的有机物主要是通过微生物内源代谢过程降解的，并非分解代谢过程完成。

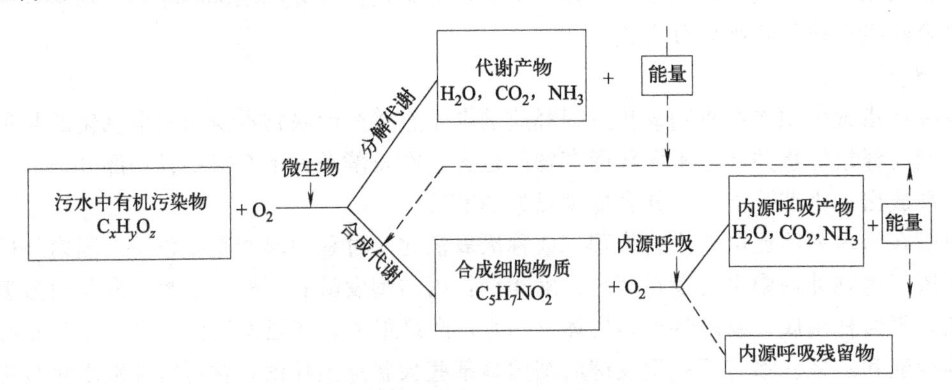

图 5-3 微生物对有机物的分解代谢及合成代谢

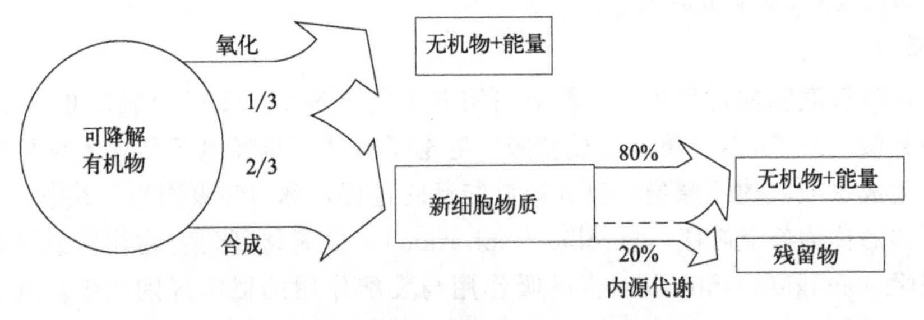

图 5-4 微生物三项代谢之间的数量关系

伴随污水中有机污染物浓度的降低，异养微生物进入内源呼吸期，自养微生物比例逐渐增加。自养微生物进行好氧呼吸时，其最终产物也是无机物，同时释放出能量，如式（5-4）和式（5-5）所示。

$$H_2S+2O_2\longrightarrow H_2SO_4+\Delta E \tag{5-4}$$

$$NH_4^+ + 2O_2 \longrightarrow NO_3^- + 2H^+ + H_2O + \Delta E \qquad (5\text{-}5)$$

其中式（5-4）所示的生化反应是引起排水管道腐蚀的主要原因，式（5-5）为曝气池的生物硝化过程。

（2）缺氧呼吸

某些厌氧和兼性微生物在无分子氧的条件下进行缺氧呼吸。缺氧呼吸的最终电子受体是 NO_3^-、NO_2^-、SO_4^{2-} 等含氧的化合物。缺氧呼吸需要细胞色素等电子传递体，并能在能量分级释放过程中伴随磷酸化作用，以提供必要的能量用于生命活动。

综上所述，微生物分解代谢的三种方式产能结果是不同的，如表 5-1 所示（以葡萄糖为例），好氧呼吸产能大，发酵过程产能小，因而厌氧发酵产沼气和厌氧微生物制氢能充分利用有机物发展生物质能。

表 5-1　葡萄糖三种分解代谢方式的产能结果

分解代谢方式	最终电子受体	产能结果
好氧呼吸	分子氧	2817.3kJ/mol
缺氧呼吸	化合态氧	1755.6kJ/mol
发酵	有机物	92kJ/mol

第二节　污水生物处理的基本原理

一、好氧生物处理

好氧生物处理是污水中有分子氧存在的条件下，利用好氧微生物（包括兼性微生物，但主要是好氧细菌）降解有机物，使其稳定、无害化的处理方法。好氧生物处理的主要目的是：①去除污水中的有机污染物，防止水体亏氧；②去除污水中胶体及悬浮固体，防止其在水体中沉淀，淤塞河道；③减少病原微生物进入水体。污水二级处理工艺就是为了实现 BOD 和 TSS 的去除。目前常见处理有机污染物、胶体及悬浮物的好氧生物处理工艺有悬浮生长处理（常称活性污泥法）和附着生长处理（常称生物膜法）两类工艺。

在污水处理过程中，微生物（细菌）利用污水中存在的有机污染物（以溶解性和胶体状为主）为底物进行好氧代谢，这些溶解性和胶体状的有机物经过微生物的初期吸附，1/3 被好氧分解，2/3 被微生物同化后经内源呼吸代谢降解，最终以无机物和生物污泥形式稳定下来。同化增殖的微生物能产生胞外生物聚合体，促使生物絮体形成，并通过重力沉降实现泥水分离，降低了出水中游离细菌和悬浮固体浓度。

在污水处理过程中，有机物的最终分解都遵循下列生物化学反应。

1. 分解代谢

$$C_xH_yO_z + \left(x + \frac{y}{4} - \frac{z}{2}\right)O_2 \longrightarrow xCO_2 + \frac{y}{2}H_2O - \Delta E$$

2. 内源呼吸代谢

$$(C_5H_7NO_2)_n + 5nO_2 \longrightarrow 5nCO_2 + 2nH_2O + nNH_3 + \Delta E$$

$$M_{wa} \qquad 113 \qquad\qquad 160 \qquad\qquad\qquad 160/113 = 1.4$$

上式基本代表了有机物降解的过程。由于被降解有机物、需氧量以及形成的代谢产物间构成了一定的化学计量关系，若单位有机物被完全降解或全部细胞被氧化，则细胞的 BOD 等于以 VSS 表示细胞浓度的 1.4 倍，即降解 1g 细胞物质表征出来的是耗氧 1.4g 或者 1.4g BOD。

好氧生物处理系统必须保持一定的溶解氧浓度，一般要求在 2mg/L 左右。为保持好氧池处于好氧状态，需要对污水处理系统进行曝气供氧。

受污水水质、微生物群落（泥龄）、水温等影响，微生物利用有机底物的降解速率和微生物增长的生物动力学参数会产生一定的波动，表 5-2 列举了活性污泥法好氧生物处理生活污水中有机物的典型动力学参数，包括最大比底物利用率 r_{max}、污泥产率系数 Y、衰减系数或内源代谢系数 K_d、饱和常数 K_s。伴随有机物的降解，微生物会出现增殖，因此需要定期排泥，以维持曝气池的微生物量稳定和二沉池运行的稳定。

表 5-2 活性污泥法好氧生物处理生活污水中有机物的典型动力学参数

<table>
<tr><th rowspan="2">系数</th><th rowspan="2">单位</th><th colspan="2">数值</th><th rowspan="2">系数</th><th rowspan="2">单位</th><th colspan="2">数值</th></tr>
<tr><th>范围</th><th>典型值</th><th>范围</th><th>典型值</th></tr>
<tr><td>r_{max}</td><td>mg/(mg·d)</td><td>2～10</td><td>5</td><td rowspan="2">Y</td><td>mg/mg</td><td>0.4～0.8</td><td>0.6</td></tr>
<tr><td rowspan="2">K_s</td><td>mg/L</td><td>25～100</td><td>60</td><td>mg/mg</td><td>0.3～0.6</td><td>0.4</td></tr>
<tr><td>mg/L</td><td>10～60</td><td>40</td><td>K_d</td><td>mg/(mg·d)</td><td>0.06～0.15</td><td>0.10</td></tr>
</table>

二、厌氧生物处理

厌氧生物处理是在没有分子氧及化合态氧存在的条件下，兼性细菌与厌氧细菌降解和稳定有机物的生物处理方法。厌氧生物处理主要用于高浓度有机废水和剩余污泥的处理。目前，该技术也在低浓度有机废水（如生活污水）处理中得到应用，并逐渐发展成为一种常见的处理技术。厌氧生物处理的优势不仅在于生物产量低（产泥少），而且其耗能低、营养物添加量少，能提高污（废）水的可生化性，实现生物质能的转化，回收甲烷、氢气等清洁能源。这对于缓解当今能源紧张、促进生物释磷，保护农村生态环境具有重要意义。但是，厌氧生物处理出水水质较差，因而往往用作工业废水排入城市污水管网前的预处理和城市生活污水处理的预处理。

1. 作用过程

厌氧生物处理包含三个基本阶段：水解、酸化、产甲烷。

水解为厌氧生物处理的第一阶段。在该阶段中，颗粒有机污染物首先被转化成可溶性化合物，并进一步水解成较简单的单体物，如酯类水解成脂肪酸、聚糖水解成单糖、蛋白质水解成氨基酸等，提高污水的可生化性。

酸化为厌氧生物处理的第二阶段。在该阶段，氨基酸、脂肪酸、单糖等被进一步降解。发酵的主要产物为乙酸盐、丙酸盐、丁酸盐、氢气和二氧化碳，丙酸盐和丁酸盐进一步发酵也会生成氢气、二氧化碳和乙酸盐。

产甲烷是由甲烷菌参与完成的。甲烷生产过程涉及两个产甲烷群体：一个群体为乙酸分裂产甲烷菌，可将乙酸盐分裂成甲烷和二氧化碳；另一个群体为氢利用产甲烷菌，可用氢作为电子供体及二氧化碳作为电子受体生产甲烷。在厌氧生物处理（厌氧消化）过程产生的甲烷中，72%是由乙酸盐转化形成的（图 5-5）。

产甲烷阶段产生的能量绝大部分都用于维持细菌生存，只有很少能量用于合成细菌和繁

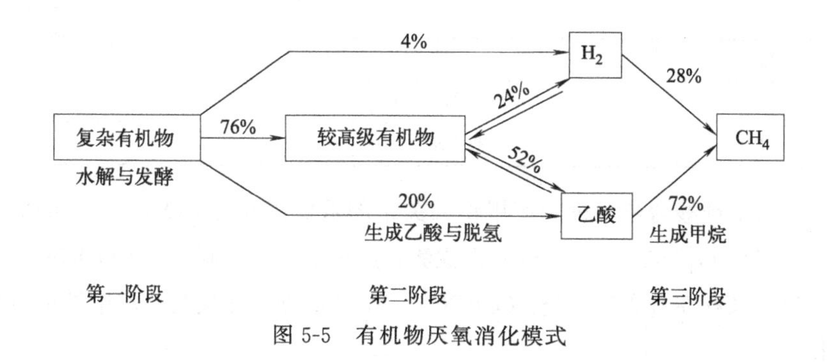

图 5-5　有机物厌氧消化模式

殖，细胞增殖少，污泥产率低。在相同底物条件下，厌氧生物处理产生的能量仅是好氧生物处理的 1/30～1/20，因而反应速率相对好氧生物处理较慢，反应时间较长。

2. 微生物

担负水解及酸化作用的非产甲烷微生物群体由一系列兼性厌氧菌和专性厌氧菌组成。主要微生物有：梭菌属（*Clostridium* spp.）、厌氧消化链球菌属（*Peptococcus anaerobus*）、双歧杆菌属（*Bifidobacterium* spp.）、脱硫弧菌属（*Desulphovibrio* spp.）、棒杆菌属（*Corynebacterium* spp.）、乳酸菌属（*Lactobacilus*）、放线菌属（*Actinomyces*）、葡萄球菌属（*Staphylococcus*）和大肠埃希氏菌（*Escherichia coli*）。其他生理群体包括蛋白水解酶、脂肪分解酶、尿素分解酶及细胞溶解酶。

产甲烷的微生物主要有杆菌（甲烷杆菌属）和球菌（甲烷球菌属、甲烷发菌属和甲烷八叠球菌属）。甲烷发菌属和甲烷八叠球菌属是仅有的可利用乙酸盐生产甲烷和二氧化碳的微生物。其他微生物均以二氧化碳作为电子受体进行氢的氧化产生甲烷。

在产甲烷过程中，甲烷菌和酸化菌为共生关系，甲烷菌将发酵的最终产物，如氢、甲酸盐、乙酸盐转化成甲烷和二氧化碳。甲烷菌可维持极低的氢分压，因此可以使发酵反应的平衡向着生成更多最终氧化产物（如甲酸盐和乙酸盐）的方向移动。

在厌氧处理工艺运行中，硫酸盐还原菌是一种危害极大的厌氧微生物。SO_4^{2-} 的还原作用不仅在厌氧处理过程中消耗大量基质，影响甲烷产率，其形成的 H_2S 还会对产甲烷菌产生抑制与毒害作用。硫酸盐还原作用是指在硫酸盐还原菌（sulphate reducing bacteria，简称 SRB）的作用下以硫酸盐、亚硫酸盐、硫代硫酸盐等为电子受体，氧化分子氢或小分子有机物的过程。硫酸盐还原反应与基质利用的关系如下：

$$SO_4^{2-} + 2C(\text{小分子有机物}) + OH^- \longrightarrow HS^- + CO_3^{2-} + CO_2 \tag{5-6}$$

在上述反应中，还原 1g SO_4^{2-} 约需 0.7g COD。当 COD/ SO_4^{2-} <0.7 时，为基质限制环境，此时 SRB 的优势显著高于产乙酸菌（MPB），SRB 成为去除 COD 的主要承担者；但当 COD/ SO_4^{2-} 值越大时，SRB 的竞争能力越弱，通过 SRB 去除的 COD 越少。热力学参数（表 5-3）显示，在标准状态下，SRB 与 MPB 利用同样的底物时，前者产能水平更高。因此 SRB 在同 MPB 的竞争中处于有利的位置，尤其是在基质限制环境中。

表 5-3　SRB 与 MPB 的生化反应热力学参数

基质	菌种	反　应	ΔG^0/kJ
乙酸	MPB	$CH_3COO^- + H_2O = CH_4 + HCO_3^-$	−31.0
	SRB	$CH_3COO^- + SO_4^{2-} = HS^- + 2HCO_3^-$	−47.6

续表

基质	菌种	反 应	ΔG^0/kJ
氢气	MPB	$4H_2+CO_2 = CH_4+2H_2O$	−130.9
	SRB	$4H_2+SO_4^{2-}+H^+ = HS^-+4H_2O$	−152.2

研究显示，影响硫酸盐还原菌和产甲烷菌关系的重要指标是 COD/SO_4^{2-} 的值，而非硫酸盐的浓度。当 $COD/SO_4^{2-}<1.7$ 时，SRB 占优势，产甲烷菌受抑制；当 $COD/SO_4^{2-}=1.7\sim2.7$ 时，SRB 和产甲烷菌存在着竞争；当 $COD/SO_4^{2-}>2.7$ 或碳源充足时，产甲烷菌占优势，其受 SRB 的抑制作用小。

含硫酸盐废水广泛存在于工业生产的许多领域，如味精废水、食品废水、制药废水、造纸废水、化工废水、选矿废水以及糖蜜酒精废水等，需要把硫酸盐的还原反应控制在一定的限度内。硫酸盐还原作用的调控途径有两种，一是克服硫酸盐厌氧还原作用的产物（硫化物）对产甲烷菌的毒害，二是抑制硫酸盐还原反应的发生。目前，针对性的技术措施有物化法和生物氧化法。物化法是通过化学氧化剂（如 O_2、H_2O_2、$KMnO_4$、Fe^{3+} 等）氧化硫化物为单质硫，或通过金属盐（如 Fe^{2+} 等）与溶解性硫化物结合为不溶物，从而把硫化物从厌氧体系中分离出来。这一方法较为易行，但运行费用较高。生物氧化法是利用硫细菌和光合细菌氧化硫化物为单质硫。该法能耗低，但运行控制较为困难。

三、生物脱氮

1. 作用过程

生物脱氮是含氮化合物经过生物氨化、硝化、反硝化作用后，转变为 N_2 而被去除的过程。其中氨化可在好氧或厌氧条件下进行，硝化作用在好氧条件下进行，反硝化作用在缺氧条件下进行。

（1）氨化反应

微生物分解有机氮化合物产生氨的过程称为氨化反应。能分解蛋白质及其他含氮有机物，并释放出氨的微生物称为氨化微生物。在氨化微生物的作用下，有机氮化合物可以在好氧或厌氧条件下分解、转化为氨态氮。以氨基酸为例，加氧脱氨基反应式为：

$$RCHNH_2COOH+O_2 \longrightarrow RCOOH+CO_2+NH_3 \tag{5-7}$$

水解脱氨基反应式为：

$$RCHNH_2COOH+H_2O \longrightarrow RCHOHCOOH+NH_3 \tag{5-8}$$

（2）硝化反应

氨态氮在亚硝化细菌和硝化细菌的作用下转化为亚硝酸盐（NO_2^-）和硝酸盐（NO_3^-）的过程称为硝化反应。具体反应式如下：

亚硝化反应：

$$2NH_4^++3O_2 \longrightarrow 2NO_2^-+4H^++2H_2O \tag{5-9}$$

硝化反应：

$$2NO_2^-+O_2 \longrightarrow 2NO_3^- \tag{5-10}$$

总反应：

$$NH_4^++2O_2 \longrightarrow NO_3^-+2H^++H_2O$$

（3）反硝化反应

在缺氧条件下，NO_2^- 和 NO_3^- 在反硝化细菌的作用下被还原为氮气的过程称为反硝化反应。硝酸盐还原为氮气的过程为：硝酸盐还原成亚硝酸盐，亚硝酸盐还原成一氧化氮，一氧化氮还原成一氧化二氮，一氧化二氮最终被还原成氮气。即：

$$NO_3^- \longrightarrow NO_2^- \longrightarrow NO \longrightarrow N_2O \longrightarrow N_2 \tag{5-11}$$

(4) 同化作用

生物处理过程中，污水中的一部分氮（氨氮或有机氮）被同化成微生物细胞的组成成分，并以剩余活性污泥的形式得以从污水中去除的过程，称为同化作用。当进水氨氮浓度较低时，同化作用可能成为脱氮的主要途径。

$$NH_4^+ + HCO_3^- + 4CO_2 + H_2O \longrightarrow C_5H_7NO_2 + 5O_2 \tag{5-12}$$

2. 微生物

在氨化作用过程中，分解有机氮化合物的微生物很多，细菌、真菌和放线菌都能分解蛋白质及其含氮衍生物。其中好氧和兼性的细菌以芽孢杆菌、假单胞球菌为主，厌氧条件下梭状芽孢杆菌属的细菌和芽孢杆菌中的厌氧菌具有较强的氨化能力。

参与污水硝化过程的微生物主要是自养菌亚硝化单胞菌属（*Nitrosomonas*）和硝化杆菌属（*Nitrobacter*），其他能将氨氧化的自养菌有亚硝化球菌属、亚硝化螺菌属、亚硝化叶菌属等。

很多异养菌和自养菌都具有脱氮能力，但并没有发现藻类、真菌具备类似的能力。大多数反硝化细菌是异养型兼性厌氧细菌，在污水和污泥中，很多细菌均能进行反硝化作用，如无色杆菌属（*Achromobacter*）、产气杆菌属（*Aerobacter*）、产碱杆菌属（*Alcaligenes*）、黄杆菌属（*Flavobacterium*）、变形杆菌属（*Proteus*）、假单胞菌属（*Pseudomonas*）等。这些反硝化细菌在反硝化过程中利用各种有机底质（包括碳水化合物、有机酸类、醇类、烷烃类等等）作为电子供体，NO_3^- 作为电子受体，逐步将 NO_3^- 还原至 N_2。兼性好氧的假单胞菌属是所有脱氮菌中最常见的也是分布最广泛的，它能够利用氢、碳水化合物、有机酸、醇类、芳香族化合物等进行反硝化。

四、生物除磷

生物除磷（biological phosphorus removal，BPR）最基本的原理是在厌氧-好氧交替运行的系统中，利用聚磷微生物（phosphorus accumulation organisms，PAOs）具有厌氧释磷及好氧超量吸磷的特性，使好氧段中混合液磷的浓度大量降低，最终通过排放含有大量富磷污泥而达到从污水中除磷的目的。具体生化反应为：

厌氧释磷：

$$ATP + H_2O \longrightarrow ADP + H_2PO_4^- \tag{5-13}$$

好氧吸磷：

$$ADP + H_2PO_4^- \longrightarrow ATP + H_2O \tag{5-14}$$

生物除磷的机理目前尚未完全清楚，现普遍接受的有以下几个方面的认识：

① 生物除磷主要由一类统称为聚磷菌的微生物完成，聚磷菌由于能在厌氧状态下同化发酵产物，因此在生物除磷系统中具备了竞争的优势。不动杆菌是主要的聚磷菌，常见的其他细菌有假单胞菌属（*Pseudomonas*）、气单胞菌属（*Aeromonas*）、放线菌属（*Actinomyces*）和诺卡氏菌属（*Nocardia*）等。

② 在厌氧状态下，兼性菌将溶解性有机物转化成挥发性脂肪酸（VFA）；聚磷菌把细胞

内聚磷水解为正磷酸盐，并从中获得能量，吸收污水中易降解的小分子有机物（如 VFA），同化成胞内碳能源贮存物聚β-羟基丁酸（PHB）或聚β-羟基戊酸（PHV）等。

③ 在好氧或缺氧条件下，聚磷菌以分子氧或化合态氧作为电子受体，氧化代谢胞内贮存物 PHB 或 PHV 等，并产生能量，过量地从污水中摄取磷酸盐。能量以高能物质 ATP 的形式存贮，其中一部分又转化为聚磷，作为能量贮于胞内，通过剩余污泥的排放实现高效生物除磷目的。

第三节 曝气理论

水体自净规律表明，水体的自净能力受控于水体的水动力条件和供氧能力，水动力传质和曝气供氧对水中有机污染物的去除具有决定性的作用。在污（废）水好氧生物处理工艺中，无论是活性污泥法还是生物膜法，都是在曝气充氧与混合传质条件下实现微生物对有机污染物的降解或去除的。了解曝气的相关理论，利于学习和掌握水污染控制的有关知识和技术，提高污水处理工艺的设计与运行管理水平。本节重点讨论气体传递原理，曝气系统的设计和曝气池的构造等问题。

一、基本原理

1. 菲克（Fick）定律

物质从某一相经相界面传递到另一相的过程，称为物质的传递过程，简称传质过程。曝气将空气中的氧穿过气液相界面传递到液相中亦是传质过程。氧的这一传质过程可以用菲克定律表示：

$$v_{\mathrm{d}}=-D_{\mathrm{L}}\frac{\mathrm{d}c}{\mathrm{d}\delta} \tag{5-15}$$

式中 v_{d}——物质的扩散速率，以单位时间内通过单位截面积的物质数量表示；

D_{L}——扩散系数，表示物质在介质中的扩散能力，主要取决于扩散物质和介质的特性及温度；

c——物质浓度；

δ——扩散距离；

$\frac{\mathrm{d}c}{\mathrm{d}\delta}$——浓度梯度。

上式表明：传质主要是由于界面两侧物质存在着浓度差值，这个差值就是扩散过程的推动力，使得物质分子由浓度较高一侧向着较低一侧扩散。物质的扩散速率与该物质在两相间的浓度梯度成正比。

2. 双膜理论

以 M 表示在单位时间 t 内通过界面扩散的物质数量，以 A 表示相界面面积，则：

$$v_{\mathrm{d}}=\frac{\frac{\mathrm{d}M}{\mathrm{d}t}}{A} \tag{5-16}$$

代入式（5-15），得：

$$\frac{\frac{\mathrm{d}M}{\mathrm{d}t}}{A}=-D_{\mathrm{L}}\frac{\mathrm{d}c}{\mathrm{d}\delta}$$

$$\frac{\mathrm{d}M}{\mathrm{d}t}=-D_{\mathrm{L}}A\ \frac{\mathrm{d}c}{\mathrm{d}\delta} \tag{5-17}$$

式中　$\frac{\mathrm{d}M}{\mathrm{d}t}$——单位时间内通过界面扩散的物质数量；

A——界面面积。

在曝气充氧过程中，氧分子从气相转移到液相，必须经过气液相界面。目前普遍使用 Lewis 和 Whitman 在 1923 年提出的双膜理论解释气体传递的机理（图 5-6）。双膜理论的基本论点是：

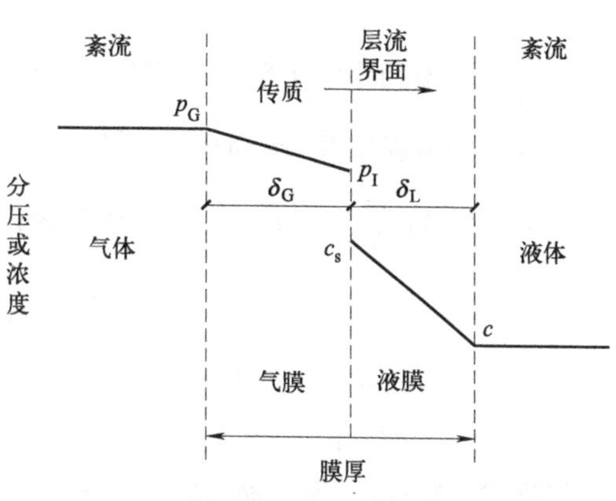

图 5-6　双膜理论模型

① 气、液两相接触的自由界面附近分别存在着层流流动的气膜和液膜。在气液相界面两侧分别为气相主体和液相主体，两个主体均处于紊流状态，紊流程度越高，对应的层流膜的厚度就越薄。

② 在两膜以外的气、液相主体中，由于流体的充分湍动（紊流），组分物质的浓度基本上是均匀分布的，不存在浓度差，也不存在任何传质阻力（或扩散阻力）。气体从气相主体传递到液相主体，所有的传质阻力仅存在于气、液两层层流膜中。

③ 在气膜中存在着氧的分压梯度，在液膜中存在着氧的浓度梯度，它们是氧转移的推动力。在气、液两相界面上，两相的组分物质浓度总是互相平衡，也即界面上不存在传质阻力。

④ 氧是一种难溶气体，溶解度很小，故氧分子通过液膜是氧转移过程的控制步骤，因此通过液膜的传质速率是氧转移过程的控制速率。

在气膜中，氧的传递阻力很小，气相主体与界面之间的氧分压差一般可以认为 $p_{\mathrm{G}}=p_{\mathrm{L}}$；这样，界面处的溶解氧浓度值 c_{s} 是在氧分压为 p_{G} 条件下的溶解氧饱和浓度。

在曝气条件下，由于液膜厚度（δ_{L}）很小，液膜内的浓度可以按直线变化考虑，则液膜两侧的溶解氧浓度梯度可表示为：

$$-\frac{\mathrm{d}c}{\mathrm{d}\delta}=\frac{c_{\mathrm{s}}-c}{\delta_{\mathrm{L}}} \tag{5-18}$$

将上式代入式（5-17）得：

$$\frac{\mathrm{d}M}{\mathrm{d}t}=-D_{\mathrm{L}}A\ \frac{\mathrm{d}c}{\mathrm{d}\delta}=D_{\mathrm{L}}A\ \frac{c_{\mathrm{s}}-c}{\delta_{\mathrm{L}}} \tag{5-19}$$

式中　$\frac{\mathrm{d}M}{\mathrm{d}t}$——氧传递速率，kg/h；

D_{L}——液膜中氧分子扩散系数，$\mathrm{m^2/h}$；

A——气液接触界面面积，$\mathrm{m^2}$；

c_{s}——与界面氧分压所对应的溶液溶解氧饱和浓度，$\mathrm{kg/m^3}$；

c——溶液中溶解氧浓度，$\mathrm{kg/m^3}$；

$\frac{c_{\mathrm{s}}-c}{\delta_{\mathrm{L}}}$——液膜内溶解氧浓度梯度，$\mathrm{kg/m^4}$。

设液相主体体积为 $V(\mathrm{m^3})$，并用其除上式得：

$$\frac{\frac{\mathrm{d}M}{\mathrm{d}t}}{V}=\frac{D_{\mathrm{L}}}{\delta_{\mathrm{L}}}\frac{A}{V}(c_{\mathrm{s}}-c)$$

$$\frac{\mathrm{d}c}{\mathrm{d}t}=K_{\mathrm{L}}\frac{A}{V}(c_{\mathrm{s}}-c) \tag{5-20}$$

式中 $\frac{\mathrm{d}c}{\mathrm{d}t}$——液相中溶解氧浓度变化率（或氧转移速率），$\mathrm{kg/(m^3 \cdot h)}$；

K_{L}——液膜中氧分子的传质系数，m/h。

令 $K_{\mathrm{La}}=K_{\mathrm{L}}\frac{A}{V}$，则式（5-20）可写为：

$$\frac{\mathrm{d}c}{\mathrm{d}t}=K_{\mathrm{La}}(c_{\mathrm{s}}-c) \tag{5-21}$$

式中 K_{La}——氧总传质系数，表示曝气池中溶解氧浓度从 c 提高到 c_{s} 所需要的时间，$\mathrm{h^{-1}}$。

根据式（5-21），为了提高氧转移速率，可从以下三个方面考虑：

① 提高 K_{La} 值。通过加强液相主体的紊流程度，降低液膜厚度，加速气液界面的更新，采用微孔曝气方式，增大气液接触面积等。

② 提高 c_{s} 值。增加气相中的氧分压，如采用纯氧曝气、深井曝气等。

③ 提高 $\Delta c=(c_{\mathrm{s}}-c)$。通过延长气液接触时间或气液作用的距离，改善气液传质，降低微生物好氧作用后的溶解氧浓度，提高氧转移的浓度差或推动力。

由于污水处理效果及运行成本与曝气有密切的关系，因此，充分了解曝气设备、性能及其影响因素，科学合理地选择曝气设备十分重要。

3. 影响氧传质的因素

（1）污水水质

污水中含有各种杂质，特别是某些表面活性物质，它们会在气液界面处集中，形成一层分子膜，增加氧传递的阻力，影响氧分子的扩散，使污水中氧总传质系数 K_{La} 值相应地下降，为此，采用一个小于 1 的系数 α 进行修正。

$$\alpha=\frac{K_{\mathrm{La}}(\text{污水})}{K_{\mathrm{La}}(\text{清水})}$$

$$K_{\mathrm{La}}(\text{污水})=\alpha K_{\mathrm{La}}(\text{清水}) \tag{5-22}$$

此外，污水中含有的各种溶解盐类也会影响溶解氧的饱和值，对此，引入另一个小于 1 的系数 β 予以修正，β 为污水中 c_{s} 与清水中 c_{s} 的比值。

$$\beta=\frac{c_{\mathrm{s}}(\text{污水})}{c_{\mathrm{s}}(\text{清水})}$$

$$c_{\mathrm{s}}(\text{污水})=\beta c_{\mathrm{s}}(\text{清水}) \tag{5-23}$$

上述 α、β 修正系数值均可通过对污水和清水的曝气充氧试验测定。对于鼓风曝气的扩散设备，α 值在 0.4～0.8 范围内；对于机械曝气设备，α 值在 0.6～1.0 范围内。β 值约在 0.70～0.98 之间变化，通常取 0.95。

（2）水温

水温对氧的转移影响较大，水温上升，水的黏度降低，液膜厚度减小，扩散系数提高，K_{La} 值增大；反之，则 K_{La} 值减小。K_{La} 随温度的变化符合下列关系式：

$$K_{La(T)}=K_{La(20)}\times 1.024^{(T-20)} \tag{5-24}$$

式中 $K_{La(T)}$——水温为 T 时的氧总传质系数，h^{-1}；

$K_{La(20)}$——水温为20℃时的氧总传质系数，h^{-1}；

T——设计水温，℃；

1.024——温度系数。

水温对溶解氧饱和浓度 c_s 值也产生影响。随着温度的升高，K_{La} 值增大，c_s 值减小，液相中氧的浓度梯度有所减小。因此，水温对氧转移有两种相反的影响，但不是完全抵消，总的来说，水温降低有利于氧的转移。

(3) 氧分压

c_s 值除了受到污水中溶解盐类及温度的影响外，还受到氧分压或气压的影响，气压降低，c_s 值也随之下降，反之则提高。因此，在气压不是 1.013×10^5 Pa 的地区，c_s 值应乘以压力修正系数 ρ：

$$\rho=\frac{\text{所在地点实际气压(Pa)}}{1.013\times 10^5} \tag{5-25}$$

对于鼓风曝气池，安装在池底的空气扩散装置出口处的氧分压最大，c_s 值也最大；但随气泡上升至水面，气体压力逐渐降低，降低到一个大气压，而且气泡中的一部分氧已转移到液相中，氧分压更低。故鼓风曝气池中的 c_s 值应是扩散装置出口处和混合液表面处的溶解氧饱和浓度的平均值：

$$\overline{c_s}=\frac{1}{2}(c_{s1}+c_{s2})=\frac{1}{2}\left(\frac{p_b}{1.013\times 10^5}c_s+\frac{\varphi_0}{21}c_s\right)$$

$$=c_s\left(\frac{p_b}{2.026\times 10^5}+\frac{\varphi_0}{42}\right) \tag{5-26}$$

式中 $\overline{c_s}$——鼓风曝气池内混合液溶解氧饱和浓度平均值，mg/L；

c_{s1}，c_{s2}——池底、池面混合液溶解氧饱和浓度，mg/L；

c_s——标准状态下清水中饱和溶解氧浓度，mg/L，取9.17mg/L；

p_b——空气扩散装置出口处的绝对压力，Pa；

φ_0——气泡离开池面时，氧的体积分数，%。

p_b 可按下式计算：

$$p_b=p+9.8\times 10^3 H \tag{5-27}$$

式中 p——大气压力，Pa，取 1.013×10^5 Pa；

H——空气扩散装置的安装深度，m。

φ_0 可按下式计算：

$$\varphi_0=\frac{21(1-E_A)}{79+21(1-E_A)}\times 100\% \tag{5-28}$$

式中 E_A——空气扩散装置的氧转移效率，%，小气泡扩散装置一般取6%～12%，微孔曝气器一般取15%～25%。

上述各项因素，受自然条件、环境条件和构筑物本身因素所限制，需要通过计算进行修正，降低其对工程设计和实际运行所造成的影响。

此外，可以通过设备选择、运行方式改变等使氧转移速率得以强化。如氧的转移速率与气泡的大小、液体的紊流程度和气泡与液体的接触时间有关。气泡大小可通过选择扩散器来决定。气泡尺寸越小，则接触面积 A 越大，K_{La} 值越大，有利于氧的转移；但气泡小却不利于紊流，对氧的转移也有不利的影响。紊流程度大，接触充分，K_{La} 值增大，氧转移速率也将有所提高。气泡与液体接触时间加长有助于氧的充分转移。混合液中氧的浓度越低，氧转移的推动力越大，因此氧的转移速率越大。此外，氧的转移速率还取决于液膜的更新速率。气泡的形成、上升、破裂和紊流都有助于气泡液膜的更新和氧的转移。

综上所述，气相中氧分压、液相中氧的浓度梯度、气液之间的接触面积和接触时间、水温、污水的性质、水流的紊流程度等因素都会影响氧的转移速率。

二、曝气供气量计算

在稳定条件下，氧的转移速率应等于活性污泥微生物的需氧速率（R_r）：

$$\frac{dc}{dt}=\alpha K_{La(20)}\times 1.024^{(T-20)}(\beta\rho\overline{c_{s(T)}}-c)=R_r \tag{5-29}$$

设备供应商提供的空气扩散装置的氧转移参数是在标准条件下测定的，所谓标准条件是指水温 20℃、大气压力为 1.013×10^5 Pa、测定用水是脱氧清水。

在标准条件下，转移到一定体积脱氧清水中的总氧量（O_S，单位：kg/h）为：

$$O_S=K_{La(20)}c_{s(20)}V \tag{5-30}$$

在实际条件下，同样的曝气系统设备能够转移到同样体积曝气池混合液中的总氧量（O_2，单位：kg/h）为：

$$O_2=\alpha K_{La(20)}\times 1.024^{(T-20)}(\beta\rho\overline{c_{s(T)}}-c)V \tag{5-31}$$

联列上面两式得：

$$O_S=\frac{O_2 c_{s(20)}}{1.024^{(T-20)}\alpha(\beta\rho\overline{c_{s(T)}}-c)} \tag{5-32}$$

据此计算 O_S，但工程中实际供气量较标准条件下所需空气量（S）多 33%～61%，即

$$\frac{O_S}{S}=1.33\sim 1.61$$

根据机械曝气的性能，氧转移效率 E_A（%）为：

$$E_A=\frac{O_S}{S}\times 100\% \tag{5-33}$$

$$S=G_S\times 0.21\times 1.331=0.28G_S \tag{5-34}$$

式中 S——供氧量，kg/h，

G_S——供气量，m^3/h；

0.21——氧在空气中所占体积分数；

1.331——20℃时氧气的密度，kg/m^3。

对鼓风曝气，各种空气扩散装置在标准条件下的 E_A 值是生产厂商提供的，因此，将式（5-34）代入式（5-33）可得曝气系统需要的供气量（m^3/h）：

$$G_S=\frac{O_S}{0.28E_A} \tag{5-35}$$

根据选择的鼓风机系统的台数，可以确定单台风机的风量。当工作台数小于 3 台时，应有 1 台备用；工作台数为 4 台或大于 4 台时，有 2 台备用。

鼓风机选型应根据使用的风压、单机风量、控制方式、噪声维护管理等条件确定。输气管道中空气流速，干管宜采用 10～15m/s，竖管、小支管为 4～5m/s。进入生物反应池的空气管道顶部宜高出水面 0.5m。

计算鼓风机工作压力时，应根据扩散设备的淹没水深、扩散设备风压损失、管道压力损失、管道中调节阀门等配件的局部压力损失等计算确定，鼓风机风压可用下式计算：

$$p=H+h_b+h_f \tag{5-36}$$

式中　p——鼓风机出口风压，kPa；

H——扩散设备的淹没深度，m，1m H_2O 柱相当于 9.8kPa；

h_b——扩散设备的风压损失，kPa，与充氧设备形式有关，一般取 3～5kPa；

h_f——输气管道的总风压损失，kPa，包括沿程风压损失和局部风压损失。

此外，在式（5-36）计算结果的基础上，根据鼓风曝气系统和设备具体情况，一般尚需考虑 2～3kPa 的富余安全压力。

对于机械曝气，各种设备在标准条件下的充氧量与设备相关参数的关系也是厂商通过实际测定提供的。如泵型叶轮的充氧量与叶轮直径及叶轮线速度的关系，按下式确定：

$$O_S=0.379v^{0.28}D^{1.88}K \tag{5-37}$$

式中　O_S——标准条件下脱氧清水中的充氧量，kg/h；

v——叶轮线速度，m/s；

D——叶轮直径，m；

K——池型修正系数。

O_S 按式（5-32）计算，然后可根据式（5-37）计算所需叶轮的直径，其他机械曝气设备的充氧量可以参考相应设备厂商提供的资料。

三、曝气设备

曝气作用是将空气中的氧气转移到曝气池的液体中，同时对污泥、污水进行均匀搅拌，通过混合与传质，以保证微生物呼吸需要，使污泥处于悬浮状态，达到生物处理的目的。

曝气设备按供气方式分为鼓风曝气设备、表面曝气设备、水下曝气设备。

1. 鼓风曝气设备

鼓风曝气系统由进风空气过滤器、鼓风机、空气输配管系统和浸没于混合液下的扩散器组成。鼓风机须提供满足生化反应所需的氧量，这样的风量才能基本保持混合液悬浮固体呈悬浮状态。风压则要满足克服管道系统和扩散器的摩阻损失以及扩散器上部的静水压。鼓风机进口空气过滤器是为了防止灰尘进入扩散器内部造成阻塞。

扩散器是整个鼓风曝气系统的关键部件，它的作用是将空气分散成不同尺寸的气泡。气泡在扩散装置的出口处形成，气泡尺寸越小，与周围混合液的接触面积越大。气泡在上升过程中随水流循环运动，气泡中的氧随之转移溶解于混合液中。由于气泡内压力越来越小，其在上升至液面的过程中破裂，变成更小的气泡。

根据分散气泡的大小，扩散器又可分成几种类型：

（1）微气泡扩散器

这类扩散设备形成的气泡直径在 100μm 左右，气液接触面大，氧利用率高，但缺点是压力损失较大，易堵塞，对送入的空气必须进行过滤处理。微气泡扩散器制造材料一般分为两大类：一种为多孔性刚性材料，如刚玉、陶粒、钛粉、粗瓷等，掺以适当的酚醛树脂类的黏合剂，在高温下烧结定形而成，产生的微孔易被沉积物堵塞。另一种材料为柔性橡胶和多孔塑料膜制成，可形成管式（图 5-7）、盘式（图 5-8）等，膜上用激光均匀开有微孔。鼓风时，空气进入膜片与支撑管或支撑底座之间，使膜片微微鼓起，孔眼张开，空气从孔眼逸出，达到空气扩散的目的；供气停止，压力消失，在膜片的弹性作用下，孔眼自动闭合，并且由于水压的作用，膜片压实在底座之上，曝气池混合液不会倒流，孔眼不会堵塞。

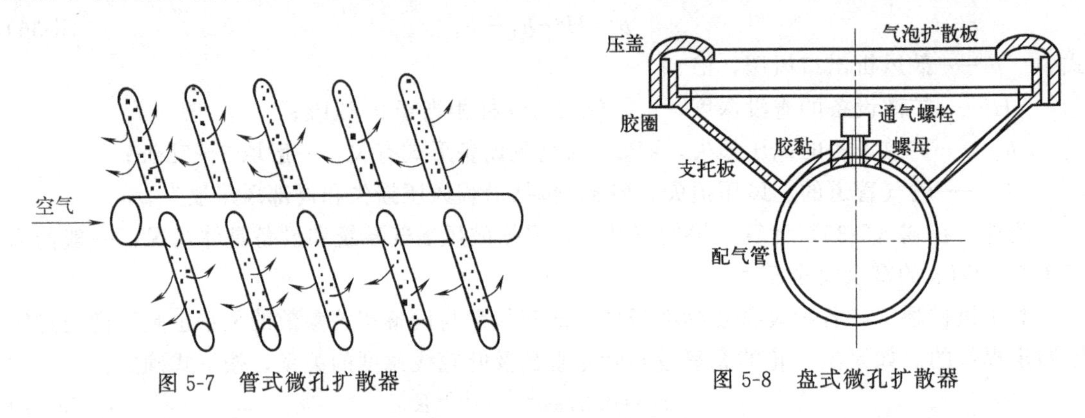

图 5-7 管式微孔扩散器　　图 5-8 盘式微孔扩散器

为了便于维护管理，可以将微孔曝气管制成成组的可提升设备，需要维护时，随时可以将扩散器提出水面进行清理。这类扩散设备的氧转移效率可达 30%，具体安装要求及性能参数可参照生产厂家提供的数据。

（2）小气泡扩散器

小气泡扩散器是采用多孔材料（陶瓷、砂粒、钛粉、塑料等）制成的扩散板或扩散管，分散气泡直径可小于 1.5mm（图 5-9）。

（3）中气泡扩散器

中气泡扩散器常用穿孔管和莎纶管。穿孔管由管径介于 25～50mm 之间的钢管或塑料管制成，在管壁两侧向下呈 45°角方向开有直径为 2～3mm 的孔眼，孔眼间距 50～100mm，两边错开排列，孔口气体流速不小于 10m/s，以防堵塞（图 5-10）。莎纶管以多孔金属管为骨架，管外缠绕莎纶绳。金属管上开有许多小孔，压缩空气从小孔逸出后，从绳缝中以气泡形式挤入混合液。空气之所以能从绳缝中挤出，是由于莎纶富有弹性。

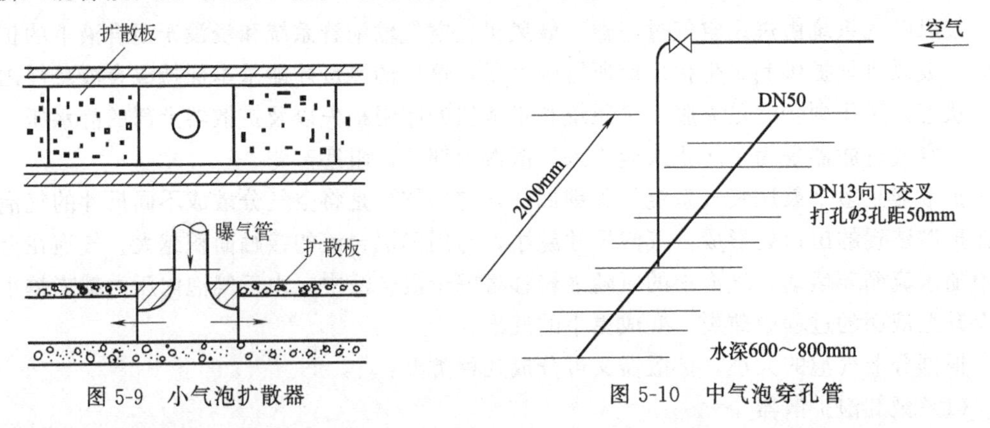

图 5-9 小气泡扩散器　　图 5-10 中气泡穿孔管

（4）大气泡扩散器

大气泡扩散器采用 15mm 的支管直接伸入混合液曝气，气泡直径在 15mm 左右。因为氧利用效率和动力效率较低，目前已经很少采用（图 5-11）。

大中气泡空气扩散器不易堵塞，空气净化要求低，养护管理比较方便，但其氧的传递速率较低；微小气泡扩散器氧的传递速率高，但对空气净化要求高，管理维护难度较大，同时其上升速度慢，对混合液搅拌的作用相对较弱。故选择扩散器要因地制宜。

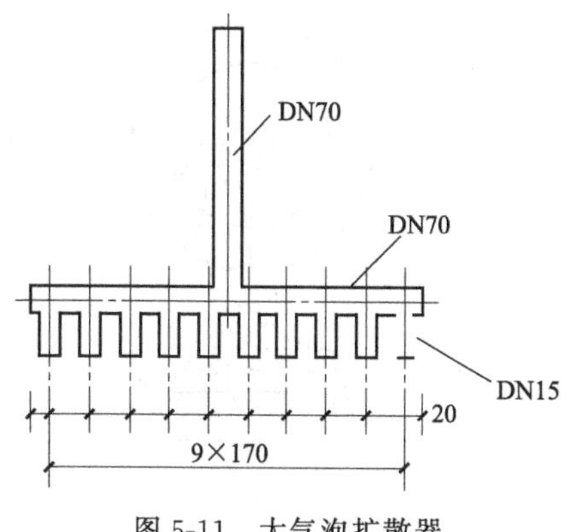

图 5-11 大气泡扩散器

扩散器可以布满整个曝气池底，或沿曝气池横断面的一侧布置，使混合液中的悬浮固体呈悬浮状态。沿一侧布置时可以在曝气池断面上形成旋流，增加气泡和混合液的接触时间，有利于氧的传递。

鼓风曝气常用的风机有罗茨鼓风机和离心式鼓风机。罗茨鼓风机造价低，一般适用于中小型污水处理厂，但运行时噪声大，必须采取消声、隔声措施。离心式鼓风机又可分为单级高速离心风机和多级离心风机。单机风量大，风量调节方便，运行噪声小，工作效率高，但进口离心风机价格较贵，一般适用于大中型污水处理厂。

2. 表面曝气设备

表面曝气则是通过安装于池面的表面曝气器实现的。表面曝气设备在水体表面旋转时产生水跃，把大量水滴和片状水幕抛向空中，水与空气充分接触，使氧气很快溶入水体。同时，曝气器的推流作用将池底含氧少的水体提升向上环流，不断地充氧。

与鼓风曝气相比，表面曝气不需要修建鼓风机房及设置大量布气管道和曝气头，设置简单、集中。但表面曝气水下搅动作用与曝气供氧能力较弱，也不适于曝气过程中产生大量气泡的污水。

机械曝气器按转动轴的安装方向可分为竖轴式和卧轴式两类。

(1) 竖轴式曝气器

竖轴式曝气器的转动轴与液面垂直，装有叶轮，其基本充氧途径是：①当叶轮快速转动时，把大量的混合液以液幕、液滴的形式抛向空中，在空中与空气接触进行氧的转移，然后夹带空气形成气液混合物回到曝气池中，由于气液接触界面大，从而使空气中的氧很快溶入水中；②随着曝气器的转动，在曝气叶轮的后侧形成负压区，卷吸部分空气；③曝气叶轮的转动具有提升、输送液体的作用，使混合液连续上下循环流动，气液接触界面不断更新，不断使空气中的氧向液体中转移，同时池底含氧量小的混合液向上环流和表面充氧区发生交换，从而提高了整个曝气池混合液的溶解氧含量。因为混合液的流动状态同池型有密切的关系，故曝气的效率不仅取决于曝气器的性能，还与曝气池的池型有密切关系。

曝气叶轮的淹没深度一般在 10～100mm，可以调节。淹没深度大时提升水量大，但所需功率亦会增大，叶轮转速一般为 20～100r/min，因而电机需通过齿轮箱变速，同时可以进行二挡或三挡调速，以适应进水水量和水质的变化。常用的这类曝气器叶轮有泵型、倒伞型和平板型，见图 5-12。

(2) 卧轴式曝气器

卧轴式曝气器的转动轴与水面平行，主要用于氧化沟系统。在转动轴上安装开有鳞片孔的转碟，或在垂直于转动轴的方向装有不锈钢丝（转刷）或塑料板条，电机驱动，转速在 50～70r/min，淹没深度为转刷直径的 1/4～1/3。转动时，转碟或转刷把大量液滴抛向空中，并

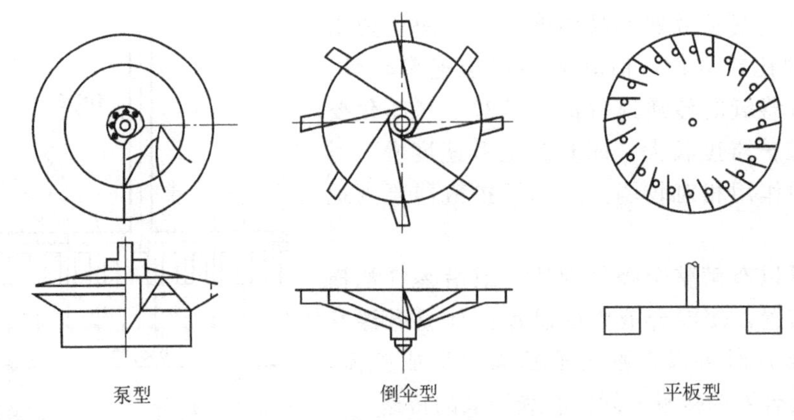

图 5-12 竖轴式曝气器常见叶轮

使液面剧烈波动，促进氧的溶解；同时推动混合液在池内流动，促进曝气器附近的混合液紊流，便于溶解氧的扩散（图 5-13、图 5-14）。

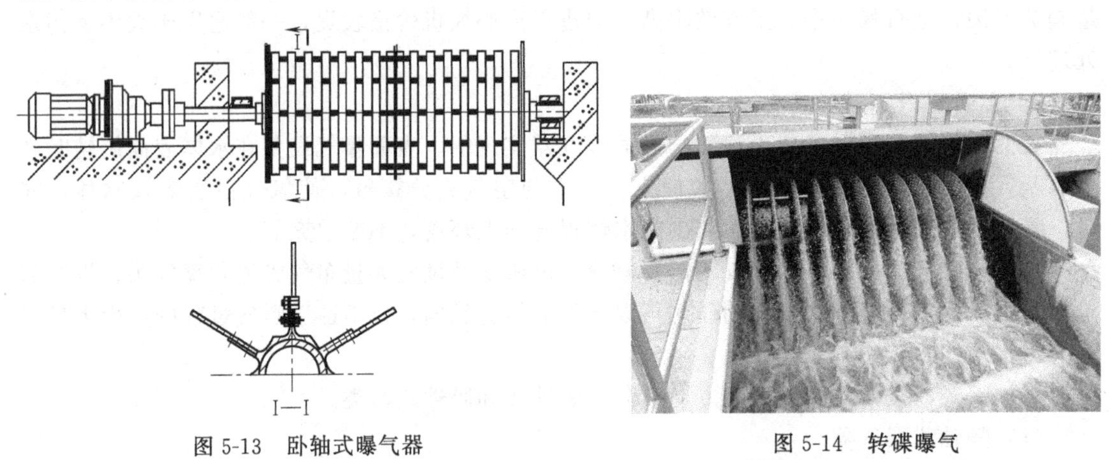

图 5-13 卧轴式曝气器　　图 5-14 转碟曝气

3. 水下曝气设备

水下曝气是将曝气器置于混合液中层或底层，将空气与混合液混合，完成空气中氧由气相向液相的转移过程。水下曝气介于鼓风曝气与表面曝气二者之间。水下曝气是利用水力或机械力的剪切作用，在空气从装置吹出之前，将大气泡切割成小气泡，工作原理与表面曝气有些类似，不需要修建鼓风机房及设置大量布气管道和曝气头，设置简单、集中，同时吸取了鼓风曝气的优点，尽可能将气体变成细小的气泡，提高氧的转移速率；此外水下曝气无泡沫飞扬，噪声小，避免了二次污染。

水下曝气器种类较多，其设备技术发展较快，按进气方式可以分为压缩空气送入与自吸空气式两类。常用的水下曝气设备有：射流曝气机（图 4-30、图 5-15）、密集多喷嘴空气扩散装置（图 5-16）、泵式曝气机、自吸式螺旋曝气机、水下叶轮曝气器、两用曝气器和扬水曝气器、固定螺旋扩散装置等。

4. 曝气设备性能指标

用于衡量曝气设备性能的主要指标有：①动力效率（E_P），即每消耗 1kW・h 的动力能传递到水中的氧量，单位为 kg/(kW・h)；②氧利用效率（E_A），通过鼓风曝气系统转移到

图 5-15　射流曝气

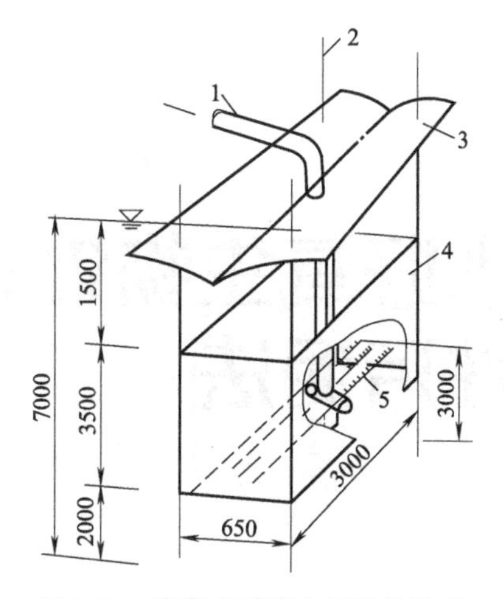

图 5-16　密集多喷嘴空气扩散装置

1—空气管；2—反射板；3—支架；4—箱体；5—空气喷嘴

混合液中的氧量占总供氧的比例，单位为%；③氧转移速率（E_L），也称为充氧能力，单位为 kg/h。对于鼓风曝气系统，其性能评价按第一、二项指标评定，其中主要为第一项；对于机械曝气装置，则按第一、三项指标评定，其中主要为第一项。

上面所提及的各类曝气设备除了要满足充氧要求外，还应满足如下最低混合强度要求：采用鼓风曝气器时，按规范要求，处理 $1m^3$ 污水的曝气量不应小于 $3m^3$，如果曝气池水位较深，则可以按最低曝气强度（每单位池底面积单位时间内的曝气量）1.2（中气泡曝气）～2.2 $m^3/(m^2 \cdot h)$（小气泡曝气）控制。采用机械曝气器时，混合全池污水所需功率不宜小于 $25W/m^3$；氧化沟不宜小于 $15W/m^3$。

复习思考题

1. 简述好氧和厌氧生物处理有机污水的原理和适用条件。
2. 简述城镇污水生物脱氮、生物除磷的作用过程及其在水污染控制工程中的意义。
3. 结合传质理论，说明提高氧转移速率的途径。

参考文献

[1]　成官文．水污染控制工程［M］．北京：化学工业出版社，2009.

[2]　高廷耀，顾国维，周琪．水污染控制工程［M］，北京：高等教育出版社，2007.

[3]　HJ/T 280—2006．环境保护产品技术要求　转盘曝气装置．

[4]　HJ/J 281—2006．环境保护产品技术要求　散流式曝气器．

第六章

污水好氧生物处理工艺（一）——活性污泥法

污水生物处理可分为悬浮生长法和附着生长法两类。悬浮生长法通过适宜的动力学条件（包括曝气、水下推进或搅拌）使微生物在生物处理构筑物中处于悬浮状态，并与污水中的溶解氧和有机物充分传质，从而完成对有机物的降解。悬浮生长法的典型代表是活性污泥法，它是天然水体自净作用的人工强化。自 1914 年开始至今，活性污泥法经过百余年的发展，在理论和实践上都取得了长足的进步，并成为当今世界各国城镇污水和工业废水的主流处理技术。

第一节　活性污泥法的基本概念

活性污泥法是采用人工强制曝气，使活性污泥均匀分散地悬浮在曝气池中，并与污水、氧充分接触，从而降解、去除污水中的有机污染物的方法。活性污泥法的起源最早可追溯到 1880 年安古斯·史密斯（Angus Smith）博士所做的工作，他最早开展了污水曝气试验。1912 年英国的 Clark 和 Gage 在试验中发现，对污水长时间曝气会产生污泥，同时水质会得到明显的改善。之后 Arden 和 Lockett 对这一现象进行了研究，他们在试验中偶然发现，反应器壁附着污泥时，污水处理效果反而更好。根据这一发现，每天试验结束时，他们把曝气后静置沉淀下来的污泥留作第二天试验，这样大大缩短了污水处理的时间。1914 年 5 月，在英国化学工程年会曼彻斯特分会上，Arden 和 Lockett 发表了他们的论文，并于 1916 年在曼彻斯特市建造了第一座活性污泥法污水处理厂。

1. 活性污泥组成

活性污泥是活性污泥法进行污水净化的主体。由于它不是一般的污泥，而是栖息着具有生物活性的微生物群体的絮绒状污泥，故人们称之为活性污泥。

活性污泥从外观上看，似矾花状的絮体，其在静置时迅速絮凝沉降，泥水分离。在显微镜下观察这些褐色的絮状污泥，可以见到大量的细菌、真菌、原生动物和后生动物等多种微生物群体，它们组成了一个特有的生态系统。正是这些微生物群体（主要是细菌）以污水中的有机物为食料，进行代谢和繁殖，才降解了污水中的有机物，同时通过污泥絮体的生物絮凝和吸附，去除污水中的呈悬浮或胶体状态的其他物质。

活性污泥组成可分为四部分：具有活性的微生物（M_a）；微生物自身氧化残留物（M_e）；吸附在活性污泥上不能被微生物所降解的有机物（M_i）；由污水挟带的无机悬浮固

体（M_{ii}）。在正常情况下，具有活性的微生物主要由细菌、真菌组成，并以菌胶团的形式存在，呈游离状态的较少。菌胶团是细胞分泌的多糖类物质将细菌等包覆成的黏性团块，它使细菌具有抵御外界不利因素的性能。游离状态的细菌不易沉淀，而原生动物可以捕食这些游离细菌，这样沉淀池的出水就会更清澈，因而原生动物有利于提高出水水质。

2. 活性污泥性状

活性污泥是粒径在 200～1000μm 的类似矾花状不定形的絮凝体，具有良好的凝聚沉降性能。曝气池中混合液相对密度为 1.002～1.003，回流污泥相对密度为 1.004～1.006，含水率一般都在 99%以上，具有 20～100cm^2/mL 的比表面积。活性污泥从曝气池进入二沉池后，能快速发生生物絮凝而泥水分离。

曝气池中的活性污泥一般呈茶褐色，略显酸性，稍具土壤的气味并夹带一些霉臭味，供氧不足或出现厌氧状态时活性污泥呈黑色，供氧过多或营养不足时污泥呈灰白色。

3. 活性污泥的评价指标

（1）表示活性污泥微生物量的指标

活性污泥微生物是污水生物处理系统的核心，具有一定数量的活性污泥微生物对提高污水处理水质是十分重要的。用来表征混合液活性污泥微生物量的指标有混合液悬浮固体（MLSS）和混合液挥发性悬浮固体（MLVSS）。

MLSS 指曝气池中单位体积混合液中活性污泥悬浮固体的质量，也称为污泥浓度。它包括如前所述的 M_a、M_e、M_i 及 M_{ii} 四者在内的总量。MLVSS 是指混合液悬浮固体中有机物的质量，它包括 M_a、M_e 及 M_i 三者，不包括污泥中的无机物质。

采用具有活性微生物的浓度作为活性污泥浓度从理论上更加准确，但测定活性微生物浓度非常困难，无法满足工程应用要求。而 MLSS 测定简便，工程上往往以它作为评价活性污泥量的指标。MLVSS 代表混合液悬浮固体中有机物的含量，对于某一特定的污水处理系统，MLVSS/MLSS 的值相对稳定，因此可用 MLVSS/MLSS 表征活性污泥微生物数量，一般生活污水处理厂曝气池混合液 MLVSS/MLSS 在 0.77～0.75 之间。

（2）污泥沉降比和污泥容积指数

为了改善沉淀池中泥水分离效果，提供二沉池回流污泥浓度，在设计二沉池时必须考虑混合液污泥的沉降或浓缩特性，通常表征活性污泥沉降性能的指标有污泥沉降比（sludge settling velocity，SV，%）和污泥容积指数（sludge volume index，SVI）。

SV 是指曝气池混合液静置 30min 后沉淀污泥的体积分数。由于正常的活性污泥在静沉 30min 后可接近它的最大密度，故可反映污泥的沉降性能。污泥沉降比与所处理污水性质、污泥浓度、污泥絮体颗粒大小及污泥絮体性状等因素有关。正常情况下，曝气池混合液污泥浓度在 3000mg/L 左右时，其 SV 在 30%左右。

SVI 是指曝气池混合液沉淀 30min 后，单位质量干泥形成的沉淀污泥的体积，常用单位为 mL/g。具体计算公式为

$$\mathrm{SVI}=\frac{\mathrm{SV(mL/L)}}{\mathrm{MLSS(g/L)}} \tag{6-1}$$

SVI 是判断污泥沉降浓缩性能的一个重要参数，通常认为 SVI 值为 100～150 时，污泥沉降性能良好。对应生物脱氮工艺，SVI 值常常＞150；SVI 值＞200 时，污泥沉降性能差；SVI 值过低时，污泥絮体细小紧密，含无机物较多，污泥活性差。

4. 活性污泥系统工艺运行技术指标

（1）污泥泥龄（sludge retention time，SRT）

污泥泥龄，又称“生物固体平均停留时间”，是指曝气池内活性污泥总量（用曝气池容积乘以混合液悬浮固体浓度，即 XV）与每日排放污泥量（每日增长的活性污泥量）的比值。用公式表示为

$$\theta_c = \frac{XV}{\Delta X} \tag{6-2}$$

式中 θ_c——污泥泥龄，d；

V——曝气池容积，m^3；

X——混合液悬浮固体浓度，mg/L；

ΔX——曝气池每日增长的活性污泥量，kg/d。

污泥泥龄是活性污泥系统设计、运行的重要参数，它的长短与曝气池内活性微生物的组成、优势菌属及其生态系统相关。如硝化细菌在20℃时，其世代时间为3d，当 θ_c 小于3倍世代时间即 <9d 时，硝化细菌就不可能在曝气池内大量繁殖，也就不能在曝气池内进行硝化反应，故为了保证生物硝化作用进行，多把 θ_c 控制在15d及以上。

(2) 污泥负荷

污泥负荷的指标有BOD污泥负荷和BOD容积负荷。

BOD污泥负荷（N_s）是指单位质量活性污泥在单位时间内将有机污染物降解到预定程度的数量（即执行的相应排放标准值），用公式表示为

$$N_s = \frac{QS_a}{XV} = \frac{F(\text{有机污染物量})}{M(\text{活性污泥量})} \tag{6-3}$$

式中 Q——污水量，m^3/d；

S_a——应去除的污水BOD浓度或进水BOD与出水BOD的差值，mg/L。

BOD容积负荷即单位曝气池容积在单位时间内将有机污染物降解到预定程度的数量，单位为 $kg/(m^3 \cdot d)$。BOD容积负荷（N_V）的公式为

$$N_V = \frac{QS_a}{V} \tag{6-4}$$

它与BOD污泥负荷的关系为

$$N_V = N_s X \tag{6-5}$$

污泥负荷反映了污水处理系统有机污染物量与活性污泥量的比值（F/M），是影响有机污染物降解、活性污泥增长的重要因素，因而成为活性污泥处理系统设计、运行的主要指标。采用较高的污泥负荷将加快有机污染物的降解与污泥增长的速度，减少曝气池的容积，降低城市污水处理厂建设投资，但其处理出水水质未必能达到相应的排放标准和接纳水体的环保要求。采用较低的污泥负荷，会降低有机污染物的降解与污泥增长的速度，增大曝气池的容积，增加城市污水处理厂建设投资，但其处理出水水质能确保达到相应的排放标准和接纳水体的环保要求。因此，污水处理工程设计必须基于处理程度或排放标准选择适宜的污泥负荷（图6-1），如生物脱氮

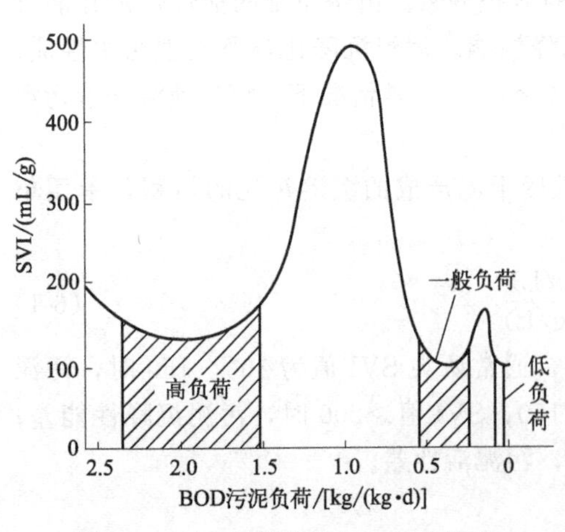

图6-1 BOD污泥负荷与SVI的关系

除磷工艺应该选择低负荷，传统活性污泥法选择一般负荷，高浓度有机废水预处理多采用高负荷。

此外，污水处理工程运行实践表明，BOD 污泥负荷还与活性污泥的膨胀有关。在 BOD 污泥负荷介于 0.5～1.5kg/(kg·d) 之间的区域，活性污泥的 SVI 值很高（图 6-1），易引起污泥膨胀，工程设计应予以避免。

（3）污泥增长

曝气池内，在活性污泥微生物的代谢作用下，污水中的有机污染物得到降解、去除。与此同时，活性污泥微生物不断增殖，污泥数量也同步增长。

活性污泥微生物的增殖是微生物合成反应和内源代谢两项生理活动的综合结果，也就是说活性污泥的净增殖量，是这两项活动的差值，即

$$\Delta X = aS_a - bXQ \tag{6-6}$$

$$S_a = (S_0 - S_e)Q \tag{6-7}$$

式中 ΔX——活性污泥微生物的净增殖量，kg/d；

S_a——污水中被生物降解、去除的有机污染物（BOD）量，kg/d；

S_0——经预处理技术处理后，进入曝气池的污水含有的有机污染物（BOD）量，mg/L；

S_e——经活性污泥处理系统处理后，处理出水的有机污染物（BOD）量，mg/L；

a——微生物合成代谢产生的降解有机污染物的污泥转换率，以 SS 中的 MLSS 的质量计，g/g；

b——微生物内源代谢反应的自身氧化率，d^{-1}；

X——曝气池内混合液悬浮固体浓度，mg/L。

对于工业废水，水质差异较大，其有机污染物的组成不同，污泥转换率和自身氧化率也不同（表 6-1）。生活污水水质变化相对较小，其因组成不同也会有所不同，污泥转换率一般介于 0.49～0.73 之间，自身氧化率一般在 0.075 左右。

表 6-1 某些污（废）水的污泥转换率及自身氧化率

污(废)水种类	污泥转换率 a/(g/g)	自身氧化率 b/d^{-1}	污(废)水种类	污泥转换率 a/(g/g)	自身氧化率 b/d^{-1}
炼油废水	0.49～0.62	0.10～0.16	制药废水	0.72～0.77	—
石油化工废水	0.31～0.72	0.05～0.18	生活污水	0.49～0.73	0.075
酿造废水	0.56	0.10			

（4）需氧量

在曝气池内，活性污泥微生物对有机污染物的氧化分解和其本身内源代谢的自身氧化都是耗氧过程。这两部分氧化所需要的氧量，一般用下列公式求得：

$$O_2 = a'QS_a + b'VX_V \tag{6-8}$$

式中 O_2——混合液需氧量，kg/d；

a'——有机污染物氧化分解的需氧率，即生物降解单位 BOD 所需氧量，kg；

Q——污水流量，m^3/d；

S_a——经活性污泥微生物代谢活动被降解的有机污染物量，mg/L；

b'——微生物内源代谢自身氧化过程的需氧率，即单位质量活性污泥每天自身氧化所需要的氧量，kg；

V——曝气池容积，m^3；

X_V——单位曝气池容积内的 MLVSS 质量，kg/m^3。

上式可改写为下列两种形式：

$$\frac{O_2}{X_V V}=a'\frac{QS_a}{X_V V}+b'=a'N_s+b' \tag{6-9}$$

或

$$\frac{O_2}{QS_a}=a'+\frac{X_V}{QS_a}b'=a'+b'\frac{1}{N_s} \tag{6-10}$$

式中　N_s——BOD 污泥去除负荷，kg/(kg·d)；

$\frac{O_2}{X_V V}$——单位质量活性污泥的需氧量，kg/(kg·d)；

$\frac{O_2}{QS_a}$——每降解 1kg BOD 的需氧量，kg/(kg·d)。

从式（6-9）可以看出，当活性污泥处理系统在高 BOD 污泥去除负荷条件下运行时，活性污泥的泥龄（生物固体平均停留时间）较短，每降解单位质量（1kg）BOD 的需氧量就较低。这是因为在高负荷条件下，一部分被吸附而未被摄入细胞体内的有机污染物随剩余污泥排出。此外，在高负荷条件下，活性污泥微生物的自身氧化作用很弱，因此，需氧量较低。与之相反，当 BOD 污泥去除负荷较低时，污泥泥龄较长，微生物有机污染物分解代谢程度较深，微生物的自身氧化作用较强，降解单位质量 BOD 的需氧量就较高。

5. 活性污泥法的基本流程

活性污泥法基本处理流程包括曝气池、沉淀池、污泥回流及剩余污泥排出系统等基本组成部分，见图 6-2。

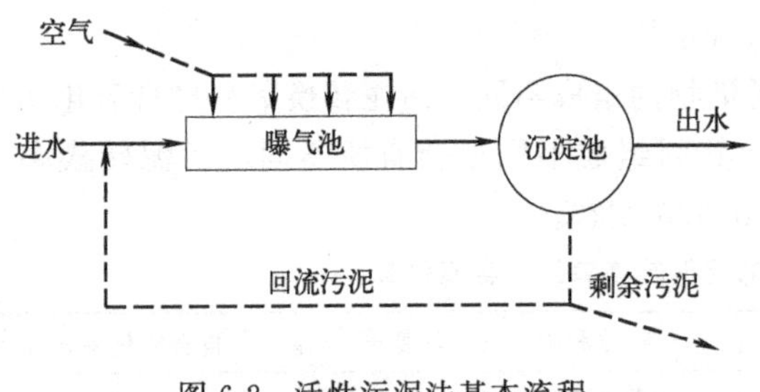

图 6-2　活性污泥法基本流程

污水和回流的活性污泥一起进入曝气池形成混合液，在曝气作用下，污水中的有机物、溶解氧与微生物充分进行传质，经过微生物的一系列分解代谢和同化代谢，污水中的有机污染物被逐步降解，随后混合液流入沉淀池进行固液分离。活性污泥具有良好的絮凝沉淀性能，在二沉池中通过泥水分离排出澄清的出水，沉淀的污泥大部分回流至曝气池。回流污泥的目的是使曝气池内保持一定的 MLSS 浓度。排放至浓缩池的小部分污泥叫剩余污泥。通过排放生化反应增殖的微生物可以维持活性污泥系统的稳定运行。

6. 活性污泥净化反应过程

活性污泥在曝气过程中，对有机物的降解（去除）过程可分为两个阶段：吸附阶段和代谢阶段。

在吸附阶段，由于活性污泥具有巨大的比表面积，污水中的有机物在与活性污泥接触时，呈悬浮和胶体状态的有机物容易被活性污泥吸附，因而具有很高的 BOD 去除率。污泥的吸附阶段很短，一般在 15～45min 左右就可完成。

被吸附的有机物，需要经过数小时的曝气后，才能逐步被代谢分解。代谢过程中，有机物先是被好氧微生物氧化分解为中间产物，接着有些中间产物被合成为细胞物质，另一些中间产物被氧化为最终的无机产物。同时微生物消耗水中的溶解氧，即通常所说的生化需氧量，它间接地度量了污水中被微生物降解了的有机物量。

图 6-3 为普通活性污泥法曝气池中的有机物去除量、氧化和合成量以及吸附量的关系。从图中可以看出：①在吸附阶段，污水中的有机物转移到活性污泥上；在代谢阶段，转移到活性污泥上的有机物被微生物所利用。②曲线 1 表示曝气池中有机物去除量，反映污水中有机物的去除规律；曲线 2 表示活性污泥中微生物已经氧化和合成的量，反映活性污泥利用有机物的规律；曲线 3 表示活性污泥的吸附量，反映了活性污泥吸附有机物的规律。③三组曲线表明在活性污泥法的曝气过程中，污水中有机物在较短时间内就基本被去除；污水中的有机物先是转移到污泥上，然后逐渐为微生物所利用；吸附作用在相当短的时间内就基本完成，但微生物分解有机物的过程却比较缓慢。

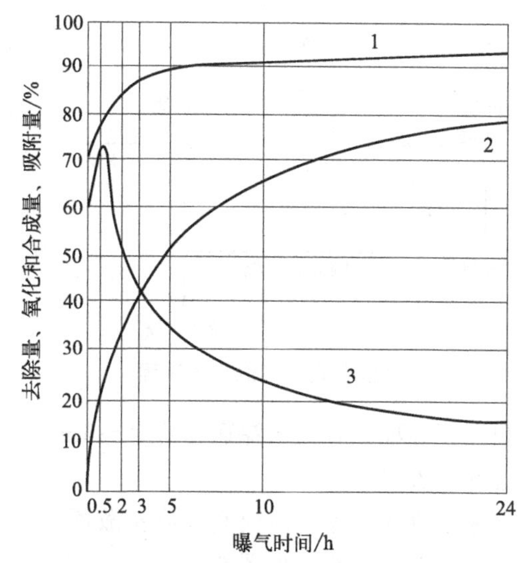

图 6-3　活性污泥法有机物去除量、氧化和合成量以及吸附量的关系

1—有机物去除量；2—微生物氧化和合成量；3—活性污泥吸附量

第二节　活性污泥法的发展

自活性污泥法早期的概念形成以来，随着污水处理工艺、技术、设备、管理的不断进步以及环境要求的提高，污水处理的活性污泥法工艺也在不断发展和变革。

一、活性污泥法曝气池的池型

曝气池实质上是一个生物反应器的主体构筑物，其运行效果与污水、溶解氧、污泥的三相传质或者与其池型的水力特征密切相关。根据曝气池中的混合液流态，曝气池分为完全混合式、推流式、封闭环流式及序批式四大类。

1. 完全混合式曝气池（completely mixed aeration basin）

完全混合工艺系最早的污水处理工艺，其曝气池的形状多为圆形与方形，采用表面机械曝气。污水一进入曝气反应池，在曝气搅拌作用下立即和全池混合，曝气池内各点的底物浓度、微生物浓度、需氧速率完全一致（图 6-4）。

2. 推流式曝气池（plug-flow aeration basin）

完全混合式曝气池的零浓度梯度限制了曝气池中微生物的“潜能”，曝气池中浓度梯度的实现推动了污水处理工艺的变革。推流式曝气池发明于 1920 年，至今仍广泛应用。推流式曝气池工艺流程如图 6-5 所示。污水和回流污泥一般从池体的一端进入，水流呈推流式，底物浓度在进口端最高，沿池长逐渐降低，至池出口端最低。

① 平面布置：推流式曝气池的长宽比一般为 5～10。为了便于布置，长池可以两折或多折，污水从一端进入，另一端流出。进水方式不限，为保证曝气池的有效水位，出水都用溢流堰。

② 横断面布置：推流式曝气池的池宽和有效水深之比一般为 1～2。与常用曝气鼓风机

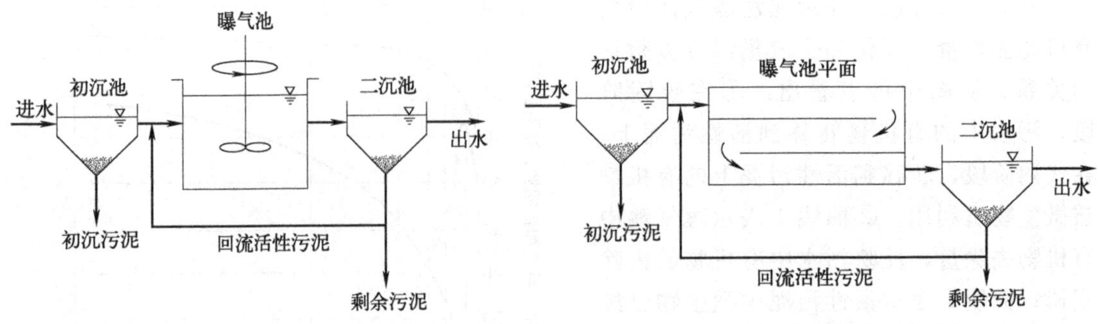

图 6-4 完全混合式曝气池工艺流程　　图 6-5 推流式曝气池工艺流程

的出口风压匹配，有效水深通常在 4～5m。根据横断面上的水流情况，又细分为平移推流式和旋转推流式。

平移推流式的曝气池池底铺满扩散器，池中的水流只沿池长方向流动。这种池型的横断面宽深比可以高一些，见图 6-6。

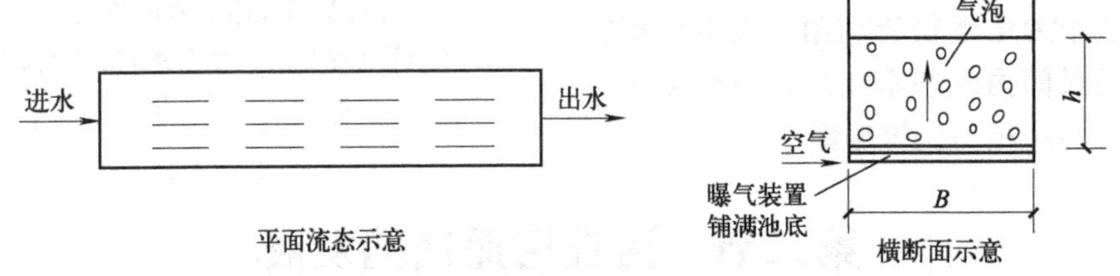

图 6-6 平移推流式曝气池流态

旋转推流式的曝气扩散装置安装于横断面的一侧。由于气泡形成的密度差，池水产生旋流。池中的水除沿池长方向流动外，还有侧向旋流，形成了旋转推流，见图 6-7。

3. 封闭环流式反应池（closed loop reacter，CLR）

封闭环流式反应池整合了推流和完全混合两种流态的特点，污水进入反应池后，在曝气设备的作用下被快速、均匀地与反应器中污泥进行混合，混合后的混合液在封闭的沟渠中循

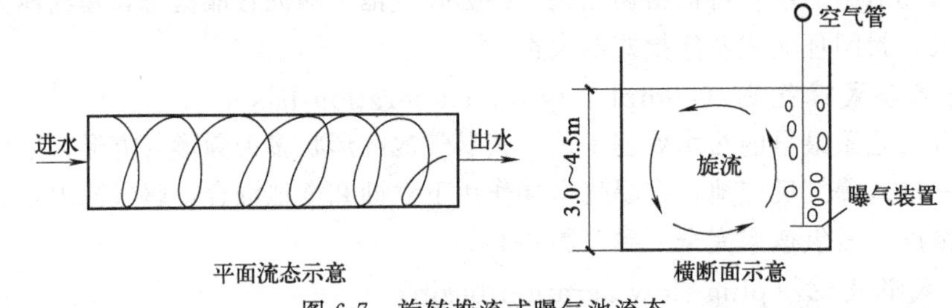

图 6-7 旋转推流式曝气池流态

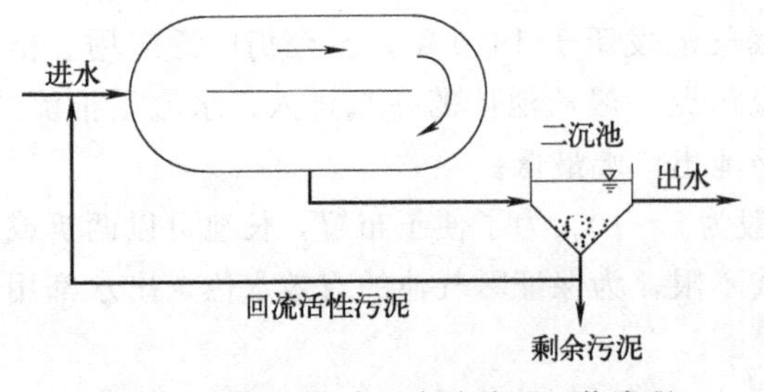

图 6-8 封闭环流式反应池处理工艺流程

环流动（图 6-8）。循环流动流速一般为 0.25～0.5m/s，完成一个循环所需时间为 5～15min。由于污水在反应器内水力停留时间为 10～24h，其在水力停留时间内会完成 40～300 次循环。封闭环流式反应池在短时间内呈现推流式，而在长时间内则呈现完全混合特征。两种流态的结合可减

小短流，使进水被数十倍甚至数百倍的循环混合液所稀释，从而提高了反应器的缓冲能力。

4. *序批式反应池*（sequencing batch reactor，SBR）

SBR 反应器属于“注水—反应—排水”类型的反应器，在流态上属于完全混合，但有机污染物却是随着反应时间的推移而被降解的，即时间上的推流式。图 6-9 为 SBR 的基本运行模式，其操作流程由进水、反应、沉淀、出水和闲置五个基本过程组成，从污水流入到闲置结束构成一个周期。所有处理过程都是在同一个设有曝气或搅拌装置的反应器内依次进行，混合液始终留在池中，从而不需另外设置沉淀池。周期循环时间及每个周期内各阶段时间均可根据不同的处理对象和处理要求进行调节。

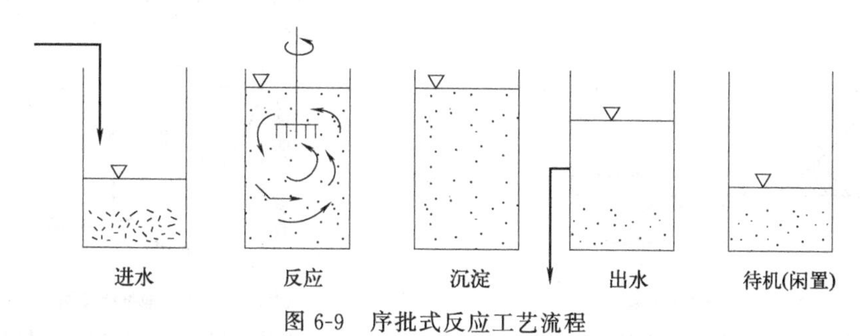

图 6-9 序批式反应工艺流程

二、活性污泥法的发展和演变

自应用以来，随着污水生物处理理论、技术、设备、电气自动化以及人们的认识不断提升，活性污泥法不断地发展与变革，各种新工艺正在工程中不断接受实践的检验，因此，污水处理工艺技术应根据具体情况因地制宜加以选择。

1. *完全混合活性污泥法*

污水与回流污泥进入曝气池后，立即与池内的混合液充分混合而均化（图 6-4、图 6-10）。该工艺具有如下特征：

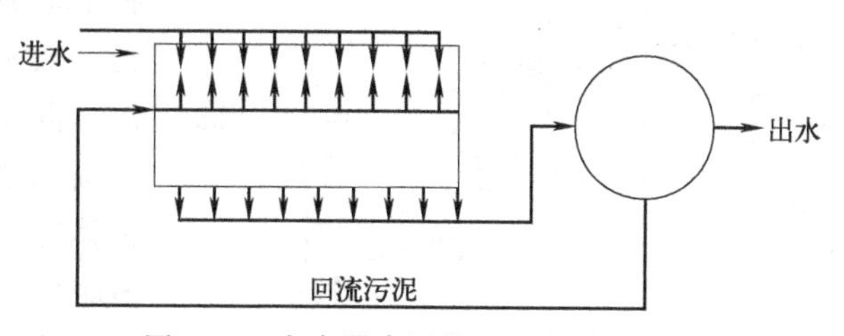

图 6-10 完全混合活性污泥法工艺流程

① 进入曝气池的污水很快被池内已存在的混合液所稀释、均化，入流出现冲击负荷时，骤然增加的负荷被全池混合液所稀释，而不是像推流式曝气池仅仅由部分回流污泥来承担，所以该工艺对冲击负荷具有较强的适应能力。

② 污水在曝气池内分布均匀，F/M 值均等，全池微生物群体的组成和数量几近一致，整个曝气池的运行工况容易控制。

③ 完全混合活性污泥法没有浓度梯度，有机物负荷较低，微生物生长通常位于生长曲线的稳定期或衰老期。活性污泥易于产生膨胀，因此需要工艺改进与变革。

2. *传统推流式*

传统推流式活性污泥法工艺流程如图 6-5 所示，污水和回流污泥在曝气池的前端进入，在池内呈推流形式流动至池的末端，由鼓风机通过扩散设备或机械曝气机曝气并搅拌，因为廊道的长宽比要求在 5～10，所以一般采用 3～5 条廊道。活性污泥在曝气池内前端进行吸附，在中后端进行有机污染物的代谢或降解，最后进入二沉池进行泥水分离，处理出水直接排放或根据需要再进行深度处理，部分污泥回流至曝气池。传统推流式运行中存在的主要问题，一是池内流态呈推流式，首端有机污染物负荷高，耗氧速率高；二是污水和回流污泥进入曝气池后，不能立即与整个曝气池混合液充分混合，易受冲击负荷影响，适应水质、水量变化的能力差；三是混合液的需氧量在长度方向是逐步下降的，而充氧设备通常沿池长均匀布置，这样会出现前半段供氧不足，后半段供氧超过需要的现象（图 6-11）。

3. 渐减曝气法

为了改变传统推流式活性污泥法供氧和需氧的不平衡现象，供氧可以采用渐减曝气方式，充氧设备的布置沿池长方向与需氧量匹配，使供氧速率沿程逐步递减，使其接近需氧速率，而总的空气用量有所减少，从而可以节省能耗，提高处理效率（图 6-12）。

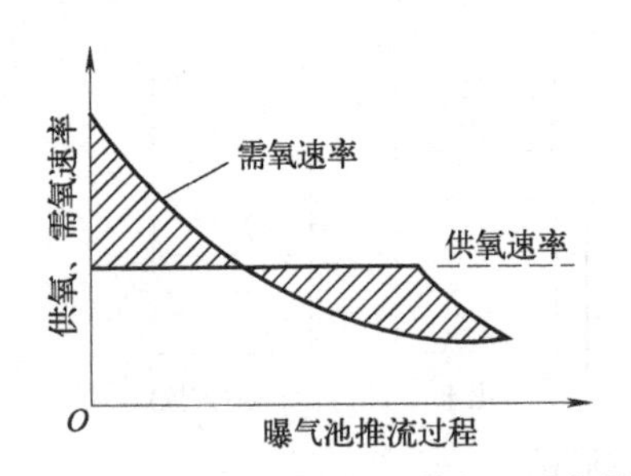

图 6-11 传统推流式曝气池供氧和需氧情况

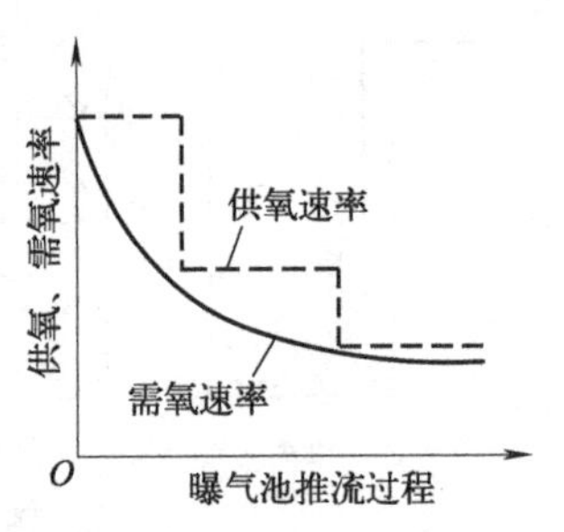

图 6-12 渐减曝气活性污泥法的供氧和需氧情况

4. 阶段曝气法

污水首端一点式进水导致推流式曝气池前端污泥负荷高，为改变这种状况，污水可以采用分段多点进水方式，入流污水在曝气池中分 3～4 点进入，均衡了曝气池内有机污染物负荷及需氧率，提高了曝气池对水质、水量冲击负荷的适应能力（图 6-13）。阶段曝气推流式曝气池一般采用 3 条或更多廊道，在第一个进水点后，混合液的 MLSS 可高达 5000～9000mg/L，后面廊道污泥浓度随着污水多点进入而降低。在池体容积相同的情况下，与传统推流式相比，阶段曝气活性污泥法系统可以拥有更高的污泥总量，从而污泥泥龄可以更长。多点进水方式灵活，目前一些污水处理厂仍常常应用。

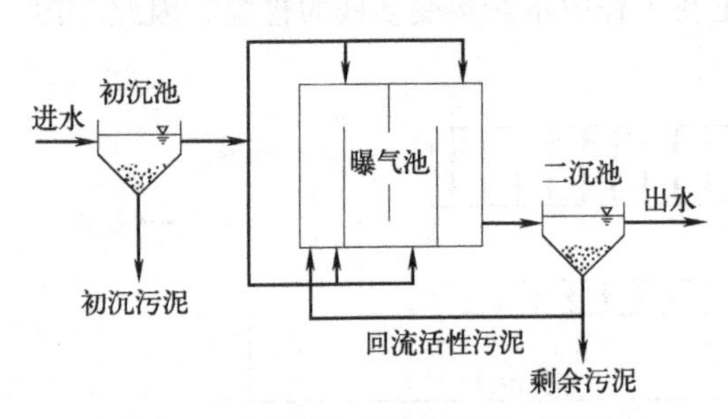

图 6-13 阶段曝气活性污泥法工艺流程

5. 吸附再生法

吸附再生法又名接触稳定法，出现于 20 世纪 40 年代后期，其工艺流程见图 6-14。

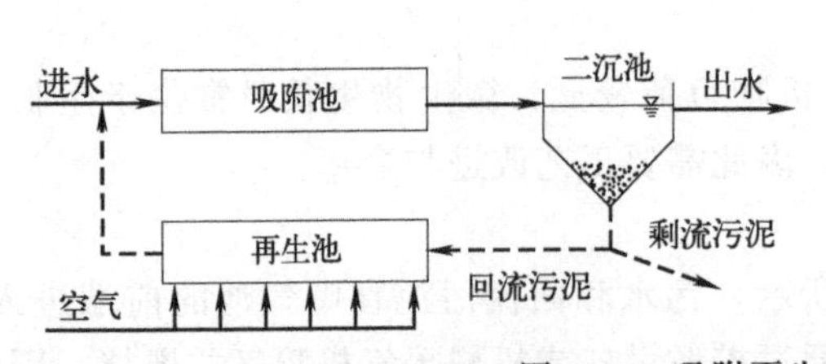

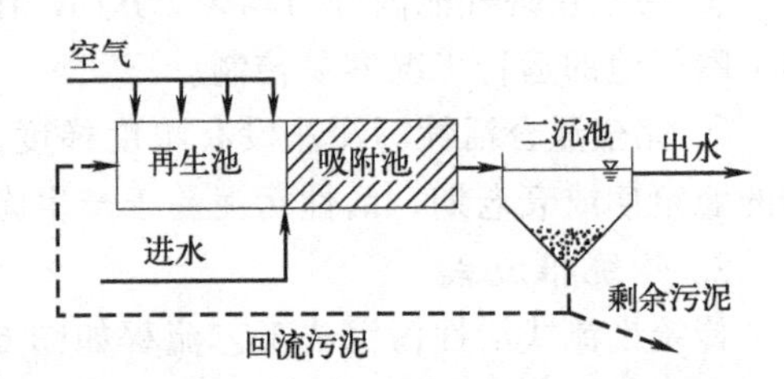

图 6-14 吸附再生活性污泥法工艺流程

20 世纪 40 年代末，美国得克萨斯州奥斯汀市（Austin）的污水处理厂由于水量增加，需要扩建。虽然另有空地，但地价昂贵，不得不寻求厂内改造方法。污水与化学污泥接触后，首先快速发生吸附，然后缓慢进行生物降解，致使曝气池混合液的有机物先快速降低。于是污水处理厂根据这一特点，未对曝气池改扩建，而是把曝气时间缩短为15～45min（MLSS为2000mg/L），使出水的BOD_5相当低。但是同时造成污泥吸附的有机物未充分降解，二沉池回流接种污泥丧失了活性，其去除污水中BOD_5的能力下降了。于是在回流污泥与入流污水混合前对回流污泥进行充分预曝气，这样就可恢复其活性。在对原曝气池的进水位置进行适当改变和增添充氧扩散设备后，只用了原曝气池一半容积，就解决了超负荷问题。

该工艺的特点是活性污泥吸附时间较短（30～60min），吸附池容积较小，而再生池接纳的是已经排出剩余污泥的回流污泥，因此再生池的容积也较小；吸附再生法具有一定的抗冲击负荷能力，如果吸附池污泥遭到破坏，可以由再生池进行补充。但该工艺吸附接触时间短，限制了有机物的降解和氨氮的硝化，对于有机污染物浓度较高的污水处理，该工艺并不适用。

6. 吸附-生物降解工艺（AB法）

20世纪70年代中期，德国亚琛工业大学的伯恩克（Boehnke）教授提出了吸附-生物降解工艺（adsorption-biodegration process），简称AB法，其工艺流程如图6-15所示。该工艺的主要特征为：

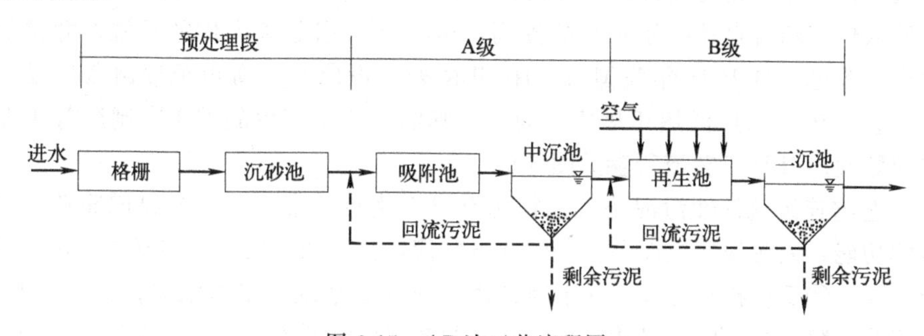

图6-15 AB法工艺流程图

① 整个污水处理系统共分为预处理段、A级、B级三段，在预处理段只设格栅、沉砂池等处理设备，不设初沉池。

② A级由吸附池和中沉池组成，B级由曝气池（再生池）及二沉池组成。

③ A级与B级各自拥有独立的污泥回流系统，构建各自独特的、适合本级水质特征的微生物种群。A级以高负荷或超高负荷运行，N_s为2～6kg/(kg·d)，曝气池水力停留时间短，一般30～60min，污泥泥龄为0.3～0.5d；B级以低负荷运行，N_s为0.1～0.3kg/(kg·d)，水力停留时间在2～4h，污泥泥龄15～20d。

该工艺处理效果稳定，具有抗冲击负荷能力，还可以根据经济情况分期建设。例如，可先建A级，利用有限的资金投入，去除尽可能多的污染物质，达到优于一级处理的效果；等条件成熟，再建B级以满足更高的处理要求。AB法在我国的青岛海泊河污水处理厂、淄博污水处理厂等得到应用，运行效果良好。

7. 延时曝气法

延时曝气法与传统推流式工艺流程类似，不同之处在于该工艺的活性污泥处于生长曲线的内源呼吸期，有机物负荷非常低，曝气反应时间长，一般多在24 h以上，污泥泥龄（SRT）长达20～30d，具有生物硝化功能。由于活性污泥在池内长期处于内源呼吸期，剩余污泥量少且稳定。该工艺具有处理过程稳定性高，对进水水质、水量变化适应性强，不需要初沉池等优点；但也存在池体容积大，基建费用和运行费用都较高等缺点。目前常见的A/O生物脱氮与A^2/O生物脱氮除磷工艺多由延时曝气工艺不断改良、改造而来。

8. 氧化沟工艺

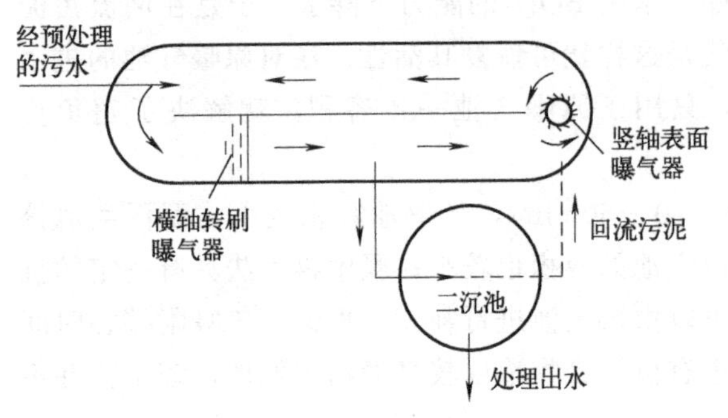

图 6-16 氧化沟处理系统

20世纪50年代开发的氧化沟工艺是延时曝气法的一种特殊形式（图 6-16），一般采用圆形或椭圆形廊道，池体狭长，池深较浅，在沟槽中设有机械曝气和推进装置，近年来也有采用局部区域鼓风曝气外加水下推进器的运行方式。池体的布置和曝气、搅拌装置都有利于廊道内的混合液单向流动。廊道中水流呈推流式，但过程动力学接近完全混合反应池。污水离开曝气区后，溶解氧浓度降低，有可能发生反硝化反应。

9. 序批式活性污泥法（sequencing batch reactor activated sludge process，简称SBR法）

序批式活性污泥法比连续流活性污泥法出现得更早，但受当时运行管理条件限制而被连续流系统所取代。随着自动控制水平的提高，SBR法又引起了人们的重视，并得到了更加深入的研究与改进。自1985年我国第一座SBR处理设施在上海市吴淞肉联厂投产运行以来，SBR工艺在国内已广泛用于屠宰、缫丝、啤酒、化工、鱼品加工、制药等工业废水和生活污水的处理。SBR工艺流程参见图 6-9。

SBR工艺与连续流活性污泥法工艺相比有以下优点：①工艺系统组成简单，曝气池兼具二沉池的功能，无污泥回流设备；②耐冲击负荷，在一般情况下（包括工业废水处理）无须设置调节池；③反应推动力大，易于得到优于连续流系统的出水水质；④运行操作灵活，通过适当调节各阶段操作状态可达到脱氮除磷的效果；⑤活性污泥在一个运行周期内，处于不同的运行环境条件，污泥沉降性能好，SVI值较低，能有效地防止丝状菌膨胀；⑥可通过计算机进行自动控制，易于维护管理。但该工艺为间歇运行，需要多组构筑物才能匹配后续的连续流深度处理设施与紫外消毒设施，对于1～2组的小型SBR工艺，往往难以匹配连续流的深度处理与消毒工艺。

10. 循环活性污泥工艺（cyclic activated sludge technology，CAST工艺）

CAST工艺是SBR工艺的改良版，池体内有隔墙隔出生物选择区、兼性区和好氧区三个区域，容积比大致为1∶2∶20，混合液由好氧区回流到选择区，回流比一般为20%，在选择区内活性污泥与进入的新鲜污水混合、接触，为微生物种群在高负荷环境下竞争生存创造条件，从而选择出适合该系统的独特的微生物种群，并有效抑制丝状菌的过度增殖，避免污泥膨胀现象的发生，提高系统的稳定性（图 6-17）。

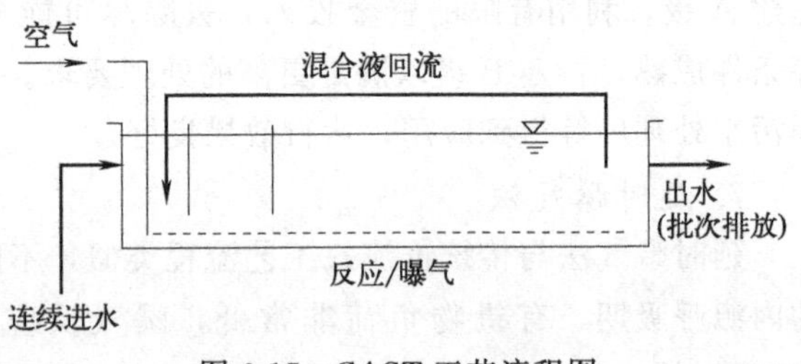

图 6-17 CAST工艺流程图

生物选择区在高污泥浓度和新鲜进水条件下具有释放磷的作用，兼性区进一步促进生物反硝化作用，主反应区需对应进行有机物的好氧降解、生物吸磷与生物硝化过程设计，系统的反硝化反应除了在兼性区进行外，在沉淀和滗水阶段的污泥层中也能观察到生物反硝化的效果。

活性污泥法不同工艺的基本运行参数归纳于表 6-2。

表 6-2 活性污泥法不同工艺的基本运行参数

运行方式		泥龄/d	污泥负荷/[kg/(kg·d)]	容积负荷/[kg/(m³·d)]	MLSS/(mg/L)	停留时间/h	回流比 Q_R/Q
完全混合式		3～5	0.25～0.5	0.5～1.8	2000～4000	3～5	0.25～1.0（分建） 1.0～4.0（合建）
传统推流式		3～5	0.2～0.4	0.4～0.9	1500～2500	4～8	0.25～0.75
阶段曝气法		3～5	0.2～0.4	0.4～1.2	1500～3000	3～5	0.25～0.75
吸附再生法		3～5	0.2～0.4	1.0～1.2	吸附池 1000～3000 再生池 4000～8000	吸附池 0.5～1.0 再生池 3～6	0.5～1.0
AB 法	A 级	0.5～1	2～6		2000～4000	0.25～0.75	0.5～0.8
	B 级	15～20	0.1～0.3		2000～5000	0.25～0.75	0.5～0.8
延时曝气法		20～30	0.05～0.15	0.1～0.4	3000～6000	18～36	0.75～1.5
SBR 法		5～15			2000～5000		

注：数据摘自中国工程建设标准化协会标准，《深井曝气设计规范》（CECS 42—92）。

三、污水生物脱氮除磷工艺的发展

20 世纪 80 年代以前，污水处理主要是去除有机污染物。随着受纳水体的富营养化加剧和排放标准的不断提高，一系列生物脱氮除磷工艺技术被研究开发出来。

1. 生物脱氮工艺

(1) 三段生物脱氮工艺

该工艺是将有机物氧化、硝化及反硝化段彼此独立开来，每一部分都有各自的沉淀池和各自独立的污泥回流系统。该工艺使除碳、硝化和反硝化在不同的反应器中进行，并分别控制在适宜的条件下运行，处理效率高。其流程如图 6-18 所示。

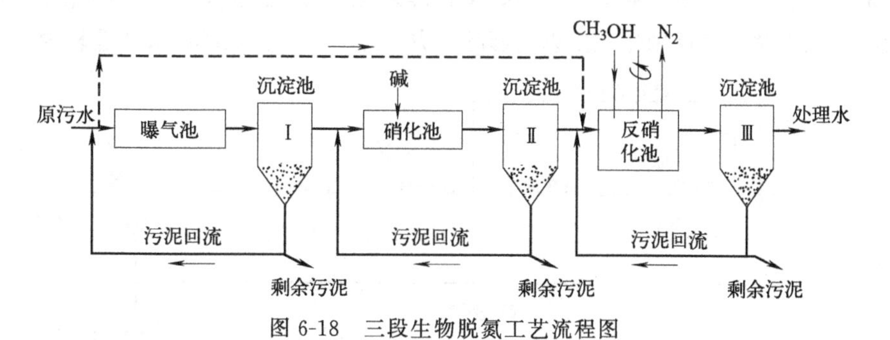

图 6-18 三段生物脱氮工艺流程图

(2) 后置生物脱氮工艺（好氧-缺氧工艺）

随着对硝化反应机理认识的加深，人们开始把三阶段的曝气池和硝化池合并，从而形成了二段生物脱氮工艺（好氧-缺氧工艺）（图 6-19）。各段同样有各自的沉淀池及污泥回流系统。除碳和硝化作用在一个反应器中进行时，设计的污泥负荷要低，水力停留时间和泥龄要长，否则，硝化作用会减弱。在反硝化段，仍需要外加碳源来维持反硝化的顺利进行。

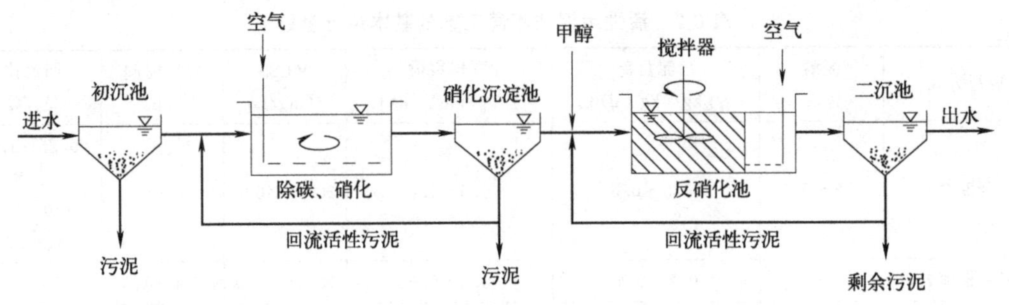

图 6-19 好氧-缺氧工艺流程图

(3) 前置生物脱氮工艺（前置缺氧-好氧工艺，简称 A_N/O 或 A_2/O）

后置生物脱氮工艺需要外加反硝化碳源，运行成本高。对此将工艺反硝化段前置，以污水中的有机物作为反硝化碳源，曝气池中的硝酸盐通过内循环回流到缺氧池中进行反硝化。目前该工艺成为广泛采用的脱氮工艺（图 6-20）。

前置反硝化不仅有效地抑制了系统的污泥膨胀，而且利用污水中的有机物，无须外加碳源，使曝气阶段的耗氧量减少，并充分回收了反硝化的碱度。该工艺系统脱氮效果好（一般在 70%左右），二沉池出水水质好，工艺运行成本较低。

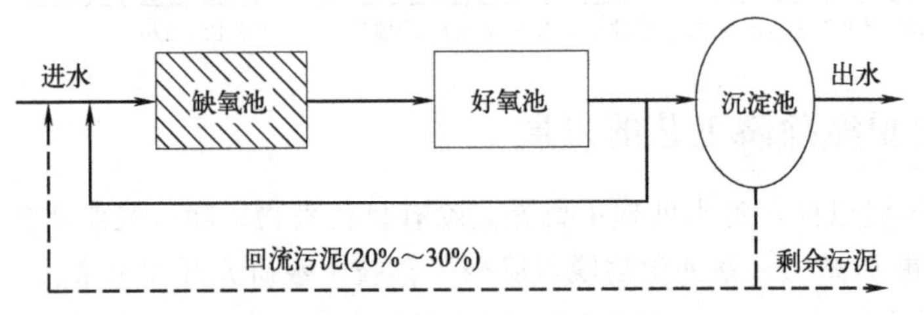

图 6-20 缺氧-好氧工艺流程图

(4) Bardenpho 工艺

Bardenpho 工艺也叫多段缺氧-好氧工艺（图 6-21），该工艺取消了三段脱氮工艺的中间沉淀池，由两个缺氧-好氧工艺串联而成。缺氧和好氧的交替进行，使反硝化和硝化分别在缺氧池和好氧池进行。其中，第一缺氧池由于碳源直接来自污水，碳源丰富，反硝化速率快；第二缺氧池没有外加碳源，其反硝化主要以内源呼吸方式进行，可去除的硝酸盐量较少。

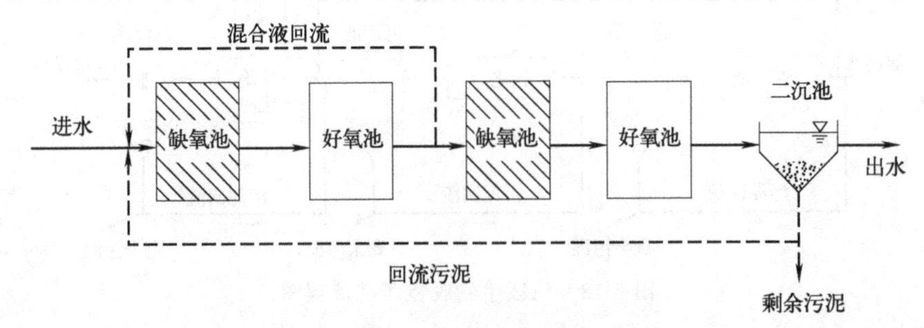

图 6-21 Bardenpho 工艺流程图

2. 生物除磷工艺

(1) 厌氧-好氧（A_P/O 或 A/O）工艺

A/O 生物除磷工艺是最简单的生物除磷工艺（图 6-22），池型构造与常规活性污泥法相似。该工艺充分利用聚磷菌厌氧释磷和好氧吸磷的特性，设置厌氧、好氧工艺过程。工艺特点是高负荷运行、泥龄短、水力停留时间短，相应的污泥产率和除磷能力较高。

为了使微生物在好氧池中易于吸收磷，溶解氧应维持在 2mg/L 以上，pH 值应控制在 7～8 之间。磷的去除率还取决于进水中的易降解 COD 含量，一般用 BOD_5 与磷浓度之比表示。当比值较大时，宜创造好的厌氧环境，促进磷的释放，为好氧过量吸磷创造条件。

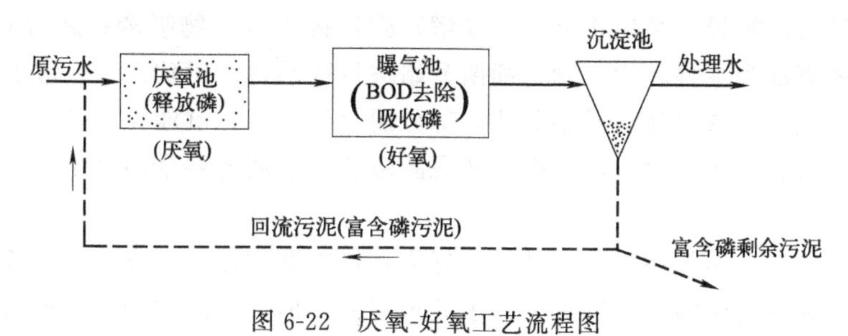

图 6-22　厌氧-好氧工艺流程图

（2）Phostrip 除磷工艺

Phostrip 除磷工艺过程将生物除磷和化学除磷结合在一起，在污泥回流过程中增设厌氧释磷池和上清液的化学沉淀处理系统，称为旁路除磷（图 6-23）。一部分富含磷的回流污泥送至厌氧释磷池，释磷后的污泥再回到曝气池进行有机物降解和磷的吸收，用石灰乳或其他化学药剂对释磷上清液进行化学除磷。Phostrip 除磷工艺的除磷效率不像其他生物除磷系统那样受进水中易降解 COD 浓度的影响，处理效果稳定。

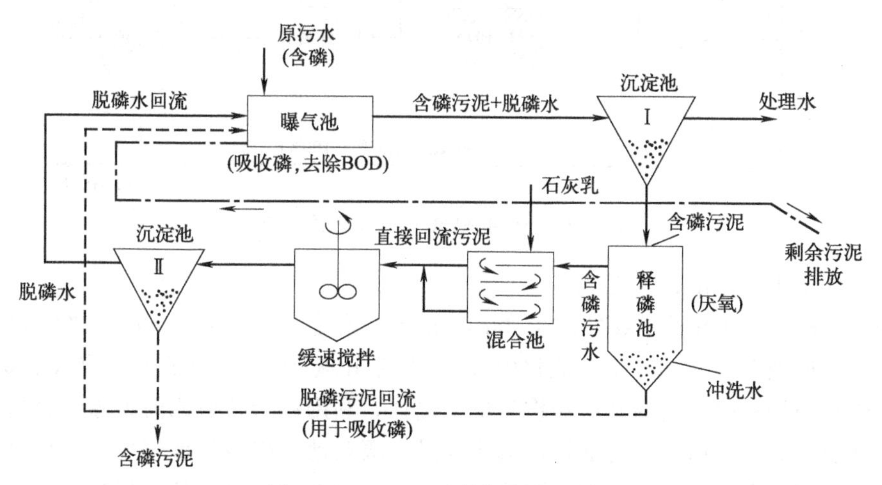

图 6-23　Phostrip 除磷工艺流程图

3. 同步生物脱氮除磷工艺

（1）厌氧-缺氧-好氧（anaerobic-anoxic-oxic，A^2/O）工艺

为了达到同时脱氮除磷的目的，将生物脱氮的工艺流程和生物除磷的工艺流程结合起来，设计成一个厌氧-缺氧-好氧处理的工艺流程，构成既脱氮又除磷的工艺（图 6-24）。但除磷和脱氮微生物种群不同；除磷菌为异养菌，泥龄短，主要靠大量排泥实现生物除磷；而硝化细菌世代长，泥龄一般要求在 15d 以上才有较好的脱氮效果，其排泥量较小。为确保生物脱氮效果，工艺一般采用较长的泥龄，因而实际生物除磷的效果较为有限。

污水进入厌氧反应区，同时进入的还有从二沉池回流的活性污泥，聚磷菌在厌氧环境条件下（DO≤0.2mg/L）释磷，含氮有机物同时转化为易降解 COD，并发生氨化。

厌氧池污泥、污水混合液以及好氧池含硝态氮混合液回流进入缺氧池进行反应（回流比≤300%），污水中含有的部分有机物在反硝化细菌作用下利用硝酸盐作为电子受体而得到降解去除，实现反硝化生物脱氮。

缺氧池混合液进入好氧反应区（DO 多在 1.5mg/L 左右），混合液中的 COD 浓度已经较低，在好氧反应区被异养微生物进一步降解；聚磷菌进行生物吸磷；之后 COD 浓度降至一定程度后，氨氮成为主要底物，硝化细菌开始进行亚硝化、硝化。至反应器末端，部分混合液回流至缺氧池，为缺氧池输送硝酸盐；部分混合液进入二沉池泥水分离，通过排放剩余污泥实现生物除磷。由于生物脱氮除磷工艺泥龄较长，排放的剩余污泥量少，生物除磷的效果较为有限。

该工艺流程简洁，污泥在厌氧、缺氧、好氧环境中交替运行，丝状菌生长被抑制，污泥沉降性能好，成为目前国内外最常见的污水处理工艺。但值得注意的是，进入沉淀池的混合液通常需要保持一定的溶解氧浓度，以防止沉淀池中发生反硝化和污泥厌氧释磷；而这又会导致回流至厌氧池的接种污泥和回流至缺氧池的混合液中存在一些溶解氧与硝酸盐，从而对厌氧释磷、生物反硝化过程造成影响。

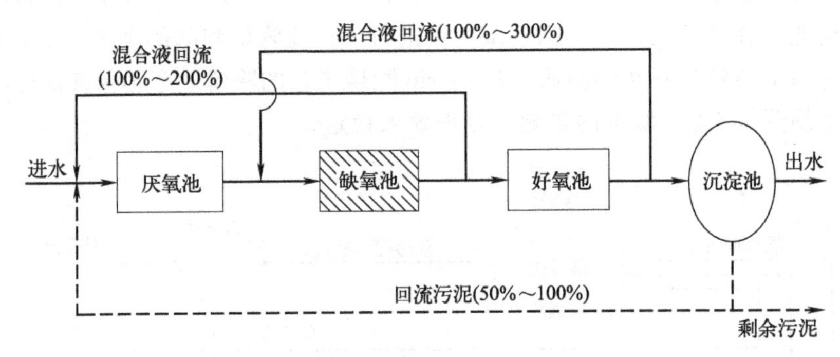

图 6-24 厌氧-缺氧-好氧工艺流程图

(2) 改良型 Bardenpho 工艺

Bardenpho 工艺只有脱氮效果。在 Bardenpho 工艺前增加厌氧池，可使之同时具有脱氮除磷功能。改良型 Bardenpho 工艺流程由厌氧-缺氧-好氧-缺氧-好氧五段组成（图 6-25），第二个缺氧段利用好氧段产生的硝酸盐作为电子受体，利用剩余碳源或内碳源作为电子供体进一步提高反硝化效果。由于系统通过回流污泥进入厌氧池的硝酸盐量较少，对污泥的释磷反应影响小，从而整个系统达到较好的脱氮除磷效果。但该工艺流程较为复杂，投资和运行成本较高，实际工程中较为少见。

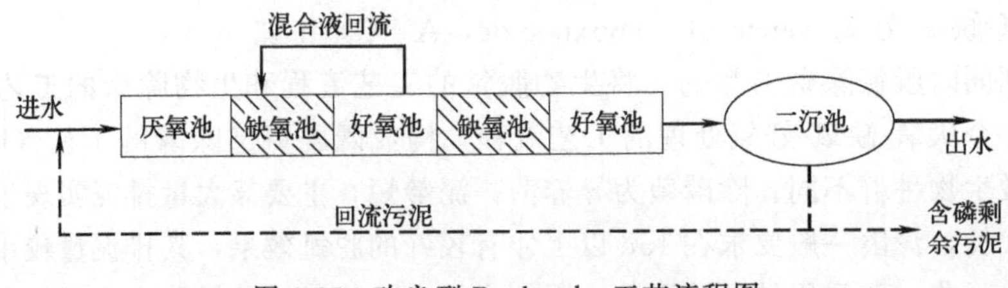

图 6-25 改良型 Bardenpho 工艺流程图

(3) UCT 工艺和 VIP 工艺

UCT 工艺和 VIP 工艺都是 A^2/O 的改良工艺。

UCT (University of Cape Town) 工艺是由开普敦大学开发的一种类似 A^2/O 的脱氮除磷工艺，工艺流程如图 6-26 所示。其与 A^2/O 工艺的区别在于沉淀池污泥回流至缺氧池而不是厌氧池，这样可以防止硝酸盐氮进入厌氧池，影响除磷效果。但该工艺要求回流比较小，会增加缺氧池的水力停留时间，从而影响二沉池的污泥沉降性能。为尽量减少回流至厌氧池的硝酸盐氮，同时保证污泥具有良好的沉降性能（回流比不能太小），开普敦大学又在此基础上开发了改良型 UCT 工艺（图 6-27），将缺氧池分为两部分，混合液回流至第二缺氧池，污泥回流至第一缺氧池，从而使工艺具有良好的脱氮除磷效果，但增加了工艺运行费用。

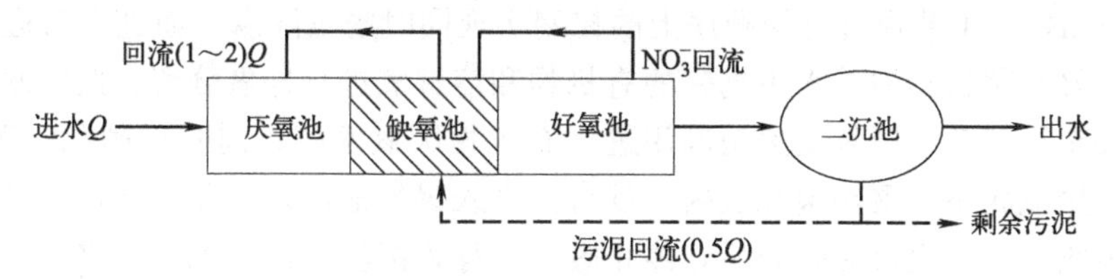

图 6-26　UCT 工艺流程图

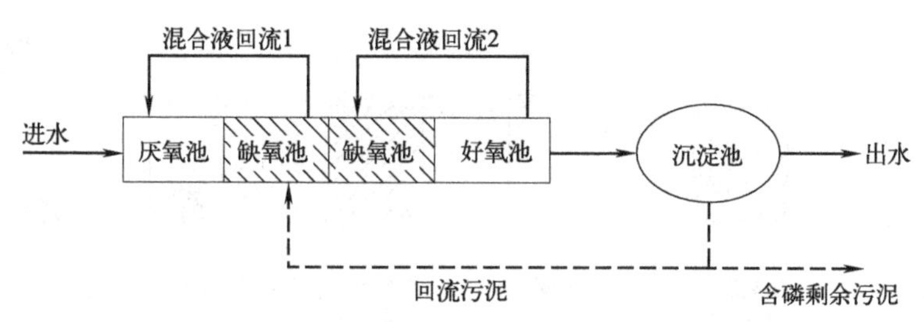

图 6-27　改良型 UCT 工艺流程图

VIP 工艺来源于美国弗吉尼亚州 Lamberts Point 污水处理厂改扩建工程 virginia initiative plant（简称 VIP）。该工艺反应池采用分格方式将一系列体积较小的完全混合反应格串联起来（图 6-28），提高了厌氧池、缺氧池和好氧池有机物的浓度梯度，促进了厌氧池中聚磷菌对磷的释放和好氧池中磷的吸收，同时有助于缺氧池反硝化作用的彻底进行，使缺氧池末端出水硝酸盐减少，避免了硝酸盐回流对厌氧池聚磷菌的影响。

与 UCT 工艺相比，VIP 工艺采用高负荷运行，参与反应的微生物总量多，且泥龄短，因而反应速率高、除磷效果好，反应池总容积较小，但回流设备较多，能耗偏高。

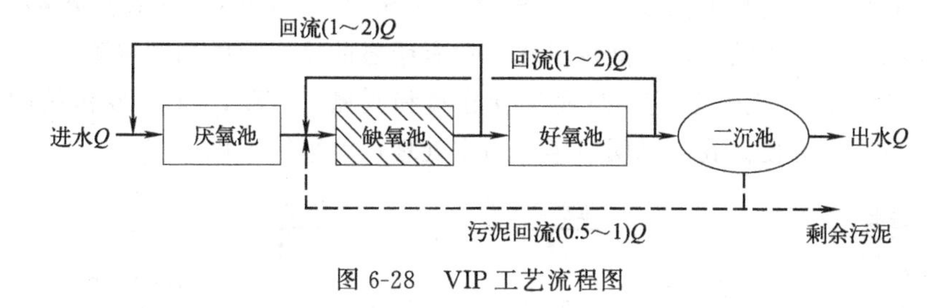

图 6-28　VIP 工艺流程图

(4) 氧化沟脱氮除磷工艺

氧化沟脱氮除磷工艺是在原有氧化沟前增设厌氧池，使之形成厌氧-缺氧-好氧工艺（图 6-29），从而实现生物脱氮除磷。

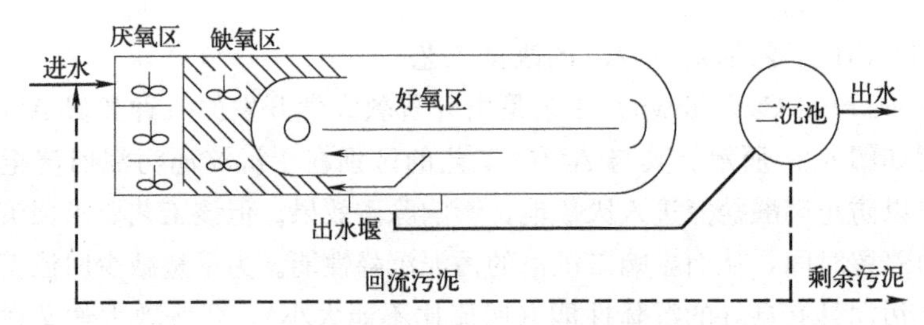

图 6-29 氧化沟脱氮除磷工艺流程图

(5) 序批式及其改进工艺

序批式(SBR)工艺通过时间顺序上的控制实现同时脱氮除磷。如进水后进行一定时间的缺氧搅拌，好氧菌将利用进水中携带的有机物和溶解氧进行好氧分解，此时水中的溶解氧将迅速降低甚至达到零，厌氧发酵菌利用进水有机物厌氧发酵，同时反硝化细菌进行脱氮；然后池体进入厌氧状态，聚磷菌释放磷；混合液进入曝气池后，硝化细菌进行硝化反应，聚磷菌进行磷吸收；经一定反应时间后，停止曝气，静置沉淀；污泥沉淀下来后，滗出上部清水，而后再进入原污水进行下一个周期循环，如此周而复始(图 6-30)。

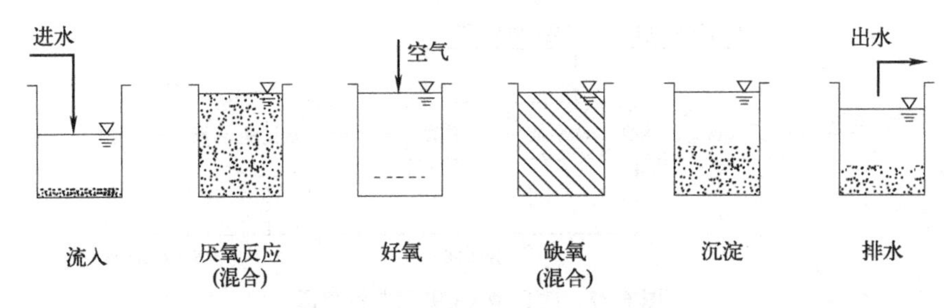

图 6-30 SBR 脱氮除磷工艺流程图

间歇式活性污泥法(SBR 工艺)具有良好的工艺性能和灵活的操作方式，利于引入厌氧-缺氧-好氧过程，或通过时间顺序和工艺上的控制，实现同时脱氮除磷。由于该工艺不能连续流运行，对水量变化适应能力弱，为此，人们对 SBR 工艺进行了一系列的改良，形成了 ICEAS 工艺、DAT-IAT 工艺、CASS(又叫 CAST、CASP)工艺、UNITANK 工艺和 MSBR 工艺。

ICEAS (intermittent cyclic extended aeration system) 工艺是间歇循环延时曝气活性污泥法的简称，具体工艺流程见图 6-31。与 SBR 工艺相比，ICEAS 工艺在进水端增加了一个预反应区，运行方式为连续进水、间歇排水，没有明显的反应阶段和闲置阶段，主反应区交替进行厌氧-好氧和缺氧-好氧反应，从而实现除磷和脱氮。ICEAS 工艺较传统的 SBR 工艺运行费用低、管理更方便。我国昆明市第三污水处理厂就采用了该工艺。

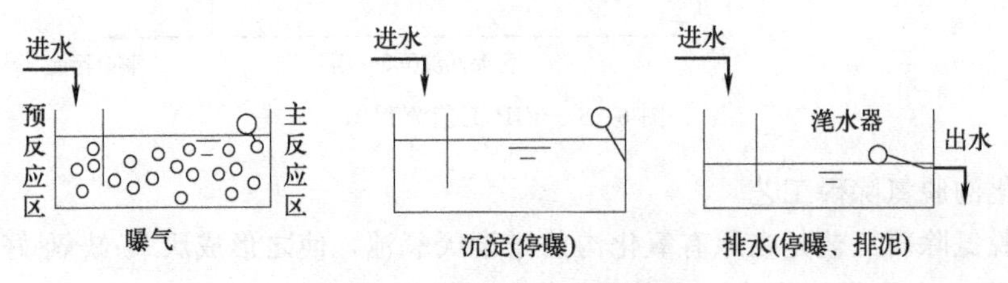

图 6-31 ICEAS 工艺流程图

DAT-IAT 工艺由需氧池（demand aeration tank，DAT）和间歇曝气池（intermittent aeration tank，IAT）串联组成，一般情况下 DAT 连续进水、连续曝气，其出水进入 IAT，在此完成曝气、沉淀、滗水和排泥工序。该工艺为 SBR 的改良工艺，其工艺流程见图 6-32。

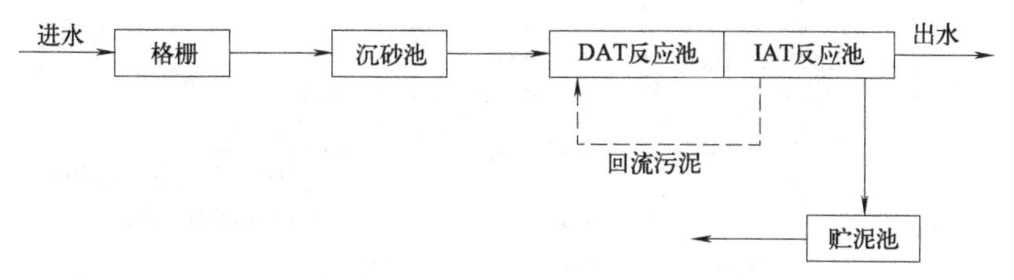

图 6-32 DAT-IAT 工艺流程图

CASS（cyclic activated sludge system）[或 CAST（cyclic activated sludge technology）或 CASP（cyclic activated sludge process）] 工艺全称为循环式活性污泥法。CASS 工艺是在 SBR 反应器前端设置一个分建或合建生物选择器（容积约为主反应器的 10%），以序批曝气-非曝气方式运行的充-放式间歇活性污泥处理工艺（图 6-33）。其运行特点是按日平均流量的 20%回流活性污泥至生物选择器与进水混合，不设单独的进水工程，其他工况基本类似 SBR 工艺。目前，我国较多小型城镇污水处理厂采用了该工艺。

UNITANK 工艺集合了 SBR 工艺和传统活性污泥法的优点，其工况类似三沟式氧化沟，为连续进水、连续出水运行，其工艺流程如图 6-34 所示。三池中间反应池作曝气池；两侧反应池既作曝气池，又作沉淀池，彼此交替曝气沉淀。我国珠江啤酒厂废水处理厂、辽宁盘锦第一污水处理厂和澳门污水处理厂均采用了该工艺。

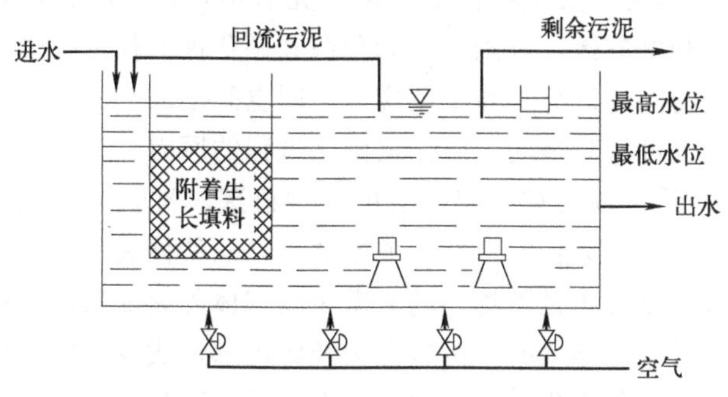

图 6-33 CASS 反应器的工艺构造

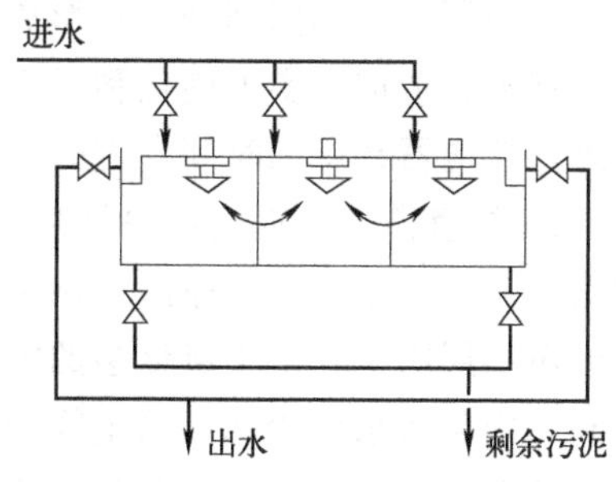

图 6-34 UNITANK 工艺流程图

MSBR 工艺全称改良型序批式间歇反应器（modified sequencing batch reactor，简称 MSBR），是 SBR 工艺的一种连续流改良。与 SBR 工艺相比，其主要区别在于 MSBR 工艺能保证连续进出水，使反应器始终保持在恒定水位。

MSBR 反应器由六个功能区组成，分别为厌氧区、缺氧区、主曝气区、中间沉淀池和两个序批区（SBR1 和 SBR2）。两个序批区 SBR1、SBR2 交替完成好氧、缺氧和沉淀、出水工况，并以此作为一个运行周期（图 6-35）。由于 MSBR 工艺将反应器按照微生物对环境的要求分成不同的区域，通过调控每个区域的反应条件，使每个区域形成各自相对独立的优势菌种，各种微生物在各自反应区域处于最佳环境状态。

MSBR 工艺具有如下特点：①综合了 A^2/O、SBR、UCT 等工艺的优点，具有结构简单、构筑物紧凑、占地面积小、土建造价低、自动化程度高的特点。②微生物完整地经历了

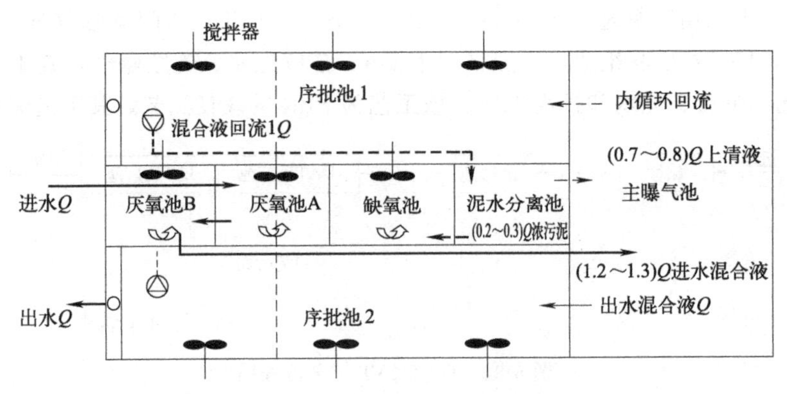

图 6-35 MSBR 反应器工艺流程图

厌氧、缺氧、好氧、絮凝沉淀四个阶段，可以利用不同形态的氧作为电子受体，通过多种途径的代谢活动，从而使脱氮除磷效果更好，有机物降解更彻底。③活性污泥交替经历不同的环境条件，筛选了优势菌种，使系统处于高效运行状态。同时抑制了丝状菌的生长，降低了污泥产率。④序批区特殊的构造形成了污泥层的过滤和截留作用，降低了出水悬浮物的浓度，使出水水质优于普通二沉池的出水。⑤系统可以维持较高的污泥浓度。综上，该工艺为我国城镇污水处理提供了一种好的选择。

据研究，各种生物脱氮除磷工艺中都有可能存在同步硝化反硝化（SND）过程。同步硝化反硝化过程是指在没有明显独立设置缺氧区的活性污泥法处理系统内总氮被大量去除的过程。目前，对同步硝化反硝化过程的机理解释主要有以下三种：

① 反应器 DO 分布不均理论：该理论认为在反应器内部，由于充氧不均衡，混合不均匀，反应器内部不同部分分别形成缺氧区和好氧区，分别为反硝化菌和硝化菌的作用提供了优势环境，造成事实上硝化和反硝化作用的同时进行。除了反应器不同空间上的 DO 分布不均外，反应器在不同时间点上的 DO 变化也可认为是同步硝化反硝化过程的原因。

② 缺氧微环境理论：缺氧微环境理论是目前已被普遍接受的一种机理，被认为是同步硝化反硝化发生的主要原因。该理论的基本观点为：在活性污泥絮体中，从絮体表面至其内核的不同层次上，由于氧传递的限制，氧浓度分布是不均匀的，微生物絮体外表面氧的浓度较高，内层氧浓度较低。当生物絮体颗粒尺寸足够大时，可以在菌胶团内部形成缺氧区。在这种情况下，絮体外层硝化菌占优势，主要进行硝化反应；内层具有大量反硝化菌，可进行反硝化反应。除了活性污泥絮体外，一定厚度的生物膜中同样可存在好氧区和缺氧区之间的溶解氧梯度，使得生物膜内层形成缺氧微环境。

③ 微生物学解释：传统理论认为硝化反应只能由自养菌完成，反硝化只能在缺氧条件下进行，但目前研究已经证实存在好氧反硝化菌和异养硝化菌。在好氧条件下，很多反硝化菌可以进行硝化作用；在氧浓度低的状态下，硝化菌 *Nitrosomonas europea* 和 *Nitrosomonas eutropha* 可以进行反硝化作用。同样，研究发现许多异养反硝化菌也能完成氨氮的硝化过程。

在诸多的生物脱氮工艺中，目前前置缺氧反硝化的应用较为普遍，同步硝化反硝化只是生物脱氮的一种自然现象，如果刻意追求同步硝化反硝化的效果，则可能需要更大的反应池容积，且对运行操作管理的要求更高。

上述常用生物脱氮除磷工艺的性能特点见表 6-3。

表 6-3　常用生物脱氮除磷工艺性能特点

工艺名称	优　点	缺　点
A_N/O	在好氧段前去除 BOD，节能； 硝化前产生碱度； 缺氧段具有选择池的作用	脱氮效果受内回流比影响； 可能存在诺卡氏菌的问题； 需要控制循环混合液的 DO
A_P/O	工艺简单，水力停留时间短； 污泥沉降性能好； 聚磷菌碳源丰富，除磷效果好	如有硝化发生，除磷效果会降低； 工艺灵活性差
A^2/O	同时脱氮除磷； 反硝化过程能同时去除有机物，并为硝化提供碱度； 污泥沉降性能好	回流污泥含有的硝酸盐进入厌氧区，对除磷效果有影响； 脱氮受内回流比影响； 聚磷菌和反硝化菌竞争基质
UCT	减少了进入厌氧区的硝酸盐量，提高了脱氮除磷效率	操作较为复杂； 需增加附加回流系统
改良 Bardenpho	脱氮效果好； 污泥沉降性能好	池体分隔较多，池体容积较大
Phostrip	易于与现有设施结合及改造； 除磷性能不受进水有机物浓度限制，加药量小于化学沉淀法； 出水总磷(TP)可稳定在<1mg/L	需要投加化学药剂； 混合液需保持较高的 DO 浓度，以防止磷在二沉池中释放； 如使用石灰可能存在结垢问题
SBR 及其改进工艺	可同时脱氮除磷； 静置沉淀可获得低 SS 出水； 耐受水力冲击负荷； 操作灵活性好	池体容积较大，滗水设施的可靠性对出水水质影响大； 设计过程复杂，同时脱氮除磷时操作要求高，对自动控制依赖性强

四、膜生物反应器

膜生物反应器（membrane biological reactor，MBR）是用微滤代替二沉池进行污泥固液分离的污水处理装置，为膜分离技术与活性污泥法的有机结合。膜生物反应器根据膜与生物反应器的位置关系可将其分为内置膜与外置膜两种（图 6-36）。微滤膜孔径一般在 0.1～0.4μm，出水水质好，能够作为再生水直接回用；此外，膜生物反应器适于处理较高浓度的 MLSS，能够提高生物降解速率。

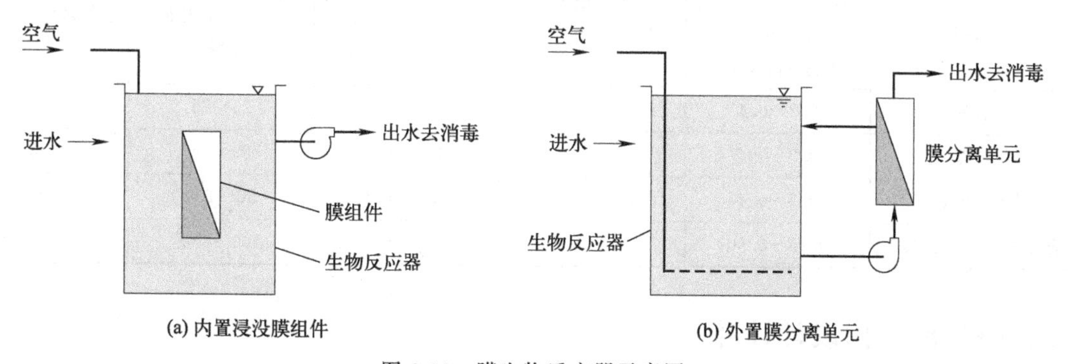

图 6-36　膜生物反应器示意图

膜生物反应器在一个处理构筑物内可以完成生物降解和固液分离功能，生物反应区的混合液悬浮固体浓度可以比普通活性污泥法高几倍。膜生物反应器的优点是：①容积负荷高，水力停留时间短；②污泥泥龄较长，剩余污泥量较少；③避免了因为污泥丝状菌膨胀或其他污泥沉降问题而影响曝气反应区的 MLSS 浓度；④在低溶解氧浓度运行时，可以同时进行硝化和反硝化；⑤出水有机物浓度、悬浮固体浓度、浊度均很低，甚至可截留致病微生物，出水水质好；⑥污水处理设施占地面积小。但该工艺也存在造价较高、膜组件易受污染、膜使用寿命有限、运行费用高、运行管理难度大等缺点。

第三节 传统活性污泥法工艺设计计算

活性污泥法的设计计算需要根据相应设计工艺标准规范、进水水质、出水排放标准等进行，主要内容包括选择活性污泥法工艺流程，确定适宜的曝气池类型及其配套曝气设备，根据设计规范选择工艺技术参数计算曝气池的容积、污泥回流比、曝气量、剩余活性污泥量等。本节主要讨论仅去除 BOD_5 的活性污泥法设计计算。

一、传统活性污泥法设计的有关规范要求

① 设计参数：按照《室外排水设计标准》（GB 50014—2021）工艺技术参数取值（见表 6-4）。

② 生物反应池的始端可设缺氧或厌氧选择区（池），水力停留时间宜采用 0.5～1.0h。

③ 阶段曝气生物反应池宜在始端 1/2～3/4 长度内设置多个进水口。

④ 吸附再生生物反应池的吸附区和再生区可在一个反应池内，也可由两个反应池组成，一般应符合下列要求：

(a) 吸附区的容积≥生物反应池总容积的 1/4，吸附区的水力停留时间不应小于 0.5h。

(b) 当吸附区和再生区在一个反应池内时，沿生物反应池长度方向应设置多个进水口；进水口的位置应适应吸附区和再生区不同容积比例的需要；进水口的尺寸应按通过全部流量计算。

⑤ 完全混合生物反应池可分为合建式和分建式。合建式生物反应池宜采用圆形，曝气区的有效容积应包括导流区部分；沉淀区的表面水力负荷宜为 0.5～1.0$m^3/(m^2 \cdot h)$。

表 6-4 传统活性污泥法去除碳源污染物的生物反应池的主要设计参数

类别	BOD_5 污泥负荷（以 MLSS 计）N_s /[kg/(kg·d)]	污泥浓度（以 MLSS 计）X /(g/L)	容积负荷 N_V /[kg/(m³·d)]	污泥回流比 R /%	总处理效率 η /%
普通曝气	0.2～0.4	1.5～2.5	0.4～0.9	25～75	90～95
阶段曝气	0.2～0.4	1.5～3.0	0.4～1.2	25～75	85～95
吸附再生曝气	0.2～0.4	2.5～6.0	0.9～1.8	50～100	80～90
合建式完全混合曝气	0.25～0.50	2.0～4.0	0.5～1.8	100～400	80～90

二、曝气池容积设计计算

关于曝气池的选型，从理论上分析，推流式优于完全混合式，但由于充氧设备能力的限制，以及纵向混合的存在，实际上推流式和完全混合式的处理效果相近，若能克服纵向掺混，则推流式比完全混合式好。曝气池的类型选择，需要根据进水的负荷变化情况、曝气设

备的选择、场地布置以及设计者的经验等因素综合确定。在可能的条件下，曝气池的设计要既能按推流方式运行，也能按其他多种模式操作，以增加运行的灵活性。

1. 有机物负荷法

有机物负荷通常有两种表示方法：活性污泥负荷（简称污泥负荷）和曝气池容积负荷（简称容积负荷）。

活性污泥负荷法在原理上是基于对活性污泥法中微生物生长曲线的理解，认为微生物所处的生长阶段取决于基质的量（F）与微生物总量（M）的比例（即活性污泥负荷）。活性污泥负荷主要决定活性污泥法系统中活性污泥的凝聚、沉降性能和系统的处理效率。对于一定进水浓度（S_0）的污水，只有合理地选择混合液污泥浓度和恰当的活性污泥负荷（F/M），才能达到一定的处理效率。

根据以上概念，活性污泥负荷 N_s 可以用式（6-3）表示。因此，生物反应池的容积应为：

$$V=\frac{QS_a}{XN_s}$$

但是，我国现行的《室外排水设计标准》(GB 50014—2021) 中，其公式为：

$$V=\frac{Q(S_0-S_e)}{XN_s} \tag{6-11}$$

按此公式，计算得到的生物反应池的容积（V）可以略微减小。

式中　N_s——活性污泥负荷，kg/(kg·d)，以 MLSS 或 MLVSS 中的 BOD_5 计；

Q——与曝气时间相当的平均进水流量，m^3/d；

S_0——曝气池进水的平均 BOD_5，mg/L 或 kg/m^3；

S_e——排放标准给定的出水 BOD_5，mg/L 或 kg/m^3；

X——曝气池混合液污泥浓度，以 MLSS 或 MLVSS 计，mg/L 或 kg/m^3；

V——曝气池容积，m^3。

容积负荷 N_V 可以用式（6-4）表示。

根据容积负荷可计算曝气池的容积 $V(m^3)$，即：

$$V=\frac{QS_a}{N_V}$$

Q 和 S_0 是已知的，X 和 N_s、N_V 可参考表 6-2 选择。对于水质较为复杂的工业废水，要通过试验确定 X 和 N_s、N_V 的值。

2. 污泥泥龄法

对于活性污泥法处理系统，污泥泥龄是一个非常重要的参数，选择、控制好一个合理、可靠的污泥泥龄对活性污泥法系统的工程设计和运行管理非常重要。

污水处理系统出水水质、曝气池混合液 MLSS 浓度、污泥回流比等都与污泥泥龄存在一定的数学关系，利用这些数学关系可以进行生物处理过程设计。根据稳态条件下曝气池物料平衡计算可得：

$$X=\frac{YQ(S_0-S_e)\theta_c}{V(1+K_d\theta_c)} \tag{6-12}$$

根据此式可以计算曝气池的容积：

$$V=\frac{YQ(S_0-S_e)\theta_c}{X(1+K_d\theta_c)} \tag{6-13}$$

式中 V——曝气池容积，m^3；

Y——活性污泥的产率系数，g/g，以每克 BOD_5 产生的 VSS 计，一般取 0.4～0.8；

Q——与曝气时间相当的平均进水流量，m^3/d；

S_0——曝气池进水的平均 BOD_5，mg/L；

S_e——排放标准规定的出水 BOD_5，mg/L；

θ_c——污泥泥龄（SRT），d；

X——曝气池混合液污泥浓度（以 MLVSS 计），mg/L；

K_d——内源代谢系数，d^{-1}，20℃时为 0.04～0.075d^{-1}。

三、剩余污泥量计算

1. *按污泥泥龄计算*

根据污泥泥龄的定义，可用式（6-2）计算每天的剩余污泥量。

2. *根据污泥产率系数或表观产率系数计算*

产率系数是指降解单位质量的底物所增长的微生物的质量，用公式表示为：

$$Y=\frac{\frac{dX}{dt}}{\frac{dS}{dt}}=\frac{dX}{dS} \tag{6-14}$$

鉴于活性污泥增殖包含同化作用和异化作用两部分，活性污泥微生物每日在曝气池内的净增殖量为：

$$\Delta X_V=Y(S_0-S_e)Q-K_dVX_V \tag{6-15}$$

式中 ΔX_V——每日增长的挥发性活性污泥量，kg/d；

Y——产率系数，即微生物代谢 BOD_5 所合成的 MLVSS 的质量与 BOD_5 的质量之比，kg/kg；

$Q(S_0-S_e)$——每日的有机污染物去除量，kg/d；

VX_V——曝气池内挥发性悬浮固体总量，kg。

用上面提到的产率系数 Y 计算得到的是微生物的总增长量，没有扣除生化反应过程中用于内源呼吸而消耗的微生物量，故 Y 有时也称合成产率系数或总产率系数。

产率系数的另一种表达为表观产率系数 Y_{obs}，用 Y_{obs} 计算得到的微生物量为净增长量，即已经扣除因内源呼吸而消耗的微生物量，表观产率系数可在实际运转中观测到，故 Y_{obs} 又称观测产率系数或净产率系数，其计算公式如下：

$$Y_{obs}=\frac{\frac{dX'}{dt}}{\frac{dS}{dt}}=\frac{dX'}{dS} \tag{6-16}$$

式中 dX'——微生物的净增长量。

用 Y_{obs} 计算剩余活性污泥量就显得简便快捷：

$$\Delta X_V=Y_{obs}Q(S_0-S_e) \tag{6-17}$$

式中各项意义同前。

使用上述剩余污泥量计算方法得到的是挥发性剩余污泥量，工程实践中需要的往往是总悬浮固体量，这时需要分析进水悬浮固体中无机成分进入剩余污泥中的量，或根据MLVSS/MLSS的值来计算总悬浮固体量。

四、需氧量设计计算

曝气池内活性污泥对有机物的氧化分解及微生物的正常代谢活动均需要氧气，需氧量一般可利用下列方法计算。

1. 根据有机物降解需氧率和内源代谢需氧率计算

在曝气池内，活性污泥微生物对有机污染物的氧化分解和其本身在内源代谢期的自身氧化都是耗氧过程。这两部分氧化过程所需要的氧量，一般用下列公式求得：

$$O_2=a'QS_a+b'VX_V \tag{6-18}$$

$$\frac{O_2}{X_VV}=a'\frac{QS_a}{X_VV}+b'=a'N_s+b' \tag{6-19}$$

或

$$\frac{O_2}{QS_a}=a'+\frac{X_V}{QS_a}b'=a'+b'\frac{1}{N_s} \tag{6-20}$$

式中生活污水的a'为0.42～0.53，b'介于0.11～0.19之间。

2. 微生物对有机物的氧化分解需氧量

对于含碳可生物降解物质的需氧量可根据处理污水的可生物降解COD（bCOD）浓度和每天由系统排出的剩余污泥量来决定。如果bCOD被完全氧化分解为二氧化碳和水，需氧量等于bCOD浓度。但微生物只氧化bCOD的一部分以供给能量，而将另一部分用于细胞生长，因此，对于活性污泥法处理系统，所需要的氧量：

耗氧量＝去除的bCOD－合成微生物bCOD

$$O_2=Q(bCOD_0-bCOD_e)-1.42\Delta X \tag{6-21}$$

式中　$bCOD_0$——系统进水可生物降解COD浓度，mg/L；

$bCOD_e$——系统出水可生物降解COD浓度，mg/L；

ΔX——剩余污泥量（以MLVSS计算），g/d；

1.42——污泥的氧当量系数，完全氧化1个单位的细胞（以$C_5H_7NO_2$表示细胞的分子式），需要1.42单位的氧。

通常使用BOD_5作为污水中可生物降解的有机物浓度，如果近似以BOD_5代替bCOD，则在20℃，$K_1=0.1$时，$BOD_5=0.68bCOD$，则式（6-21）可写为：

$$O_2=\frac{Q(S_0-S_e)}{0.68}-1.42\Delta X \tag{6-22}$$

式中符号同前。

推导推流式曝气池的计算模式，在数学上较为烦琐，劳伦斯和麦卡蒂作了简化计算的假定后，求得了推流式的计算模式，但实际上很少使用。当前两种形式的曝气池实际效果相差不大，因而完全混合的计算模式也可用于推流式曝气池的设计计算。

标准状态下污水需氧量的计算则需要在式（6-22）结果的基础上根据式（5-22）至（式（5-35）换算求出。

【例6-1】 某污水处理厂处理规模为$21600m^3/d$，经预处理沉淀后BOD_5为200mg/L，处理出水$BOD_5<20mg/L$。该地区大气压为1.013×10^5Pa，要求设计曝气池的容积、剩余

污泥量和需氧量。其他相关参数可按下列条件选取：污水温度为20℃；曝气池中混合液MLVSS/MLSS=0.8；回流污泥MLSS 10000mg/L；曝气池中MLSS 3000mg/L；设计泥龄10d；二沉池出水中总悬浮固体（TSS）12mg/L，其中VSS占65%。

【解】（1）估算出水中溶解性BOD_5浓度

出水中BOD_5由两部分组成，一是没有被生物降解的溶解性BOD_5，二是没有沉淀下来随出水漂走的悬浮固体。悬浮固体所占BOD_5计算：

① 悬浮固体中可生物降解部分为0.65×12mg/L=7.8mg/L

② 可生物降解悬浮固体最终bCOD=7.8×1.42mg/L=11mg/L

③ 可生物降解悬浮固体的BOD_5换算为BOD_5=0.68×11mg/L=7.5mg/L

④ 确定经生物处理后要求的溶解性有机污染物，即

$$7.5\text{mg/L}+S_e\leqslant 20\text{mg/L},\ S_e\leqslant 12.5\text{mg/L}$$

（2）计算曝气池容积

① 按污泥负荷计算：

参考表6-2，取污泥负荷0.25kg/(kg·d)，本题按平均流量计算：

$$V=\frac{Q(S_0-S_e)}{N_sX}=\frac{21600\times(200-12.5)}{0.25\times3000}\text{m}^3=5400\text{m}^3$$

② 按污泥泥龄计算：

取$Y=0.6$kg/kg，$K_d=0.075\text{d}^{-1}$

$$V=\frac{QY\theta_c(S_0-S_e)}{X_V(1+K_d\theta_c)}=\frac{21600\times0.6\times10\times(200-12.5)}{3000\times0.8\times(1+0.075\times10)}\text{m}^3=5786\text{m}^3$$

经过计算可以取曝气池容积6000m^3。

（3）计算曝气池的水力停留时间

$$t=\frac{V}{Q}=\frac{6000\times24}{21600}\text{h}=6.67\text{h}$$

（4）计算每天排出的剩余污泥量

① 按表观污泥产率计算：

$$Y_{obs}=\frac{Y}{1+K_d\theta_c}=\frac{0.6}{1+0.075\times10}=0.343$$

计算系统排出的以挥发性悬浮固体计的干污泥量：

$$\Delta X_V=Y_{obs}Q(S_0-S_e)=0.343\times21600\times(200-12.5)\times10^{-3}\ \text{kg/d}=1389\text{kg/d}$$

计算总排泥量：$\frac{1389}{0.8}$kg/d=1736kg/d

② 按污泥泥龄计算：

$$\Delta X=\frac{VX}{\theta_c}=\frac{6000\times3000}{10}\times10^{-3}\text{kg/d}=1800\text{kg/d}$$

③ 排放湿污泥量计算：

剩余污泥含水率按99%计算，每天排放湿污泥量的计算如下：

$$\text{干泥质量：}\frac{1800}{1000}\text{t}=1.8\text{t}；\text{湿污泥量：}\frac{1.8}{100\%-99\%}\text{m}^3=180\text{m}^3$$

（5）计算污泥回流比R

曝气池中悬浮固体（MLSS）浓度3000mg/L，回流污泥浓度10000mg/L，

$$10000\times Q_R=3000\times(Q+Q_R)$$

$$R=\frac{Q_R}{Q}=43\%$$

（6）计算曝气池的需氧量

根据式（6-22）：$O_2=\frac{Q(S_0-S_e)}{0.68}-1.42\Delta X_V$

$$=\left[\frac{21600\times(200-12.5)}{0.68\times1000}-1.42\times1389\right]\text{kg/d}$$

$$=3984\text{kg/d}$$

（7）空气量计算

如果采用鼓风曝气，设曝气池有效水深6.0m，曝气扩散器安装在距池底0.2m处，则扩散器上静水压5.8m，其他相关参数选择如下：

α 值取0.7，β 值取0.95，$\rho=1$，曝气设备堵塞系数 F 取0.8，采用管式微孔扩散设备，$E_A=18\%$，扩散器压力损失4kPa，20℃水中溶解氧饱和度为9.17mg/L。

扩散器出口处绝对压力：

$$p_b=p+9.8\times10^3H=(1.013\times10^5+9.8\times10^3\times5.8)\text{Pa}=1.58\times10^5\ \text{Pa}$$

空气离开曝气池面时，气泡含氧体积分数按式（5-28）计算：

$$\varphi_0=\frac{21(1-E_A)}{79+21(1-E_A)}\times100\%=\frac{21\times(1-0.18)}{79+21\times(1-0.18)}\times100\%=17.9\%$$

20℃时曝气池混合液中平均氧饱和度按式（5-26）计算：

$$\overline{c_s}=c_s\left(\frac{p_b}{2.026\times10^5}+\frac{\varphi_0}{42}\right)=9.17\times\left(\frac{1.58\times10^5}{2.026\times10^5}+\frac{17.9}{42}\right)\text{mg/L}=11.06\text{mg/L}$$

将计算需氧量按式（5-32）换算为标准条件下（20℃，脱氧清水）充氧量：

$$O_S=\frac{O_2c_{s(20)}}{\alpha[\beta\rho\overline{c_{s(T)}}-c]\times1.024^{(T-20)}F}$$

$$=\frac{3984\times9.17}{0.7\times(0.95\times1\times11.06-2.0)\times1.024^{20-20}\times0.8}\text{kg/d}$$

$$=7496\text{kg/d}=312\text{kg/h}$$

按式（5-35）得曝气池供气量：

$$G_S=\frac{O_S}{0.28E_A}=\frac{312}{0.28\times18\%}\text{m}^3/\text{h}=6190\text{m}^3/\text{h}$$

如果选择三台风机，两用一备，则单台风机风量：3095m^3/h（52m^3/min）。

（8）鼓风机出口风压计算

选择一条最不利空气管路计算空气管的沿程和局部压力损失，如果管路压力损失5.5kPa（计算省略），扩散器压力损失4kPa，安全余量为3kPa，据式（5-36）得出口风压：

$$p=H+h_b+h_f=(5.8\times9.8+4+5.5+3)\text{kPa}=69.3\text{kPa}$$

第四节　脱氮、除磷活性污泥法工艺设计计算

传统活性污泥法在去除有机污染物的同时，能够同化去除污水中约10%～20%的总氮

与约5%～20%的总磷，但往往难以达到城镇污水处理厂污染物排放标准，因此污水处理系统设计通常需要满足氮、磷的去除需求。

生物脱氮除磷工艺设计计算需要根据选择的相关工艺的规范标准进行。这些规范标准有：《城镇污水处理厂污染物排放标准》(GB 18918—2002)、《厌氧-缺氧-好氧活性污泥法污水处理工程技术规范》(HJ 576—2010)、《氧化沟活性污泥法污水处理工程技术规范》(HJ 578—2010)、《序批式活性污泥法污水处理工程技术规范》(HJ 577—2010)、《生物接触氧化法污水处理工程技术规范》(HJ 2009—2011)、《生物滤池法污水处理工程技术规范》(HJ2014—2012) 等。

一、生物脱氮工艺

(一) 规范要求

① 污水的 BOD_5/TKN 和 BOD_5/TP 是影响脱氮、除磷效果的重要因素之一。当污水中 BOD_5 与 TKN 之比大于 4 时，可达到理想脱氮效果，反之则碳源不足，而脱氮效果不好。当 BOD_5 与 TKN 之比为 4 或略小于 4 时，可不设初次沉淀池或缩短污水在初次沉淀池中的停留时间，以增大生物反应池污水中 BOD_5 与 TKN 的比值。BOD_5/TP 值大于 17 时，能获得良好的除磷效果，反之将影响聚磷菌在厌氧池中的释磷效果。

此外，若 BOD_5 与 TKN 之比小于 4，难以完全脱氮而导致系统中存在一定的硝态氮，这样即使污水中 BOD_5/TP 大于 17，其在厌氧池中的生物释磷的效果也将受到影响。

② 聚磷菌、反硝化细菌和硝化细菌生长的最佳 pH 为中性或弱碱性，为使好氧池的 pH 维持在中性附近，池中剩余总碱度宜大于 70mg/L。当进水氨氮偏高时，宜布置成多段缺氧/好氧形式，以减少对进水碱度的需要量。

③ 城镇污水处理厂各处理构筑物的个（格）数不宜少于 2，并宜按并联设计。

(二) 缺氧-好氧生物脱氮工艺过程设计

1. 工艺流程

缺氧-好氧 (A/O) 生物脱氮工艺流程见图 6-20，由缺氧池、好氧池与二沉池等主体构筑物构成。其中，缺氧池的作用是对从好氧池回流的硝酸盐进行反硝化生物脱氮，在反硝化的同时去除部分碳源，回收部分碱度；好氧池的作用是有机物的去除、生物吸磷以及氨氮的硝化；二沉池的作用是泥水分离与污泥初步浓缩。

2. 设计参数

A/O 生物脱氮应参照《厌氧-缺氧-好氧活性污泥法污水处理工程技术规范》(HJ 576—2010)、《室外排水设计标准》(GB 50014—2021) 规定的该工艺计算公式及其设计参数进行设计计算。表 6-5 列举了缺氧/好氧法 (A_NO 法) 生物脱氮的主要设计参数。

表 6-5 缺氧/好氧法 (A_NO 法) 生物脱氮的主要设计参数

项目	单位	参数值
BOD 污泥负荷 N_s	kg/(kg·d)	0.05～0.15
总氮负荷率	kg/(kg·d)	≤0.05
污泥浓度(MLSS)X	g/L	2.5～4.5
污泥龄 θ_c	d	11～25

续表

项　　目	单　　位	参　数　值
污泥产率 Y	kg/kg	0.3～0.6
需氧量 O_2	kg/kg	1.1～2.0
水力停留时间 HRT	h	10～16
		其中缺氧段 2～4
污泥回流比 R	%	50～100
混合液回流比 R_i	%	100～400
总处理效率 η	%	BOD_5:90～95
	%	TN:60～85

3. 缺氧区容积设计

缺氧区池体容积按式（6-23）计算：

$$V_n=\frac{0.001Q(N_k-N_{te})-0.12\Delta X_V}{K_{de}X} \tag{6-23}$$

$$K_{de(T)}=K_{de(20)}1.08^{(T-20)} \tag{6-24}$$

$$\Delta X_V=fY_t\frac{Q(S_0-S_e)}{1000} \tag{6-25}$$

式中　V_n——缺氧区池体容积，m^3；

Q——生物脱氮系统设计污水流量，m^3/d；

N_k——生物脱氮系统进水总凯氏氮浓度，g/m^3；

N_{te}——生物脱氮系统出水总氮浓度，g/m^3；

ΔX_V——排出生物脱氮系统的剩余污泥量，g/d，以 MLVSS 计；

K_{de}——脱氮速率 [kg/(kg·d)]，以每 gMLVSS 中的 NO_3^--N 计，宜根据试验资料确定（无试验资料时，20℃的 K_{de} 值可采用 0.03～0.06 [kg/(kg·d)]，并按式（6-24）进行温度修正。$K_{de(T)}$、$K_{de(20)}$ 分别为 T℃和 20℃时的脱氮速率）；

f——单位体积混合液中，MLVSS 占 MLSS 的比例，g/g；

Y_t——污泥总产率系数（$MLSS/BOD_5$），kg/kg，宜根据试验资料确定，无试验资料时，系统有初沉池时取 0.3～0.5，无初沉池时取 0.6～1.0；

S_0——生物反应池进水五日生化需氧量，mg/L；

S_e——污水处理厂排放标准五日生化需氧量，mg/L。

4. 好氧区容积计算

好氧区容积按式（6-26）计算：

$$V_o=\frac{Q(S_0-S_e)\theta_{co}Y_t}{1000X} \tag{6-26}$$

$$\theta_{co}=F\frac{1}{\mu} \tag{6-27}$$

$$\mu=0.47\frac{N_a}{K_n+N_a}e^{0.098(T-15)} \tag{6-28}$$

式中 V_o——好氧区（池）容积，m^3；

θ_{co}——好氧区（池）设计污泥泥龄，d；

Y_t——污泥产率系数（kg/kg），以每 kg BOD_5 产生的 MLSS 计，宜根据试验资料确定（无试验资料时，系统有初沉池时取 0.3，无初沉池时取 0.6～1.0）；

F——安全系数，1.5～3.0；

μ——硝化细菌比生长速率，d^{-1}；

N_a——生物反应池中氨氮浓度，mg/L；

K_n——硝化作用中氮的半速率常数，mg/L；

T——设计温度，℃；

0.47——15℃时，硝化细菌最大比生长速率，d^{-1}。

5. 混合液回流量

混合液回流量按式（6-29）计算：

$$Q_{Ri}=\frac{1000V_nK_{de}X}{N_t-N_{ke}}-Q_R \tag{6-29}$$

式中 Q_{Ri}——混合液回流量，m^3/d，混合液回流比不宜大于 400%；

Q_R——回流污泥量，m^3/d；

N_{ke}——生物反应池出水总凯氏氮浓度，mg/L；

N_t——生物反应池进水总氮浓度，mg/L。

6. 需氧量计算

生物反应池中好氧区需氧量需考虑 BOD_5 去除、氨氮硝化和除氮等要求，宜按下列公式计算：

$$O_2=\frac{Q(S_0-S_e)}{0.68}-1.42\Delta X_V+4.57[Q(N_k-N_{ke})-0.12\Delta X_V] \tag{6-30}$$

式中 O_2——有机物降解和氨氮硝化需氧量，g/d；

Q——设计污水流量，m^3/d；

S_0——曝气池进水的平均 BOD_5，mg/L；

S_e——曝气池出水的平均 BOD_5，mg/L；

ΔX_V——系统每天排出的剩余污泥量，g/d；

4.57——氨氮的氧当量系数；

N_k——进水总凯氏氮浓度，mg/L；

N_{ke}——出水总凯氏氮浓度，mg/L。

标准状态下污水需氧量的计算则需要在式（6-30）计算结果的基础上根据式（5-22）至式（5-35）换算求出。

二、生物除磷工艺

1. 工艺流程

厌氧-好氧生物除磷工艺流程见图 6-22，由厌氧池、好氧池与二沉池等主体构筑物有机构成。其中，厌氧池的作用是对从二沉池回流的污泥进行厌氧释磷，对进水中的大分子有机物进行水解；好氧池的作用是有机物的去除、生物吸磷，由于系统污泥泥龄短，污泥微生物主要为异养菌，自养菌难以繁殖，基本没有生物硝化作用；二沉池的作用是泥水分离、污泥初步浓缩以及通过大量排放剩余污泥实现生物除磷。

2. 设计参数

A/O生物脱氮应参照《厌氧-缺氧-好氧活性污泥法污水处理工程技术规范》（HJ 576—2010）、《室外排水设计标准》（GB 50014—2021）规定的该工艺计算公式及其设计参数进行设计计算。表6-6列举了厌氧/好氧法（A_PO法）生物除磷的主要设计参数。

当采用厌氧/好氧法生物除磷时，剩余污泥宜采用机械浓缩；若剩余污泥采用厌氧消化处理，则输送厌氧消化污泥或污泥脱水滤液的管道应有除垢措施；对含磷高的液体，宜先除磷再返回污水处理系统。

表6-6　厌氧/好氧法（A_PO法）生物除磷的主要设计参数

项　目	单　位	参数值
BOD污泥负荷 N_s	kg/(kg·d)	0.4～0.7
污泥浓度(MLSS) X	g/L	2.0～4.0
污泥龄 θ_c	d	3.5～7
污泥产率 Y	kg/kg	0.4～0.8
污泥含磷率	kg/kg	0.03～0.07
需氧量 O_2	kg/kg	0.7～1.1
水力停留时间 HRT	h	4～8
		其中厌氧段1～2
		A_P∶O=1∶2～1∶3
污泥回流比 R	%	40～100
总处理效率 η	%	BOD_5:80～90
	%	TP:75～85

3. 厌氧区容积设计

厌氧池容积按式（6-31）计算：

$$V_p=\frac{t_pQ}{24} \tag{6-31}$$

式中　V_p——厌氧区容积，m^3；

Q——设计污水流量，m^3/d；

t_p——厌氧区水力停留时间，h，一般取1～2h。

4. 好氧区容积设计

(1) 按污泥负荷计算

好氧池容积计算按式（6-11）。

(2) 按污泥泥龄计算

好氧区的设计同样可根据污泥泥龄计算［式（6-13）］，如果系统仅需要生物除磷，则SRT较短，在20℃时污泥泥龄2～3d，在10℃时为4～5d。低污泥负荷和长SRT对除磷非常不利，因为最终的磷去除量与排出的富含磷的剩余污泥量成正比；其次，当SRT较长时，聚磷菌处于较长的内源呼吸期，会消耗其胞内较多的贮存物质，如果胞内的糖原被耗尽，则在厌氧区对VFA的吸收和PHB的贮存效率就会下降，从而使得整个系统的除磷效率降低。

5. 需氧量计算

生物反应池中好氧区的需氧量仅需考虑BOD_5需氧量要求，宜按式（6-22）计算。

标准状态下污水需氧量的计算则需要在式（6-22）计算结果的基础上根据式（5-22）至式（5-35）换算求出。

三、生物脱氮除磷工艺（A^2/O）

1. 工艺流程

厌氧-缺氧-好氧生物脱氮工艺流程见图 6-24，由厌氧池、缺氧池、好氧池与二沉池等主体构筑物有机构成。其中，厌氧池的作用是厌氧释磷、有机物水解；缺氧池、好氧池、二沉池的作用与缺氧-好氧工艺中相同。

2. 设计参数

A^2/O 生物脱氮除磷应参照《厌氧-缺氧-好氧活性污泥法污水处理工程技术规范》（HJ 576—2010）、《室外排水设计标准》（GB 50014—2021）规定的该工艺计算公式及其设计参数进行设计计算。表 6-7 列举了厌氧-缺氧-好氧法（A^2/O 法）生物脱氮除磷的主要设计参数。

表 6-7 A^2/O 法生物脱氮除磷的主要设计参数

项目	单位	参数值
BOD 污泥负荷 N_s	kg/(kg·d)	0.05～0.15
污泥浓度(MLSS) X	kg/L	2.5～4.5
污泥龄 θ_c	d	10～25
污泥产率 Y	kg/kg	0.5～0.8
需氧量 O_2	kg/kg	1.1～1.8
水力停留时间 HRT	h	11～18
		其中厌氧段 1～2
		缺氧段 2～4
污泥回流比 R	%	40～100
混合液回流比 R_i	%	100～400
总处理效率 η	%	85～95(BOD_5)
	%	60～80(TP)
	%	80～90(NH_3-N)
	%	55～80(TN)

3. 构筑物容积设计计算

生物反应池的容积，宜按上述脱氮和除磷工艺有关厌氧区、缺氧区和好氧区的计算进行。其中，厌氧池容积按式（6-31）、缺氧池按式（6-23）、好氧池按式（6-26）分别计算。

4. 需氧量计算

在前置反硝化工艺中，硝酸盐作为电子受体时，还原每单位硝酸盐相当于提供 2.86 单位氧气，所以系统的总需氧量应扣除硝酸盐还原提供的氧当量，故前置反硝化系统的总需氧量如式（6-32）：

$$O_2=\frac{Q(S_0-S_e)}{0.68}-1.42\Delta X_V+4.57[Q(N_k-N_{ke})-0.12\Delta X_V]-2.86[Q(N_t-N_{ke}-N_{oe})-0.12\Delta X_V] \tag{6-32}$$

式中　N_t——生物反应池进水总氮浓度，mg/L；

N_{oe}——生物反应池出水硝态氮浓度，mg/L；

$0.12\Delta X_V$——排出生物反应池系统的微生物中含氮量，kg/d。

标准状态下污水需氧量的计算则需要在式（6-32）计算结果的基础上根据式（5-22）至式（5-35）换算求出。

5. 碱度平衡

氨氮硝化过程要消耗碱度，前置反硝化过程可以补充约50%的碱度。如果进水中碱度不足，将无法维持反应混合液pH呈中性，甚至影响硝化反应的进行。许多工程实例出现了因为碱度不足而造成硝化反应不完全、导致出水氨氮浓度偏高的情况，特别是工业废水处理，或工业废水所占比例较大的城镇污水处理，更应重视这一现象，必要时应在硝化池中补充碱度。一般认为对于以生活污水为主的城镇污水处理厂，保持反应池pH中性所需碱度（以$CaCO_3$计）为80mg/L以上。

6. 外加碳源

当进入反应池的$BOD_5/TKN<4$时，宜在缺氧池（区）中投加碳源。

投加碳源量按式（6-33）计算：

$$BOD_5 = 2.86\Delta NQ \tag{6-33}$$

式中　BOD_5——投加的碳源对应的BOD_5量，g/d；

ΔN——硝态氮的脱除量，mg/L；

Q——污水设计流量，m^3/d。

碳源贮存罐容量应为理论加药量的7～14d投加量，投加系统不宜少于2套，应采用计量泵投加。

7. 剩余污泥量

污泥量设计考虑剩余污泥和化学除磷污泥，按污泥产率系数、衰减系数、不可生物降解和惰性悬浮物计算。其中，剩余污泥量按式（6-34）计算。

$$W = YQ(S_0 - S_e) - K_d V X_V + fQ(SS_0 - SS_e) \tag{6-34}$$

式中　W——剩余污泥量（SS），kg/d；

Y——污泥产率系数（VSS/BOD_5），kg/kg；

Q——污水设计流量，m^3/d；

S_0，S_e——生物反应池进水、出水BOD_5，kg/m^3；

K_d——内源代谢系数，d^{-1}；

V——生物反应池的容积，m^3；

X_V——生物反应池内混合液挥发性悬浮固体（MLVSS）平均质量浓度，g/L；

f——SS的污泥转换率（MLSS/SS），g/g，可取0.5～0.7；

SS_0，SS_e——生物反应池进、出水悬浮物质量浓度，kg/m^3。

【例6-2】 某城市污水处理厂设计进水流量$Q=10\times10^4 m^3/d$，$COD_{Cr}=300mg/L$，$BOD_5=120mg/L$，$NH_4^+\text{-}N=30mg/L$，$TN=40mg/L$，$TP=5mg/L$，$SS=120mg/L$，设计水温为23℃，出水执行《城镇污水处理厂污染物排放标准》（GB 18918—2002）的一级标准中的A标准，试进行污水处理厂工艺流程选择与相应设计计算。

【解】（1）工艺选择

脱氮除磷判别：BOD_5∶N∶P＝(120－10)∶(40－15)∶(5－0.5)＝110∶25∶4.5＝100∶22.73∶4.09，污水中的氮、磷占比明显高于正常条件下 BOD_5∶N∶P＝100∶5∶1 的比例，即需要脱氮除磷。

污水可生化性：$BOD_5/COD_{Cr}=120/300=0.4$，易生物降解，可生化性好。

生物脱氮除磷判别：$BOD_5/TN=3$，反硝化碳源稍低；$BOD_5/TP=24>17$，完全满足生物除磷工艺要求。

基于上述计算，该设计可以采用生化法对污水进行脱氮除磷，拟采用 A^2/O 法。

(2) 设计计算

① 厌氧区总容积 V_p（按并联 3 组设计）

$$V_p=\frac{t_pQ}{24}$$

式中，t_p 取 1.5h。代入计算得：

$V_p=6250m^3$，则单池容积 $2083m^3$。

② 缺氧区总容积 V_n（按 3 组设计）

$$V_n=\frac{0.001Q(N_k-N_{te})-0.12\Delta X_V}{K_{de(T)}X}$$

$$K_{de(T)}=K_{de(20)}1.08^{(T-20)}$$

$$\Delta X_V=fY_t\frac{Q(S_0-S_e)}{1000}$$

取有机氮为 5mg/L，则 $N_k=35mg/L$；N_{te} 取 5mg/L；$K_{de(20)}$ 取值 0.045；X 取 $3.33kg/m^3$；f（以 MLVSS 与 MLSS 比值计）取值 0.6；Y_t 一般取 0.5～0.8kg/kg（以 BOD_5 中的 VSS 质量计）或 0.8～1.3kg/kg（以 BOD_5 中的 SS 质量计），取值 1.0；S_e 为 10mg/L。

将数值代入式中计算得缺氧区总容积：

$V_n=11695m^3$，则单池容积为 $3898m^3$，取 $3900m^3$。

校核：$t_n=\frac{V_n\times24}{Q}=\frac{11695\times24}{100000}=2.81$ (h)（满足厌氧池设计水力停留时间 $t_n=2\sim4h$）

③ 好氧区容积 V_o（3 组设计）

$$V_o=\frac{Q(S_0-S_e)\theta_{co}Y_t}{1000X}$$

$$\theta_{co}=F\frac{1}{\mu}$$

$$\mu=0.47\frac{N_a}{N_k+N_a}\times0.098(T-15)$$

式中，N_a 为进水氨氮浓度，取 30mg/L；N_k 为生物反应池总凯氏氮质量浓度，取 35mg/L。

将数值代入式中计算得：

$$\theta_{co}=F\frac{1}{\mu}=3.0\times\frac{1}{0.17}=17.6(d)=18(d)$$

$$V_o=\frac{Q(S_0-S_e)\theta_{co}Y_t}{1000X}=\frac{100000\times(120-10)\times18\times1.0}{3333}=59406(m^3)$$

则单池容积为 $19802m^3$。

(3) 剩余污泥量 W

按式 (6-34) 计算，即 $W=W_1-W_2+W_3$

① 降解 BOD_5 产生的污泥量 W_1

$$W_1=Y_tQ(S_0-S_e)$$

将数值代入上式中：$W_1=1.0\times10\times10^4\times(0.12-0.01)=11000(kg/d)$

② 内源呼吸作用分解的污泥 W_2

$$W_2=K_dX_VV$$

K_d 取值参见表 5-2，取 0.07，$X_V=fX$，将数值代入上式得：$W_2=K_dX_VV=0.07\times0.6\times3.33\times59406=8309$ (kg/d)

③ 不可生物降解和惰性的悬浮物所产生的 W_3

$$W_3=fQ(SS_0-SS_e)$$

将数值代入式中得：$W_3=0.6\times10\times10^4\times(120-10)\times10^{-3}=6600(kg/d)$

④ 剩余污泥产量 W

$$W=W_1-W_2+W_3=11000-8309+6600=9291(kg/d)$$

⑤ 污泥泥龄 θ_c

$$\theta_c=\frac{VX}{W}=\frac{59406\times3.33}{9291}=21.3(d)$$

校核：θ_c 介于 10～25d 之间，符合规范要求。

(4) 曝气计算

根据规范，污水生物脱氮除磷的需氧量基于式 (6-32) 计算求得。

$$O_2=\frac{Q(S_0-S_e)}{0.68}-1.42\Delta X_V+4.57[Q(N_k-N_{ke})-0.12\Delta X_V]$$
$$-2.86[Q(N_t-N_{ke}-N_{oe})-0.12\Delta X_V]$$

① 碳化需氧量 D_1

$$D_1=\frac{Q(S_0-S_e)}{0.68}-1.42(W_1-W_2)$$

将数值代入式中：

$$D_1=\frac{Q(S_0-S_e)}{0.68}-1.42(W_1-W_2)=\frac{10\times10^4\times(120-10)}{0.68\times1000}-1.42\times(11000-8309)$$
$$=12355(kg/d)$$

② 硝化作用需氧量 D_2

根据微生物合成所需的 BOD∶N∶P=100∶5∶1，去除 120－10=110mg/L 的有机物需要同时同化 (110/100)×5=5.5mg/L 的氨氮。需氧化氨氮量=进水凯氏氮－出水氨氮－用于合成的氨氮，即 35－5－5.5=24.5mg/L。$\Delta X_V=W_1-W_2$。

$$D_2=4.57[Q(N_k-N_{ke})-0.12\Delta X_V]$$
$$=4.57\times[10\times10^4\times24.5/1000-0.12\times(11000-8309)]=9720\ (kg/d)$$

③ 反硝化脱氮产生的氧量 D_3

出水硝态氮（或硝酸盐氮＋亚硝酸盐氮）为 5mg/L，则：

$$D_3=2.86[Q(N_t-N_{ke}-N_{oe})-0.12\Delta X_V]$$

$=2.86\times[10\times10^4\times(40-10.5-5)/1000-0.12\times(11000-8309)]=6083(kg/d)$

④ 总需氧量

$AOR=D_1+D_2-D_3$

$=12355+9720-6083$

$=15992\ (kg/d)$

$=666\ (kg/h)$

最大需氧量与平均需氧量比为1.4，则

$$AOR_{max}=1.4AOR=1.4\times666=933(kg/h)$$

四、氧化沟工艺

1. 工艺流程

氧化沟工艺流程见图6-29，氧化沟可以缺氧-好氧交替运行，也可以好氧运行。在氧化沟前串联厌氧池，可构成厌氧-缺氧-好氧工艺。其中，当氧化沟好氧运行时，氧化沟为好氧池，二沉池的作用为泥水分离与污泥初步浓缩。当氧化沟缺氧-好氧运行时，氧化沟起到缺氧池、好氧池的双重作用：其缺氧段对从好氧段回流的硝酸盐进行反硝化生物脱氮，在反硝化的同时去除部分碳源，回收部分碱度；好氧段的作用是有机物的去除、氨氮的硝化。当工艺前置厌氧池时，工艺的作用与A^2/O工艺相同。

2. 设计参数

氧化沟工艺生物去碳、生物脱氮与生物脱氮除磷应参照《氧化沟活性污泥法污水处理工程技术规范》(HJ 578—2010) 规定的该工艺计算公式及其设计参数进行设计计算。表6-8列举了具有生物脱氮作用的氧化沟工艺主要设计参数。

氧化沟前可不设初次沉淀池，但可设置厌氧池；氧化沟可按两组或多组系列布置，并设置进水配水井；氧化沟可与二次沉淀池分建或合建。

当采用氧化沟进行脱氮除磷时，宜符合前述生物脱氮、生物除磷和生物脱氮除磷的有关规定。计算方法同前述生物脱氮、生物除磷和生物脱氮除磷。

表6-8 氧化沟主要设计参数

项 目	单 位	参 数 值
污泥浓度(MLSS)X_a	kg/L	2.5～4.5
污泥负荷 N_s	kg/(kg·d)	0.05～0.15
污泥龄 θ_c	d	12～25
污泥产率 Y	kg/kg	0.5～0.8
需氧量 O_2	kg/kg	1.1～2.0
水力停留时间 HRT	h	7～18
污泥回流比 R	%	50～100
BOD_5 总处理率 η	%	90～95
氨氮总处理率 η	%	85～95
总氮总处理率 η	%	60～85

3. 规范要求

氧化沟的直线长度不宜小于12m或水面宽度的2倍（不包括同心圆向心流氧化沟）。氧化沟的宽度应根据场地要求、曝气设备种类和规格确定。

氧化沟的超高应根据曝气设备确定：当选用曝气转刷、曝气转盘时，超高宜为 0.5m；当采用垂直轴表面曝气机时，在放置曝气机的弯道附近，超高宜为 0.6～0.8m，其设备平台宜高出设计水面 1.0～1.7m。

进水和回流污泥点宜设在缺氧区首端，出水点宜设在充氧器后的好氧区。

氧化沟的有效水深与曝气、混合和推流设备的性能有关，宜采用 3.5～4.5m；根据氧化沟宽度，弯道处可设置一道或多道导流墙（具体设置参照规范 HJ 578—2010 第 6.5.3 款相关规定），其墙宜高出设计水位 0.3m；曝气转刷、转碟宜安装在沟渠直线段的适当位置，曝气转碟也可安装在沟渠的弯道上，竖轴表面曝气机应安装在沟渠的端部；沟底最低流速不宜小于 0.3 m/s。

4. 设计计算

（1）去除碳源污染物

① 按污泥负荷计算生物反应池的容积，可用式（6-11）。

② 按污泥泥龄法计算生物反应池的容积，可用式（6-13）。

具体设计参数的取值应参照《氧化沟活性污泥法污水处理工程技术规范》（HJ 578—2010）表 3 去除碳源污染物主要设计参数。

标准状态下污水需氧量的计算则需要在式（6-22）计算结果的基础上根据式（5-22）至式（5-35）换算求出。

（2）生物脱氮

① 缺氧区容积按式（6-23）计算。

② 好氧区容积按式（6-26）计算。

③ 混合液回流量按式（6-29）计算。

氧化沟总容积 $V=V_n+V_o$，其工艺设计参数的取值应参照表 6-8 或者《氧化沟活性污泥法污水处理工程技术规范》（HJ 578—2010）表 4 生物脱氮氧化沟工艺设计技术参数。

标准状态下污水需氧量的计算则需要在式（6-30）计算结果的基础上根据式（5-22）至式（5-35）换算求出。

（3）生物脱氮除磷

生物反应池的容积宜按上述脱氮和除磷工艺有关厌氧区、缺氧区和好氧区的计算方法确定。其中，厌氧池容积按式（6-31）、缺氧池按式（6-23）、好氧池按式（6-26）计算。

氧化沟总容积 $V=V_n+V_o$，其工艺设计参数的取值应参照《氧化沟活性污泥法污水处理工程技术规范》（HJ 578—2010）表 5 生物脱氮氧化沟工艺设计技术参数。

5. 需氧量计算

氧化沟生物脱氮除磷需氧量参照式（6-32）计算，并将结果换算成标准状态下的需氧量。

标准状态下污水需氧量的计算则需要在式（6-32）计算结果的基础上根据式（5-22）至式（5-35）换算求出。

6. 化学除磷

当出水总磷不能达到排放标准要求时，宜采用化学除磷作为辅助手段。

采用铝盐或铁盐作混凝剂时，投加混凝剂与污水中总磷的物质的量比宜为 1.5～3。

化学药剂储存罐容量应为理论加药量的 4～7d 投加量，加药系统不宜少于 2 个，宜采用计量泵投加。

7. 污泥量计算

污泥量设计应考虑剩余污泥和化学除磷污泥。

剩余污泥量可按污泥泥龄计算式［式（6-2）］与污泥产率系数、衰减系数及不可生物降解和惰性悬浮物计算［式（6-34）］计算。

化学除磷污泥量应根据药剂投加量计算。

【例 6-3】 根据【例 6-2】设计资料［设计进水 $Q=10\times10^4\text{m}^3/\text{d}$，$\text{COD}_{\text{Cr}}=300\text{mg/L}$、$\text{BOD}_5=120\text{mg/L}$、$\text{NH}_4^+\text{-N}=30\text{mg/L}$、$\text{TN}=40\text{mg/L}$、TP＝mg/L，出水执行《城镇污水处理厂污染物排放标准》（GB 18918—2002）一级标准中的 A 标准］进行氧化沟工艺设计计算。

【解】 （1）工艺流程选择

脱氮除磷判别：$\text{BOD}_5:\text{N}:\text{P}=(120-10):(40-15):(5-0.5)=110:25:4.5=100:22.73:4.09$，污水中的氨、磷比例明显高于正常条件下 $\text{BOD}_5:\text{N}:\text{P}=100:5:1$ 的比例，即需要脱氮除磷，故工艺选择厌氧池→氧化沟→二沉池→紫外消毒→出水。

（2）工艺技术参数选择

参照《氧化沟活性污泥法污水处理工程技术规范》（HJ 578—2010）表 5 选择生物脱氮氧化沟工艺设计技术参数。选取设计参数如下：$N_s=0.10\text{kg}/(\text{kg}\cdot\text{d})$、$\theta_c=18\text{d}$、$K_d=0.05\text{d}^{-1}$、MLSS＝3333mg/L、MLVSS/MLSS＝0.75。

（3）池容容积设计计算

厌氧池容积、缺氧段容积和好氧段容积计算同【例 6-2】，则

厌氧池容积：$V_p=6250\text{m}^3$，按二组并联设计，则单池容积 3125m^3。

氧化沟容积：$V=11845+59406=71251\ (\text{m}^3)$，取 72000m^3。按二组并联设计，则单池氧化沟容积为 36000m^3。

（4）剩余污泥量计算

剩余污泥量计算同【例 6-2】。如果采用化学除磷，则需要增加化学除磷污泥量。

（5）需氧量计算

需氧量计算同【例 6-2】。

五、SBR 工艺

1. 工艺流程

SBR 脱氮除磷工艺流程见图 6-30。SBR 工艺可以好氧运行，也可以缺氧-好氧交替运行，还可以厌氧-缺氧-好氧运行。其中，当 SBR 好氧运行时，SBR 池兼有时间上的推流式和空间上的完全混合式特点，二沉池作用为泥水分离与污泥初步浓缩。当其缺氧-好氧运行时，SBR 池起到缺氧池、好氧池的双重作用：其缺氧时，对池内好氧形成的硝酸盐进行反硝化生物脱氮，同时去除部分碳源，回收部分碱度；好氧段的作用是有机物的去除、氨氮的硝化。当工艺采取厌氧-缺氧-好氧运行时（CASS 或 CAST 工艺），工艺的作用与 A^2/O 工艺相同。

2. 设计参数

SBR 工艺生物去碳、生物脱氮与生物脱氮除磷应参照《序批式活性污泥法污水处理工程技术规范》（HJ 577—2010）规定的该工艺计算公式及其设计参数进行设计计算。该规范中表 3 列出了 SBR 工艺去除碳源污染物主要设计参数，表 4 列出了 SBR 工艺去除氨氮污染

物主要设计参数，表5列出了SBR工艺生物脱氮主要设计参数，表7列出了SBR工艺生物除磷主要设计参数。该规范中SBR工艺生物脱氮除磷主要设计参数列于表6-9。

表6-9　SBR工艺脱氮除磷主要设计参数

项　　目	单　　位	参　数　值
污泥浓度(MLSS) X	kg/L	2.5～4.5
污泥负荷(MLSS) N_s	kg/(kg·d)	0.07～0.15
TN负荷	kg/(kg·d)	≤0.06
污泥产率 Y	kg/kg	0.5～0.8
需氧量 O_2	kg/kg	1.5～2.0
厌氧、缺氧、好氧水力停留时间占比	%	(5～10)∶(10～15)∶(75～80)
水力停留时间 HRT	h	20～30
污泥回流比(仅适用于CASS) R	%	20～100
混合液回流比(仅适用于CASS) R_i	%	≥200
活性污泥容积指数 SVI	mL/g	70～140
充水比 m		0.3～0.35
BOD_5 总处理率 η	%	85～95
TP总处理率 η	%	50～75
TN总处理率 η	%	55～80

3. 规范规定

① SBR反应池宜按平均日污水量设计；SBR反应池的数量宜不少于2个，且按并联设计。

② 反应池宜采用矩形池，水深宜为4.0～6.0m；反应池长宽比为1∶1～2∶1，超高一般取0.5～1.0m。

③ 反应池应在滗水结束时的水位处设置固定式事故排水装置。

4. 设计计算

(1) SBR反应池容积

$$V=\frac{24QS_0}{1000XN_st_R} \tag{6-35}$$

式中　Q——每个周期进水量，m^3；

t_R——每个周期反应时间，h。

(2) SBR工艺各工序的时间

① 进水时间：

$$t_F=\frac{t}{n} \tag{6-36}$$

式中　t_F——每池每周期所需要的进水时间，h；

t——一个运行周期所需要的时间，h；

n——每个系列反应池个数。

② 反应时间：

$$t_R=\frac{24S_0m}{1000N_sX} \tag{6-37}$$

式中 m——充水比，需去碳除磷时宜为0.30～0.40，需生物硝化与脱氮时宜为0.30～0.35。

③ 一个周期所需时间：

$$T=t_R+t_S+t_D+t_b \tag{6-38}$$

式中 t_S——沉淀时间，宜为1h；

t_D——排水时间，宜为1.0～1.5h；

t_b——闲置时间，h。

根据上式计算结果，要求SBR每天运行周期数为整数，如2、3、4、5、6。

5. 需氧量计算

SBR生物去碳与生物除磷工艺的需氧量按式（6-22）计算，生物硝化工艺的需氧量按式（6-30）计算，生物脱氮工艺需氧量参照式（6-39）计算，并将上述结果换算成标准状态下的需氧量。标准状态下污水需氧量则需要在上述计算结果的基础上根据式（5-22）至式（5-35）换算求出。

$$Q_2=\frac{1.47Q(S_0-S_e)}{0.68}-1.42\Delta X_V+4.57[Q(N_k-N_{ke})-0.12\Delta X_V]$$
$$-2.86[Q(N_t-N_{ke}-N_{oe})-0.12\Delta X_V] \tag{6-39}$$

6. 污泥量计算

污泥量设计应考虑剩余污泥和化学除磷污泥。

剩余污泥量可按污泥泥龄计算式［式（6-2）］与污泥产率系数、衰减系数及不可生物降解和惰性悬浮物计算式［式（6-34）］计算。

其中，污泥产率系数需参照《序批式活性污泥法污水处理工程技术规范》（HJ 577—2010）中表3、表4、表5、表6、表7的规定选取。

化学除磷污泥量应根据药剂投加量计算。

7. SBR改良工艺——CASS或CAST工艺

CASS或CAST工艺是SBR工艺的改良版，由进水/曝气、沉淀、滗水、闲置/排泥四个基本过程组成，CASS或CAST工艺流程见图6-17。池体内有隔墙隔出厌氧生物选择区、兼性区和好氧区三个区域，容积比大致为1∶2∶20。混合液由好氧区回流到选择区，回流比一般为20%，在选择区内活性污泥与进入的新鲜污水混合、接触，为微生物种群在高负荷环境下竞争生存创造条件，从而选择出适合该系统的独特的微生物种群，并有效抑制丝状菌的过分增殖，避免污泥膨胀现象的发生，提高系统的稳定性。兼氧区起生物反硝化的作用，对好氧区回流的硝酸盐进行生物反硝化。好氧区起生物除碳、生物吸磷与生物硝化的作用。

8. 排水

SBR工艺反应池为间歇式排水，排水设备宜采用滗水器。滗水器的堰口负荷宜为20～35L/(m·s)，最大上清液滗除速率宜取30mm/min，滗水时间宜取1.0h。因此，若要保证后续深度处理与紫外消毒工艺所需的连续流出水，就需要多组反应器并联运行。对于小型污水处理设施，选择该工艺时应该注意规避SBR工艺间歇式出流的影响。

【例 6-4】 已知某城镇污水处理厂设计规模 $2\times10^4 m^3/d$，设计进水水质：COD_{Cr} 300mg/L、$BOD_5=120mg/L$、SS＝110mg/L、$NH_4^+-N=30mg/L$、TN＝50mg/L、TP＝5mg/L，处理后出水排放标准执行《城镇污水处理厂污染物排放标准》（GB 18918—2002）一级 A 标准，试按 CASS 工艺进行污水处理厂设计计算。

【解】 (1) 参数选取

参照《序批式活性污泥法污水处理工程技术规范》（HJ 577—2010）规定的工艺技术参数或表 6-9 相关参数，进行工艺设计参数选择。

污泥负荷 $N_s=0.1kg/(kg\cdot d)$，$X=3500mg/L$，反应池池数 $n=2$，反应池有效水深 $H=4.0m$，超高取 0.5m，f 或 MLVSS/MLSS 取 0.70，产泥系数 Y 取 0.5，充水比取 0.3，进水时间 1.0h，沉淀时间 t_S 为 1.5h，排水时间 t_D 为 1.0h，闲置时间 1.0h。

(2) 设计计算

① 反应时间：m 取 0.3，则 $t_R=\dfrac{24S_0m}{1000N_sX}=24\times120\times0.3/(1000\times0.1\times3.5)=2.47(h)$，取 2.5h

② 一个周期时间：设沉淀时间 t_S 为 1h，排水时间 t_D 为 1.5h，闲置时间 t_b 为 1h，则 $T=t_R+t_S+t_D+t_b=2.5+1+1.5+1=6$ (h)

③ CASS 池总容积：$V=\dfrac{QS_0}{1000XN_st_R}=20000\times120/(1000\times3.5\times0.1\times2.5)=2743$ (m^3)，取 $2800m^3$

④ 则单池容积：$V'=V/n=2800/2=1400$ (m^3)；

设有效水深 $H=4m$，则：$A=V'/H=1400/4=350$ (m^2)

池长宽比按 2∶1 设计，则长 27m，宽 13m。

故 CASS 单池尺寸为 $27m\times13m\times(4+0.5)$ m。

⑤ 反应区尺寸：根据规范，预反应区按池容的 10%设计，兼氧区或缺氧区按池容的 20%设计，则预反应区尺寸为 $2.7m\times13m\times4.5m$，兼氧区尺寸为 $5.4m\times13m\times4.5m$，好氧区尺寸为 $18.9m\times13m\times4.5m$。

⑥ 剩余污泥量：根据式 (6-34)、表 6-9、表 5-2，污泥产率 Y 取 0.5，K_d 取 0.07，则

$$
\begin{aligned}
W &=YQ(S_0-S_e)-K_dVX_V+fQ(SS_0-SS_e)\\
&=0.5\times20000\times(120-10)-0.07\times2800\times0.70\times3500+0.70\times20000\times(110-10)\\
&=2019800\ (g)=2020\ (kg)
\end{aligned}
$$

⑦ 需氧量计算

根据式 (6-39)，生物脱氮工艺需氧量为：

$$
\begin{aligned}
O_2=&\frac{1.47Q(S_0-S_e)}{0.68}-1.42\Delta X_V+4.57[Q(N_k-N_{ke})-0.12\Delta X_V]\\
&-2.86[Q(N_t-N_{ke}-N_{oe})-0.12\Delta X_V]
\end{aligned}
$$

$$
\begin{aligned}
\text{则 } O_2=&1.47\times20\times(120-10)/0.68-1.42\times2020+4.57\times[20\times(30-110\times5\%-5)\\
&-0.12\times2020]-2.86\times[20\times(50-110\times5\%-15)-0.12\times2020]\\
=&4756-2868+675-994\\
=&1569\ (kg/d)
\end{aligned}
$$

六、生物脱氮、除磷系统的影响因素

影响生物脱氮、除磷工艺的主要因素有三类：①环境因素，如温度、pH、DO；②工艺因素，如污泥泥龄、各反应区的水力停留时间、二沉池的沉淀效果；③污水成分，如污水中易降解有机物浓度，BOD_5 与 N、P 的比例等。

水温影响生物反应速率，控制适宜水温能够提高生物硝化反硝化的速率，当水温或气温较低时，注意保温是非常必要的。

城镇污水的 pH 值通常在 7.0 左右，一般有足够的碱度维持污水的生物硝化。但当进水的 pH 值低于 6.5 时，有可能因碱度不足造成处理效率下降。

硝化菌和聚磷菌要求好氧区 DO 维持在 2.9mg/L 左右，而在缺氧区 DO 维持在 0.59mg/L 以下，在厌氧区 DO 维持在 0.29mg/L 以下。厌氧区如果存在 DO 或硝酸盐，则会竞争性消耗小分子有机物，影响聚磷菌生物释磷。同样，如果缺氧区 DO 较高，也会消耗反硝化菌所需要的易降解 COD。因而好氧区 DO 不宜过高，通常维持在 2mg/L 左右，或在曝气段后半段减少曝气量。

生物除磷工艺泥龄越短，污泥含磷量越高，因而要求在高负荷下运行；但脱氮过程又要求污泥泥龄长一些，硝化只有在长泥龄、低负荷系统中才能进行。故生物脱氮、除磷在污泥泥龄上存在一定矛盾，因此实际运行中优先保证生物脱氮，磷不达标时采用化学除磷。

由于聚磷菌的贮磷作用，生物除磷系统中污泥含磷量要比传统活性污泥法高，一般占污泥干重的 3%～6%，因此出水悬浮固体浓度会明显影响出水总磷浓度。如果污泥中磷含量按 5%计算，磷排放标准小于 0.50mg/L，在出水 TSS 为 10mg/L 时就很难达到排放要求。为保证出水总磷达标，深度处理时常常增加化学除磷。

生物脱氮、除磷系统的剩余污泥在浓缩或消化过程中的上清液含有较多的磷，上清液中的磷在回流到污水处理厂前端后，又会进入污水处理系统形成磷的循环。建议尽可能采用机械浓缩脱水一体化设备，尽量减少污泥处理过程中的磷释放量，或减少贮泥池的容积，并采用带充氧功能的搅拌设备，或者运用气浮浓缩；或者对污泥处理过程中的回流上清液进行单独加药沉淀处理，减少再次进入污水处理系统中的磷。

第五节　活性污泥法处理系统工程设计需要注意的若干环节

城镇污水处理厂的设计、运行与维护管理是密切关联的，污水处理厂工艺设计及其工艺参数选择会严重影响城镇污水处理厂的运维管理及运行效果。需要注意以下环节。

1. 工艺与其工序的匹配性

目前城镇污水处理常见的脱氮除磷工艺有 A/O 或 A^2/O 工艺、氧化沟工艺、SBR 及其改良的 CASS 工艺等等，在这三类工艺中，前两种是连续流的，第三种是间歇运行的，因此需要考虑工艺各工序间的匹配性。以 SBR 及其改良的 CASS 工艺为例，该工艺在县城、乡镇、工业园区、旅游区、独立厂矿企业、高等院校新校区等污水处理中常见，由于多数建设规模较小，建成的 SBR 或 CASS 的反应器组数较少，无法实现连续流出水，滗水器间歇瞬时大流量排放出水会造成后续工艺，如化学除磷工艺（如纤维转盘）、深床滤池（硝化滤池、反硝化滤池）以及紫外消毒工艺，难以正常运行，从而带来污水处理厂不能稳定运行与出水水质不能稳定达标的问题。2019 年笔者在广西 30 余家小型城镇污水处理厂调查发现，小

型、微型污水处理厂设计中容易出现这种问题。此时需采用增加蓄水池调蓄滗水器的间歇出水，使之以连续流对后续深度处理环节进行供水。

2. 工艺构筑物及其设备设施的匹配性

污水处理是一个系统工程，工艺构筑物及其设备设施需要尺寸匹配，曝气池风机选型需要与合适的有效水深匹配，等等。对于乡镇、工业园区、旅游区、独立厂矿企业、高等院校新校区等小型、微型污水处理设施，因进水水量一般较小，调节池及其污水提升泵、混合液回流比与回流泵、一体化氧化沟沉淀段进水比与好氧段活性污泥量控制、剩余污泥处理与脱水加药设备选择等也存在匹配性问题。

污水处理工程设计首先遇到的问题是设备选型与构筑物尺寸的匹配。细格栅与超细格栅分别通过计算格栅宽度、超细格栅直径进行设备选型，再基于选择格栅的安装宽度设计或者修改进水沟渠的尺寸，使格栅能够与沟渠尺寸匹配；同样，旋流沉砂池是基于流量选型，再根据相应设备型号、尺寸绘制对应的设计图；二沉池设计也是根据计算的池子直径选型，再由该型号的相应尺寸绘制二沉池的设计图。这样设备、设施才能与构筑物无缝衔接，否则就会存在匹配性问题。

曝气池的有效水深既需要与风机风压相匹配，也需要与工艺流程的高程设计及节能降耗要求相适应。由于曝气池曝气器检修需要放空，其地面以下的池深一般不宜超过 2m，而曝气池出水至二沉池进水口之间的水损一般也不会超过 2m，因此从高程布置与节能角度看，曝气池有效水深宜控制在 4m 左右，其风机对应匹配风压为 0.5 个大气压。反之，如果选择更大风压或更大的有效水深，在保证池底能够放空、克服水损的前提下，曝气池与二沉池需设计较大的跌水，易造成较大能耗损失。

污水处理要求污水采用一次提升，但乡镇、工业园区、旅游区、独立厂矿企业、高等院校新校区等污水处理中，因进水水量一般较小，夜间常常较少来水甚至无水，需要采用调节池调节流量与水质。如果采用泵前低位调节，水泵一次提升设计、平均流量供水是适宜的。如果采用泵后高位调节池，采用滗水器均匀供水也是可以的。但如果泵后高位调节池没有流量调节控制，则会因进水水量不均而造成生化池的供氧曝气、混合液回流、曝气池 MLSS 浓度等难以控制，致使污水处理设施无法稳定运行。

同理，这些小型、微型污水处理设施建设规模小，多采用一体化工艺，如动态膜生物反应器（DMBR）工艺，生化反应器往往难以匹配混合液回流与污泥回流的微型设备。当污泥回流时，厌氧池、缺氧池与好氧池 MLSS 浓度较高；无污泥回流时，MLSS 浓度会很快降低。当混合液回流时，缺氧池 DO 浓度会迅速增加，连续回流时缺氧池变成了曝气池，而无混合液回流时 DO 迅速降低。即使建设规模较大的一体化氧化沟也面临类似问题，因污泥泥水分离段的过水断面面积较大，沉淀区流速迅速降低，MLSS 在这一区域快速絮凝沉降，致使氧化沟沟道循环的混合液中 MLSS 大量减少。如果不能连续将沉淀段的污泥搅拌回流，一体化氧化沟的缺氧段、好氧段的 MLSS 会逐渐降低至 1000mg/L 以下。在 IBR 工艺（连续流一体化间歇生物反应器）中，曝气好氧与泥水分离采用一体化建设，曝气需要聚能扰动的水动力学条件，而泥水分离需要消能，避免扰动的静止环境，造成一个池子需要兼顾两种水动力学环境，出水的 SS 浓度偏高，TP 难以达标排放。

小型、微型污水处理设施因处理水量常常过小，产生的剩余污泥量较少，数天甚至半月以上的产泥量才能满足最小规格污泥脱水机运行 1h，污泥只能在污泥池贮存。但污泥长期贮存易淤积，流动性变差，造成污泥泵运维操作困难，并影响污泥脱水设施的定期运维。

3. 工艺参数的适应性

污水处理设计工艺参数对污水处理厂运行管理有较大影响。这些工艺参数有水力负荷与运行负荷率、设计进水水质与污泥负荷、污泥浓度和污泥泥龄、混合液回流和污泥回流、曝气控制与氧的传质、溶解氧浓度、pH 值与碱度、污泥膨胀及其控制等。

(1) 水力负荷与运行负荷率

水力负荷的变化对活性污泥法系统的曝气池和二沉池影响最为明显。乡镇、村屯、独立厂矿企业等小型、微型污水处理厂因建设规模太小，污水收集难以做到分流制，污水管网多沿低洼河沟岸边布设，雨水甚至地表水进入管网系统，造成雨天、雨季来水量偏大。当流量增加时，污水在曝气池内的停留时间缩短，有机物的好氧降解和氨氮的硝化就难以达到预期的效果，使出水水质变差；水力负荷的增加导致二沉池内水的流速增加，从而对泥水分离产生明显影响。反之，有些因建设投资不足，管网建设严重滞后，造成建设规模远大于实际污水入流量，污水处理厂运行负荷率偏低，难以达到《城镇污水处理厂运营质量评价标准》(CJJ/T 228—2014) 规定的投产 1～3 年 60%、投产 3 年 80%运行负荷的指标要求，进而给污水处理厂运营、运行操作、稳定运营与成本控制带来困难。

(2) 设计进水水质与污泥负荷

小型、微型污水处理设施，易受服务范围内的畜禽养殖废水、缫丝加工废水、屠宰废水、食品加工废水以及园区工业废水等的排入影响，这些进水导致 COD_{Cr}、NH_4^+-N、TP 浓度波动增大。如果这种小型、微型污水处理厂因合流制排水以及部分污水管网沿河岸边布设造成地表水渗入，会明显导致污水处理厂进水水质浓度偏低，甚至出现 COD 接近排放标准的情况。表 6-10 为某县小城镇污水处理厂的设计进水水质与实际平均进水水质，可见因对进水水质调查不够，乡镇污水处理厂的设计进水水质缺乏合理性，设计进水水质与实际进水水质相差甚远，加之小型、微型污水处理厂多未选择变频设备，而现场操作员无法基于进水水质水量变化调控工艺运行参数，容易导致污水处理厂过量曝气，污泥无机化明显，不利于节能降耗。

表 6-10 某县小城镇污水处理厂设计进水水质与平均进水水质一览表 单位：mg/L

进水指标	污水处理厂 1		污水处理厂 2		污水处理厂 3		污水处理厂 4		污水处理厂 5		污水处理厂 6		污水处理厂 7	
	设计	实际	设计	实际	设计	实际	设计	实际	设计	实际	设计	实际	设计	实际
COD_{Cr}	≤300	130	≤350	178	≤250	91	≤140	110	≤140	295	≤140	116	≤140	147
SS	≤180	—	≤220	—	≤250	—	≤80	—	≤80	—	≤80	—	≤80	—
NH_4^+-N	≤30	12.23	≤30	15.98	≤30	15.45	≤18	32.18	≤18	49	≤18	21.64	≤18	35.20
TN	≤40	—	≤40	—	≤45	—	≤30	—	≤30	—	≤30	—	≤30	—
TP	≤3.5	0.90	≤4	1.86	≤5	1.0	≤2	1.47	≤2	2.04	≤2	1.91	≤2	2.0

污泥负荷是污水处理设计的重要参数之一。根据式 (6-4)，若采用较大的污泥负荷，曝气池的容积可以设计得小一些，但出水水质或处理效果会受到影响，同时也使剩余污泥量增多，增加污泥处理处置费用和难度。为确保处理后的污水达到相应污染物的排放标准，生物脱氮除磷工艺需采用低污泥负荷，即控制 $N_s \leqslant 0.1$kg/(kg·d)。采用低负荷，曝气池容积会很大，但系统出水水质好，剩余活性污泥排放少。图 6-37 显示了 BOD_5 去除率与污泥负荷、污泥泥龄及污泥产量的关系。

(3) 污泥浓度与污泥泥龄

MLSS 的主体是活性微生物，提高 MLSS 能够增加微生物数量，降低污泥负荷，提高处理速率，进而缩小曝气池的容积。然而，曝气池污泥量的增加意味着 MLSS 浓度增加，

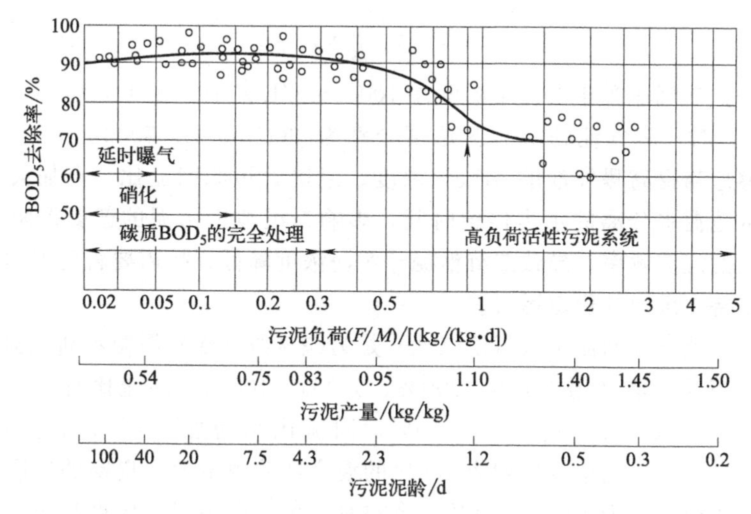

图 6-37 BOD_5 去除率与污泥负荷、污泥泥龄、污泥产量的关系

过高的污泥浓度导致沉淀池泥水分离困难，影响出水水质；同时，混合液的黏滞性会发生变化，降低氧的传质速率。因此，对于一定的曝气设备系统，MLSS 的浓度范围是有限度的。鼓风曝气的曝气池中，MLSS 在 2000mg/L 至 4000mg/L 之间是适宜的，并非浓度越高越好。

污泥泥龄是活性污泥法系统设计和运行中最重要的参数之一。过长的污泥泥龄易导致微生物老化，在曝气池形成泡沫层，使污泥絮凝沉降性能变差，并增加了惰性物质引起的浊度。经验表明，通常活性污泥法系统的微生物平均停留时间约为水力停留时间的 20 倍及以上。对于城镇污水来讲，传统活性污泥法的水力停留时间一般为 4～6h，则相应的微生物停留时间为 3.3～5d；脱氮除磷以及延时曝气的水力停留时间为 12～24h，则微生物停留时间为 10～20d，一般要求在 15d 及以上。高负荷系统曝气时间为 2～3h，微生物停留时间约为 2.5d。此外，污泥泥龄还可以说明活性污泥中微生物的组成。世代时间长于微生物平均停留时间的那些微生物几乎不可能在这个活性污泥法系统中繁殖。例如，有人曾研究了亚硝化单胞菌属的生长率，并推算了它们的世代时间，如表 6-11 所示。从表中可知，当混合液温度为 20℃，污泥泥龄为 3d 时，亚硝化单胞菌属就不可能在这个活性污泥法系统中繁殖。因为在这种情况下，此属细菌每日只能增加 33%，但每日却要排出 50%。排出多，增加少，细菌会逐渐减少直至最后消失。这时，混合液中氨氮就不会得到硝化，出水中即使有硝酸盐，浓度也必然很低。若希望氨氮得到硝化，就需要提高系统的污泥泥龄，使硝化菌得以正常繁衍。

表 6-11 亚硝化单胞菌属的生长率和世代时间

温度/℃	生长率/%	世代时间/d
10	1	10
15	13	5.5
20	33	3.0
25	60	1.7

(4) 混合液回流和污泥回流

混合液中污泥主要来自回流污泥，根据物料平衡（图 6-38），可得下列关系式：

$$RQX_R=(Q+RQ)X \tag{6-40}$$

$$X=\frac{R}{1+R}X_R \tag{6-41}$$

正常条件下，二沉池泥斗中污泥浓度在10000mg/L左右。由上式可知，当污泥回流比采用50%、100%时，曝气池的MLSS浓度分别为3333mg/L、5000mg/L，可见，增大污泥回流比，能够适当提高曝气池的MLSS浓度。但增大污泥回流比，会加大二沉池的水力负荷，缩短二沉池泥水分离的水力停留时间，影响二沉池中污泥的絮凝沉降与初步浓缩效果，降低二沉池的沉淀效率，导致二沉池泥斗污泥浓度降低，故需要将污泥回流比控制在适宜范围内，以维持二沉池的稳定运行。

曝气段（池）混合液回流至缺氧段（池）是为缺氧段（池）源源不断地提供硝酸盐，以实现生物脱氮。当混合液采用100%、200%、300%、400%的回流比时，其最高的反硝化脱氮效率分别为50%、66.7%、75%、80%，回流比每增加100%，脱氮效率分别提高16.7%、8.3%、5%，回流单位体积或100%的混合液的脱氮效率提高的幅度逐渐降低，效率提高的幅度仅为前面一个100%回流的一半左右。大幅提高回流比没有明显提高生物脱氮效率，但明显增加了回流混合液的能耗，也把曝气池中过多的DO带到了缺氧池，反而会降低缺氧池的脱氮效率。因此，从节能与缺氧池环境条件维持的角度看，需要把混合液回流比控制在300%以下。

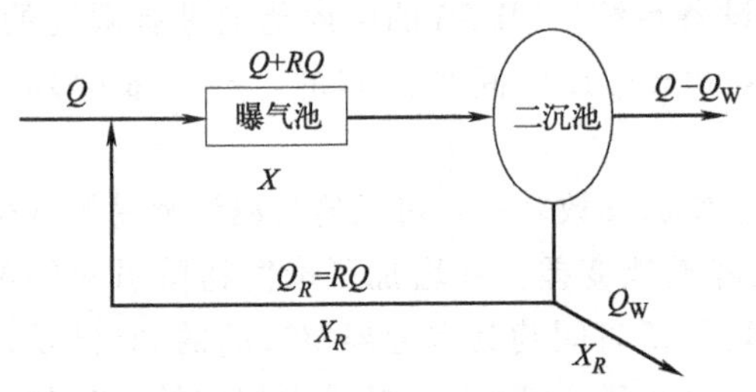

图6-38 曝气池混合液MLSS浓度与回流污泥的关系

(5) 曝气控制与氧的传质

在适宜的曝气强度条件下，曝气时间与有机负荷关系密切。在传统二级处理中，曝气池建得较小，水力停留时间短，污泥负荷高，曝气设备按系统的峰值负荷设计和控制。但供氧量过大，容易出现后期供氧过剩的情况。若曝气池建得大些，较低污泥负荷能够提高曝气设备的利用率，但曝气池的基建费用会相应增加。脱氮除磷延时曝气工艺属于后者，能降低剩余活性污泥量，使污泥稳定而不需要进行污泥消化处理，也使系统更能适应冲击负荷，但污水处理系统的曝气池容积需要增大。因此，需要根据具体情况通过技术经济性分析后确定。

氧传递速率将决定活性污泥法系统的处理能力，氧传递速率要考虑两个过程，即氧溶解到水中以及传递到微生物的膜表面。氧的传质只表明氧传递到水中，但并不意味着同样数量的氧已到达了微生物表面。从这个观点看，曝气设备不仅要提供充分的氧，而且要创造足够的紊动条件，以剪切活性污泥絮体，这样可使污泥絮体内部的细菌得到氧。要提高氧的传递速率，除了供应充足的氧外，还应使混合液中的悬浮固体保持悬浮状态和紊动条件。因此，曝气设备的选择、布置，以及如何同池型配合，关系到氧的传递速率。

在工艺设计中，需要选择鼓风机的风压，确定曝气池的有效水深以及适宜的宽深比，改善曝气池混合液的流态；同时，结合微生物的需氧量和氧在曝气池延长方向的变化规律，考虑采用渐减曝气、多点进水等方式。

(6) 污泥膨胀

正常的活性污泥沉降性能良好，其污泥体积指数SVI值在50～150之间；当活性污泥不正常时，污泥不易沉淀，SVI值明显升高，污泥体积膨胀，这种现象称为活性污泥膨胀。膨胀污泥不易沉淀，容易流失，不仅影响二沉池的出水水质，还会造成回流污泥量的不足。

污泥膨胀会导致系统污泥愈来愈少，从而影响曝气池的运行。

活性污泥膨胀可分为污泥中丝状菌大量繁殖导致的丝状菌性膨胀以及并无大量丝状菌存在的非丝状菌性膨胀。丝状菌性膨胀是污泥中丝状菌过度增长繁殖的结果。活性污泥系统中的微生物是一个以细菌为主的群体，正常的活性污泥以菌胶团形式出现，在不正常的情况下，丝状菌大量出现。当污泥中有大量丝状菌时，这些丝状体相互支撑、交错，严重影响污泥的凝聚、沉降和压缩性能，造成泥水分离困难。研究显示，导致污泥膨胀的主要因素大致包括以下几种。①污水水质。含溶解性碳水化合物高的污水往往发生由浮游球衣菌引起的丝状膨胀，含硫化物高的污水往往发生由硫细菌引起的丝状膨胀；污水中碳、氮、磷的比例对发生丝状膨胀影响很大，氮和磷不足都易引发丝状膨胀。此外，水温高和 pH 值较低时也容易发生污泥膨胀。②污泥负荷。N_s 在 0.5～1.5kg/(kg·d) 范围内，SVI 值较高若再继续增高污泥负荷，就极易引发污泥膨胀。③工艺方法。完全混合式比传统推流式较易发生污泥膨胀，而间歇运行的曝气池最不容易发生污泥膨胀；不设初沉池（设有沉砂池）的活性污泥法，SVI 值较低，不容易发生污泥膨胀。因此工艺设计时应该充分了解进水水质，控制适宜污泥负荷，把生化池尽可能设计成推流式。非丝状菌性膨胀与丝状菌性膨胀相似，污泥 SVI 值高，在沉淀池内很难沉淀，但此时的污水处理效率仍很高，上清液也清澈，显微镜检查看不到丝状菌。非丝状菌性膨胀主要发生在污水水温较低而污泥负荷太高的情况下。高 N_s 使得细菌吸取了大量的营养物，但温度低，微生物代谢速率较慢，大量高黏度的多糖类物质来不及降解而被贮存起来。这些多糖类物质导致活性污泥表面附着水大大增加，污泥 SVI 值升高，形成膨胀污泥。

在工艺设计时，为避免发生污泥膨胀，宜采取以下措施：①不设初沉池，增加进入曝气池的污水中的悬浮物，改善污泥沉降性能。②在常规曝气池前设置污泥厌氧，或增加厌氧段与缺氧选择池。③对于易发生污泥膨胀的污水处理厂，可在曝气池的前端补充设置填料，降低曝气池的污泥负荷。

复习思考题

1. 活性污泥法的基本概念和基本流程是什么？
2. 活性污泥法有哪些主要运行方式？各种运行方式有何特点？
3. 结合本章知识的学习，谈谈各种生物脱氮除磷工艺的优缺点及其工艺技术优化改造。
4. 解释污泥泥龄的概念，说明它在污水处理系统设计中的作用。
5. 根据气体传递的双膜理论，分析曝气工艺中氧传递的主要影响因素。
6. 生物脱氮、除磷的环境条件要求和主要影响因素是什么？请比较主要生物脱氮、生物除磷、生物脱氮除磷工艺的特点及其工艺技术参数的异同。
7. 如何计算生物脱氮、生物除磷、生物脱氮除磷系统的生化池容积、需氧量和剩余污泥量？

参考文献

[1] 高廷耀，顾国维，周琪. 水污染控制工程 [M]. 北京：高等教育出版社，2007.
[2] 成官文. 水污染控制工程 [M]. 北京：化学工业出版社，2009.

第七章

污水好氧生物处理工艺（二）——生物膜法

生物膜法与传统活性污泥法一样，也是借助微生物的代谢过程净化污水中的污染物，只是参与代谢的微生物不是悬浮生长，而是附在惰性材料表面形成膜状生物污泥——生物膜。当污水流过生物膜或与生物膜接触时，有机污染物、氮、磷能被微生物吸附而代谢降解，污水得到净化。

生物膜法具有生物总量大、抗冲击负荷、污泥沉降性能好、易管理、处理效果稳定等特点。生物膜法包括浸没式生物膜法（生物接触氧化池、曝气生物滤池）、半浸没式生物膜法（生物转盘）和非浸没式生物膜法（高负荷生物滤池、低负荷生物滤池、塔式生物滤池）等。其中浸没式生物膜法具有占地面积小、BOD_5 容积负荷高、运行成本低、处理效率高等特点，近年来在小型、微型污水二级处理中被较多采用。半浸没式、非浸没式生物膜法最大特点是运行费用少，约为活性污泥法的 1/3～1/2，但受气温影响明显，卫生条件较差，处理程度较低，占地较大，其发展受到阻碍，应用时应因地制宜。

第一节　概　　述

一、生物膜的结构及工艺特征

（一）生物膜的结构及其传质

污水经过与滤料流动接触一段时间后，微生物能在滤料表面附着生长，形成膜状污泥——生物膜（图 7-1）。生物膜是多种微生物的聚合体，具高亲水性，外侧总存在一层附着水层；在附着水层至滤料之间生长繁殖着大量各种类型的微生物和微型动物，并在污水流动的延长方向形成了细菌—原生动物—后生动物的食物链。随着微生物不断增殖，生物膜的厚度不断增加，生物膜达到一定厚度后，氧难以穿过，此时生物膜逐渐由好氧层变成了好氧层和厌氧层两层。一般情况下，好氧层厚度在 2mm 左右，有机物的降解主要在好氧层进行。

在污水净化过程中，空气中的氧溶解于流动水层中，并在浓度梯度的作用下穿过附着水层，传递给好氧生物膜，供微生物呼吸；污水中的有机物及氮、磷等营养物质，与溶解氧一样，通过相界面的更新，逐步由流动水层进入附着水层，然后再进入生物膜，并通过微生物代谢活动而被降解，污水得到净化。与此同时，微生物的代谢产物则由生物膜穿过附着水层进入流动水层，部分代谢产物如 NH_3、CO_2、H_2S 等部分溶于水中，部分散逸到空气中。

随着厌氧层厚度加大，底物及其营养物质输入阻力加大，生物膜在滤料或载体上的附着力逐渐减小，同时，气态代谢产物不断逸出，又减弱了生物膜在滤料上的固着力。处于这种状态的生物膜即为老化生物膜，其在水动力作用下易于剥落。为了保持生物膜的活性，一般采用加大水力负荷的方法，改善生物膜的氧的传质，加速生物膜更新或剥落。

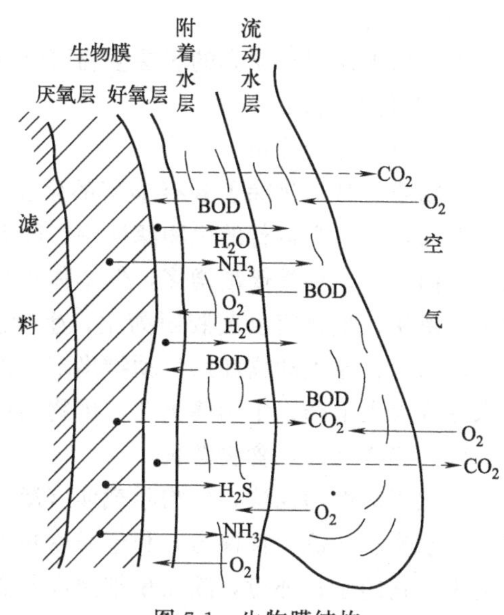

图 7-1　生物膜结构

（二）生物膜的生物相及其特征

1. 生物相

填料表面附着的生物膜生物种类相当丰富，一般由细菌（好氧、厌氧、兼性）、真菌、原生动物、后生动物、藻类以及一些肉眼可见的蠕虫、昆虫的幼虫等组成。生物膜中的生物相组成情况如下。

(1) 细菌、真菌、丝状菌

细菌对有机物氧化分解起主要作用，生物膜中常见的细菌种类有球衣菌、动胶菌、硫杆菌属、无色杆菌属、产碱菌属、假单胞菌属、诺卡氏菌属、色杆菌属、八叠球菌属、粪链球菌、大肠埃希氏菌、副大肠杆菌属、亚硝化单胞菌属和硝化杆菌属等。

除细菌外，真菌在生物膜中也较为常见，有些真菌能够降解木质素甚至人工合成的难降解有机物等。丝状菌也易在生物膜中滋长，它们具有很强的降解有机物的能力，生物滤池内丝状菌的增长繁殖有利于提高污染物的去除效果。

(2) 原生动物、后生动物

原生动物与后生动物栖息在生物膜的好氧表层内。原生动物以吞食细菌（特别是游离细菌）为生，在生物滤池中对改善出水水质起着重要作用。常见的原生动物有鞭毛类、肉足类、纤毛类；后生动物主要有轮虫类、线虫类及寡毛类。滤池运行初期，原生动物多为豆形虫一类的游泳型纤毛虫。当运行正常、处理效果良好时，原生动物多为钟虫、独缩虫、累枝虫、盖纤虫等附着型纤毛虫，它们以细菌和原生动物为食料，有促使生物膜脱落的作用，从而使生物膜保持活性和良好的净化功能。

与活性污泥法一样，原生动物和后生动物也可以作为指示生物，用来检查和判断工艺运行情况及污水处理效果。当后生动物出现在生物膜中时，表明水中有机物含量较低并已稳定，污水处理效果良好。不过在生物膜反应器中是否出现原生动物及后生动物与反应器类型密切相关。一般情况下，原生动物及后生动物在生物滤池及生物接触氧化池大量出现，但在流化床反应器较为少见。

(3) 滤池蝇

滤池蝇是栖息在生物滤池的代表性昆虫，体形较苍蝇小，其生长、繁殖等过程均在滤池内进行。滤池蝇及其幼虫以微生物及生物膜为食料，可抑制生物膜过度增长，具有使生物膜疏松、脱落的作用。但滤池蝇会飞散在滤池周围，对环境造成不良影响。

(4) 藻类

藻类出现仅限于见光的表层生物膜这一很小部分，对污水净化所起作用不大。

2. 生物相特征

(1) 分层分段分布

生物膜的微生物除了含有丰富的生物相这一特点外，还有着其自身的分层分段分布特征。例如，在正常运行的生物滤池中，随着滤床深度的逐渐下移，生物膜中的微生物逐渐从低级趋向高级，种类逐渐增多，但个体数量减少。其中，进水顶端与表层营养丰富，微生物繁殖速率快，生物膜以菌胶团为主，生物膜也最厚。反应器中段或中层污水有机物浓度降低，丝状菌、原生动物和后生动物出现，但生物膜的厚度逐渐降低。到了末端或内部底层，污水浓度大大下降，生物膜更薄，生物相以原生动物、后生动物为主。

(2) 多样性高，食物链长

相比于活性污泥法，生物膜载体（滤料、填料）为微生物提供了固定生长的条件，以及较低的水流、气流搅拌冲击，利于微生物的生长增殖，为微生物繁衍、增殖及生长栖息创造了更为适宜的生长环境，除大量细菌以及真菌生长外，线虫类、捕食性纤毛虫、轮虫类及寡毛虫类等高频率出现，并常常出现丝状菌和昆虫，微生物多样性高，食物链较活性污泥法长。生物膜的这种生物多样性高、生物量大、食物链长的特点有利于提高污水处理效果和处理负荷，也有利于减少剩余污泥排放。

(3) 世代时间长，利于不同功能优势菌群分段运行

生物膜法多采用分段设计，在运行中形成了与本段污水水质相适应的优势菌群微生物，从而提高了微生物对污染物的生物降解效率。

生物膜附着生长，生物固体平均停留时间长，在生物膜上能生长世代时间较长、增殖速率慢的微生物，如硝化菌和亚硝化菌，以及某些特殊污染物降解专属菌等。因此，生物膜法也可以进行生物硝化与反硝化脱氮，如用于硝化滤池、反硝化滤池等等。

(三) 生物膜法的净化过程及工艺特征

1. 净化过程

生物膜法去除污水中污染物是一个吸附、降解的反应过程，包括污染物在液相中的紊流扩散、生物膜吸附及其膜中扩散传递、氧向生物膜内部扩散、有机物的氧化分解和微生物的新陈代谢、代谢产物在生物膜内向外扩散、代谢产物由生物膜表面向液相扩散等过程。

膜表面容易吸取营养物质和溶解氧，形成由好氧和兼性微生物组成的好氧层，而在膜内层，因扩散阻力制约了溶解氧的渗透，形成厌氧和兼性微生物组成的厌氧层。

污水中溶解性有机物可直接被微生物利用，而不溶性有机物先是被生物膜吸附，然后通过微生物胞外酶的水解作用，被降解为可直接生物利用的溶解性小分子物质。由于水解过程比生物代谢过程要慢得多，水解过程是生物膜污水处理速率的主要限制因素。

2. 工艺特征

与传统活性污泥法相比，生物膜法具有以下特点：

(1) 对水质、水量变动的适应性强

生物膜反应器内有较多的生物量、较长的食物链，使得其对水质、水量的波动具有较强的适应性，即使一段时间中断进水或遭到冲击负荷破坏，处理功能也不会受到致命的影响，恢复起来也较快。因此，生物膜法更适合工业废水以及水质、水量波动较大的小型、微型污

水处理设施。

（2）适合低浓度污水处理

在进水污染物浓度较低的情况下，如农村生活污水、合流制污水以及污水深度处理，生物膜能够自我调节为与水质相一致的微生态系统，不会因污水浓度过低而出现活性污泥絮凝体松散。生物膜法对低浓度污水能够取得良好的处理效果。

（3）污泥产量少，沉降性能好

生物膜法食物链长，食物链的增长使污泥无机化程度变高，因而导致剩余污泥量明显减少，污泥密度增大、颗粒粒径较大，因而沉降性能也较好，易于固液分离。

（4）生物量多，传质条件好

生物膜法附着在单位体积填料表面的微生物量较活性污泥法多5～20倍，生物量大；同时，由于污水、曝气通过填料时被填料不断切割，改善了气、水、微生物的三相传质，污染物的容积负荷高。

（5）运行管理方便

生物膜法微生物附着生长，一般无须污泥回流，也没有丝状菌膨胀的潜在风险，易于运行维护与管理。

但是，生物膜法也存在一些不足：滤料增加了工程建设投资，特别是对于一些大型污水处理厂，滤料投资所占比例较大，滤料周期性更新费用也很高。

二、影响生物膜法污水处理效果的主要因素

影响生物膜法污水处理效果的因素很多，主要有进水底物的组分和营养物质比例、有机负荷及水力负荷、生物膜量、环境条件（如溶解氧、pH值、水温和有毒物质）等。

1. 进水底物的组分和营养物质比例

污水中污染物组分、含量及其变化规律是影响生物膜法工艺运行效果的重要因素。底物浓度的改变会引起膜生物系统及其处理效果的改变。因此，了解与掌握进水底物组分和浓度的变化规律，在工程设计和运行管理中采取对应措施，是保证生物膜法正常运行的重要条件。

生物膜中的微生物需不断地从外界环境中汲取营养物质，获得能量以合成新的细胞物质。好氧生物膜对营养物质需求的比例为BOD_5∶N∶P＝100∶5∶1。因此，在生物膜法中，污水所含的营养组分应符合上述比例才有可能使生物膜正常发育。生活污水中一般均含有各种微生物所需要的营养元素，但氮、磷往往偏高，需要补充碳源进行生物脱氮除磷。对于工业废水，营养组分往往不齐全，且比例也不适宜，例如含有大量淀粉、纤维素、糖、有机酸等的有机工业废水，碳源过于丰富，氮和磷往往不足，合成氨废水、焦化废水等氮素往往较高，而碳源往往不足，针对这些情况，需要适当添加营养物质。

2. 有机负荷及水力负荷

负荷是影响生物膜法处理能力的首要因素，是集中反映生物膜法工作性能的参数。生物膜法的负荷分为有机负荷和水力负荷两种。前者通常以处理污水中有机物的量（BOD_5）来计算，单位为$kg/(m^3 \cdot d)$；后者是以处理污水量来计算的负荷，单位为$m^3/(m^2 \cdot d)$，相当于m/d，故又可称滤率。有机负荷和滤床性质关系极大，如采用比表面积大、孔隙率高的滤料，加上供氧良好，则负荷可提高。对于有机负荷高的生物膜处理工艺，生物膜增长较快，需增加水力冲刷的强度，以利于生物膜增厚后能适时脱落，此时，应采用较高的水力负

荷。合适的水力负荷是保证生物膜更新、避免发生堵塞的关键因素。但提高有机负荷，会降低出水水质。表 7-1 是几种生物膜法工艺的负荷比较。

表 7-1 几种生物膜法工艺的负荷

生物膜法类型	有机负荷/[kg/(m^3·d)]	水力负荷/[m^3/(m^2·d)]
普通低负荷生物滤池	0.15～0.3	1～3
普通高负荷生物滤池	≤1.8	10～36
塔式生物滤池	1.0～3.0	80～200
生物接触氧化池	2.5～4.0	100～160
生物转盘	0.02～0.03	0.1～0.2

3. 生物膜量

衡量生物膜量的指标主要有生物膜厚度与密度，其主要决定于生物膜所处的环境条件。有机物浓度越高，底物扩散的深度越大，生物膜厚度也越大。水流冲刷作用也是一个重要影响因素，水力负荷大，则冲刷作用强，水力剪切力大，对膜的更新作用强。

4. 环境条件

水温是生物膜法中影响微生物生长及生物化学反应的重要因素。污水温度适宜时，利于生物膜的好氧处理；而反应器内温度过高和过低均不利于微生物的生长。当水温达到 40℃时，生物膜将出现坏死和脱落现象；若温度低于 15℃，微生物的活力将明显下降，有机污染物转化速率下降；当反应器内部温度小于 5℃时，应考虑保温措施。

充分的通风或足够的溶解氧供给对好氧微生物来说是必需的。如果供氧不足，好氧微生物的活性将受到影响，新陈代谢能力降低，污水处理效果下降，严重时还会严重影响出水水质。但供氧过高又会形成能量浪费，并造成生物膜自身过度氧化。

控制和稳定进水 pH 值非常重要。pH 值变化幅度过大，会明显影响处理效率，甚至对微生物产生毒害作用从而使反应器失效。这是因为 pH 值的改变能引起细胞膜电荷的变化，进而影响微生物对营养物质的吸收和微生物代谢过程中酶的活性。生活污水 pH 值较为稳定，一般不需要进行 pH 值调节；对于 pH 值过低、过高的工业废水，需要在生物膜反应器前设置水质调节池或酸碱中和池来均衡水质。

第二节 生物滤池

生物滤池是生物膜法处理污水的传统工艺，在 19 世纪末发展起来，先于活性污泥法。早期的普通生物滤池水力负荷和有机负荷都很低，虽净化效果好，但占地面积大，易于堵塞。后来开发出采用处理水回流技术，水力负荷和有机负荷都较高的高负荷生物滤池，以及污水、生物膜和空气三者充分接触，水流紊动剧烈，通风条件良好的塔式生物滤池。近年来发展起来的曝气生物滤池已成为一种独立的生物膜法污水处理工艺。

一、生物滤池的构造

生物滤池由滤床、池体、布水设备以及排水系统等组成（图 7-2）。

1. 滤床及池体

滤床是滤池的核心部分，由滤料组成。滤料是微生物生长栖息的场所，理想的滤料应具

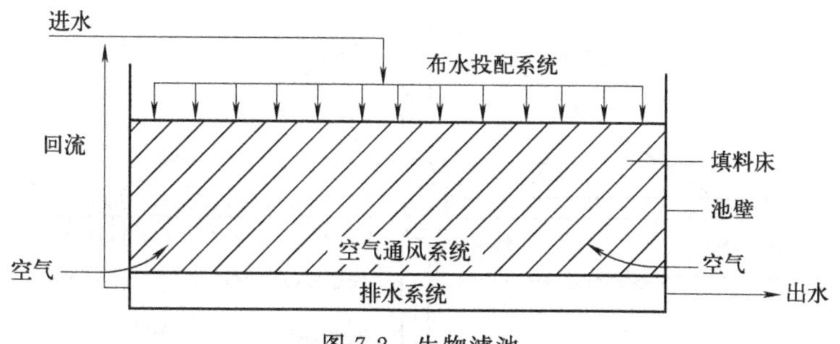

图 7-2 生物滤池

备下述特性：①具有高比表面积，以附着高生物量；②利于污水以液膜状态穿过滤料或从生物膜表面流过；③有足够的孔隙率，以确保三相传质，保证脱落的生物膜随水流出滤池；④具有非生物降解性和非生物毒性，不抑制微生物生长，有良好的生物化学稳定性；⑤有一定机械强度；⑥价格低廉。在生物膜法发展初期，主要以就地取材的碎石、碎钢渣、焦炭等作为滤料，粒径为 3～8cm，孔隙率在 45%～50%，比表面积在 65～100m^2/m^3 之间。从理论上，滤料粒径愈小，滤床可附着面积愈强，则生物膜的面积将愈强，滤床的工作能力也愈强。但粒径愈小，滤料颗粒间空隙就愈小，滤床通风也愈差，滤床愈易被生物膜堵塞，因此，滤料的粒径不宜太小。

20 世纪 60 年代中期，塑料滤料开始被广泛采用。图 7-3 为两种常见的塑料滤料。图 7-3（a）所示滤料比表面积在 98～340m^2/m^3 之间，孔隙率为 93%～95%。图 7-3（b）所示滤料比表面积在 81～195m^2/m^3 之间，孔隙率为 93%～95%。国内目前采用的玻璃钢蜂窝状块状滤料，孔隙率在 95%左右，比表面积在 200m^2/m^3 左右。

滤床高度需要考虑滤料密度。石质滤料滤床高度一般在 1.5～2.0m 之间，原因是该材质影响滤池通风及基础结构。而塑料滤料每立方米仅为 100kg 左右，孔隙率高，滤床可以采用双层或多层构造。

滤床四周为池体，一般为钢筋混凝土结构或砖混结构。为防止风力对滤池表面均匀布水带来影响，池体上方池壁一般高出滤料 0.5～0.9m。池体的底部为池底，具有支承滤料的作用，底部以及侧壁均开有孔，以利于排水和通风。

2. 布水设备

布水设备的作用是使污水能均匀地分布在整个滤床表面上。生物滤池的布水设备分为旋转布水器和固定布水器两类。其中，常见的为旋转布水器。

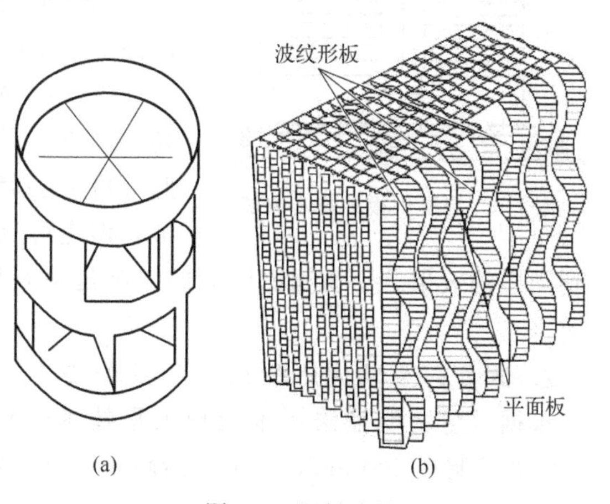

图 7-3 塑料滤料

旋转布水器的中央是一根空心的立柱，底端与设在池底下面的进水管衔接（图 7-4）。布水横管的一侧开有喷水孔口，孔口直径 10～15mm，间距不等，愈近池心间距愈大，以使滤池单位面积接受的污水量基本上相等。布水横管可为两根（小池）或四根（大池），对称布置。污水通过中央立柱流入布水横管，由喷水孔口分配到滤池表面。污水喷出孔口时，作用于横管的反作

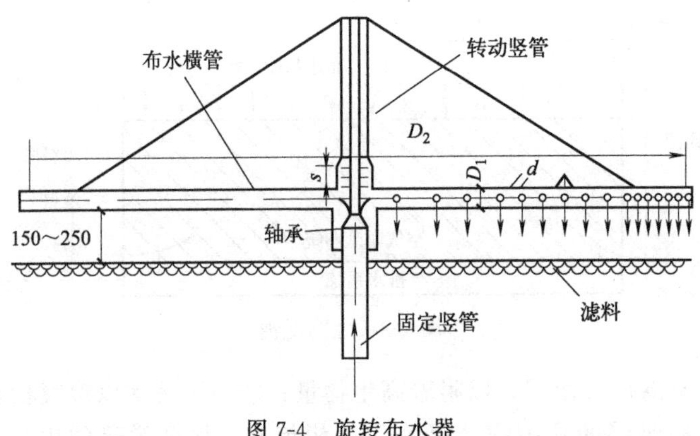

图 7-4 旋转布水器

用力推动布水器绕立柱旋转，转动方向与孔口喷嘴方向相反。所需水头在 0.6～1.5m。如果水头不足，可用电动机转动布水器。

3. 排水系统

池底排水系统由池底、排水假底和集水沟组成，其作用是：①收集滤床流出的污水与生物膜；②保证通风；③支承滤料。排水假底用特制砌块或栅板铺成（图 7-5），滤料堆在假底上面。自从塑料填料出现以后，滤料质量减轻，可采用金属栅板作为排水假底。假底的空隙所占面积不宜小于滤池平面的 5%～8%，与池底的距离不应小于 0.6m。

池底除支承滤料外，还要排泄处理出水；池底中心轴线上设有集水沟，两侧底面向集水沟倾斜，池底和集水沟的坡度约 1%～2%。

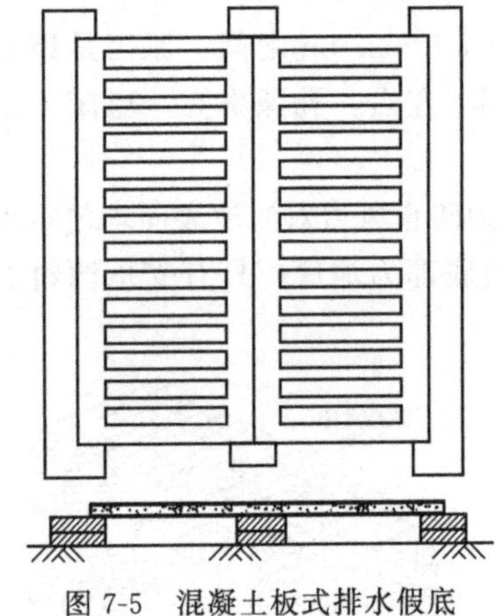
图 7-5 混凝土板式排水假底

二、低负荷生物滤池

低负荷生物滤池，又称普通生物滤池或滴滤池，是一种滤料粒径较大、依靠自然通风、BOD_5 负荷低［≤0.4kg/(m^3·d)］的生物滤池。

1. 低负荷生物滤池的工艺流程

低负荷生物滤池的工艺流程由沉砂池、初沉池或混凝沉淀池、生物滤池和二沉池组成，适于小型、微型污水处理。进入生物滤池的污水，首先必须通过格栅、沉砂池和初沉池进行预处理，去除大块漂浮物、砂粒、悬浮物、油脂等可能会堵塞滤料的物质，并对进水水质进行均化调节，但也可以根据污水水质采取其他方式进行预处理，以达到同样的效果。生物滤池后面的二沉池主要用以截留滤池中脱落的生物膜，以保证出水水质。

2. 低负荷生物滤池的设计参数和要求

根据《生物滤池法污水处理工程技术规范》（HJ2014—2012），低负荷生物滤池进水 BOD_5 需控制在 200mg/L 以下，当高于此值时需回流处理出水用以稀释；运行水力负荷为 1～3m^3/(m^2·d)，有机污染负荷为 0.15～0.3kg/(m^3·d)。

低负荷生物滤池一般以就地取材的碎石、钢渣、炉渣、焦炭等作为滤料。下层滤料粒径为 60～100mm，厚度为 0.20m；上层滤料粒径为 30～50mm，厚度为 1.30～1.80m。

低负荷生物滤池采用自然通风供氧，池底底部空间不应小于 0.6m，池壁四周应设通风孔，通风孔总面积不小于滤池表面积的 1%。

3. 低负荷生物滤池的设计计算

（1）滤池总容积计算

$$V=\frac{QS_0}{1000N_v} \tag{7-1}$$

式中 N_v——活性污泥容积负荷，kg/(m³·d)，宜取 0.1～0.3kg/(m³·d)；

Q——与曝气时间相当的平均进水流量，m³/d；

S_0——曝气池进水的平均 BOD_5，mg/L 或 kg/m³；

V——曝气池容积，m³。

（2）滤池有效面积计算

$$A=\frac{V}{H} \tag{7-2}$$

式中 H——滤料层总厚度，一般取 1.5～2m；

V——滤池容积，m³；

A——滤池面积，m²。

（3）水力负荷校核

$$q=\frac{Q}{A} \tag{7-3}$$

式中 q——滤池水力负荷，一般为 1～3m³/(m²·d) 或 1～3m/d。

三、高负荷生物滤池

1. 高负荷生物滤池的工艺流程

高负荷生物滤池的工艺流程由沉砂池、初沉池或混凝沉淀池、生物滤池和二沉池组成，适于小型、微型污水处理。预处理、生物滤池、二沉池的作用同低负荷生物滤池。当进水水质浓度较高或处理出水排放标准要求较高时，需采用二级滤池处理。

2. 高负荷生物滤池的设计参数和要求

根据《生物滤池法污水处理工程技术规范》（HJ 2014—2012），高负荷生物滤池进水 BOD_5 需控制在 300mg/L 以下，当高于此值时需回流处理出水用以稀释；运行水力负荷为 10～36m³/(m²·d)，有机污染负荷不大于 1.8kg/(m³·d)。

高负荷生物滤池池型宜采用圆形，其污水投配宜采用旋转布水器；当采用自然通风时，滤料层厚度≤2m；如果滤料层厚度＞2m，需采用人工强制通风供气。

滤料层可以用就地取材的碎石、钢渣、炉渣、焦炭等作为滤料，也可以采用塑料材质。当采用碎石、钢渣、炉渣、焦炭等作为滤料时，下层滤料粒径为 70～100mm，厚度为 0.20m；上层滤料粒径为 40～70mm，厚度≤1.80m。对于城镇生活污水，高负荷生物滤池的水力负荷为 10～36m³/(m²·d)，有机污染负荷不宜大于 1.8kg/(m³·d)。

3. 高负荷生物滤池的设计计算

（1）滤池总容积

滤池总容积按式（7-1）计算。式中，N_v 宜小于 1.8kg/(m³·d)。

（2）滤池有效面积

滤池有效面积按式（7-2）计算。

（3）滤池直径

$$D=\sqrt{\frac{4A}{n\pi}} \tag{7-4}$$

式中 n——高负荷滤池数。

（4）回流比

$$R=\left(\frac{qA}{Q}-1\right)\times 100\% \tag{7-5}$$

式中 q——水力负荷，要求在 $10\sim36\text{m}^3/(\text{m}^2\cdot\text{d})$；

Q——滤池设计流量，m^3/d。

四、塔式生物滤池

塔式生物滤池是在普通生物滤池的基础上发展起来的，与普通生物滤池相比具有负荷高（高 2～10 倍）、生物相分层明显、滤床堵塞可能性减小、占地省等特点。塔式生物滤池一般高达 8～24m、直径 1～3.5m，径高比为 1∶6～1∶8。塔式生物滤池呈塔状（图 7-6），在平面上多呈圆形，由塔身、滤料、布水系统、通风及排水设施组成。

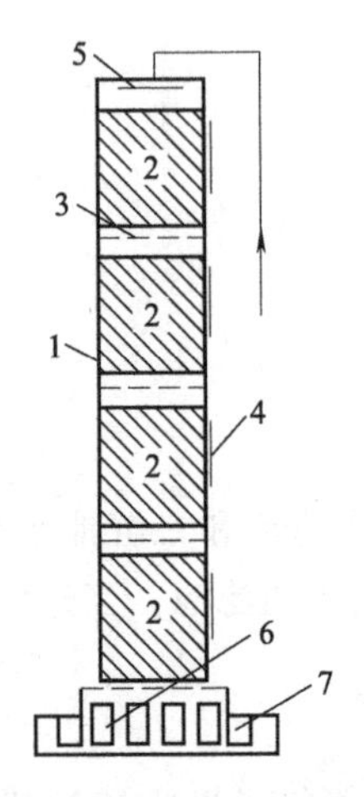

图 7-6 塔式生物滤池

1—塔身；2—滤料；3—格栅；4—检修口；5—布水器；6—通风孔；7—集水槽

1. 塔式生物滤池的工艺流程

塔式生物滤池的工艺流程由沉砂池、初沉池或混凝沉淀池、厌氧池、生物滤池和二沉池组成，适于 $10000\text{m}^3/\text{d}$ 以下污水处理规模。各环节的作用同低负荷生物滤池。当进水水质 $BOD_5\geqslant500\text{mg/L}$ 时，处理出水需要回流，以增加水力负荷。

利用生物滤池出水稀释进水的做法称回流，回流水量与进水量之比叫回流比。回流对生物滤池性能有下述影响：①回流增加了滤池的水力负荷，提高了生物滤池的滤率；②回流对进水具有稀释作用，利于防止产生灰蝇和减少恶臭；③当进水缺氧、腐化、缺少营养元素或含有毒有害物质时，回流可改善进水的腐化状况，提供营养元素和降低毒物浓度；④进水的水质、水量有波动时，回流有调节和稳定进水的作用。

2. 塔式生物滤池的设计参数和要求

根据《生物滤池法污水处理工程技术规范》（HJ 2014—2012），塔式生物滤池平面布置宜采用圆形，塔身一般采用砖混结构或钢结构，分层建造；滤池直径宜为 1～3.5m，径高比 1∶6～1∶8，滤料层总厚度宜为 8～12m。

滤料一般采用轻质制品，国内常用的有纸蜂窝、玻璃钢蜂窝和聚乙烯斜交错波纹板等。滤料需要分层，每层高不宜大于 2m，以免压碎填料。滤料层分层处设栅条，两层之间间距为 0.2～0.4m；塔顶上缘应高出最上层滤料表面 0.5m，以免风吹影响布水。

塔式生物滤池多采用旋转布水器布水，水力负荷可达 $80\sim200\text{m}^3/(\text{m}^2\cdot\text{d})$，BOD 容积负荷可达 $1\sim3\text{kg}/(\text{m}^3\cdot\text{d})$。

每层设检修口，以便更换滤料；同时还设测温孔和观察孔，以便测量池内温度和观察塔内生物膜的生长情况，了解滤料表面布水均匀程度。

供氧一般采用自然通风供给。塔底设有高度0.4～0.6m的空间，周围设有通风孔，其有效面积不得小于滤池面积的7.5%～10%。影响生物滤池通风的主要因素是池内温度与气温之差，以及滤池的高度。温度差愈大，通风条件愈好。当水温较低，滤池内温度低于气温时（夏季），池内气流向下流动；当水温较高，滤池内温度高于气温时（冬季），气流向上流动。若池内外无温差，则停止通风。正常运行的生物滤池，自然通风可以提供生物降解所需的氧量。但进水有机物浓度较高时，供氧可能成为影响生物滤池工作的主要因素。当处理工业废水并吹脱其中的有害气体时，宜采用机械通风供氧。

池底设集水槽，集水槽最高水位与池最下面滤料之间距离不应小于0.5m。

3. 塔式生物滤池的设计计算

① 滤池总容积按式（7-1）计算。

② 滤床面积按式（7-2）计算。

③ 滤池直径按式（7-4）计算。

④ 进行水力负荷校核时，按式（7-3）计算。式中，q 一般为 $80\sim200m^3/(m^2\cdot d)$，若不满足，需采用出水回流稀释。

4. 旋转布水器的计算

旋转布水器见图7-4，其计算包括：确定布水横管根数（一般是2根或4根）和直径；布水管上的孔口数和孔口在布水横管上的位置；布水器的转速。

（1）布水横管根数与直径

布水横管的根数取决于滤池和滤率的大小，布水量大时用4根，一般用2根。布水横管直径（D_1，单位mm）计算公式如下：

$$D_1=2000\sqrt{\frac{Q'}{\pi v}} \tag{7-6}$$

$$Q'=\frac{(1+R)Q}{n} \tag{7-7}$$

式中　Q'——每根布水横管的最大设计流量，m^3/s；

v——横管进水端流速，一般取0.5～1.0m/s；

R——回流比；

Q——每个滤池处理的水量，m^3/s；

n——横管数。

（2）孔口数和孔口在布水横管的位置

假定每个出水孔口喷洒的面积基本相同，孔口数（m）的计算公式为：

$$m=\frac{1}{1-\left(1-\frac{4d}{D_2}\right)^2} \tag{7-8}$$

式中　d——孔口直径，一般为10～15mm，孔口流速2m/s左右或更大些；

D_2——旋转布水器直径，mm，比滤池内径 D 少200mm。

第 i 个孔口中心距滤池中心的距离（r_i）为：

$$r_i=\frac{D_2}{2}\sqrt{\frac{i}{m}} \tag{7-9}$$

式中　i——从池中心算起，任一孔口在布水横管上的排列顺序序号。

(3) 布水器的转速

布水横管的转速与滤率、横管根数有关，如表7-2所示。也可以近似地用下式计算：

$$n'=\frac{34.78\times10^6}{md^2D_2}\times Q' \tag{7-10}$$

布水横管可以采用金属管或高分子材料管，其管底离滤床表面的距离一般为150～250mm，以避免风力的影响。布水器所需水压为0.6～1.5m水柱。

表7-2 塔式生物滤池的布水器转速

滤率/(m/d)	转速(4根横管)/(r/min)	转速(2根横管)/(r/min)
15	1	2
20	2	3
25	2	4

【例7-1】 某厂排放废水量500m³/d，用两座高负荷生物滤池处理，直径7m，废水回流比$R=1.65$，试设计旋转布水器。

【解】 (1) 布水横管

每座滤池的废水处理量$Q=250\text{m}^3/\text{d}=2.9\text{L/s}$，考虑回流后进入每架布水器的水量为：

$$Q_{\max}=(1+R)Q=2.65\times2.9\times10^{-3}=7.685\times10^{-3}\ (\text{m}^3/\text{s})$$

设每架布水器有4根横管，横管起点流速1m/s，则每根横管水量：

$$q=\frac{Q_{\max}}{4}=\frac{7.685}{4}\times10^{-3}=1.92\times10^{-3}\ (\text{m}^3/\text{s})$$

横管直径：

$$D_1=2000\sqrt{\frac{q}{\pi v}}=2000\times\sqrt{\frac{1.92\times10^{-3}}{3.14\times1}}=50\ (\text{mm})$$

(2) 旋转布水器直径

$$D_2=D-100=7000-100=6900\ (\text{mm})$$

(3) 每根布水横管上的小孔数

布水小孔直径取10mm，则

$$m=\frac{1}{1-\left(1-\frac{4d}{D_2}\right)^2}=\frac{1}{1-\left(1-\frac{4\times10}{6900}\right)^2}=87$$

(4) 布水孔到布水器中心距离

第1个孔：

$$r_1=\frac{D_2}{2}\sqrt{\frac{1}{87}}=\frac{6900}{2}\times\sqrt{\frac{1}{87}}=370\ (\text{mm})$$

第44个孔：

$$r_{44}=\frac{D_2}{2}\sqrt{\frac{44}{87}}=\frac{6900}{2}\times\sqrt{\frac{44}{87}}=2543\ (\text{mm})$$

第87个孔：

$$r_{87}=\frac{D_2}{2}\sqrt{\frac{87}{87}}=\frac{6900}{2}\times\sqrt{\frac{87}{87}}=3450\ (\text{mm})$$

（5）布水器转速

$$n'=\frac{34.78\times10^6}{md^2D_2}Q_{\max}=\frac{34.78\times10^6}{87\times10^2\times6900}\times7.685=4.5\ (\text{r/min})$$

五、曝气生物滤池

曝气生物滤池（biological aerated filter，BAF）是在20世纪70年代末出现于欧洲的一种生物膜法处理工艺。20世纪90年代初曝气生物滤池得到了较大发展，部分大型污水厂也采用了曝气生物滤池工艺。目前，我国曝气生物滤池主要用于城市污水处理、某些工业废水处理和污水回用深度处理。

曝气生物滤池由池体、布水系统、布气系统、承托层、滤料层、反冲洗系统等组成（图7-7）。池底设承托层，上部为滤料层。

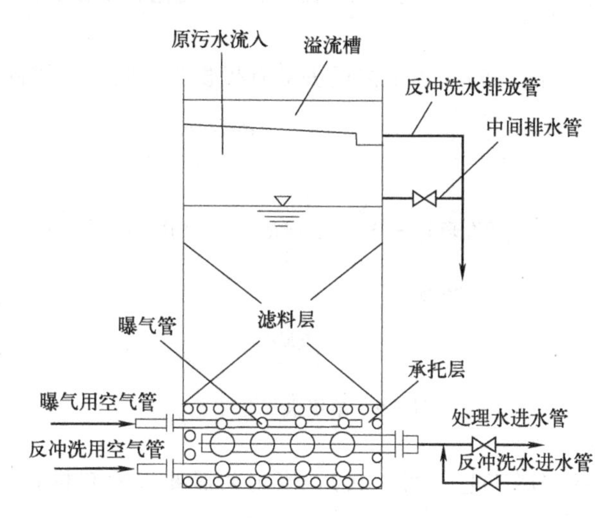

图7-7　曝气生物滤池结构示意图

曝气生物滤池不需设二沉池，水力负荷、容积负荷远高于传统污水处理工艺，停留时间短，抗冲击负荷能力较强，耐低温，不发生污泥膨胀，出水水质高，易挂膜，启动快，氧的传输效率高，曝气量小，供氧动力消耗低，处理单位污水电耗低。此外，自动化程度高，运行管理方便。但对进水SS要求较高，滤池水头损失较大，需要反冲洗，反冲洗出水回流对初沉池有较大的冲击负荷，设计或运行管理不当会造成滤料随水流失等问题。

1. 曝气生物滤池的工艺流程

曝气生物滤池的工艺流程由沉砂池、初沉池或混凝沉淀池、厌氧池构成的预处理系统，以及曝气生物滤池、滤池反冲洗系统组成（图7-8）。污水经预处理后使悬浮固体浓度降低，再进入曝气生物滤池，有利于减少反冲洗次数和保证滤池的正常运行。如进水有机物浓度较高，污水经沉淀后可进入水解调节池进行水质、水量的调节，同时也可提高污水的生物可降解性。预处理出水或曝气生物滤池的进水SS要求≤60mg/L。为防止滤料堵塞，降低水损，工艺需要设置反冲洗系统；同时，还需要具有防止滤料流失措施。

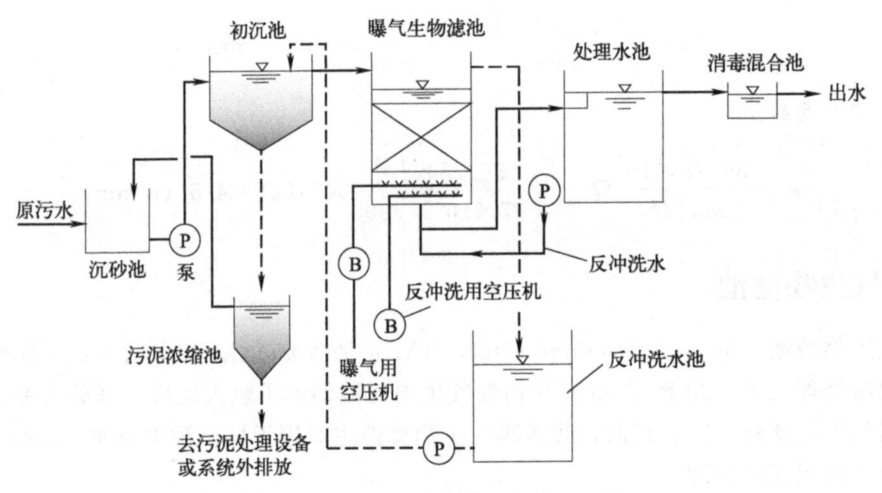

图 7-8 曝气生物滤池污水处理工艺

根据去除对象不同，曝气生物滤池可以由碳氧化、硝化、反硝化滤池单级或者多级串联形成不同的运行工艺。

① 单级碳氧化工艺（图 7-9）：当工艺以去除有机物为主时，采用此工艺。

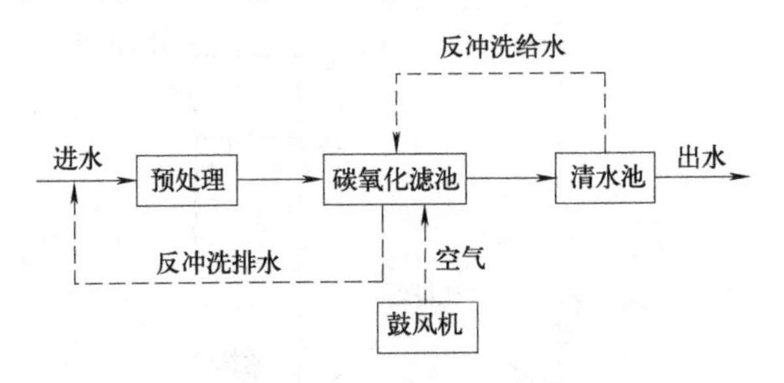

图 7-9 单级碳氧化工艺

② 碳氧化-硝化二级串联工艺（图 7-10）：当工艺需要去除有机物，同时需要进行氨氮硝化处理时，采用此工艺。

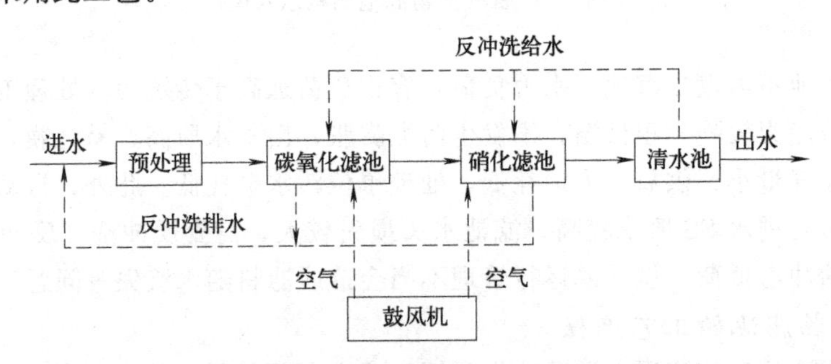

图 7-10 碳氧化-硝化二级串联工艺

③ 硝化-反硝化滤池工艺（图 7-11）：当污水进水需要生物脱氮或工艺处理出水氨氮、总氮均不达标需要深度处理时，宜采用此工艺。

④ 外加碳源后置反硝化脱氮工艺（图 7-12）：当进水碳源不足，且需要生物脱氮或处理出水氨氮、总氮均不达标需要深度处理时，宜采用此工艺。

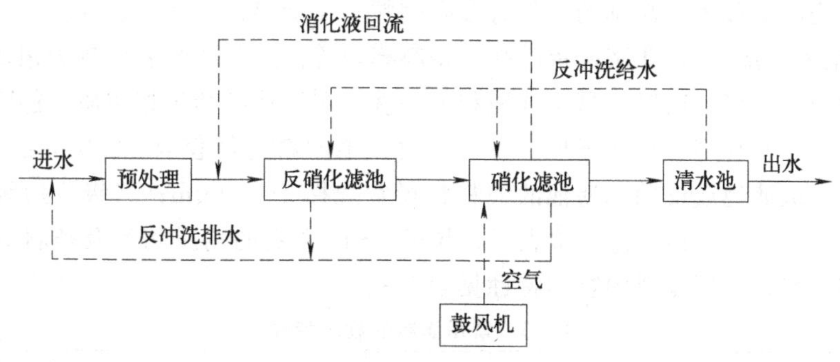

图 7-11 硝化-反硝化滤池工艺

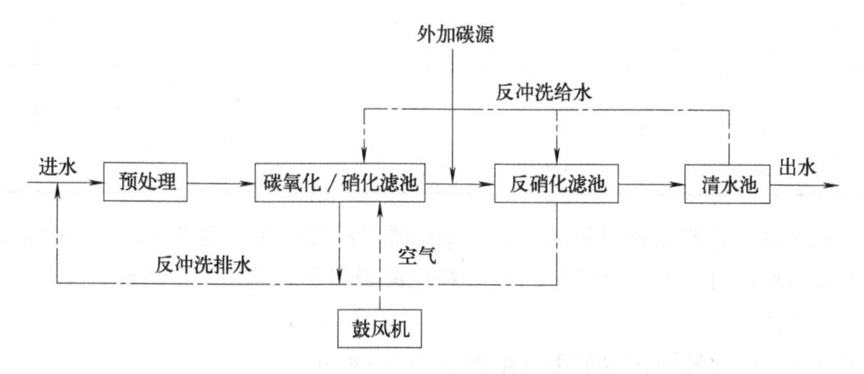

图 7-12 外加碳源后置反硝化脱氮工艺

⑤ 外加碳源前置反硝化脱氮工艺（图 7-13）：当进水碳源不足，且需要生物脱氮或处理出水氨氮、总氮均不达标需要深度处理时，可采用此工艺。

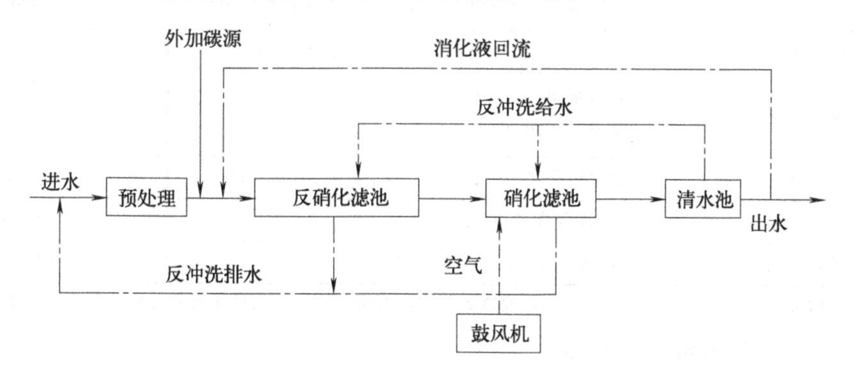

图 7-13 外加碳源前置反硝化脱氮工艺

2. 曝气生物滤池的设计参数和要求

根据《生物滤池法污水处理工程技术规范》（HJ 2014—2012），曝气生物滤池多采用钢筋混凝土结构，池型为正方形、矩形与圆形。池进水宜采用上向流。当滤池面积较大时需要分格，单格滤池横截面积宜为 50～100m^2。

(1) 滤料

滤池底部采用鹅卵石作为承托层，池底滤料按一定级配配置。出水采用周边或单边堰槽出水，反冲洗出水与处理出水宜分槽设置。

滤料是生物膜的载体，常见的滤料有多孔陶粒、无烟煤、石英砂、膨胀页岩、轻质塑料（如聚乙烯、聚苯乙烯等）、膨胀硅铝酸盐、塑料模块等。这些滤料表面较为粗糙，比表面积大，耐磨性和耐久性好，质轻，易于冲洗和反冲洗，利于造粒和三相传质，能阻截水中颗粒物质。滤料应该形状规则，近似球形。曝气生物滤池滤料直径宜取 2～10mm。当采用多个滤池串联时，一级滤池或反硝化滤池的滤料粒径宜选择 4～10mm；二级及后续滤池的滤料粒径宜选择 2～6mm。工程运行经验表明，粒径 5mm 左右的均质陶粒及塑料球形颗粒能达到较好的处理效果。常用滤料的物理特性见表 7-3。

表 7-3 常用滤料的物理特性

名称	比表面积 /(m^2/g)	总孔面积 /(cm^2/g)	堆积容重 /(g/L)	磨损率 /%	堆积密度 /(g/cm^3)	堆积空隙率/%	粒内孔隙率/%	粒径 /mm
黏土陶粒	4.89	0.39	875	≤3	0.7～1.0	>42	>30	3～5
页岩陶粒	3.99	0.103	976	—	—	—	—	—
沸石	0.46	0.0269	830	—	—	—	—	—
膨胀球形黏土	3.98	—	1550	1.5	—	—	—	3.5～6.2

曝气生物滤池滤料的比表面积宜>1m^2/g；滤料的堆积密度宜为 750～900kg/m^3；小于设计确定的最小粒径与大于设计确定的最大粒径的滤料质量均不大于 5%。

(2) 设计参数

碳氧化滤池、硝化滤池出水的 DO 浓度宜为 3～4mg/L。

各种工艺的容积负荷、水力负荷、空床水力停留时间见表 7-4。

表 7-4 曝气生物滤池工艺主要设计参数

工艺类型	容积负荷 /[kg/(m^3·d)]	水力负荷 /[m^3/(m^2·d)]	空床水力停留时间 /min
碳氧化工艺	3.0～6.0	2.0～10.0	40～60
碳氧化-硝化工艺	有机负荷:1.0～3.0 氨氮负荷:0.4～0.6	1.5～3.5	80～100
硝化-反硝化工艺	氨氮负荷:0.6～1.0	3.0～12.0	30～45
后置反硝化工艺	硝酸氮负荷:1.5～3.0	8.0～12.0	20～30
前置反硝化工艺	硝酸氮负荷:0.8～1.2	8.0～10.0	20～30

注：当水温较低、进水浓度较低以及出水水质要求较高时，有机负荷、氨氮负荷与硝酸氮负荷均按低值设计。

3. 曝气生物滤池的设计计算

① 滤料体积按下式计算。

$$V=\frac{Q(S_0-S_e)}{1000N_{XV}} \tag{7-11}$$

式中 V——滤料体积（堆积体积），m^3；

N_{XV}——活性污泥容积负荷，kg/(m^3·d)，取值参见表 7-4 不同工艺类型的 BOD、氨氮、硝酸氮负荷；

Q——设计进水流量，m^3/d；

S_0、S_e——曝气池进、出水 BOD 或氨氮、硝酸氮浓度，mg/L 或 kg/m^3。

② 滤池有效面积按式（7-2）计算。

③ 进行水力负荷校核时，按式（7-3）计算，式中，q 参见表 7-4 的取值。

④ 曝气生物滤池的池体高度宜为 5～7m，由配水区、承托层、滤料层、清水区的高度和超高等组成。计算公式为：

$$H=H_1+H_2+H_3+H_4+H_5+H_6 \tag{7-12}$$

式中　H_1——滤料层高度，取 2.5～4.5m；

H_2——承托层高度，取 0.3～0.4m；

H_3——滤板厚度，m；

H_4——配水区高度，取 1.2～1.5m；

H_5——清水区高度，取 0.8～1.0m；

H_6——滤池超高，取 0.5m。

4. 布水布气基本要求及设计计算

曝气生物滤池的布水布气系统有滤头布水布气系统、栅型承托板布水布气系统和穿孔管布水布气系统。城市污水处理一般采用滤头布水布气系统。曝气用的空气管、布水布气装置及处理水集水管（兼作反冲洗水管）可设置在承托层内。

（1）布水布气基本要求

曝气生物滤池宜采用小阻力布水系统及其专用滤头，滤头需要安装在滤板上，布置密度不小于 36 个/m^2。

曝气系统与反冲洗系统分别设置布水布气系统。曝气宜采用鼓风曝气，当曝气滤池多组并联运行时，宜采用一对一布置风机，并配备一定数量备用风机；布气装置可采用单孔膜空气扩散器或穿孔管曝气器，支架固定在承托层或滤料中，并设置防倒流措施。

（2）曝气量计算

曝气生物滤池需氧量计算的思路类似活性污泥法去除有机物、硝化、硝化反硝化的氧量计算［式（6-18）、式（6-30）、式（6-32）］。具体如下：

① 碳氧化工艺需氧量：

$$O_2=0.82Q(S_0-S_e)+0.28QSS_0 \tag{7-13}$$

式中　S_0、S_e——曝气生物滤池进、出水 BOD 浓度，10^{-3}mg/L 或 kg/m^3；

SS_0——曝气生物滤池进水 SS 浓度，10^{-3}mg/L 或 kg/m^3；

Q——设计进水流量，m^3/d。

② 氨氮硝化需氧量：

$$O_2=4.57Q(TKN_0-TKN_e) \tag{7-14}$$

式中　TKN_0、TKN_e——硝化滤池进、出水凯氏氮浓度，10^{-3}mg/L 或 kg/m^3。

③ 碳氧化硝化工艺需氧量：

$$O_2=0.82Q(S_0-S_e)+0.28QSS_0+4.57Q(TKN_0-TKN_e) \tag{7-15}$$

④ 前置反硝化脱氮工艺需氧量

$$O_2=0.82Q(S_0-S_e)+0.28QSS_0+4.57Q(TKN_0-TKN_e)-2.86Q(TN_0-TN_e) \tag{7-16}$$

式中　TN_0、TN_e——反硝化滤池进、出水总氮浓度，10^{-3}mg/L 或 kg/m^3；

0.82、0.28——需氧量系数，以 O_2 和 BOD_5 计，kg/kg；

4.57——每硝化 1g 氨氮需要的耗氧量，g/g；

2.86——每还原1g硝酸盐可节约的氧量，g/g。

标准状态下污水需氧量的计算则需要在式（6-22）的结果上根据式（5-22）至式（5-35）换算求出，其中式（5-35）滤池 E_A 取值为5%～15%。

（3）反冲洗

曝气生物滤池的反冲洗宜采用气水反冲洗，反冲洗的工序依次为单独气洗、气水联合冲洗、单独水洗。反冲洗采用处理出水冲洗，反冲洗周期及强度与滤池负荷、过滤时间、滤池水头损失有关，反冲洗周期通常取24～72h；反冲洗强度及冲洗时间参照表7-5选取。

反冲洗排水缓冲池有效容积按不小于1.5倍单格滤池反冲洗总水量设计。

表7-5 气水反冲洗强度与冲洗时间

项目	单独气洗	气水联合冲洗	单独水洗
强度/(L/m^2·s)	12～25	气:10～15 水:4～6	8～16
时间/min	3～10	3～5	3～10

（4）污泥量

曝气生物滤池产泥量按去除BOD的污泥增加量和去除SS的污泥量之和计算。其中，每去除1kg BOD产泥量依污泥负荷的不同按0.18～0.75kg计算。

第三节 生物转盘

自1954年德国建立第一座生物转盘污水处理厂后，生物转盘在欧洲得到快速发展。20世纪70年代开始进入我国，但其仅适于小规模污水处理工程，且占地面积大、散发臭气，常需保温处理。

一、生物转盘的构造及污水净化原理

1. 生物转盘的构造

生物转盘由一系列平行的旋转盘片、转动中心轴、驱动装置、接触反应槽等组成（图7-14)。生物转盘的主体是垂直固定在中心轴上的一组圆形盘片和一个同其配合的半圆形接触反应槽，40%～45%的盘面（转轴以下的部分）浸没在污水中，上半部分敞露在大气中。驱动装置带动转盘，生物膜与大气和污水交替接触，浸没时吸附污水中的有机物，敞露时吸收大气中的氧气。生物转盘的膜厚度一般为0.5～2.0mm，随着膜的增厚，内层的微生物呈厌氧状态。当其失去活性时则从盘面脱落，并随同出水流至二沉池。

盘片是生物转盘的主要部件，其材料应具有质量轻、高强度、耐腐蚀、抗老化、易挂膜、比表面积大以及便于安装和运输等特点。目前，多采用聚乙烯硬质塑料或玻璃钢制作。

接触反应槽可以用钢筋混凝土或钢板制作，断面直径比转盘略大（一般较转盘直径大150mm)，槽底需设放空管，槽一侧设出水堰，出水堰多为锯齿形堰口。对于多级生物转盘，格与格之间应设导流槽。

转动中心轴强度必须满足盘片自重和运行过程中附加荷重的要求。转轴中心高度应高出水位150mm以上，轴长通常小于7.6m。

为防止转盘设备遭受风吹雨打和日光曝晒，应设置在房屋或雨棚内或用罩覆盖（图7-15)，罩上应开孔，以促进空气流通。

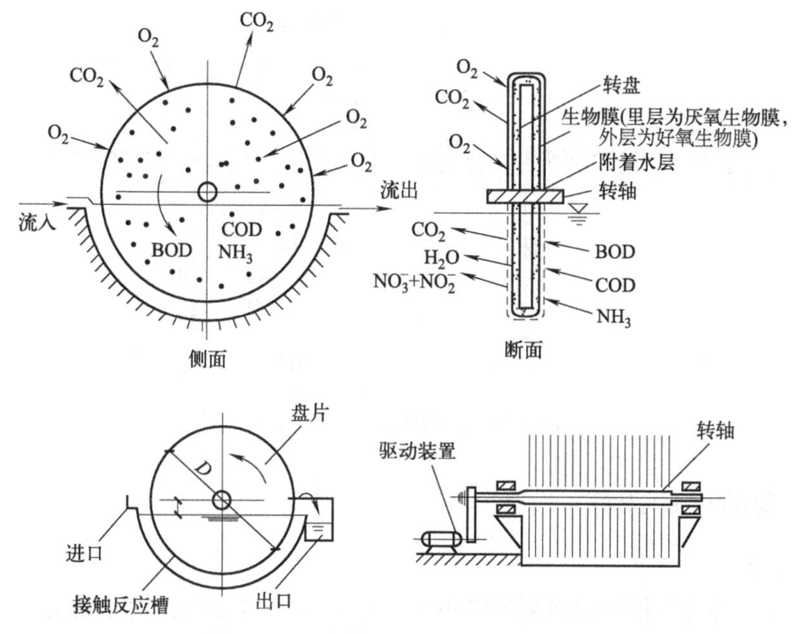

图 7-14 生物转盘的结构及工作示意图

2. 生物转盘的生物净化原理

图 7-15 用罩覆盖的生物转盘

生物转盘去除污水中有机污染物的机理与生物滤池基本相同，但构造形式与生物滤池有显著差异（图 7-14）。当圆盘浸没于污水中时，污水中的有机物被盘片上的生物膜吸附；圆盘离开污水时，在盘片表面形成薄层水膜，水膜从空气中吸收氧气，同时生物膜降解被吸附的有机物。随着生物转盘不断旋转，转盘上的微生物就不断进行吸附—吸氧—降解的过程，最终使污水得到净化。同时，盘片上的生物膜不断生长、增厚，在其内部形成厌氧层，并开始老化。老化的生物膜在水力剪切作用下剥落，生物膜得到更新。

生物转盘上的第一级盘片生物膜最厚，随着污水中有机物的逐渐减少，后续盘片上的生物膜逐级变薄。一般第一、二级盘片上的优势微生物是菌胶团和细菌，第三、四级盘片上则主要是细菌和原生动物。生物转盘的生物相分级对于污染物降解是十分有利的。多级串联运行的生物转盘能够增殖世代较长的微生物，如硝化菌等，因此当生物转盘低负荷运行时，具有生物硝化和反硝化的功能。

二、生物转盘的工艺流程

生物转盘的基本工艺流程如图 7-16 所示。

当处理较低浓度生活污水时，生物转盘宜采用单轴单级工艺；当进水有机污染物浓度较高时，宜采用多级生物转盘工艺；当脱氮要求较高时，宜采用多级生物转盘工艺；当出水总磷不达标时，宜采用生物转盘-混凝沉淀-滤布过滤工艺；当脱氮除磷要求较高时，宜采用多级生物转盘-混凝沉淀-滤布过滤工艺。

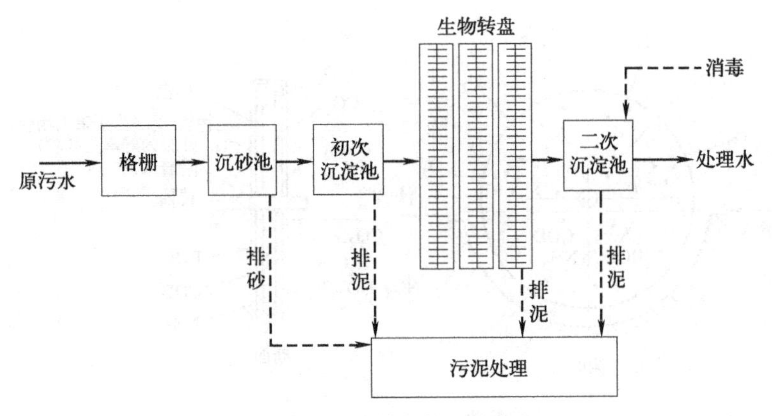

图 7-16　生物转盘的工艺流程

三、生物转盘的设计计算

1. 一般规定

生物转盘盘片外缘与槽壁的净距不宜小于 150mm；盘片净间距进水端宜为 25～35mm，出水端宜为 10～20mm；盘片在槽内的浸没深度不应小于盘片直径的 35%，转轴中心高度应高出水位 150mm 以上；生物转盘转速宜为 2.0～4.0r/min，盘体外缘线速度宜为 15～19m/min。

生物转盘的设计负荷宜根据试验资料确定，无试验资料时，BOD_5 表面有机负荷（以盘片面积计）宜为 0.005～0.020kg/(m^2・d)，首级转盘不宜超过 0.030～0.040kg/(m^2・d)；当有脱氮要求时，氨氮表面负荷为 0.006～0.007kg/(m^2・d)；表面水力负荷（以盘片面积计）宜为 0.04～0.20m^3/(m^2・d)。

2. 设计计算

生物转盘工艺设计的主要内容是计算转盘的总面积，表示生物转盘处理能力的指标是水力负荷和有机负荷。

（1）转盘总面积（A，单位为 m^2）

$$A=\frac{Q(S_0-S_e)}{N_A} \tag{7-17}$$

式中　Q——处理水量，m^3/d；

S_0、S_e——进、出水污染物 BOD_5 或氨氮的浓度，mg/L；

N_A——生物转盘的污染物表面负荷，kg/(m^2・d)，去除 BOD_5 时表面有机负荷取 0.005～0.020kg/(m^2・d)，去除氨氮时氨氮表面负荷取 0.006～0.007kg/(m^2・d)。

（2）转盘盘片数（m）

$$m=\frac{4A}{2\pi D^2}=0.64\frac{A}{D^2} \tag{7-18}$$

式中　D——转盘直径，m。

（3）接触反应槽有效长度（L）

$$L=m(a+b)K \tag{7-19}$$

式中　a——盘片净间距，一般进水端为25～35mm，出水端为10～20mm；

b——盘片厚度，视材料强度确定；

m——盘片数；

K——系数，一般取1.2。

（4）接触反应槽有效容积（V）和净有效容积（V_1）

$$V=(0.294\sim0.335)(D+2\delta)^2L \tag{7-20}$$

$$V_1=(0.294\sim0.335)(D+2\delta)^2(L-mb) \tag{7-21}$$

式中　δ——盘片边缘与处理槽内壁的间距，m，不小于150mm，一般取200～400mm。

式（7-20）和式（7-21）中，当$r/D=0.1$时，系数取0.294；$r/D=0.06$时，系数取0.335。其中，r为中心轴与槽内水面的距离，m。

（5）转盘的转速（n_0，单位为r/min）

$$n_0=\frac{6.37}{D}\left(0.9-\frac{V_1}{Q_1}\right) \tag{7-22}$$

式中　Q_1——每个接触反应槽的设计水量，m^3/d；

V_1——每个接触反应槽的容积，m^3。

（6）滤布滤池滤芯数量

$$n_s=\frac{Q_s}{V_sA_s} \tag{7-23}$$

式中　Q_s——平均日平均时污水量，m^3/h；

n_s——滤芯数量；

V_s——滤布滤速，取7～8m/h；

A_s——单片滤芯的过滤面积，m^2。

3．混凝沉淀与紫外消毒

混合宜采用机械搅拌，快速混合单元的水力停留时间为30s，搅拌速度梯度G值宜取600～1000s^{-1}。

絮凝宜采用机械搅拌，絮凝反应单元的水力停留时间为2～10min，搅拌速度梯度G值宜小于70s^{-1}。

沉淀采用斜管（板）沉淀池，表面负荷宜为2～4$m^3/(m^2\cdot h)$。

紫外消毒有效剂量宜为24～30mJ/cm^2，且消毒装置的水深应满足紫外线灯管的淹没要求。

第四节　生物接触氧化法

生物接触氧化法又称浸没式曝气生物滤池，是在生物滤池的基础上发展演变而来的。1912年克洛斯（Closs）在德国获得了生物接触氧化法专利登记。1975年生物接触氧化法进入我国，目前已在有机工业废水生物处理和小型、微型生活污水处理中得到广泛应用，成为小型、微型膜法生物处理的主流工艺之一。

一、生物接触氧化法的净化原理与构造

1．生物接触氧化池的基本原理

生物接触氧化池内设置填料，池底设置曝气器，长满生物膜的填料淹没在污水中，并与

污水、空气进行三相传质，水中的有机物被微生物吸附、降解，并被同化成新的生物膜。老化的生物膜在气、水剪切作用下从填料上脱落，随水进入二沉池后泥水分离，污水得到净化。

生物接触氧化法是介于活性污泥法和生物滤池二者之间的污水生物处理技术，兼有活性污泥法和生物膜法的特点，具有下列优点：①填料比表面积大，单位容积生物固体量高，充氧传质条件好，因此，生物接触氧化池具有较高的容积负荷。②不需要污泥回流，不存在污泥膨胀问题，运行管理简便。③由于生物固体量多，水流又属完全混合型，因此生物接触氧化池对水质、水量的骤变有较强的适应能力。

2. 生物接触氧化池的构造

生物接触氧化池平面形状一般采用矩形，进水端应有防止短流措施。出水一般为堰式出水，图 7-17 为生物接触氧化池构造示意图。

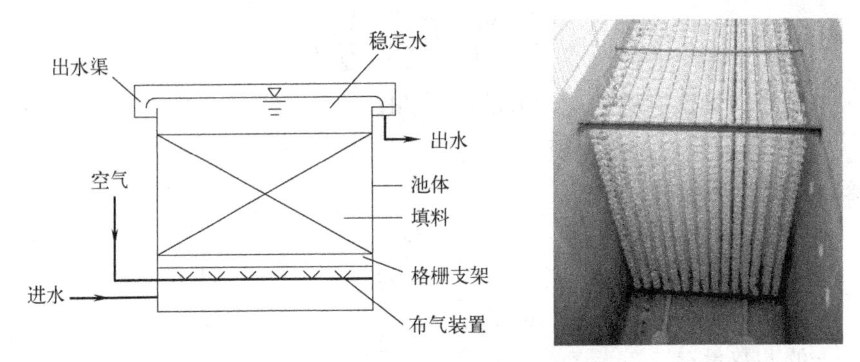

图 7-17 生物接触氧化池构造示意图

生物接触氧化池主要由池体、填料和进水、布气装置等组成。

池体可为钢结构或钢筋混凝土结构，用于设置填料、布水布气和支承填料支架。从填料上脱落的生物膜会有一部分沉积在池底，必要时，池底部应设置排泥和放空设施。常采用的填料主要有聚氯乙烯塑料、聚丙烯塑料、环氧玻璃钢等做成的蜂窝状和波纹板状填料，纤维组合填料，立体弹性填料等（图 7-18），其技术参数见表 7-6。

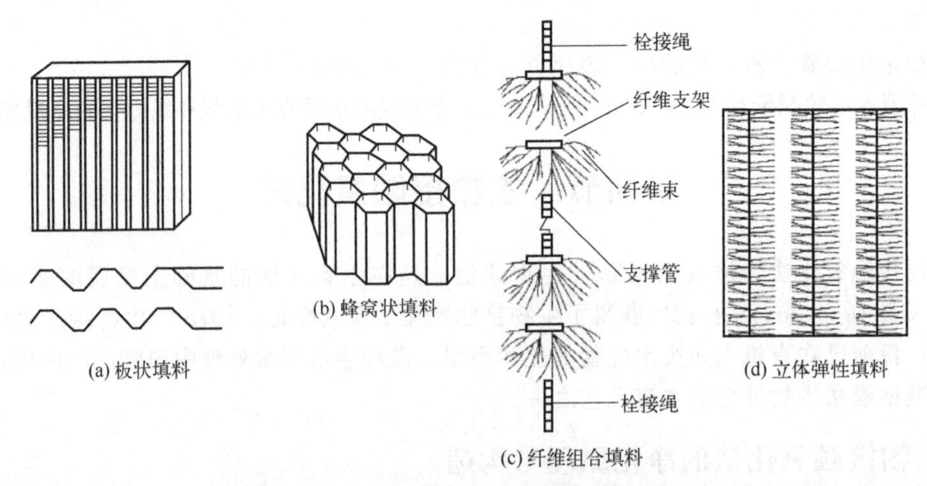

图 7-18 几种常用的生物接触氧化填料

纤维状填料是用尼龙、维纶、腈纶、涤纶等化学纤维编结成束，呈绳状连接（图 7-

19)；采用圆形塑料盘作为纤维填料支架，将纤维固定在支架四周，可以有效解决纤维填料结团问题（图 7-20）。为安装检修方便，填料常以料框组装，带框放入池中，或在池中设置固定支架，用于固定填料。

图 7-19　纤维填料生物接触氧化池

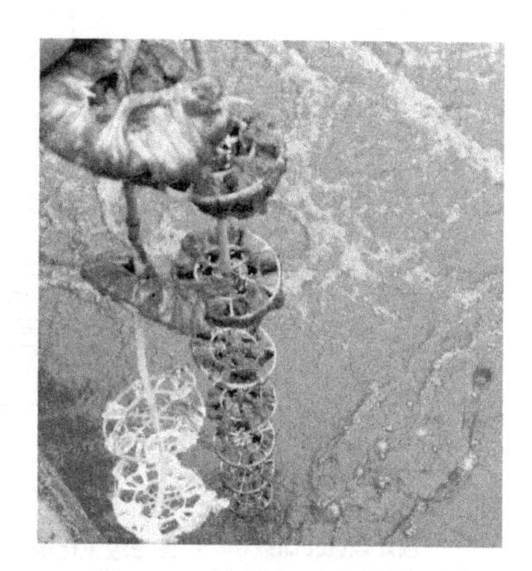

图 7-20　填料生物挂膜效果

表 7-6　常用填料技术性能

<table>
<tr><th colspan="2" rowspan="2">项目</th><th colspan="2">整体型</th><th colspan="2">悬浮型</th><th colspan="2">悬挂型</th></tr>
<tr><th>立体网状</th><th>蜂窝直管</th><th>ϕ50×50mm 柱状</th><th>内置式悬浮填料</th><th>半软性填料</th><th>弹性立体填料</th></tr>
<tr><td colspan="2">比表面积/(m^2/m^3)</td><td>50～110</td><td>74～100</td><td>278</td><td>650～700</td><td>80～120</td><td>116～133</td></tr>
<tr><td colspan="2">空隙率/%</td><td>95～99</td><td>99～98</td><td>90～97</td><td rowspan="3">纤维束≥40(g/束)
悬浮球
1.6～2.0(g/个)</td><td>>96</td><td>—</td></tr>
<tr><td colspan="2">成品密度/(kg/m^3)</td><td>20</td><td>45～38</td><td>7.6</td><td>3.6～6.7kg/m</td><td>2.7～4.99kg/m</td></tr>
<tr><td colspan="2">挂膜密度/(kg/m^3)</td><td>190～316</td><td>—</td><td>—</td><td>4.8～5.2(g/片)</td><td></td></tr>
<tr><td colspan="2">填充率/%</td><td>30～40</td><td>50～70</td><td>60～80</td><td>堆积数量 1000 个/m^3；直径 ϕ100</td><td>100</td><td>100</td></tr>
<tr><td rowspan="2">填料容积负荷(COD)/[kg/(m^3·d)]</td><td>正常负荷</td><td>4.4</td><td></td><td>3～4.5</td><td>1.5～2.0</td><td>2～3</td><td>2～2.5</td></tr>
<tr><td>冲击负荷</td><td>5.7</td><td></td><td>4～6</td><td>3</td><td>5</td><td></td></tr>
<tr><td colspan="2">安装条件</td><td colspan="2">整体</td><td colspan="2">悬浮</td><td colspan="2">吊装</td></tr>
<tr><td colspan="2">支架形式</td><td colspan="2">平格栅</td><td colspan="2">绳网</td><td colspan="2">框架或上下固定</td></tr>
</table>

3. 生物接触氧化法的工艺流程

生物接触氧化池应根据进水水质和处理程度确定采用一级、二级生物接触氧化法（图 7-21、图 7-22）。在一级处理流程中，原污水经预处理（主要为初沉池）后进入生物接触氧化池，出水经过二沉池分离脱落的生物膜，实现泥水分离。在二级处理流程中，两级生物接触氧化池串联运行，必要时中间可设中间沉淀池（图 7-23）。二级生物接触氧化法存在明显的有机物浓度梯度，其中一级接触氧化池微生物处于对数增长期和减速增长期的前段，生物膜增长较快，有机负荷较高；二级接触氧化池生物膜增长缓慢，从而有利于提高出水水质。

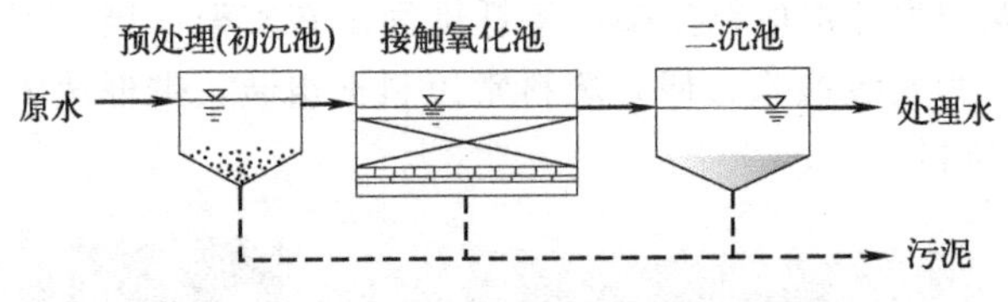

图 7-21　一级生物接触氧化法工艺流程图

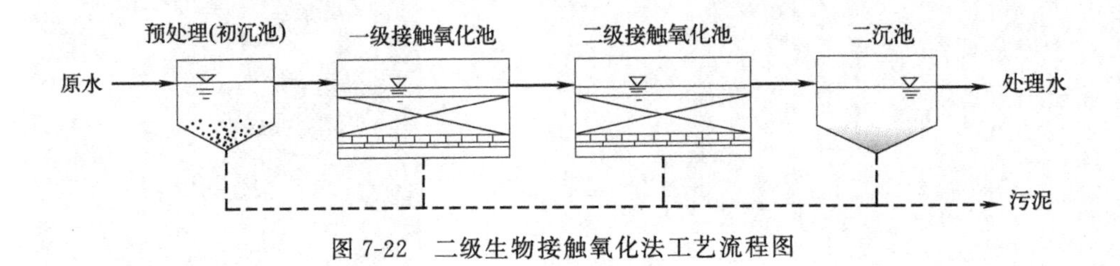

图 7-22　二级生物接触氧化法工艺流程图

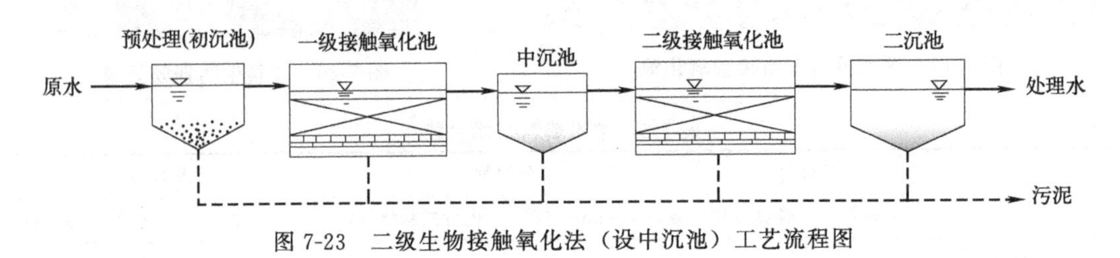

图 7-23　二级生物接触氧化法（设中沉池）工艺流程图

当进水有机物、氨氮浓度较高时，生物接触氧化法可采用类似 A^2/O、A/O 工艺的“厌氧接触氧化＋缺氧接触氧化＋好氧接触氧化”“缺氧接触氧化＋好氧接触氧化”进行污水的水解、生物反硝化与生物硝化。

鉴于生物膜法生物排泥较少，工艺的生物除磷效果很差。当进水水质总磷偏高时，必须通过化学除磷方法进行除磷。

二、生物接触氧化工艺的设计计算

1. 规范规定

根据《生物接触氧化法污水处理工程技术规范》(HJ 2009—2011)，当进水 COD 超过 2000mg/L 时，应增加厌氧预处理；当进水 BOD/COD＜0.3 时，需设置水解酸化池提高水质的可生化性；当进水含油量＞50mg/L 时，应设置隔油、气浮装置进行除油；当进水 SS 含量超过 500mg/L 时，应设置初沉池或混凝沉淀池。

为防止接触氧化池内水流短流，进水端宜设置导流槽，其宽度不宜小于 0.8m。导流槽与接触氧化池之间采用导流墙分隔。导流墙下缘离池底不宜小于 0.4m，离填料底部宜为 0.3～0.5m。

接触氧化池出水宜采用堰式出水，过堰负荷 2～3L/(s·m)。

接触氧化池底部宜设置排泥与放空装置。

2. 设计计算

(1) 去除有机物的生物接触氧化池容积

$$V=\frac{Q(S_0-S_e)}{1000\eta N_V} \tag{7-24}$$

式中　Q——设计污水处理量，m^{3}/d；

S_0、S_e——进水、出水 BOD_5 浓度，mg/L；

N_V——填料容积负荷，$kg/(m^3 \cdot d)$，一般取 $0.5 \sim 3kg/(m^3 \cdot d)$；

η——填料填充率，悬浮式填料为 20%～50%，悬挂式填料为 50%～80%。

(2) 脱氮反应的生物接触氧化池容积

硝化池容积：

$$V=\frac{Q(N_{io}-N_{eo})}{1000\eta N_{NV}} \tag{7-25}$$

式中　Q——设计污水处理量，m^{3}/d；

N_{io}、N_{eo}——进水、出水凯氏氮浓度，mg/L；

N_{NV}——填料硝化容积负荷，$kg/(m^3 \cdot d)$，一般取 $0.5 \sim 1kg/(m^3 \cdot d)$；

η——填料填充率，悬浮式填料为 20%～50%，悬挂式填料为 50%～80%。

缺氧池（反硝化池）容积：

$$V=\frac{Q(N_{n0}-N_{ne})}{1000\eta N_{dNV}} \tag{7-26}$$

式中　Q——设计污水处理量，m^{3}/d；

N_{n0}、N_{ne}——进水、出水硝态氮浓度，mg/L；

N_{dNV}——填料反硝化容积负荷，$kg/(m^3 \cdot d)$；

η——填料的填充率，悬浮式填料为 20%～50%，悬挂式填料为 50%～80%。

(3) 生物接触氧化池的总面积（A）和池组数（N）

$$A=\frac{V}{h_0} \tag{7-27}$$

$$N=\frac{A}{A_1} \tag{7-28}$$

式中　h_0——填料高度，一般采用 2.5～3.5m；

A_1——每座池子的面积，m^2，一般池的长宽比取 2∶1～1∶1；

N——接触氧化池组数，一般不少于 2 组，并联运行。

(4) 池深（h）

$$h=h_0+h_1+h_2+h_3 \tag{7-29}$$

式中　h_1——超高，m，一般不小于 0.5m；

h_2——填料层上的稳水层水深，m，一般取 0.4～0.5m；

h_3——填料至池底的曝气区高度，一般采用 1～1.5m。

(5) 曝气量计算

曝气生物滤池需氧量计算的思路类似活性污泥法去除有机物、硝化、硝化反硝化的氧量计算 [式 (6-18)、式 (6-30)、式 (6-32)]。

标准状态下污水需氧量的计算则需要在式 (6-22) 的结果上根据式 (5-22) 至式 (5-35) 换算求出。

生物接触氧化法采用供气量校核，以确保同时满足微生物降解污染物的需氧量和氧化池的混合搅拌强度。一般情况下，对应常见污水处理，其最小气水比不宜小于 2∶1～3∶1，最大气水比不宜大于 15∶1～20∶1。

复习思考题

1. 什么是生物膜法？生物膜法具有哪些特点？

2. 比较生物膜法和活性污泥法的异同点。

3. 试述各种生物膜法处理构筑物的基本构造及其功能。

4. 生物滤池有几种形式？各适用于什么具体条件？

5. 影响生物滤池处理效率的因素有哪些？它们是如何影响处理效果的？

6. 某印染厂废水量为1500m^3/d，废水平均BOD_5为170mg/L，COD为600mg/L，采用生物接触氧化池处理，要求出水BOD_5小于20mg/L，COD小于250mg/L，试计算生物接触氧化池的尺寸。

参考文献

[1] 高廷耀，顾国维，周琪. 水污染控制工程 [M]. 北京：高等教育出版社，2007.

[2] 成官文. 水污染控制工程 [M]. 北京：化学工业出版社，2009.

第八章

污水的自然生物处理

在城镇排水系统中，点源污染排放的污水采用活性污泥法和生物膜法容易集中处理。而来自城镇、农村和矿山的非点源暴雨径流、农田废水等不仅水质和水量变化大，且极其分散，采用集中处理的方法十分困难。稳定塘、土地处理和人工湿地等是在自然生物净化基础上发展起来的污水生物处理技术，其处理成本低，运行管理方便，在非点源污染治理方面具有一定的优越性。但其主要依靠自然净化能力，对环境的依赖性强，处理能力弱。因此，污水自然生物处理一般仅应用于城市污水处理厂二级处理出水的深度处理以及污水量较小的小城镇和新农村的污水处理等。

第一节　稳　定　塘

一、基本原理

稳定塘（stabilization pond），又称氧化塘（oxidation pond），是利用天然净化能力对污水进行处理的构筑物的总称。其净化过程与自然水体的自净过程相似，主要利用菌藻的共同作用处理废水中的有机污染物。通常是对土地进行适当的人工修整，建成池塘，并设置围堤和防渗层，依靠塘内生长的微生物来处理污水。

稳定塘依靠塘内稳定的生态系统对污水进行净化（图 8-1）。常见的对污水具有净化作用的生物有细菌、藻类、微型动物、水生植物以及其他水生动物。

与活性污泥法及生物膜法一样，稳定塘中对有机物降解起主要作用的仍然是细菌。在稳定塘中，常见的细菌以好氧菌和兼性菌为主。当溶解氧浓度较低时，在塘的下部和底泥中也存在大量产酸菌和厌氧菌；当水力停留时间较长、负荷低、溶解氧浓度较高时，世代较长的硝化菌也可以缓慢生长。

稳定塘是菌藻共生系统，藻类在稳定塘中起着十分重要的作用，常见的藻类有绿藻和蓝绿藻。藻类含有叶绿素，能在阳光下进行光合作用，是稳定塘内溶解氧的主要提供者。藻类借助白昼阳光进行光合作用，吸收细菌降解有机物和呼吸产生的二氧化碳制造氧气，与细菌之间形成共生关系，构成了稳定塘重要的生态特征。在夜间，藻类不能进行光合作用，自身内源呼吸需要消耗一定氧气。因此，在夜间稳定塘的净化作用会明显弱化。菌藻共生系统的生物化学作用如下：

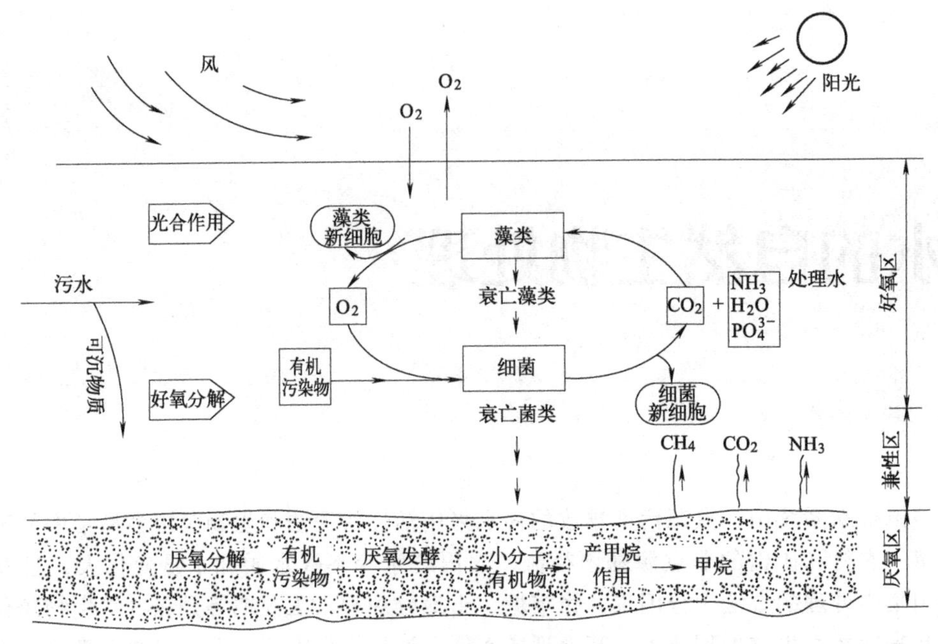

图 8-1 稳定塘内典型的生态系统

藻类的光合作用：

$$106CO_2+16NO_3^-+HPO_4^{2-}+122H_2O+18H^+\longrightarrow C_{106}H_{263}O_{110}N_{16}P+138O_2 \quad (8\text{-}1)$$

每合成 1g 藻类，可释放 1.244g 氧气。

异养菌降解有机物：

$$C_{11}H_{29}O_7N+14O_2+H^+\longrightarrow 11CO_2+13H_2O+NH_4^+ \quad (8\text{-}2)$$

每分解 1g 有机物需氧 1.56g，同时放出 1.69g 二氧化碳。

在稳定塘内，有时也会出现原生动物和后生动物，但不像活性污泥法和生物膜法系统中那样有规律，数量也会有较大差异。因此，原生动物和后生动物不能作为稳定塘的指示性生物。

水生植物对于提高稳定塘中溶解氧浓度及各种污染物的去除效果具有一定的作用。稳定塘中水生植物有浮水植物、沉水植物和挺水植物三类。其中浮水植物常见的有凤眼莲（俗称水葫芦)、水花生、浮萍等；沉水植物常见的有马来眼子菜、叶状眼子菜等；挺水植物常见的有水葱、芦苇、灯芯草、菖蒲、水烛、苔草以及慈姑、茭白等。但水生植物须分批定期进行收割，以防其死亡腐烂后又形成污染物进入水体。

水生动物主要是指人为投放的鱼类和鸭、鹅。通过投放杂食性的鲤鱼、鲫鱼可以捕食水中浮游动物，通过投放鲢鱼和鳙鱼等滤食性、草食性鱼类可以控制塘中藻类的过度繁殖和水草生长，使稳定塘构成复杂的食物链，以保持稳定的生态系统。

稳定塘主要是依靠自然生态系统进行污水净化，其净化功能受温度、光照、混合、营养物质、有毒有害组分、蒸发量和降雨量、污水的预处理等众多因素的影响。温度影响细菌和藻类的生命活动，并对稳定塘水温分层和塘内水的异重流带来影响；光照影响藻类及水生植物的光合作用，进而对塘中溶解氧浓度产生影响；混合包括风力作用、水力扰动和人工搅拌等，对三相传质具有重要影响；营养物质的平衡对于生物系统是必需的；有毒有害组分会对微生物、水生植物及其他水生动物产生毒害作用，甚至造成生态系统破坏；蒸发量和降雨量给稳定塘中污水浓度、运行水力停留时间带来影响；预处理能对污水沉砂、除油、调节 pH 值等产生影响，确保进入稳定塘的污水水质、水量的稳定性，从而提高其污染物的净化效果。

生物稳定塘的主要优点是处理成本低，有较好的 BOD 去除效果，还可以去除部分氮、磷营养物质及病原菌，重金属及有毒有机物。缺点是占地面积大，处理效果受环境条件影响大，处理效率相对较低，可能产生臭味及滋生蚊蝇，不宜建设在居住区附近，还可能对地下水产生影响。

二、稳定塘的分类

稳定塘有多种分类方式。按塘水中微生物优势群体类型、溶解氧状况及塘的功能可将稳定塘分为厌氧塘、兼性塘、好氧塘、曝气塘、水生植物塘、生态塘等；按用途及出水水质又可将稳定塘分为深度处理塘、强化塘、储存塘和综合生物塘等。

1. 厌氧塘

厌氧塘（anaerobic pond）是一类在无氧状态下净化污水的稳定塘，其有机负荷高，以厌氧反应为主。当稳定塘中有机物的需氧量超过了光合作用的产氧量和塘面复氧量时，该塘即处于厌氧条件。专性厌氧菌在有氧环境中不能生存，因而，厌氧塘常常是一些表面积较小、深度较大的塘。

厌氧塘最初被作为预处理设施使用，适用于处理高温、高浓度的工业废水和城镇污水。当厌氧塘作为预处理工艺使用时，可大大减少后续兼性塘、好氧塘的容积，并消除兼性塘夏季运行时常出现漂浮污泥的现象，避免好氧塘出现污泥淤积。

厌氧塘对有机污染物的降解机理与所有厌氧生物处理相同，是由两类厌氧菌通过水解酸化、产氢产乙酸和甲烷发酵三阶段完成的，即先由兼性水解和发酵细菌将复杂有机物水解、转化为小分子有机物，之后由专性厌氧的产氢产乙酸菌作用将丙酮酸及其他脂肪酸等小分子有机物转化成氢气、乙酸、二氧化碳等，再由专性厌氧的产甲烷菌将乙酸、氢气和二氧化碳转化为甲烷。

由于产甲烷菌的世代时间长，增殖速率慢，且对溶解氧和 pH 值敏感，因此厌氧塘的设计和运行必须以甲烷发酵阶段的要求作为控制条件，控制有机污染物的投配率，以保持产酸菌与产甲烷菌之间的动态平衡。一般要求塘内有机酸浓度在 3000mg/L 以下，pH 值 6.5～7.5，进水 BOD_5 ：N ：P＝100 ：2.5 ：1，BOD 浓度小于 500mg/L，以使厌氧塘能正常运行。图 8-2 为厌氧塘工作原理示意图。

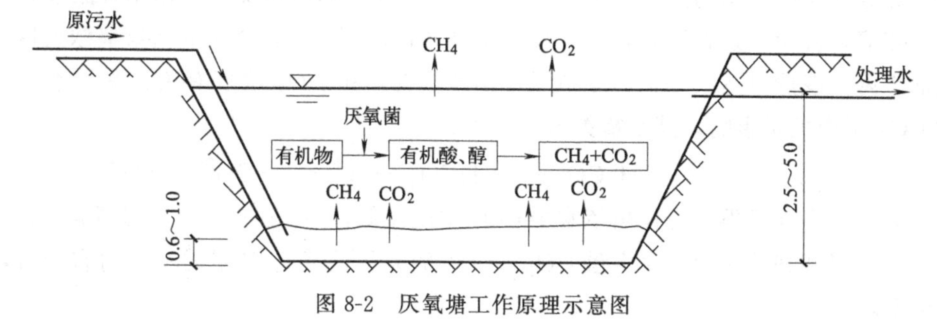

图 8-2　厌氧塘工作原理示意图

2. 兼性塘

兼性塘（facultative pond）是指在上层有氧、下层无氧的条件下净化污水的稳定塘，是最常用的塘型。其塘深通常为1.0～2.0m。兼性塘上部有一个好氧层，中层是兼性区，下部是厌氧层。

在厌氧区，可沉物质和死亡的藻类、菌类形成污泥层。污泥层中的有机质由厌氧微生物进行厌氧分解，具体反应与一般的厌氧发酵反应相同。多种厌氧微生物共同作用，进行水解、产氢产乙酸和产甲烷过程。厌氧产生的CO_2、NH_3等代谢产物，部分进入好氧层参与藻类的光合作用，部分逸出水面。

在兼性区，微生物是异养型兼性细菌，它们既能利用水中的溶解氧氧化分解有机污染物，也能在无分子氧的条件下，以NO_3^-、CO_3^{2-}作为电子受体进行无氧代谢。因此兼性塘去除污染物的范围比好氧处理系统广泛，能够去除某些难降解的有机污染物，如木质素、有机氯农药、合成洗涤剂、硝基芳烃等，适于处理石油化工、有机化工、印染、造纸等工业废水。

兼性塘好氧区对有机污染物的净化作用与前述稳定塘的菌藻系统作用基本相同。

3. 好氧塘

好氧塘（aerobic pond）是一类在有氧状态下净化污水的稳定塘，它完全依靠藻类光合作用和稳定塘表面风力搅动自然复氧供氧，也可以采取设置充氧机械设备、种植水生植物和养殖水产品等强化措施。好氧塘一般较浅，塘深多为15～50cm，以不大于1m为宜，污水停留时间一般为2～6d，适于处理$BOD_5 \leqslant 100mg/L$的污水。

好氧塘按有机负荷的高低又可分为高负荷好氧塘、常规好氧塘和深度处理好氧塘。

① 高负荷好氧塘：这类塘设置在处理系统的前部，目的是处理污水和产生藻类。特点是塘的水深较浅，水力停留时间较短，有机负荷高。

② 常规好氧塘：这类塘类似二级生物处理。特点是有机负荷高，塘的水深较高负荷好氧塘深，水力停留时间较长。

③ 深度处理好氧塘：深度处理好氧塘设置在普通好氧塘处理的后部或城市污水处理厂二级处理系统之后，其总水力停留时间应大于15d。

好氧塘净化有机污染物的基本工作原理如图8-1所示。塘内的细菌和藻类构成共生系统。在阳光照射下，藻类进行光合作用，释放出氧。同时，风力的扰动使塘表面进行大气复氧。二者使好氧塘处于好氧状态。塘内的异养细菌利用水中的氧进行合成代谢和分解代谢，降解有机污染物。产生的代谢产物CO_2成为藻类光合作用的碳源。塘内菌藻构成了典型的共生关系，有关反应可用式（8-1）和式（8-2）表示。

藻类光合作用使塘水的溶解氧和pH值呈昼夜变化。白昼藻类光合作用释放氧，塘内溶解氧浓度很高，甚至可达到饱和状态。夜间藻类光合作用停止，水中的溶解氧浓度因生物呼吸消耗而下降，凌晨时达到最低。好氧塘的pH值与水中CO_2浓度有关，受塘水中碳酸盐系统的CO_2平衡关系影响，其平衡关系式如下：

$$CO_2 + H_2O \longleftrightarrow H_2CO_3 \longleftrightarrow HCO_3^- + H^+ \longleftrightarrow CO_3^{2-} + 2H^+ \tag{8-3}$$

上式表明，白天藻类光合作用使水中CO_2浓度降低，pH值上升。夜间藻类光合作用停止，微生物呼吸和细菌代谢产生大量CO_2，CO_2的累积使式（8-3）的反应向右进行，系统的pH值下降。

4．曝气塘

通过人工曝气设备向塘中污水供氧的稳定塘称为曝气塘（aerated pond），它是人工强化生物处理与自然净化相结合的一种污水处理系统，一般采用 1 个完全曝气塘（好氧曝气塘）和 2～3 个部分曝气塘（兼性曝气塘）组成（图 8-3）。其中，完全曝气塘的比曝气功率（以塘容积计）为 5～6W/m^3，部分曝气塘的比曝气功率为 2～3W/m^3。

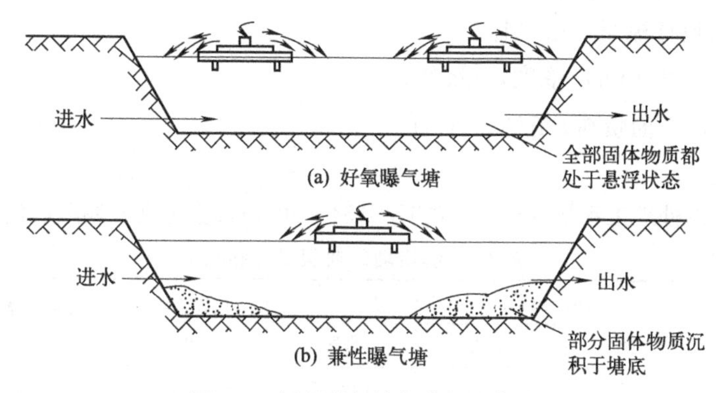

图 8-3　好氧曝气塘与兼性曝气塘

5．水生植物塘

水生植物塘（macrohydro phyte pond）是一种种植水生维管束植物或高等水生植物的稳定塘（图 8-4）。水生植物塘适宜非寒冷地区，可选种浮水植物、挺水植物和沉水植物，选种的水生植物应具有良好的净水效果、较强的耐污能力。种植浮水植物时，应分散地留出 20%～30%的水面，并考虑水生植物的定期收集及利用和处置。塘的有效水深度，选用浮水植物时宜为 0.4～1.5m，挺水植物宜为 0.4～1.0m，沉水植物宜为 1.0～2.0m。

6．生态塘

生态塘（ecological pond）是一种利用菌、藻、浮游生物、底栖动物、鱼、虾、鸭等形成多条食物链，以达到净化污水目的的稳定塘。农村的鱼塘、溪沟、稻-鱼-鸭种养生态系统为较典型的生态塘。生态塘水中溶解氧应≥4mg/L，可采用机械曝气充氧。

图 8-4　水生植物塘

三、稳定塘的设计计算

1．一般要求

稳定塘选址时，需因地制宜利用废旧河道、池塘、沟谷、沼泽、湿地、荒地、盐碱地、滩涂等闲置土地，以及光照等气候条件。同时，必须进行工程地质、水文地质等方面的勘察及环境影响评价，塘址的土质渗透系数宜小于 0.2m/d，须采取防渗措施与排洪设施，并符合相关防洪标准的规定。

污水进入稳定塘时需进行预处理。其目的在于尽量去除水中杂质，减少塘中的积泥。

稳定塘单塘宜采用矩形，塘的长宽比≥3∶1～4∶1，单塘面积以小于 40000m^2 为宜。

为取得较好的水力条件和运转效果，稳定塘宜设多个进水口；进水至出水的水流方向尽可能与主导风向垂直；出水口尽可能布置在距进水口远一点的位置上，并设置挡板，潜孔出流。

2. 设计计算

稳定塘设计主要依据表面有机负荷计算。

$$A=\frac{Q(S_0-S_e)}{N_s} \tag{8-4}$$

式中 A——稳定塘的有效面积，m^2；

Q——进水设计流量，m^3/d；

S_0、S_e——进、出水 BOD_5 浓度，mg/L；

N_s——BOD_5 表面负荷，$g/(m^2 \cdot d)$。

3. 设计参数

根据《污水自然处理工程技术规程》(CJJ/T 54—2017)，稳定塘的典型设计参数见表 8-1。

表 8-1 稳定塘的典型设计参数

塘型		BOD_5 负荷/[$g/(m^2 \cdot d)$]			有效水深/m	处理效率/%	进水 BOD_5 浓度/(mg/L)
		Ⅰ区	Ⅱ区	Ⅲ区			
厌氧塘		4～8	7～11	10～15	3～6	30～60	≤400
兼氧塘		2.5～5.0	4.5～6.5	6～8	1.5～3	50～75	≤200
好氧塘	常规处理	1～2	1.5～2.5	2～3	0.5～1.5	60～85	≤60
	深度处理	0.3～0.6	0.5～0.8	0.7～1.0	0.5～1.5	30～50	≤60
曝气塘	兼性曝气	5～10	8～16	14～25	3～5	60～80	≤200
	好氧曝气	10～25	20～35	30～45	3～5	70～90	≤200
生物塘	常规处理	1.5～3.5	3～5	4～6	0.3～2.0	40～75	≤60
	深度处理	1～2.5	1.5～3.5	2.5～4.5	0.3～2.0	30～60	≤60

注：区域按年平均气温划分，Ⅰ区<8℃；Ⅱ区 8～16℃；Ⅲ区>16℃。

第二节 污水土地处理

一、概述

污水土地处理系统是指利用荒地、沙化土地、农田、林地等土壤-微生物-植物构成的陆地生态系统对污染物进行综合净化处理的生态工程。由污水的预处理设备、调节贮存设备、输送配布设备、控制系统与设备、土地净化田和收集利用系统组成。其中土地净化田是污水土地处理系统的核心环节。污水土地处理系统常用的工艺有慢速渗滤系统、快速渗滤系统、地表漫流系统和地下渗滤系统。

污水土地处理系统具有明显的优点：①促进污水中植物营养素的循环，污水中的有用物质通过作物的生长而获得再利用；②可利用废劣土地、坑塘洼地处理污水，节省基建投资；③使用机电设备少，运行管理简便，成本低廉，节省能源；④具有绿化作用，美化风景，改善地区小气候，促进生态环境的良性循环；⑤污泥能得到充分利用，二次污染小。但污水土地处理系统如果设计不当或管理不善，也会造成许多不良后果，如：①污染土壤和地下水，特别是造成重金属污染、有机毒物污染等；②导致农产品质量下降；③散发臭味，滋生蚊蝇，危害人体健康等。

二、污水土地处理系统的净化原理

结构良好的表层土壤中存在土壤-水-空气三相体系。在这个体系中，土壤胶体和土壤微生物是土壤能够容纳、缓冲和分解多种污染物的关键因素。污水土地处理系统的净化过程包括物理过滤、吸附与沉积，物理化学吸附、化学反应与沉淀，微生物的吸附、合成与代谢等过程，是一个十分复杂的综合净化过程。

1. 物理过滤

土壤颗粒间的孔隙具有截留、滤除水中悬浮颗粒的性能。污水流经土壤，悬浮物被截留，污水得到净化。影响土壤物理过滤净化效果的因素有土壤颗粒的大小、颗粒间孔隙的形状和大小、孔隙的分布以及污水中悬浮颗粒的性质、多少与大小等。如悬浮颗粒过粗、过多以及微生物代谢产物过多等都能导致土壤颗粒的堵塞。

2. 物理吸附与物理化学吸附

在非极性分子之间的范德瓦耳斯力（范德华力）的作用下，土壤中黏土矿物颗粒能够吸附土壤中的中性分子。污水中的部分重金属离子在土壤胶体表面，因阳离子交换作用而被置换吸附并生成难溶性的物质，从而被固定在矿物的晶格中；有些金属离子与土壤中的无机胶体和有机胶体颗粒由于螯合作用而形成螯合物。

3. 化学反应与化学沉淀

重金属离子与土壤的某些组分可以发生化学反应生成难溶性化合物而沉淀；如果调整、改变土壤的氧化还原电位，能够生成难溶性硫化物；改变 pH 值，能够生成金属氢氧化物；某些化学反应还能够生成金属磷酸盐等物质而沉积于土壤中。

4. 微生物代谢作用下的有机物分解

在土壤中生存着种类繁多、数量巨大的土壤微生物，它们对土壤颗粒中的有机固体和溶解性有机物具有强大的降解与转化能力，这也是土壤具有强大的自净能力的原因之一。

经过上述净化过程，污水中的悬浮固体、有机物、植物营养素（N、P)、重金属以及病原微生物能够得到有效去除。但其去除效果与相应的慢速渗滤系统、快速渗滤系统、地表漫流系统和地下渗滤处理系统的工艺过程有关。

悬浮固体（SS）在土地处理系统中主要通过过滤截留作用、沉淀、生物的吸附及作物的阻截作用去除，但悬浮固体容易导致土地处理系统堵塞。一般来说，一级处理出水不易造成明显的堵塞，而二级处理出水中易出现土壤堵塞，这可能与二级处理出水悬浮固体惰性成分较多有关。

BOD 在土地处理系统中主要通过土壤表层的过滤、吸附作用被截留下来，然后通过土壤层中生长着的细菌、真菌（酵母、霉菌等)、原生动物、后生动物将其逐步降解。土壤微生物一般集中在表层 50cm 深度的土壤中。各种土地处理系统处理城镇污水时使用的典型有机负荷如表 8-2 所示。

表 8-2 各种土地处理系统处理城镇污水时使用的典型有机负荷

工艺	慢速渗滤	快速渗滤	地表漫流	地下渗滤
有机负荷 (BOD)/[kg/(hm^2 · a)]	370～1830	8000～40000	2000～7500	5500～22000

氮在土地处理系统中主要通过作物吸收、生物脱氮以及挥发作用去除。在土地处理系统

中，有机氮首先被截留或沉淀，然后在微生物的作用下转化为氨氮。由于土壤颗粒带有负电荷，氨和铵离子很容易被吸附，土壤微生物通过硝化作用将氨转化为 NO_2^- 和 NO_3^- 后，土壤又恢复对氨的吸附功能。土壤对带负电荷的 NO_2^- 和 NO_3^- 没有吸附截留能力，因此一部分 NO_2^- 和 NO_3^- 随水分下移而淋失，一部分 NO_2^- 和 NO_3^- 被植物根系吸收而成为植物营养成分，一部分 NO_2^- 和 NO_3^- 发生反硝化反应。

污水中的磷可能以聚磷酸盐、正磷酸盐等无机磷和有机磷形态存在。在土地处理系统中，磷的去除过程包括植物根系吸收、生物作用过程、吸附和沉淀等，其中以土壤吸附和沉淀为主。土壤对磷的吸附能力极强，磷在土壤中的扩散、移动极弱，水中95%以上的磷可以被土壤吸附而储存于土壤中。土壤的固磷作用主要有以下四种机制。

① 化学沉淀作用：在酸性土壤中，磷与铁、铝等作用，生成不溶性磷酸盐。

② 表面反应：土壤胶体和 $H_2PO_4^-$ 在土壤表面发生交换反应和吸附反应。

③ 闭蓄反应：土壤中的 $Fe(OH)_3$ 和其他不溶性的铝质和钙质胶膜将含磷矿化物包裹起来，使其丧失流动性。

④ 生物固定作用：土壤中的无机磷被微生物所吸收利用，转化为有机磷。

此外，植物对磷的吸收与对氮的吸收成比例。通常认为，植物要求氮、磷的营养比为6∶1。对于慢速渗滤系统及地表漫流系统，由于经常收割，植物根系对磷的吸收约占总输入的20%～30%。

三、污水土地处理系统的工艺类型及其场地特征

根据系统中水流运动的速率和流动轨迹的不同，污水土地处理系统可分为四种类型：慢速渗滤系统、快速渗滤系统、地表漫流系统和地下渗滤系统。

1. 慢速渗滤系统

慢速渗滤系统（slow rate infiltration system，SR系统）是将污水投配到种有作物的土壤表面，污水中的污染物在流经地表土壤-植物系统时得到充分净化的一种土地处理工艺系统，见图8-5。在慢速渗滤系统中，污水的投配多采用畦灌、沟灌及可移动的喷灌系统。投配的污水部分被作物吸收，部分渗入地下，部分蒸发散失。

慢速渗滤系统由于投配污水的负荷低，污水通过土壤的渗滤速度慢，水质净化效果好。但其水力负荷小，土地面积需求量大。

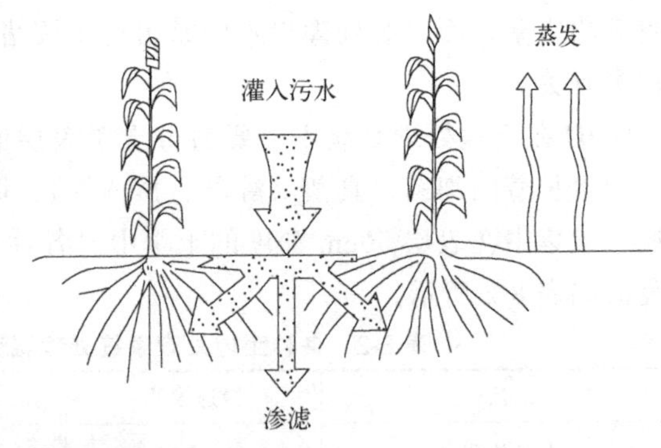

图8-5 慢速渗滤系统

2. 快速渗滤系统

快速渗滤系统（rapid rate infiltration system，RI系统）是将污水有控制地投配到具有

良好渗滤性能的土壤如沙土、沙壤土表面，进行污水净化处理的高效土地处理工艺，见图8-6。投配到系统中的污水快速下渗，部分被蒸发，部分渗入地下。快速渗滤系统通常淹水、干化交替运行，以便使渗滤池处于厌氧和好氧交替运行状态，通过土壤及不同种群微生物对污水中组分的阻截、吸附及生物分解作用等，使污水中的有机物、氮、磷等物质得以去除。

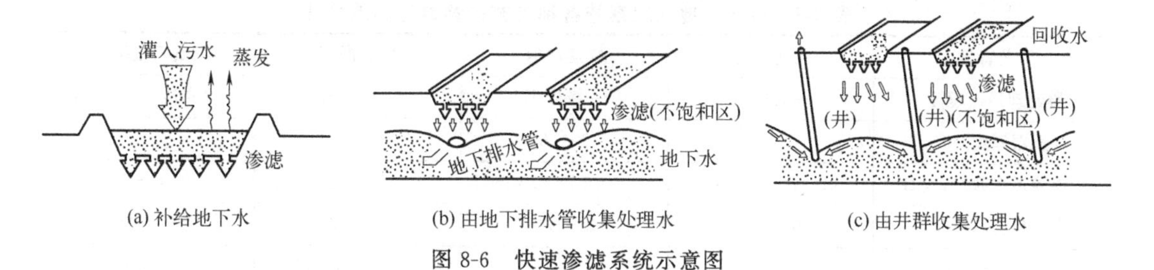

图 8-6　快速渗滤系统示意图

3. 地表漫流系统

地表漫流系统（overland flow system，OF 系统）是将污水有控制地投配到坡度平缓均匀、土壤渗透性低的坡面上，使污水在地表以薄层沿坡面缓慢流动过程中得到净化的土地处理工艺系统。坡面通常种植牧草，防止土壤被冲刷流失和供微生物栖息，见图 8-7。

地表漫流系统对污水预处理程度要求低，出水以地表径流收集为主，对地下水的影响最小。但该系统受气候、作物需水量、地表坡度的影响大，气温降至冰点和雨季期间，其应用受到限制，通常还需考虑出水在排入水体以前的消毒问题。

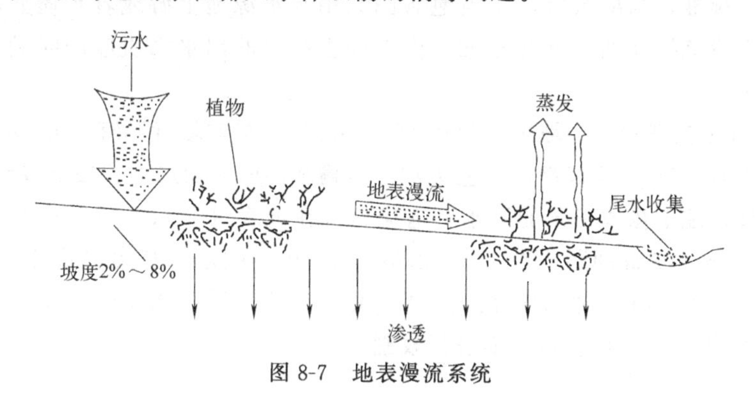

图 8-7　地表漫流系统

4. 地下渗滤系统

地下渗滤系统（subsurface wastewate rinfiltration system，SWI 系统）是将污水有控制地投配到距地表一定深度、具有一定构造和良好渗透性能的土层中，使污水在土壤的毛细管浸润和渗滤作用下向周围运动且达到净化污水目的的土地处理工艺系统。

地下渗滤系统投配污水缓慢地通过布水管周围的碎石和沙层，在土壤毛细管作用下向附近土层中扩散。在土壤的过滤、吸附、生物氧化等的作用下使污染物得到净化，其过程类似于污水慢速渗滤过程。由于负荷低、停留时间长，该系统水质净化效果非常好，而且稳定。

地下渗滤系统的布水系统埋于地下，不影响地面景观，适用于分散的居住小区、度假村、疗养院、机关和学校等小规模的污水处理，并可与绿化和生态环境的建设相结合；运行管理简单；氮磷去除能力强，处理出水水质好，处理出水可回用。其缺点是受场地和土壤条件的影响较大；如果负荷控制不当，土壤会堵塞；进、出水设施埋于地下，工程量较大，投资比其他土地处理系统类型要高一些。

5. 污水土地处理工艺的场地特征

污水土地处理均属于就地处理的小规模土地处理系统。表8-3给出了污水土地处理系统各种工艺的场地特征。在工艺的选择过程中，可根据处理水水质情况、处理程度，结合土壤及植物的实际情况，选择适用的污水土地处理工艺。

表8-3 污水土地处理系统各种工艺的参数与场地特征

工艺特性	慢速渗滤	快速渗滤	地表漫流	地下渗滤
预处理最低程度	一级处理	一级处理	一级处理	化粪池、一级处理
土层厚度/m	>0.6	>1.5	>0.3	>0.6
土壤渗透系数/(m/d)	0.036～0.36	0.36～0.6	≤0.12	0.36～1.2
水力负荷/(m/a)	0.5～6	5～120	3～20	20～80
地下水位/m	1.0～3.0	>1.0	无要求	>1.0

四、污水土地处理系统的设计

① 污水在经过土地处理系统之前必须进行预处理。

② 当污水进入种植有作物的土地处理系统时，污水的水质应满足《农田灌溉水质标准》(GB 5084—2021) 的基本要求。

② 土地处理系统的出水水质须达到《城镇污水处理厂污染物排放标准》(GB 18918—2002) 二级排放标准；当出水口位于当地居民饮用水水源地上游或者水质要求较高的景区时，其排放标准应该提高到一级B标准。土地处理系统的出水水质应同时满足当地水功能区划的水质要求。

④ 慢速渗滤工艺场地纵向坡度宜为0.1%～0.2%，横向坡度不宜>0.3%；快速渗滤工艺的围堤高度不宜>1m；地表漫流工艺集水沟与输水沟的断面尺寸、坡面设计应满足20年一遇暴雨量设计；地下渗滤工艺的进水管道应布置在地表以下0.2～0.4m范围内，每根配水管道的长度≤6m，彼此间距应在1.5～2.0m范围内，配水管与集水管应采用厚度0.1～0.2m、粒径20～30mm砾石保护层覆盖，并控制有效土层厚度0.6～1.0m。

⑤ 种植的植物以及杂草应该定期进行收割。

第三节 人工湿地处理

一、概述

湿地 (wetland) 被称作地球的“肾”，是地球上的重要自然资源。湿地的定义有多种，目前国际上公认的湿地定义来自《湿地公约》：湿地是指不论其为天然或人工，长久或暂时性的沼泽、泥炭地或水域地带，静止或流动，淡水、半咸水或咸水体，包括低潮时水深不超过6m的水域。

湿地包括多种类型，珊瑚礁、滩涂、红树林、河口、沼泽、洼地、水稻田等都属于湿地。它们共同的特点是其表面常年或经常覆盖或充满水，是介于陆地和水体之间的过渡带。湿地按成因分为天然湿地和人工湿地两种（图8-8)。

天然湿地具有复杂的功能，可以通过物理的、化学的和生物的反应，去除污水中的有机

图 8-8　天然湿地与人工湿地

污染物、重金属、氮、磷和细菌等，因而被人们用来净化污水。但天然湿地生态系统有限，面对人类所需处理的大量污水，湿地能接纳的污水十分有限。据国外资料介绍，一般情况下1公顷的天然湿地系统每天只能接纳100人产生的污水；还有人认为天然湿地系统每天只能去除25人排放的磷和125人排放的氮。因此，天然湿地系统只适用于地广人稀且气候适宜的地方。

天然湿地和人工湿地有明确的界定：天然湿地系统的功能以生态系统的保护为主，以维护生物多样性和野生生物良好生境为主，净化污水的功能是辅助性的；人工湿地系统是通过人为地控制条件，利用湿地复杂、特殊的物理、化学和生物综合作用净化污水。应该指出，人工湿地系统所需要的土地面积较大，并受气候条件影响，且需要一定的基建投资。但是若运行管理得当，人工湿地系统将会带来很高的经济效益、环境效益和社会效益。

二、人工湿地的净化机理

人工湿地是人工建造和管理控制的、工程化的湿地，是由水、滤料以及水生生物所组成，具有较高生产力和比天然湿地更好的污染物去除效果的生态系统（图 8-9）。

(a) 滤池及其灰岩碎石填料

(b) 正在运行的农村污水处理站

图 8-9　人工湿地

1. 填料、植物和微生物在人工湿地系统中的作用

填料、植物、微生物（细菌、真菌等）是人工湿地生态系统的主要组成部分。

(1) 填料

人工湿地中的填料又称滤料、基质，一般由土壤、细砂、粗砂、砾石、灰渣等构成，能为植物和微生物提供生长介质，能与污水中的各种污染物发生物理的、化学的反应，能进行过滤、吸附、附着、离子交换、沉淀等作用，实现污染物的去除。

（2）植物

湿地中生长的植物通常称为湿地植物，包括挺水植物、沉水植物和浮水植物（图 8-8）。大型挺水植物在人工湿地系统中主要起固定床体表面、提供良好的过滤条件、防止湿地淤塞、为微生物提供良好根区环境的作用。人工湿地中的植物一般应具有处理性能好、成活率高、抗水能力强等特点，且具有一定的美学和经济价值。常用的挺水植物主要有芦苇、灯芯草、香蒲、水葱以及慈姑、茭白等。某些大型沉水植物、浮水植物也常被用于人工湿地系统，如浮萍等。

（3）微生物

微生物是人工湿地净化污水不可缺少的重要组成部分。人工湿地在处理污水之前，各类微生物的数量与天然湿地基本相同。但随着污水不断进入人工湿地系统，某些微生物的数量将逐渐增加，并随季节和作物生长情况呈规律性变化。人工湿地中的优势菌属主要有假单胞菌属、产碱杆菌属和黄杆菌属。这些优势菌属均为快速生长的微生物，是分解有机污染物的主要微生物种群。

2. 人工湿地系统净化污水的作用机理

人工湿地系统去除水中污染物的作用机理总结于表 8-4 中。

表 8-4 人工湿地系统去除水中污染物的机理

反应机理		对污染物的去除和影响
物理作用	沉降	悬浮物在湿地及预处理工艺中沉降去除，可絮凝胶体也能通过絮凝沉降去除
	过滤	填料的截留作用和植物根系的阻截作用使悬浮物及可絮凝胶体被阻截去除
化学作用	沉淀	磷及重金属通过化学反应形成难溶解化合物而被沉淀去除
	吸附	难降解有机物、磷及重金属被土壤吸附和植物吸收而被去除
	分解	通过紫外辐射、氧化还原等作用，难降解有机物逐步被分解
生物作用	微生物代谢	通过悬浮的、底泥中和寄生于植物上的微生物的代谢作用将有机物分解；同时，通过生物硝化-反硝化作用去除氮
	植物代谢	植物生长过程中吸收有机物、氮和磷，有些植物根系分泌物对大肠杆菌和其他病原体有灭活作用

从表 8-4 可知，人工湿地系统通过物理、化学和生物的反应过程将污水中悬浮物、有机物、氮、磷、重金属等去除，显示了湿地生态系统的多功能净化能力。

（1）有机物去除

当污水流经人工湿地系统时，污水中不溶性有机物通过吸附、黏附、沉淀、过滤作用，被截留在填料表面和植物根部，然后部分被填料表面和植物根部周边的微生物利用；可溶性有机物则通过植物根系和填料表面的生物膜吸附、吸收后逐步降解。

（2）氮的去除

在人工湿地系统中，氮经过下列过程被去除：①被填料吸附，并发生离子交换作用；②被微生物通过合成代谢形成新细胞；③生物硝化、反硝化；④植物吸收与合成代谢；⑤随 NH_3 的挥发而逸入大气；⑥渗入地下水和进入地表水体。

（3）磷的去除

在湿地系统中，磷的去除途径有植物吸收磷、微生物吸磷、填料物化存贮三种。其中约70%的磷被填料物化存贮。植物对磷的吸收与水中含碳化合物有关。当碳与磷的质量比为150∶1时，磷能被同化而形成生物量。植物在衰老死亡时能将35%～75%的磷快速释出，因而应及时收割植物。

三、人工湿地的类型

按照水在人工湿地中流动方式的不同，一般可将人工湿地分为表面流湿地、水平潜流湿地和垂直潜流湿地三种类型。

1. 表面流湿地

表面流湿地是指污水从基质表面入水端水平流向出水端的人工湿地（图8-10）。

表面流湿地为表面布水，水层厚度一般为10～30cm。水流呈推流式前进，流至终端而出流，完成整个净化过程。污水投入湿地后，在流动过程中与土壤、植物，特别是与植物根茎部生长的生物膜接触，通过物理的、化学的以及生物的反应过程而得到净化。表面流湿地类似于沼泽，不需要砂砾等物质作填料，因而造价较低。

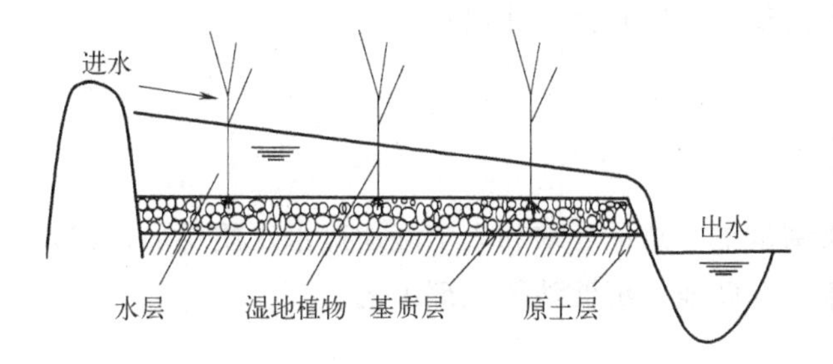

图8-10　表面流湿地系统

2. 水平潜流湿地

水平潜流湿地是指污水从基质表面以下入水端水平流向出水端的人工湿地（图8-11），由土壤、挺水植物（如芦苇、香蒲等）和微生物组成。其中上层为土壤，种植各种挺水植物；下层是易于水流通过的介质，为植物根系深入的根系层。

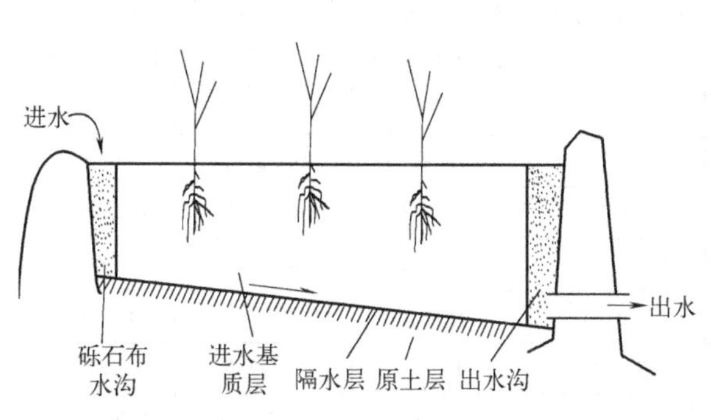

图8-11　水平潜流湿地

水平潜流湿地可由一个或多个填料床组成，床体填充基质，床底设隔水层。污水从布水沟投入床内，沿介质下部潜流呈水平渗滤前进，与布满生物膜的介质表面和溶解氧充分的植物根区接触，实现污水净化。在出水端砾石层底部设置多孔集水管，可与能调节床内水位的出水管连接，以控制、调节床内水位。

3. 垂直潜流湿地

垂直潜流湿地是指污水垂直通过基质层的人工湿地，见图 8-12。

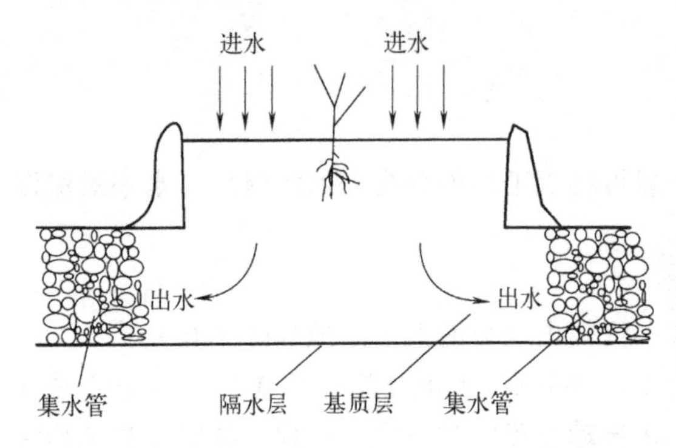

图 8-12 垂直潜流湿地

垂直潜流湿地采取地表布水，通过地表与地下渗滤过程中发生的物理、化学和生物反应使污水得到净化，并在湿地两侧地下设多孔集水管以收集净化出水。

四、人工湿地的设计计算

1. 一般要求

进水必须进行预处理。预处理是指为满足工艺总体要求和人工湿地进水水质要求，在人工湿地前设置的生态滞留塘、生态砾石床、沉砂池、沉淀池等处理工艺。

2. 设计参数

人工湿地设计通过试验或按相似条件下人工湿地的运行经验确定。在无上述资料时，应根据《人工湿地水质净化技术指南》及其气候分区（基于人工湿地所在省市 1 月、7 月平均气温，并辅助考虑年日平均气温≤5℃与≥25℃的时间确定）的主要设计参数参考设计（见表 8-5）。

表 8-5 人工湿地的主要设计参数

气候分区	湿地类型	水力停留时间/d	水力负荷/[m³/(m²·d)]	COD 消减负荷/[g/(hm²·d)]	氨氮消减负荷/[g/(hm²·d)]	总氮消减负荷/[g/(hm²·d)]	总磷消减负荷/[g/(hm²·d)]
Ⅰ	表面流	3～20	0.01～0.1	0.1～5.0	0.01～0.2	0.02～2	0.005～0.05
	水平潜流	2～5	0.2～0.5	1～10	0.5～2	0.4～5	0.02～0.2
	垂直潜流	1.5～4	0.3～0.8	1.5～12	0.8～3	0.6～6	0.03～0.2
Ⅱ	表面流	2～12	0.02～0.2	0.5～5.0	0.02～0.3	0.05～0.5	0.008～0.05
	水平潜流	1～4	0.2～1	2～12	1～2	0.8～6	0.03～0.1
	垂直潜流	0.8～2.5	0.4～1.2	3～15	1.5～4	1.2～8	0.05～0.12
Ⅲ	表面流	2～10	0.03～0.2	0.8～6	0.04～0.5	0.08～1	0.01～0.1
	水平潜流	1～3	0.3～1	3～12	1.5～3	1.2～6	0.04～0.2
	垂直潜流	0.8～2.5	0.4～1.2	5～15	2～4	1.5～8	0.05～0.25

续表

气候分区	湿地类型	水力停留时间/d	水力负荷/[m^3/(m^2·d)]	COD消减负荷/[g/(hm^2·d)]	氨氮消减负荷/[g/(hm^2·d)]	总氮消减负荷/[g/(hm^2·d)]	总磷消减负荷/[g/(hm^2·d)]
Ⅳ	表面流	1.2～5	0.1～0.5	1.2～6	0.08～0.5	0.01～1.5	0.012～0.1
	水平潜流	1～3	0.3～1	5～12	2～3.5	2～6	0.05～0.2
	垂直潜流	0.6～2.5	0.4～1.5	6～15	2.5～4.5	2～8	0.07～0.25
Ⅴ	表面流	1.2～6	0.1～0.4	1.2～5	0.1～0.5	0.15～1.5	0.015～0.1
	水平潜流	1～3	0.3～1	5～10	2～3	2～5	0.05～0.2
	垂直潜流	0.6～2.5	0.4～1.5	6～12	2.5～4	2～7	0.06～0.2

3. 人工湿地的几何尺寸

水平潜流人工湿地单个单元面积宜<2000m^2，多个处理单元并联时，其单个单元面积宜平均分配；池长宽比宜<3∶1，长度宜取20～50m；设计水深宜为0.6～1.6m，超高宜取0.3m，池体宜高出地面0.2～0.3m；水力坡度宜选取0%～0.5%。

垂直潜流人工湿地单个单元面积宜<1500m^2；多个处理单元并联时，其单个单元面积宜平均分配；池长宽比宜为1∶1～3∶1，可根据地形、集布水需要和景观设计等确定形状；水深宜为0.8～2.0m。

表面流人工湿地单个单元面积<3000m^2，由天然湖泊、河流和坑塘等水系改造而成的表面流人工湿地可根据实际地形，在避免出现死水区的前提下，因地制宜设计处理单元面积及形状；池长宽比宜>3∶1；水深应与水生植物配植相匹配，一般为0.3～2.0m，平均水深不宜超过0.6m，超高宜大于0.5m。表面流人工湿地宜分区设置，一般分为进水区、处理区和出水区。处理区需设置一定比例的深水区，深水区水深宜为1.5～2.0m，一般控制在30%以内。

4. 集布水系统

人工湿地应设置防止水量冲击的溢流或分流设施。分区设计时应考虑分水井、分水闸门、溢流堰等分流设施；水量冲击时，应考虑水量调节或溢流设施；保证湿地水位可调性，出水处应设置可调节水位的弯管、阀门等。为防止短流、集布水不均，集布水布置可考虑如下几种方法：表面流人工湿地可采用单点、多点和溢流堰布水，可采用类似折板的围堰或横向的深水沟进行导流，并通过控制底面平整性及植物密度来优化湿地的布水均匀性；水平潜流人工湿地应采用多点布水，可采用穿孔管或穿孔墙方式布水；垂直潜流人工湿地布水和集水系统均应采用穿孔管。

同时，湿地单元间宜设可切换的连通管渠；湿地系统宜设置排空设施、拦水及超越管渠，防范雨水径流甚至洪水对湿地带来的短期冲击；湿地出水量较大且出水与受纳水体的水位差较大时，应设置消能、防冲刷设施；湿地总排水管进入地表水体时，应采取防倒灌措施。

潜流人工湿地采用穿孔管配水时应符合以下要求：穿孔管应均匀布置于滤料层上部或底部，穿孔管流速宜为1.5～2.0m/s，配水孔宜斜向下45°交错布置，孔径宜为5～10mm，孔口流速不小于1m/s；穿孔管的长度应与人工湿地单元的宽度大致相等；管孔密度均匀，管孔尺寸和间距根据进水流量和进出水水力条件核算，管孔间距不宜大于1m，且不宜大于人工湿地单元宽度的10%；垂直流人工湿地配水管支管间距宜为1～2m；穿孔管位于填料层底部时，周围宜选用粒径较大的填料，且粒径应大于穿孔管孔径。

5. 填料

填料应选择具有一定机械强度、比表面积较大、稳定性良好并具有合适孔隙率及表面粗糙度的填充物，如砾石、碎石、卵石、沸石、火山岩、陶粒、石灰石、蛭石、页岩等材料。

填料层可采用单一填料或组合填料，填料粒径可采用单一规格或多种规格搭配；按照设计级配要求充填，填料有效粒径比例不宜小于95%；填料充填应平整，且保持不低于35%的孔隙率，初始孔隙率宜控制在35%～50%；填料层厚度应大于植物根系所能达到的最深处。

水平潜流人工湿地的填料铺设区域可分为进水区、主体区和出水区；垂直潜流人工湿地填料宜同区域垂直布置，从进水到出水依次为配水层、主体层、过渡层和排水层。

对磷或氨氮有较高去除要求时，可铺设对磷或氨氮去除能力较强的填料，其填充量和级配应通过试验确定，磷或氨氮的填料吸附区应便于清理或置换；在保证净化效果的前提下，水平潜流人工湿地填料宜采用粒径相对较大的填料，进水端填料的布设应便于清淤。

人工湿地填料层的填料粒径、填料厚度和装填后的孔隙率，可按试验结果或按相似条件下实际工程经验设计，也可参照表8-6参数设计。

表8-6 人工湿地的填料层主要设计参数

湿地类型	水平潜流人工湿地			垂直潜流人工湿地			
	进水区	主体区	出水区	配水层	主体层	过渡层	排水层
填料粒径/mm	50～80	10～50	50～80	10～30	2～6	5～10	10～30
填料厚度/m	0.6～1.6	0.6～1.6	0.6～1.6	0.2～0.3	0.4～1.4	0.2～0.3	0.2～0.3
填料充填后的孔隙率/%	40～50	35～40	40～50	45～50	30～35	35～45	45～50

注：气候分区Ⅰ区或Ⅱ区应结合当地工程区冻土深度适当增加填料厚度。

6. 植物选择与种植

人工湿地可选择一种或多种植物作为优势种搭配栽种，增加植物的多样性和景观效果。根据人工湿地类型、水深、区域划分选择植物种类；根据湿地水深合理配植挺水植物、浮水植物和沉水植物，并根据季节合理配植不同生长期的水生植物。不同气候分区可选择的植物种类如表8-7所示，但应谨慎选择“凤眼莲”等外来入侵物种。

表8-7 各气候分区人工湿地水质净化工程推荐种植的植物种类

气候分区	挺水植物	浮水植物		沉水植物
		浮叶植物	漂浮植物	
各地常用	芦苇、香蒲、菖蒲等	睡莲等	槐叶萍等	狐尾藻等
Ⅰ	水葱、千屈菜、莲、藨草、苔草等	菱等	—	眼子菜、菹草、杉叶藻、水毛茛、篦齿眼子菜、罗氏轮叶黑藻等
Ⅱ	黄菖蒲、水葱、千屈菜、藨草、马蹄莲、梭鱼草、荻、水蓼、芋、水仙等	菱、芡实等	水鳖等	菹草、苦草、黑藻、金鱼藻等
Ⅲ	美人蕉、水葱、灯芯草、风车草、再力花、水芹、千屈菜、黄菖蒲、麦冬、芦竹、水莎草等	菱、芡实、荇菜、莼菜、萍蓬草等	水鳖等	菹草、苦草、黑藻、金鱼藻、龙舌草、竹叶眼子菜等

续表

气候分区	挺水植物	浮水植物		沉水植物
		浮叶植物	漂浮植物	
Ⅳ	水芹、风车草、美人蕉、马蹄莲、华夏慈姑、菰、莲等	荇菜、萍蓬草等	—	眼子菜、黑藻、菹草、狐尾藻等
Ⅴ	美人蕉、风车草、再力花、香根草、花叶芦荻等	荇菜、睡莲等	—	竹叶眼子菜、苦草、黑藻、龙舌草等

注：湿地岸边带依据水位波动、初期雨水径流污染控制需求等选择适宜的本土植物。

种植时间应根据植物生长特性确定，一般在春季或初夏，必要时也可在夏季、秋季种植；种植密度可根据植物种类与工程的要求调整，挺水植物的种植密度宜为9～25株/m^2，浮水植物宜为1～9株/m^2，沉水植物宜为16～36株/m^2。在用地受限或进水悬浮物浓度较高时，可采取高密植单元以节约用地空间、降低进水负荷，种植密度宜为前述密度最大值的3倍以上。宜分区搭配种植多种植物，以增加植物的多样性及景观效果。

7. 设计计算

人工湿地的表面积可根据化学需氧量、氨氮、总氮和总磷等主要污染物削减负荷和表面水力负荷计算，并取上述计算结果的最大值，同时应满足水力停留时间要求。

（1）采用污染物削减负荷（N_A）计算湿地面积：

$$A=\frac{Q(S_0-S_e)}{N_A} \tag{8-5}$$

式中 Q——污水设计流量，m^3/d；

S_0、S_e——进、出水污染物的浓度，g/m^3；

N_A——污染物消减负荷（以化学需氧量、氨氮、总氮和总磷计），$g/(hm^2 \cdot d)$。

（2）采用表面水力负荷（q）计算人工湿地面积：

$$A=\frac{Q}{q} \tag{8-6}$$

式中 q——表面水力负荷，$m^3/(m^2 \cdot d)$。

（3）校核水力停留时间

$$T=\frac{Vn}{Q} \tag{8-7}$$

式中 V——人工湿地基质的体积，m^3；

n——填料孔隙率，%，表面流人工湿地 $n=1$。

复习思考题

1. 稳定塘有哪几种主要类型？各适用于什么场合？
2. 试述好氧塘、兼性塘和厌氧塘净化污水的基本原理及优缺点。
3. 人工湿地脱氮除磷的机理是什么？
4. 人工湿地系统设计的主要工艺参数是什么？选用参数时应考虑哪些问题？

参考文献

[1] 李献文. 城市污水稳定塘设计手册 [M]. 北京：中国建筑工业出版社，1990.
[2] 成官文. 水污染控制工程 [M]. 北京：化学工业出版社，2009.
[3] 张忠祥，钱易，章非娟. 环境工程手册：水污染防治卷 [M]. 北京：高等教育出版社，1996.
[4] 张自杰. 排水工程：下册 [M]. 3 版. 北京：中国建筑工业出版社，1996.

第九章

污水的厌氧生物处理

传统厌氧法水力停留时间长、有机负荷低，过去很长一段时间里仅限于污泥、粪便等的处理，没有得到广泛采用。20世纪下叶，随着世界能源问题的出现以及污水处理厂脱氮除磷的需求增加，新的厌氧处理工艺及其构筑物不断地被开发出来，使得厌氧生物处理技术的理论和实践都有了长足进步，并在处理高浓度有机工业废水、畜禽养殖废水、污水厌氧释磷等方面取得了良好的效果。

第一节　污水厌氧生物处理的基本原理

一、厌氧消化（发酵）的机理

早期的厌氧生物处理研究都针对污泥消化，即在无氧的条件下，由兼性厌氧菌及专性厌氧菌降解有机物使污泥得到稳定，其最终产物是二氧化碳和甲烷气（或称污泥气、消化气）等。所以污泥厌氧消化过程也称为污泥生物稳定过程。

厌氧消化（发酵）是一个极其复杂的过程，过去很长一段时间被概括为两阶段过程：第一阶段是酸性发酵阶段，有机物在产酸菌的作用下，分解成脂肪酸及其他产物，并合成新细胞；第二阶段是甲烷发酵阶段，脂肪酸在专性厌氧菌（产甲烷菌）的作用下转化成甲烷和二氧化碳。但事实上第一阶段的最终产物不仅仅是酸，还有二氧化碳等。随着人们对厌氧消化（发酵）微生物研究的不断深入，厌氧消化（发酵）过程中不产甲烷菌和产甲烷菌之间的相互关系更加明确。1979年，Bryant根据对产甲烷菌和产氢产乙酸菌的研究结果，提出了三阶段消化理论（图9-1）。该理论认为产甲烷菌不能利用除乙酸、H_2、CO_2和甲醇等以外的有机酸和醇类，长链脂肪酸和醇类必须经过产氢产乙酸菌转化为乙酸、H_2和CO_2等后，才能被产甲烷菌利用。三阶段消化理论突出了产氢产乙酸菌的作用，并把它划分成一个独立的阶段。三阶段消化理论将厌氧消化概括为以下三个阶段：

第一阶段为水解发酵阶段。在该阶段，复杂的有机物在厌氧菌胞外酶的作用下，首先被分解成简单的有机物，如纤维素经水解转化成较简单的糖类，蛋白质转化成较简单的氨基酸，脂类转化成脂肪酸和甘油等。继而这些简单的有机物在产酸菌的作用下经过厌氧发酵和氧化转化成乙酸、丙酸、丁酸等脂肪酸和醇类等。参与这个阶段的水解发酵菌主要是专性厌氧菌和兼性厌氧菌。

第二阶段为产氢产乙酸阶段。在该阶段，产氢产乙酸菌把除乙酸、甲烷、甲醇以外的第一阶段产生的中间产物，如丙酸、丁酸等脂肪酸和醇类等转化成乙酸和氢，并有 CO_2 产生。

第三阶段为产甲烷阶段。在该阶段，两组生理上不同的产甲烷菌起作用，一组把 H_2 和 CO_2 转化为甲烷，另一组将乙酸脱羧产生甲烷。在厌氧消化的过程中，由乙酸形成的 CH_4 约占总量的 2/3，由 CO_2 还原形成的 CH_4 约占总量的 1/3（图 9-1）。

综上可知，产氢产乙酸菌在厌氧消化中具有极为重要的作用，它在水解、发酵细菌与产甲烷菌之间的共生关系中起到了联系作用，而且不断地提供大量的 H_2，作为产甲烷菌的能源以及还原 CO_2 生成 CH_4 的电子供体。重要的产甲烷过程有：

$$CH_3COO^- + H_2O \longrightarrow CH_4 + HCO_3^- \qquad \Delta G_0' = -31.0\text{kJ/mol}$$

$$HCO_3^- + H^+ + 4H_2 \longrightarrow CH_4 + 3H_2O \qquad \Delta G_0' = -135.6\text{kJ/mol}$$

$$4CH_3OH \longrightarrow 3CH_4 + CO_2 + 2H_2O \qquad \Delta G_0' = -312.0\text{kJ/mol}$$

$$4HCOO^- + 2H^+ \longrightarrow CH_4 + CO_2 + 2HCO_3^- \qquad \Delta G_0' = -32.9\text{kJ/mol}$$

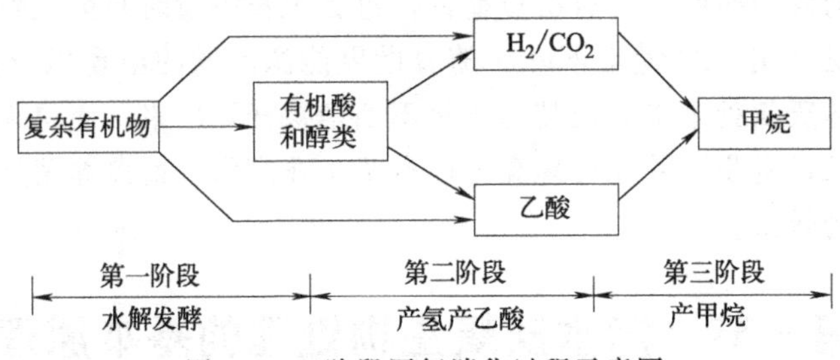

图 9-1 三阶段厌氧消化过程示意图

二、厌氧消化（发酵）的影响因素

长期研究表明，大多数情况下产甲烷阶段是厌氧过程的限制性步骤，因此，在工程技术上把影响产甲烷菌活性的因素作为影响厌氧消化过程的主要因素。

1. pH 值

pH 值是废水生物厌氧处理最重要的影响因素之一。微生物对 pH 值的波动十分敏感，即使在其适宜生长的 pH 值范围内，也要比对温度变化的适应慢得多。pH 值的变化将直接影响产甲烷菌的生存和活动。在厌氧生物处理中，水解菌和产酸菌对 pH 值有较大范围的适应性，这类菌可以在 pH 值为 5.0～8.5 范围内生长良好，一些产酸菌在 pH 值小于 5.0 时仍然能够生长。但对 pH 值敏感的甲烷菌适宜 pH 值范围为 6.5～7.8（这也是通常情况下厌氧生物处理所应控制的 pH 值范围），最佳 pH 值范围应为 6.8～7.2。

厌氧生物处理的 pH 值范围是指厌氧反应器内反应区的 pH 值，而不是进水的 pH 值。废水进入反应器内，生物化学反应和稀释作用可以迅速改变反应器内的 pH 值，尤其是大量溶解性碳水化合物酸化后能迅速降低反应器内的 pH 值。一般情况下，反应器的出水 pH 值接近或等于反应器内的 pH 值。

污水和泥液中的碱度有缓冲作用，如果有足够的碱度中和有机酸，反应器中的 pH 值有可能维持在 6.8 之上，酸化和甲烷化两大类细菌就有可能共存，从而消除分阶段现象。此外，消化池内的充分混合对调整 pH 值也是必要的。

2. 温度

与所有生物化学反应一样，厌氧生物处理受温度以及温度波动的影响。厌氧消化可以在低温（10～34℃）、中温（35～38℃）和高温（52～55℃）进行，分别进行低温消化、中温消化和高温消化。当厌氧消化反应在低温、中温和高温进行时，不是三种消化反应都能达到同样的消化速率。在低温厌氧反应器中，尽管温度适合嗜冷微生物生长，但由于温度制约生物化学的反应速率，即使嗜冷微生物处在最佳的生长温度，它的代谢速率也会低于中温厌氧反应器。大多数情况下，厌氧消化基本都符合温度每增加 10℃反应速率增加 1 倍的规律。如中温消化的消化时间（产气量达到总量 90%所需时间）约为 20d，高温消化的消化时间约为 10d。

根据温度对厌氧微生物代谢速率的影响，厌氧消化不宜选用低温消化（农村小型沼气发酵除外），而常采用中温消化。中温消化的温度与人体温度接近，其对寄生虫卵及大肠杆菌的杀灭率较低；高温消化产沼气速率及产沼气量均高于中温消化，且对寄生虫卵的杀灭率可达 99%，但高温消化需要的热量比中温消化要高得多，同时温度的升高还加剧了除产甲烷菌外其他微生物的活动，因而沼气中的甲烷产量并没有增加，甚至还有所降低，增加的沼气主要为其代谢产物二氧化碳，因此，高温消化并不是一个好的选择。

对于厌氧反应，稳定的消化温度是十分必要的。据研究，消化温度的波动范围一天不宜超过±2℃，中温和高温消化温度的波动范围为±1.5～±2℃。当有±3℃的变化时，就会抑制消化作用的进行；当有±5℃的急剧变化时，消化反应器就会停止产气。所以，在选择厌氧消化的温度时，要根据废水本身的温度及环境条件（气温、有无废热可以利用等）确定，同时要做好反应器的隔热与保温。

3. 生物固体停留时间（污泥泥龄）

厌氧消化的效果与污泥泥龄有直接关系，污泥泥龄的表达式为：

$$\theta_c=\frac{m_r}{\phi_e} \tag{9-1}$$

$$\phi_e=\frac{m_e}{t}$$

式中　θ_c——污泥泥龄（SRT），d；

m_r——消化池内的总生物量，kg；

ϕ_e——消化池每日排出的生物量，kg/d；

m_e——排出消化池的总生物量，kg；

t——排泥时间，d。

消化池的水力停留时间等于污泥泥龄。由于产甲烷菌的增殖速率较慢，对环境条件的变化十分敏感，因此，要获得稳定的处理效果就需要保持较长的污泥泥龄。鉴于有机物降解程度是污泥泥龄的函数，消化池的设计并不是类似污水好氧生物处理的负荷设计，而是以污泥泥龄或水力停留时间进行设计的。

消化池的有效容积可用污泥的投配率表示：

$$V=\frac{V'}{n} \tag{9-2}$$

式中　n——污泥投配率，每日投加新鲜污泥体积所占消化池有效容积的比例，%；

V——消化池有效容积，m^3；

V'——新鲜污泥量，m^3。

投配率是消化工艺设计的重要参数。投配率过高，可能影响产甲烷菌的正常生理代谢，导致脂肪酸在反应器中大量积累，pH 值下降，污泥消化不完全；投配率过低，污泥消化完全，产气量大，但产气速率会降低，消化池容积加大，基建投资费用增加。根据实践经验，一般城市污水处理厂污泥中温消化的投配率以 5%～8%为宜，相应的消化时间为 12.5～20d。

利用农村生活污水或畜禽养殖、食品加工、肉联加工等生产废水进行沼气发酵时，因发酵对象含有大量纤维类物质，降解速率较污泥要慢，故其生物固体停留时间（俗称发酵周期）一般要 30d。

4. 搅拌和混合

厌氧消化是由细菌体的内酶和外酶与底物进行的接触反应。在生物反应器中，底物首先需传质到细菌表面，进而被代谢，而传质速率将起到重要的作用。搅拌是影响传质速率的重要因素之一，是实现两者充分混合的关键所在。影响传质速率的其他因素主要有厌氧污泥（或生物膜）与介质间的液膜厚度，以及颗粒污泥内部不同细菌菌群间代谢产物的传质速率。液膜厚度大将影响底物的传质速率，可通过搅拌（机械或代谢产气搅拌）降低液膜厚度。

过去常常采用水射器搅拌法、消化气循环搅拌法和混合搅拌法，但现在国内外大型沼气池或消化池已开始在池内安装搅拌器直接搅拌。

5. 营养与 C/N 值

厌氧细菌由于生长速率慢，所以对氮、磷等营养盐需求较少。试验表明，COD∶N∶P 控制在 500∶5∶1 左右为宜。在厌氧处理装置启动时，可稍微增加氮素，有利于微生物的增殖，并有利于提高反应器的缓冲能力。厌氧消化过程中，如 C/N 太高，细胞的氮量不足，消化液的缓冲能力弱，pH 值容易降低；C/N 太低，氮量过多，pH 值可能上升，铵盐容易积累，会抑制消化进程。

6. 氧化还原电位

无氧环境是严格厌氧产甲烷菌繁殖的最基本条件之一。对厌氧反应器介质中的氧浓度与电位的关系的判断，可用氧化还原电位（ORP）表示。

有资料表明，产甲烷菌初始繁殖的条件是氧化还原电位不能高于－330mV。按照能斯特（Nernst）方程，氧化还原电位－330mV 相当于 2.36×10^{56}L 水中有 1mol 氧。可见专性厌氧的产甲烷菌对介质中分子态氧的存在是极为敏感的。对环境的严格厌氧要求是由产甲烷菌本身的严格厌氧特性决定的。在厌氧发酵全过程中，非产甲烷阶段（如污水处理厂的厌氧池）可在敞开的厌氧池或兼氧条件下完成，氧化还原电位在＋100～－250mV；而产甲烷阶段最适氧化还原电位为－300～－500mV，需要在严格的密闭环境中进行。

氧化还原电位还受到 pH 值的影响：pH 值低，ORP 高；pH 值高，ORP 低。因此，初始产甲烷阶段应尽可能保持介质 pH 接近中性，并保持反应装置的密封性。

7. 有毒物质

所谓“有毒”是相对的，事实上任何一种物质对微生物的生长都有两方面的作用，既有促进作用又有抑制作用，关键在于浓度界限，即阈值浓度。

(1) 重金属离子的毒害作用

工业废水中常含有重金属。微量重金属对厌氧细菌的生长可能起到促进作用，但当其过量时，却可能抑制微生物生长。众多研究表明，各种重金属离子对厌氧发酵产生抑制的阈值浓度因试验条件、底物成分、厌氧工艺以及污泥驯化程度不同而差别较大，不同学者的研究结果并不统一。在大多数情况下，重金属对微生物的毒性大小依次为 Ni>Cu>Pb>Cr>Cd>Zn。

重金属离子对甲烷消化的抑制作用表现在两个方面：①与酶结合，产生变性物质，使酶的作用消失；②重金属离子及氢氧化物的絮凝作用，使酶沉淀。

(2) 氨的毒害作用

氨氮对厌氧微生物的生长亦有促进浓度和抑制浓度之分。当有机酸积累时，pH 值降低，此时 NH_3 转变为 NH_4^+，当 NH_4^+ 浓度超过 150mg/L 时，消化过程受到抑制。氨氮浓度在 50～200mg/L 时，对厌氧反应器中的微生物有促进作用，在 1500～3000mg/L 时则有明显的抑制作用。值得注意的是，反应液的 pH 值决定了水中氨和铵离子间的分配百分比。当 pH 值较高时，对产甲烷菌有毒性的游离氨的比例也会相应提高。表 9-1 是 McCarty 归纳的氨对厌氧微生物的影响情况。

表 9-1 氨对厌氧微生物的影响

观察到的影响	氨浓度(以 N 计)/(mg/L)	观察到的影响	氨浓度(以 N 计)/(mg/L)
有益	50～200	在高 pH 值时有抑制作用	1500～3000
没有不利影响	200～1000	有毒	>3000

(3) H_2S 的毒害作用

脱硫弧菌（属于硫酸盐还原菌）能将乳酸、丙酮酸和乙醇转化为 H_2、CO_2 和乙酸。但在含硫无机物（SO_4^{2-}、SO_3^{2-}）存在时，它将优先还原 SO_4^{2-} 和 SO_3^{2-}，产生 H_2S，形成与产甲烷菌对基质的竞争，并对产甲烷菌产生毒害作用。因此，当厌氧处理系统中 SO_4^{2-} 和 SO_3^{2-} 浓度过高时，产甲烷过程就会受到抑制，严重时会影响整个系统的正常工作，并导致消化气中含有较多的 H_2S。

硫酸盐、硝酸盐和亚硝酸盐的存在将对产甲烷阶段构成一定的竞争抑制，研究表明，厌氧处理有机废水时生物氧化的顺序是：反硝化、反硫化、产酸发酵、产甲烷等。只有在前一种反应条件不具备时才进行后一种反应。因此，必须严格控制厌氧反应器进水中的硫酸盐、硝酸盐和亚硝酸盐的含量，才能使反应器保持有利于产甲烷阶段的运行状态。

(4) 难降解有机物的毒害作用

一些工业废水中常含有一定浓度的有毒有机物，其中有天然有机物，也有相当一部分是人工合成的生物异型化合物。有毒有机物的毒性由两种原因引起：①非极性的有机化合物可能损害细胞的膜系统；②通过氢键与菌体蛋白质结合，使酶失活。对于有机物，分子结构将对微生物的抑制作用有影响。例如醛基、双键、氯取代基、苯环等结构，可增强对微生物的抑制作用。在脂肪酸中，丙酸、已酸、十二烷酸对厌氧微生物具有抑制作用。此外，几乎所有的苯环化合物对厌氧过程都有一定的抑制性。表 9-2 是部分有机物在厌氧处理中的容许浓度。

表 9-2 部分有机物在厌氧处理中的容许浓度

种类	浓度/(mg/L)	种类	浓度/(mg/L)
酚	686(1600)	丙烯腈	20
氰(CN^-)	0.5～1(30～50)	氯霉素	5
烷基苯磺酸盐	500～700	生物表面活性剂	20～50(<250)
氨(NH_4^+、NH_3)	2000(6000)	苯	440
甲醛	100～400	邻二甲苯	870
三氯甲烷	2～3	甲醇(驯化 27d)	800(1500)
四氯化碳	0.5～2.2	异丙醇(驯化 27d)	(1000)
二氯甲烷	100	苯基苯酚(驯化 27d)	(500)
丁烯醛	120	乙醚(驯化 27d)	3.6(1500)
乙醛	400	挥发酸(以乙酸计)	2000～4000(6000)
苯甲酚	不分解	单宁酸(50%致死浓度)	500,持续毒性强

注：括号中的数值为经驯化后微生物的容许浓度。

第二节 污水的厌氧生物处理技术

厌氧生物处理是高浓度有机物处理的常见手段。自20世纪60年代以来，厌氧生物滤池、厌氧生物接触法、上流式厌氧污泥床反应器、分段厌氧处理法、厌氧颗粒污泥膨胀床、厌氧生物转盘、两相厌氧法等相继得到应用。

一、化粪池

化粪池用于处理来自厕所的粪便污水，曾广泛用于不设污水处理厂的合流制排水系统，亦可用于郊区的别墅式建筑。图9-2所示为常见化粪池的构造。污水进入第一室，水中悬浮固体沉于池底或浮于池面。池内一般分为三层：上层浮渣层、下层污泥层、中间水流层。然后污水进入第二室，底泥和浮渣被第一室截留，达到初步净化目的。污水在池内停留时间一般为12～24h。出水排入下水管道。

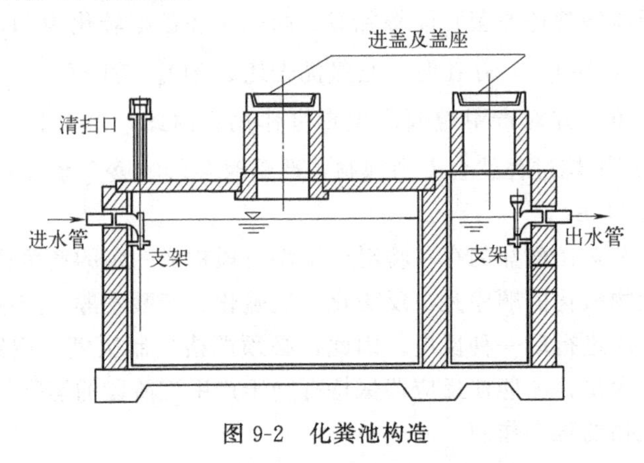

图9-2 化粪池构造

二、厌氧生物滤池

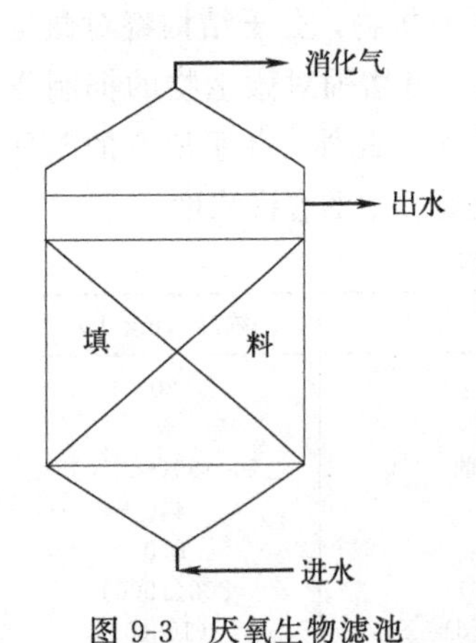

图9-3 厌氧生物滤池

厌氧生物滤池（anaerobic biological filter，AF），是一种内部填充有微生物载体或填料的厌氧生物反应器，如图9-3所示。厌氧生物滤池的结构类似一般的好氧生物滤池，包括池体、滤料、布水设施以及排水、排泥设备等。不同之处是厌氧生物滤池的池顶是密闭的。滤池按功能可分为布水区、反应区、出水区和集气区四个部分。厌氧生物滤池的中心构造是滤料。滤料可采用拳状石质滤料，如碎石、卵石等，粒径在40mm左右，也可使用塑料填料。

厌氧生物滤池的工作原理为：污水从池底进入，经过附着大量生物膜的滤料与微生物接触，并被生物膜中的微生物降解转化为沼气，后从池上部排出至后续构筑物。微生物附着生长在滤料上，不随出水流出，因而能保持较长的污泥泥龄。由于填料是固定的，废水进入反应器后逐渐被微生物水解酸化、产氢产乙酸和产甲烷，废水组成在反应器不同高度逐渐变化，对应的微生物种群分布也呈规律性变化。在进水处以发酵菌和产酸菌为主，随反应器高度上升，产氢产乙酸菌和产甲烷菌逐渐增多并占主导地位。

厌氧生物滤池的主要优点是：微生物固体停留时间长，去除有机物的能力较强；滤池内可以保持很高的微生物浓度；不需另设泥水分离设备，出水 SS 较低；设备简单、操作方便等。它的主要缺点是：滤料费用较高；进水不易分配均匀，滤料容易堵塞，池下部生物膜很厚，堵塞后没有简单有效的清洗方法。因此，悬浮固体浓度高的污水不适用此法。

三、厌氧接触法

厌氧接触工艺实质上是厌氧活性污泥法，它是在完全混合式厌氧反应器基础上增加了污泥分离和污泥回流的装置而形成的，其流程见图 9-4。经厌氧接触反应器（接触池）处理的混合液首先在沉淀池固液分离（也可以采用气浮法或膜过滤），沉淀或分离的污泥回流至厌氧消化池（即接触池），保证厌氧消化池稳定的高污泥浓度，提高厌氧消化池的有机负荷和处理效率。该工艺为中低负荷工艺，适宜高浓度有机废水和悬浮固体浓度较高的有机污水处理，如酒精糟液、肉联加工废水的处理。

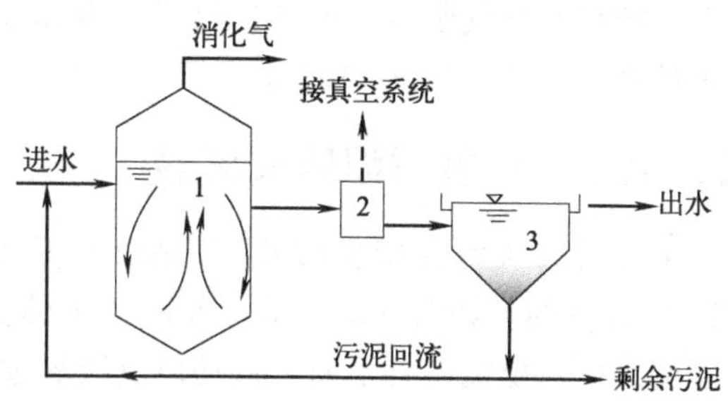

图 9-4　厌氧接触法工艺流程

1—厌氧接触池；2—真空脱水器；3—沉淀池

厌氧接触法的设计技术及其参数选取可参考完全混合式厌氧反应池废水处理工程技术规范（HJ 2024—2012）。

厌氧接触池中的污泥浓度一般在 12000～15000mg/L，污泥回流量很大，一般是污水流量的 2～3 倍。由于污泥量大，要对厌氧接触池进行适当搅拌以使污泥保持悬浮状态。搅拌可以用机械方法，也可以用泵循环搅拌，混合搅拌功率宜采用 $5\sim8W/m^3$。厌氧接触法由于污泥回流，反应器内能够维持较高的污泥浓度，大大缩短了水力停留时间，并使反应器具有一定的耐冲击负荷能力。但从厌氧反应器排出的混合液中的污泥因附着大量气泡，在沉淀池中易于上浮而被出水带走。此外进入沉淀池的污泥仍有产甲烷菌在活动，并产生沼气，使已沉淀的污泥上翻，影响固液分离效果，使回流污泥浓度降低，影响反应器内污泥浓度。对此需采取下列技术措施：

① 在反应器与沉淀池之间设脱气器，尽可能将混合液中的沼气脱除。但这种措施不能抑制产甲烷菌在沉淀池内继续产气。

② 投加混凝剂，提高沉淀效果。

③ 用膜过滤代替沉淀池。

四、两级厌氧消化和两相厌氧消化

两级厌氧消化根据消化过程沼气产生规律进行设计。目的是节省污泥加温与搅拌所需能量。根据中温消化产气率与消化时间的关系，消化前 8d 的产气量约占全部产气量的 80%，可以把消化池设计成两级：第一级消化池有加温、搅拌设备，并有集气罩收集沼气；第二级不设加热和搅拌设备，依靠第一级的余热继续消化，产气量约占 20%，可收集或不收集沼气。由于温度低、消化时间长，加之不搅拌，所以二级消化池具有浓缩功能。

两相厌氧消化（two phase anaerobic digestion）是根据消化机理进行设计的，目的是基于三阶段理论构建消化池各相的微生物种群生长繁殖环境。1971年戈什（Ghosh）和波兰德（Pohland）首次提出了两相发酵的概念，即把产酸和产甲烷两个阶段的反应分别在两个独立的反应器内进行，以创造各自最佳的环境条件，并将这两个反应器串联起来，形成两相厌氧发酵系统。目前城市污水处理厂污泥消化处理一般采用两相厌氧消化。水解酸化和产甲烷是在两个独立的反应器内分别进行，因而本工艺具有下列特点：

① 为产酸菌、产甲烷菌分别提供各自最佳的生长繁殖条件，在各自反应器内得到最高的反应速率，提高处理效率。

② 酸化反应器有一定的缓冲作用，缓解冲击负荷对后续的产甲烷反应器的影响。当废水含有硫酸盐等抑制性物质时，酸化反应器可以减轻对产甲烷菌的影响。

③ 酸化反应器反应进程快，水力停留时间短，COD去除率可达20%～25%，能够大大减轻产甲烷反应器的负荷。

两相厌氧消化第一相消化池采用100%的投配率，水力停留时间为1d；第二相消化池采用15%～17%的投配率，水力停留时间为6～6.5d。为节省能源，一般只对第二相消化池设加温、搅拌和集气装置，产气量（以污泥体积计）约为1.0～1.3m^3/m^3，即每去除1kg有机物的产气量约为0.9～1.1m^3。

五、上流式厌氧污泥床反应器

上流式厌氧污泥床反应器（UASB）是由荷兰的Lettinga教授等在1972年研制，于1977年开发的。如图9-5所示，反应器主体为无填料的空容器，其中含有大量厌氧污泥。由于废水以一定流速自下而上流动以及厌氧过程产生大量沼气的搅拌作用，废水与污泥充分混合，有机物被吸附分解。所产生的沼气经由反应器上部的三相分离器的集气室排出，含有悬浮污泥的废水进入三相分离器的沉降区泥水分离，沉淀污泥返回主体反应器，澄清污水从出水口排放。

由于废水流动和沼气的搅拌、黏附作用，细小的污泥絮体会随废水流出或洗出，经过一段时间运行后，会在反应器底部形成一个具有高浓度（可达60～80g/L）、高活性和良好沉降性能的颗粒污泥层，使反应器能够承受较大的上升流速和很高的容积负荷，能适应负荷冲击和温度、pH值的变化。

上流式厌氧污泥床反应器（UASB）是目前应用最成功的厌氧生物处理工艺，其广泛用于各种有机废水的处理。

1. 三相分离系统的结构

三相分离器是指安装于厌氧污泥床中上部，收集反应区产生的沼气，并使悬浮物沉淀、出水排放，实现气体、固体、液体分离的装置。

三相分离器结构与反应器的进水系统是UASB反应器的核心。需分离的混合物由气体、液体和固体（污泥）组成，所以该系统要具有气、液、固三相分离的功能（见图9-5）：①在水和污泥的混合物进入沉淀区前，必须首先将气泡分离出来；②为避免在沉淀区里产气，污泥在沉淀区里的滞留时间必须很短；③由于厌氧污泥有积聚的特征，沉淀器内存在的污泥层对液体通过它向上流动影响不大。

一般来说，分离器的设计应考虑以下几方面因素。①由于厌氧污泥较黏，沉淀区底部倾角应较大，可选择$\alpha=45°\sim60°$；②沉淀器内最大截面的表面水力负荷应保持在$u_s=0.7$m/h以下，水流通过液-固分离孔隙（a值）的平均流速应保持在$u_0=2$m/h以下；③气体收集

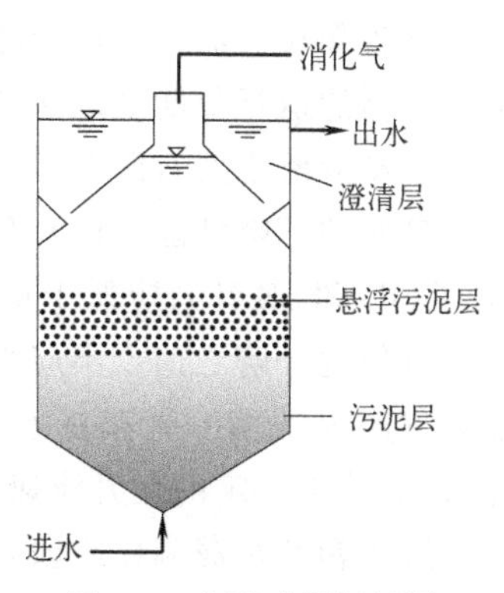

图 9-5　上流式厌氧污泥床反应器

器间缝隙的截面面积不小于总面积的 15%～20%；④反应器高为 5～7m 的气体收集器的高度应为 1.5～2m；⑤气室与液-固分离的交叉板应重叠（重叠宽度 b＝100～200mm），以免气泡进入沉淀区；⑥应减少气室内产生泡沫和浮渣，通过水封系统控制气室的液-气界面上形成气囊，压破泡沫并减少浮渣的形成，此外，应使气室上部排气管直径足够大，避免泡沫挟带污泥堵塞排气系统。

图 9-6 为几种可供参考的典型三相分离器。欲满足上述设计因素，小型 UASB 反应器的三相分离器较容易设计，而大型反应器的设计难度较大。小型设备常采用圆柱形钢结构，而大型设备均采用矩形钢结构或钢筋混凝土结构，三相分离器的设计结构有差异，但遵循的原则是一致的。

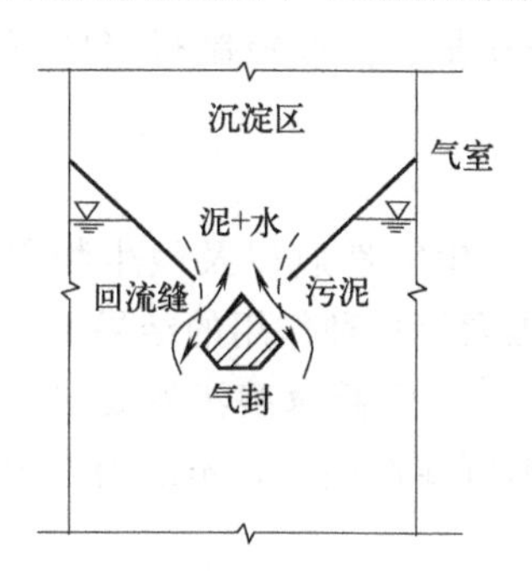

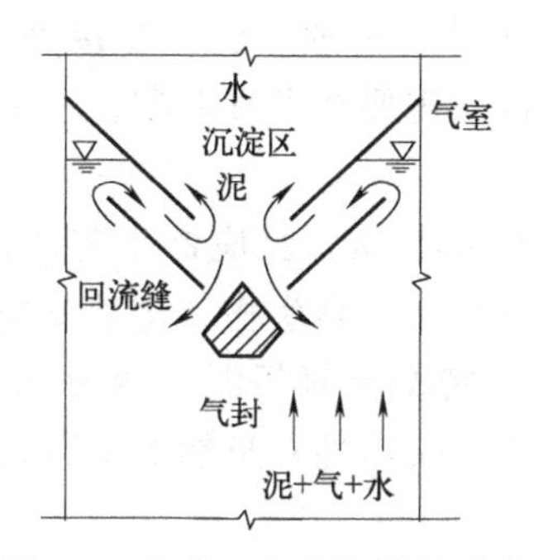

图 9-6　几种三相分离器的形式

2. 颗粒污泥形成的机理

颗粒污泥是指通过生物自固定过程形成的细胞团聚体。厌氧颗粒污泥有一定形状、结构和表面积，粒径相对较大（d＞0.5mm），沉速、强度、密度、空隙率等物理性质指标相对稳定，包含能降解废水有机污染物所必需的各种酶和菌群，并具有较高的产甲烷活性。

在 UASB 污泥颗粒化过程中，根据接种污泥的性质、底物的成分及启动条件，可能形成以下三种类型的颗粒污泥。①杆菌颗粒：紧密球形颗粒，主要由杆状菌、丝状菌组成，颗粒直径 1～3mm。②丝菌颗粒：颗粒大致呈球形，主要由松散互卷的丝状菌组成，丝状菌附着在惰性粒子上，颗粒直径 1～5mm。③球菌颗粒：紧密球状颗粒，主要由甲烷八叠球菌属组成，颗粒直径 0.1～0.5mm。根据目前的研究成果，尚不明确培养这三种类型的颗粒污泥所需的工艺条件及相互关系。对这三种颗粒污泥来说，杆菌颗粒和丝菌颗粒的沉淀性能好，虽然球菌颗粒的产甲烷活性较高，但因所形成的颗粒小，故反应器所能承受的有机负荷不如前两种颗粒污泥的高。

Lettinga 等的研究认为，细菌很容易在惰性材料表面上附着并结团（絮凝）。污泥结团的核心主要是较重的污泥及颗粒，细菌以某种程度附着在上面。新生成细菌的附着、截留使这些较重的“基本核心”增长成较密实的污泥絮体。当反应器有利于微生物生长时，这一过程进行得很快。在启动后期，污泥絮体及附着其上不断繁殖的细菌，在重力、水流及逸出的气泡剪切力的扰动和影响下发生生物团聚作用。

3. UASB 反应器的启动

UASB 反应器的启动是指向厌氧反应器中投入接种颗粒污泥，通过控制进水条件驯化和培养接种颗粒污泥，使反应器中厌氧活性污泥的数量和活性逐步增加，并适应进水条件，直至反应器的运行效能稳定达到设计要求的全过程。

启动阶段主要有两个目的。其一，使污泥适应将要处理废水中的有机物；其二，使污泥具有良好的沉降性能。UASB启动研究试验表明，启动应遵循以下原则：①最初的污泥负荷（以COD和SS计）应低于0.1～0.2kg/(kg·d)；②在废水中原来存在和产生的各种挥发酸未能有效地分解之前，不应增加反应器负荷；③应将反应器内的环境条件控制在有利于厌氧细菌（产甲烷菌）繁殖的水平；④污泥量应尽可能多，一般应为10～15kg/m^3（以VSS计）；⑤控制一定的上升流速，允许絮状污泥流失或淘汰，截留住重质污泥。

进入颗粒污泥驯化阶段，有机负荷（以COD计）逐渐增加到1kg/(m^3·d）左右，驯化时间1个月左右；之后逐渐将有机负荷提高到3kg/(m^3·d）左右，驯化时间1个月左右，污泥逐渐成长为颗粒直径1～3mm的颗粒污泥，进入颗粒污泥形成阶段。之后，再将反应器的有机负荷提高到5～8kg/(m^3·d）甚至更高。此时，随着负荷的提高，反应器的污泥总量逐渐增加，颗粒污泥层逐步形成。一般来说，在接种污泥充足、操作控制得当的情况下，形成具有一定厚度的颗粒污泥层需要3个月左右。

4. 影响污泥颗粒化的因素

颗粒污泥形成受接种污泥、废水性质、反应器工艺条件、微生物性质以及微生物菌种间、微生物与底物间的相互作用等影响，是生物、化学及物理因素等多种作用的结果。

① 接种污泥。Lettinga提出稠密型厌氧污泥（约为60kg/m^3）比稀薄型污泥要好。前者的单位生物量产甲烷能力（比产甲烷活性）虽然低于后者，但沉淀性能好，不易因产生过度膨胀而流失。

② 废水性质。废水性质包括有机组分、浓度、悬浮物含量及可生物降解性能等，这些对污泥结团（颗粒化）都有影响。

底物种类对污泥颗粒化影响较大，含碳水化合物废水和易降解废水易形成颗粒污泥。对于生物降解性差的化工废水等，在启动时适当加入淀粉等易生物降解物质是有利的。

COD浓度对污泥颗粒化有一定影响，在低浓度废水里结团会更快，其原因尚不清楚。启动时，COD浓度以4000～5000mg/L为宜，对浓度过高的废水最好采用稀释的方法。

进水的营养宜保持在COD∶N∶P＝（100～500）∶5∶1，当氮、磷缺乏时，应加以补充，并要求pH值控制在6.5～7.5。如适当补充钙和铁，会利于颗粒污泥的形成。

进水悬浮物的含量应控制在一定范围内，一般要求在1500mg/L以下。一般来说，高浓度的惰性分散固体（如黏土等）不利于颗粒污泥的形成。

③ 工艺条件。在培养颗粒污泥的过程中，各种条件都应控制在有利于细菌生长的范围内，主要控制参数有温度、挥发酸、固体停留时间（SRT）以及有机负荷等。

反应器的温度以中温为宜（35～40℃），高温下污泥结团过程与中温类似，但颗粒较小，易流失。UASB反应器排泥量很少，特别是在启动和运行最初的100～200d几乎不需排泥，因此污泥泥龄（SRT）很长。反应器运行期间的有机负荷较大，一般在8～20kg/(kg·d)。

5. 影响颗粒污泥直径大小的因素

颗粒污泥的直径随有机负荷提高而增大，实际上，颗粒污泥大小受底物传质过程中能进入颗粒内部的深度支配。当颗粒大小与传质之间不相适应时，颗粒内会因营养不足发生细胞自溶，最终导致颗粒破碎。高负荷或高进水有机物浓度可使更多底物进入颗粒内部，从而允许大的颗粒存在和生长，较大的上升流速与高负荷产生大量生物气也有助于洗出细小污泥，这是高负荷下颗粒污泥平均直径较大的又一原因。

6. 颗粒污泥的性质

颗粒污泥形状不规则，一般呈球形或者椭球形，直径 0.1～2mm，最大可达 3～5mm；颜色呈灰黑色或褐黑色，相对密度一般为 1.01～1.05；污泥容积指数（SVI）与颗粒大小有关，细小颗粒一般为 20mL/g 左右，而沉淀性能较好的絮状污泥约为 40～50mL/g；颗粒污泥在反应器中的沉降速率一般为 0.3～0.8m/h；成熟的颗粒污泥，VSS/SS 一般为 0.7 左右，其与颗粒污泥在反应器中的分布位置有关，一般越往反应器顶部 VSS/SS 越高，最高可达 0.8，反应器底部最低，可达 0.5 甚至更低。

7. UASB 反应器的发展

（1）复合式厌氧反应器（厌氧升流式污泥层滤器，UBF）

厌氧升流式污泥层滤器是将 UASB 和厌氧生物滤池（AF）两种工艺结合在一起形成的复合床反应器，简称 UBF，其可以兼顾 UASB 和 AF 的优点，可不设三相分离器（图 9-7）。反应器按功能可分为布水器、颗粒污泥悬浮区、固定填料与污泥截留区、集气区和出水区。

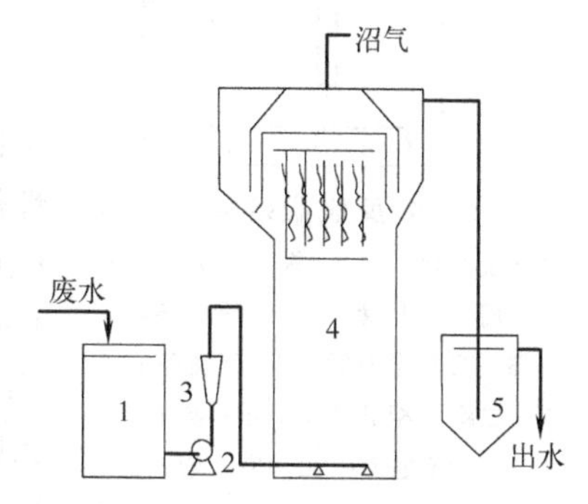

图 9-7 复合式厌氧反应器工艺流程
1—废水箱；2—进水泵；3—流量计；4—复合式厌氧反应器；5—沉淀池

UASB 反应器污泥层的膨胀高度有一定限度，一般最高不超过 4m，而悬浮层中生物量较少。在实际工程中，为了减少 UASB 反应器的占地面积，有时需要 UASB 反应器向高度发展，但反应器反应区高度超过 4m 时，上部空间发挥的作用相对较小。为使 UASB 反应器既减少占地面积，又能充分利用空间发挥最大的降解作用，可在 UASB 反应器污泥层或悬浮层上部填加生物填料，填料上可生长大量厌氧细菌，从而起到污泥拦截和增加生物量的作用。此项技术已在某些废水处理实际工程中得到应用，效果良好。

（2）厌氧折流板反应器（ABR）与厌氧迁移层反应器（AMBR）

厌氧折流板反应器（anaero bicbaffled reactor，ABR）相当于多级 UASB 反应器，适于处理低浓度、中浓度工业废水。利用导流板使废水在每一级中形成上下流动，并通过一系列污泥层反应器［图 9-8（a）］，从而在水流方向上形成彼此串联的隔室。借助厌氧发酵产生的气体使反应器中的微生物固体在折流板所形成的各个隔室内做上下膨胀和沉淀运动，而整个反应器内的废水以缓慢的速度进行水平流动。同时，反应器中的微生物种群在不同

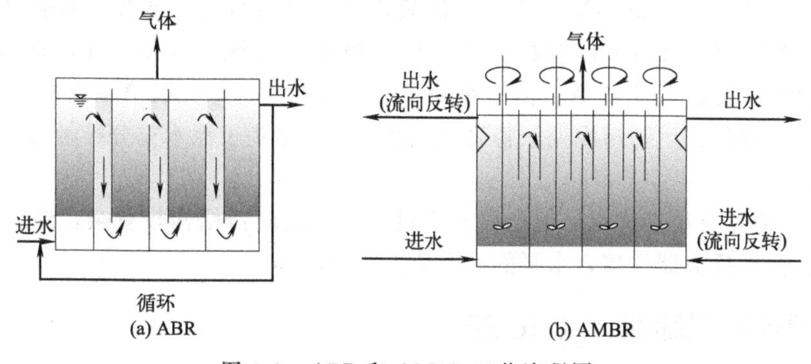

图 9-8 ABR 和 AMBR 工艺流程图

隔室中依次出现产酸相和产甲烷相，构建不同微生物的优势种群或形成良好的微生物功能分区；推流式的水力流态有利于污泥与进水的充分混合传质，在推流全过程中形成了底物浓度梯度。

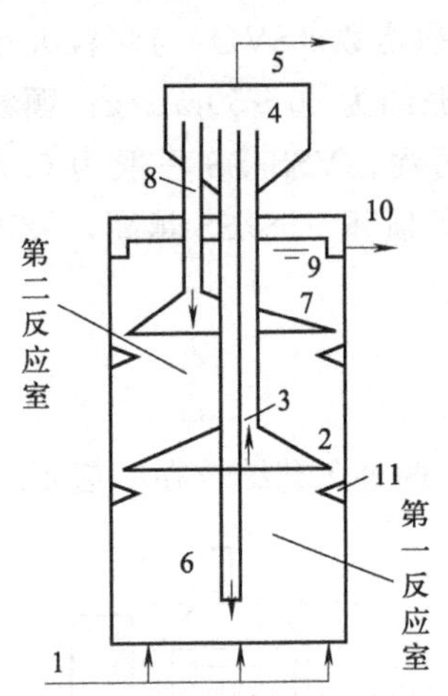

图 9-9 IC反应器结构示意图
1—进水管；2—一级三相分离器；3—沼气提升管；4—气液分离器；5—沼气排出管；6—回流管；7—二级三相分离器；8—集气管；9—沉淀区；10—出水管；11—气封

厌氧折流板反应器结构简单，不需要搅拌混合装置和三相分离器，也不需要载体（滤料）材料，微生物固体与废水充分混合接触，污泥流失量少，反应器启动时间短，不存在污泥堵塞问题，可长期运行而不必排泥。

AMBR 工艺是在 ABR 反应器基础上加入机械搅拌装置，防止系统中污泥沉降［图 9-8（b)］，通过工艺进、出水位置交替转换，从而保证反应器中污泥层生物相基本相同。

(3) 内循环（IC）厌氧反应器工艺

IC 厌氧反应器是由荷兰 Paques 公司 1985 年在 UASB 基础上推出的第三代高效厌氧反应器，1988 年第一座生产性规模的 IC 反应器投入运行。IC 反应器可看作由两个 UASB 反应器串联构成，具有很大的高径比，直径一般为 4～8m，高度可达 16～25m，由五个基本部分组成（图 9-9)。①混合区，进水与回流污泥混合；②颗粒污泥膨胀床区，第一反应室；③精处理区，第二反应室；④内循环系统，IC 工艺的核心构造，由一级三相分离器、沼气提升管、气液分离器和泥水下降管组成；⑤二级三相分离器，包括集气管和沉淀区。

UASB 反应器虽然有较多的优点，但在保持泥水的良好接触、强化传质过程、最大限度地利用颗粒污泥的生物处理能力、减轻传质的限制对生化反应速率的负面影响方面却存在不足，而 IC 反应器却利用自身的结构特点较好地解决了以上问题。

IC 反应器的主要特性如下：①实现自发的内循环污泥回流，较高的 COD 容积负荷条件下，利用产甲烷菌产生的沼气形成汽提，在无须外加能源的条件下实现了内循环污泥回流，从而进一步增加生物量，延长污泥泥龄。②引入分级处理，并赋予其新的功能。通过膨胀床去除进水中的大部分 COD，通过精处理区降解剩余 COD 及一些难降解物质，从而提高了出水水质。更重要的是，由于污泥内循环，精处理区的水流上升流速（2～10m/h）远低于膨胀床区的上升流速（10～20m/h），而且该区只产生少量的沼气，创造了利于颗粒污泥沉降的良好环境，解决了在高 COD 容积负荷下污泥被冲出系统的问题，保证运行的稳定性。③泥水充分接触，提高传质速率。由于采用了高 COD 负荷，所以第一反应室的沼气产量高，加之内循环液的作用，污泥处于膨胀流化状态，既达到了泥水充分接触的目的，又强化了传质效果。

尽管 IC 反应器有很多优点，但也存在不足，如：反应器结构较复杂，施工、安装和日常维护困难；由于反应器很高，水泵的动力消耗有所增加。

六、厌氧颗粒污泥膨胀床（EGSB）

厌氧颗粒污泥膨胀床（EGSB）反应器指由底部的污泥区和中上部的气、液、固三相分离区组合为一体的，通过回流和结构设计使废水在反应器内具有较高上升流速，反应器内部颗粒污泥处于膨胀状态的厌氧反应器，主要由布水装置、三相分离器、出水收集装置、循环装置、排泥装置及气液分离装置组成（见图 9-10）。

厌氧颗粒污泥膨胀床（EGSB）反应器和上流式厌氧污泥床反应器（UASB）的作用原理、颗粒污泥特点、三相分离器、装置启动、运行负荷与运营管理极为相似。污水从床底部流入，在浮力和摩擦力的作用下使污泥颗粒处于悬浮状态，并与污水充分接触而完成厌氧生物降解过程，净化后的出水从上部溢出，产生的气体也逸出。为保证反应器内部颗粒污泥处于悬浮状态，宜通过内、外循环方式提高出水回流比，提高床内水流上升流速，降低进水中有毒物质（如重金属、氰化物等）的浓度，减轻或消除其毒害作用。内循环是指将未通过顶层三相分离器的出水经动力提升，与进水相混合的一种循环方式；外循环指将通过顶层三相分离器的出水经动力提升，与进水相混合的一种循环方式。该反应器主要特征是有机物容积负荷较高，水力停留时间短，耐冲击负荷能力强，运行稳定。

EGSB 反应器宜为圆柱状塔形，容积负荷 10～30kg/(m^3·d)，反应器内废水的上升流速宜在 3～7m/h 之间，反应器的高径比宜在 3～8 之间。

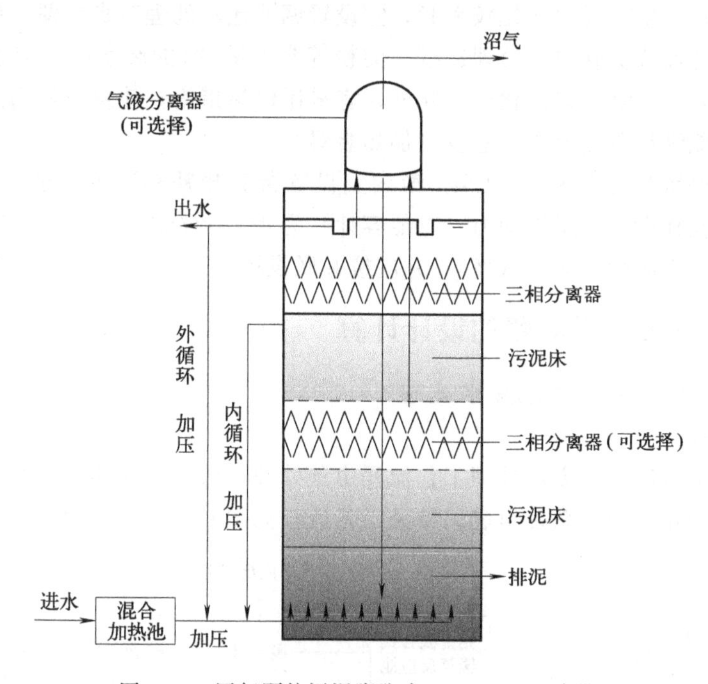

图 9-10 厌氧颗粒污泥膨胀床（EGSB）反应器

第三节 厌氧生物处理法的设计计算

根据《完全混合式厌氧反应池废水处理工程技术规范》（HJ 2024—2012）、《升流式厌氧污泥床反应器污水处理工程技术规范》（HJ 2013—2012）与《厌氧颗粒污泥膨胀床反应器废水处理工程技术规范》（HJ 2023—2012），厌氧生物处理设计包括工艺流程、主要设备的选择，反应器、构筑物的构造和容积的设计计算，需热量的计算和搅拌设备的设计，等等。

一、设计规范要求

1. 水量和水质

设计水量应根据工厂或工业园区总排放口实际测定的废水流量确定。提升泵房、格栅井、沉砂池宜按最高日最高时废水量计算；反应器设计流量应按最高日平均时废水量设计，如厂区内设置调节池且停留时间大于8h，反应器设计流量可按平均日平均时废水量设计。反应器前、后水泵及管道等输水设施应按最高日最高时废水量设计。

进水水质应符合下列条件：pH值宜为6.0～8.0；营养组合比（COD_{Cr}∶氨氮∶磷）宜为（100～500）∶5∶1；BOD_5/COD_{Cr}的值宜大于0.3；进水中COD_{Cr}浓度宜大于1500mg/L；进水中悬浮物含量宜小于1500mg/L；进水中氨氮浓度宜小于2000mg/L；进水中硫酸盐浓度宜小于1000mg/L。

2. 预处理

污水处理前需采取适当的预处理措施，具体包括调节池、格栅、沉砂池、沉淀池、酸化池及加热池等。

当水质、水量随生产过程变化较大时，宜设置调节池；处理畜禽粪便、屠宰和酒糟等含砂较多废水时，应设置沉砂池；处理造纸、淀粉等含大量SS的废水时，应设置沉淀池；当进水可生化性较差时，宜设置酸化池。此外，宜采用保温措施，使反应器内的温度保持在适宜范围内。如不能满足温度要求，应设置加热装置。

调节池水力停留时间宜为8～12h，池内宜设置营养盐补充装置，也可兼用作中和池；调节池内宜设置搅拌设施，搅拌动力（以池容计）为4～8W/m^3。

各处理构筑物不应少于2个（格），并应按并联设计。

二、工艺流程及厌氧反应器的设计计算

1. 完全混合式厌氧反应池废水处理

（1）工艺流程

完全混合式厌氧反应池废水处理工艺流程由预处理、厌氧反应器、出水后续处理、剩余污泥回流、沼气净化及利用系统组成。常见工艺流程见图9-11、图9-12。

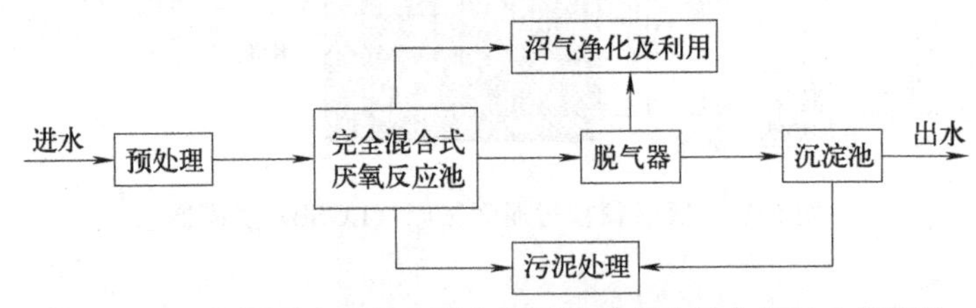

图9-11 无污泥回流的完全混合式厌氧反应池废水处理工艺流程

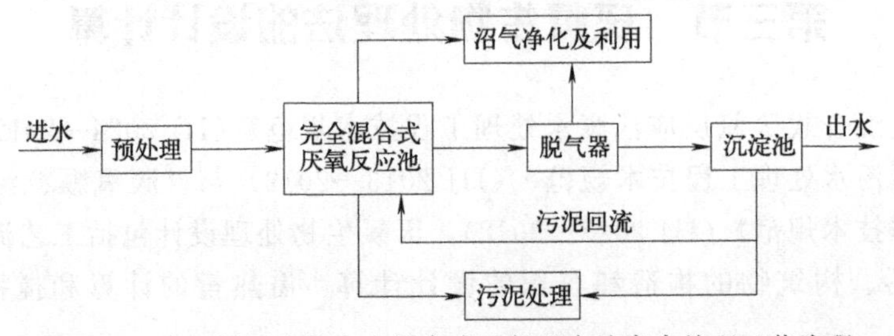

图9-12 有污泥回流的完全混合式厌氧反应池废水处理工艺流程

完全混合式厌氧反应池废水处理工艺的预处理包括格栅、沉砂池、初沉池、调节池及混合加热池或降温设施等，常见处理工艺流程见图9-13。

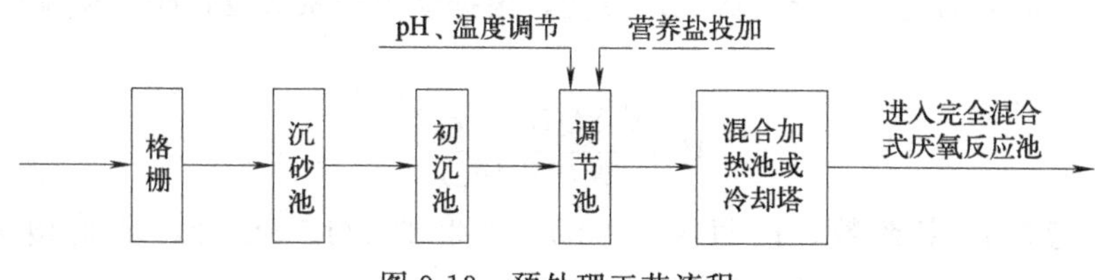

图9-13　预处理工艺流程

(2) 厌氧反应器设计计算

① 池型

完全混合式厌氧反应池的基本池型有圆柱型和蛋型（见图9-14）。圆柱型完全混合式厌氧反应池的直径（D）与高（H）之比约为1，直径一般为6～35m，池底与池盖倾角取15°～20°；蛋型完全混合式厌氧反应池的长轴（高，H）与短轴（直径，D）之比宜在1.4～2.0之间。

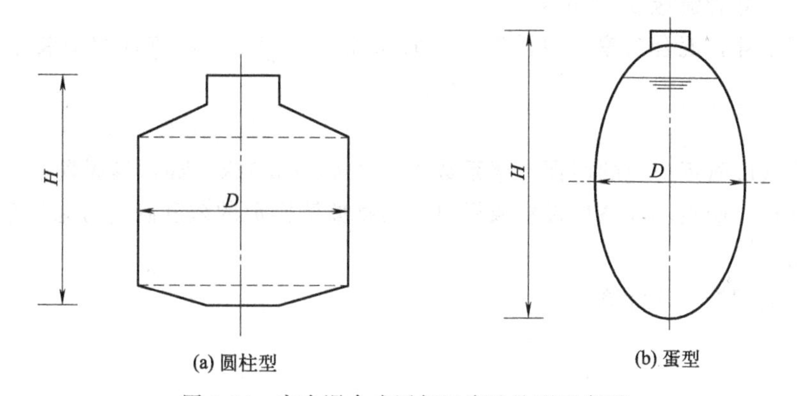

图9-14　完全混合式厌氧反应池池型示意图

② 容积

无污泥回流的完全混合式厌氧反应池有效容积按下式计算：

$$V=Q\theta_c \tag{9-3}$$

式中　V——厌氧反应池容积，m^3；

Q——厌氧反应池设计流量，m^3/d；

θ_c——污泥泥龄（SRT），一般为3～7d。

采用容积负荷法时，按下式计算完全混合式厌氧反应池容积：

$$V=\frac{1000Qc_0}{N_V} \tag{9-4}$$

式中　c_0——厌氧反应池进水COD_{Cr}浓度，mg/L；

N_V——容积负荷，常温厌氧反应一般取1～3 kg/(m^3·d)，中温厌氧反应一般取3～10kg/(m^3·d)，高温厌氧反应一般取10～15kg/(m^3·d)。

完全混合式厌氧反应池容积根据污泥负荷设计时，按下式计算：

$$V=\frac{1000Qc_0}{N_sX} \tag{9-5}$$

式中 N_s——污泥负荷，kg/(kg·d)；

X——厌氧反应池中污泥浓度，mg/L。

对于有污泥回流的完全混合式厌氧反应池，根据动力学系数设计时，反应池容积应按下式计算：

$$V=\frac{\theta_c YQ(c_0-c_e)}{X(1+b\theta_c)} \tag{9-6}$$

式中 Y——污泥产率系数，以每 kg BOD_5 产生的 MLVSS 计，低脂型废水取值为 0.0044kg/kg，高脂型废水取值为 0.040kg/kg；

b——内源呼吸系数，低脂型废水取值为 0.019d^{-1}，高脂型废水取值为 0.015 d^{-1}；

c_e——厌氧反应池出水 COD_{Cr} 浓度，mg/L；

θ_c——污泥泥龄（SRT），d，这里的 θ_c 约为临界污泥龄 θ_c^m 的 2～10 倍。

③ 反应池搅拌设计

反应池宜采用沼气循环搅拌。沼气经压缩机加压后，通过厌氧反应池顶的配气环管，由均布的立管输入厌氧反应池，沼气量按 5～7m^3/(1000m^3·min) 设计，干管与配气环管流速 10～15m/s，立管流速 5～7m/s。

采用机械搅拌，混合功率（以池容计）宜采用 5～8W/m^3，应选用安装角度可调的搅拌器。

④ 排泥

完全混合式厌氧反应池的污泥产率系数为 0.0044～0.04kg/kg，排泥频率宜根据污泥浓度分布曲线确定。应在不同高度设置取样口，根据监测污泥的浓度制定污泥分布曲线。

⑤ 沉淀池

沉淀池表面积按下式计算：

$$A=\frac{Q}{nq} \tag{9-7}$$

式中 A——沉淀池的表面积，m^2；

n——沉淀池个数；

q——沉淀池面积水力负荷，一般取 0.5～1.0m^3/(m^2·d)。

⑥ 剩余污泥量

剩余污泥量按污泥泥龄计算：

$$\Delta X=\frac{VX}{\theta_c} \tag{9-8}$$

式中 ΔX——剩余污泥量，g/d。

剩余污泥量也可按污泥产率系数、衰减系数及不可生物降解惰性悬浮物计算：

$$\Delta X=YQ(S_0-S_e)-K_dVX+fQ(SS_0-SS_e) \tag{9-9}$$

式中 Y——污泥产率系数，0.0044～0.04kg/kg；

S_0、S_e——厌氧反应池进、出水 BOD_5，g/L；

K_d——衰减系数，d^{-1}；

f——MLSS 的污泥转换率，取 0.5～0.7，g/g；

SS_0、SS_e——厌氧反应池进、出水悬浮物浓度，kg/m^3。

⑦ 沼气产量

厌氧反应池甲烷产量按下式计算：

$$Q_{CH_4}=Q\eta(c_0-c_e)\times10^3 \tag{9-10}$$

式中　Q_{CH_4}——甲烷产量，m^3/d；

η——沼气产率，一般取 0.45～0.50m^3/kg；

c_0、c_e——厌氧反应池进、出水 COD_{Cr} 浓度，mg/L。

沼气总量可按下式计算：

$$Q_{沼}=Q_{CH_4}\frac{1}{p} \tag{9-11}$$

式中　$Q_{沼}$——沼气总量，m^3/d；

p——沼气中甲烷含量，一般为 50%～70%。

2. 升流式厌氧污泥床反应器废水处理

(1) 工艺流程

UASB 工艺的预处理包括格栅、沉砂池、沉淀池、调节池、酸化池及加热池等，工艺流程如图 9-15 所示。

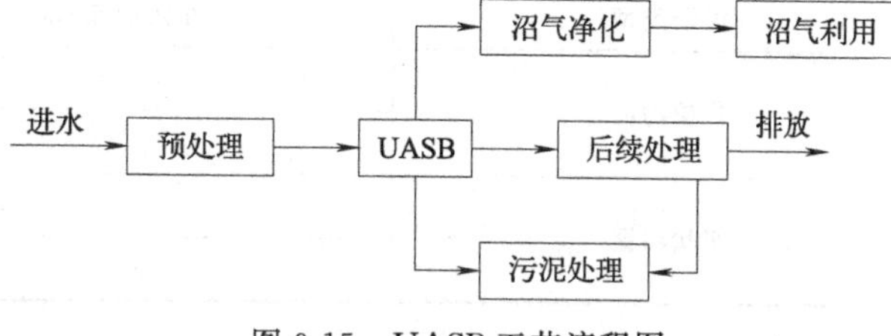

图 9-15　UASB 工艺流程图

(2) 厌氧反应器设计计算

① 酸化池

当进水可生化性较差时，宜设置酸化池。酸化池设计应满足以下要求：(a) 宜采用底部布水上向流方式；(b) 宜根据地区气候条件，增加浮渣、沉渣、保温等处理设施；(c) 有效水深宜为 4.0～6.0m。

酸化池容积宜采用容积负荷计算法。

$$V_s=\frac{Q\times S_0}{1000\times N_s} \tag{9-12}$$

式中　V_s——酸化池容积，m^3；

N_s——酸化负荷，宜取 10～20$kg/(m^3\cdot d)$；

S_0——酸化池进水有机物浓度，mg/L。

② 需热量

加热装置的需热量按式 (9-13) 计算。

$$Q_t=Q_h+Q_d \tag{9-13}$$

式中　Q_t——总需热量，kJ/h；

Q_h——加热废水到设计温度需要的热量，kJ/h；

Q_d——保持反应器温度需要的热量，kJ/h。

③ UASB 反应器容积

UASB 反应器如图 9-5 所示。反应器的最大单体体积应小于 3000m^3，有效水深应在 5～8m 之间，反应器内废水的上升流速宜小于 0.8m/h。池体有效容积采用容积负荷计算法计算。

$$V=\frac{QS_0}{1000N_V} \tag{9-14}$$

式中 N_V——容积负荷，取值参考表 9-3，$kg/(m^3 \cdot d)$；

S_0——UASB 反应器进水有机物浓度，mg/L。

表 9-3 不同条件下絮状和颗粒污泥 UASB 反应器采用的容积负荷

COD_{Cr}浓度/(mg/L)	容积负荷(35℃)/[$kg/(m^3 \cdot d)$]	
	颗粒污泥	絮状污泥
2000～6000	4～6	3～5
6000～9000	5～8	4～6
>9000	6～10	5～8

注：高温厌氧情况下反应器负荷宜在本表的基础上适当提高。

④ 布水装置

UASB 反应器宜采用多点布水装置，进水管负荷可参考表 9-4。

表 9-4 进水管负荷

污泥类型	布水面积/m^2	负荷/[$kg/(m^3 \cdot d)$]
颗粒污泥	0.5～2	2～4
	>2	>4
絮状污泥	1～2	<1～2
	2～5	>2

布水装置宜采用一管多孔式布水与枝状布水。布水装置进水点距反应器池底宜保持150～250mm 的距离。一管多孔式布水孔口流速应大于 2m/s，穿孔管直径应大于 100mm。枝状布水支管出水孔向下距池底宜为 200mm，出水管孔径应在 15～25mm 之间。出水孔处宜设 45°斜向下导流板，出水孔应正对池底。

⑤ 三相分离设计

UASB 单元三相分离器基本构造见图 9-6。

UASB 沉淀区的表面负荷宜小于 $0.8m^3/(m^2 \cdot h)$，沉淀区总水深应大于 1.0m；集水槽上应加设三角堰，堰上水头大于 25mm，水位宜在三角堰齿 1/2 处，出水堰口负荷宜小于 $1.7L/(m \cdot s)$。

污泥产率系数为 0.05～0.10kg/kg，排泥频率宜根据污泥浓度分布曲线确定，宜采用重力多点排泥方式。排泥点宜设在污泥区中上部和底部，中上部排泥点宜设在三相分离器下 0.5～1.5m 处，排泥管管径≥200mm；底部排泥管可兼作放空管。

沼气产率为 $0.45～0.50m^3/kg$；沼气日产量低于 $1300m^3$时宜作为炊事、采暖或厌氧换热的热源，沼气日产量高于 $1300m^3$ 时宜进行发电利用或作为炊事、采暖或厌氧换热的热源。

3. 厌氧颗粒污泥膨胀床反应器废水处理

(1) 工艺流程

EGSB 工艺的预处理包括格栅、沉砂池、沉淀池、调节池、酸化池及加热池等，工艺流程如图 9-16 所示。

(2) 厌氧反应器设计计算

EGSB 反应器的酸化池、加热装置、布水装置、出水收集装置、排泥装置、沼气产量及沼气资源化利用等设计同 UASB 工艺。

EGSB 反应器主要由布水装置、三相分离器、出水收集装置、循环装置、排泥装置及气液分离装置组成（见图 9-10），也与 UASB 工艺相近。

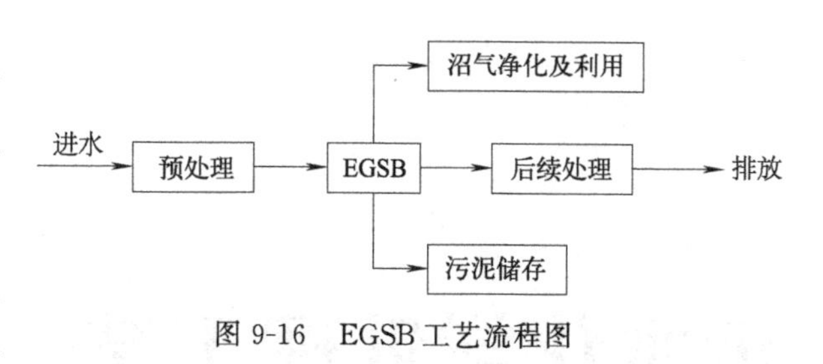

图 9-16　EGSB 工艺流程图

EGSB 反应器容积宜采用容积负荷法，按式（9-14）计算。容积负荷范围宜为 10～30kg/(m^3·d)。反应器宜为圆柱状塔形，反应器的高径比宜在 3～8，有效水深宜在 15～24m，反应器内废水的上升流速宜在 3～7m/h。

EGSB 反应器有外循环和内循环两种方式（见图 9-10）。其外循环和内循环均由水泵加压实现，回流比根据上升流速确定，上升流速按式（9-15）计算。

$$v=\frac{Q+Q_{回}}{A} \tag{9-15}$$

式中　v——反应器上升流速，m/h；

$Q_{回}$——回流流量，包括内回流和外回流，m^3/h；

A——反应器表面积，m^2。

反应器外循环出水宜设旁通管接入混合加热池。外循环、内循环进水点宜设置在原水进水管道上，与原水混合后一起进入反应器。

复习思考题

1. 厌氧生物处理的基本原理是什么？

2. 厌氧发酵分为哪几个阶段？为什么厌氧生物处理有中温消化和高温消化之分？污水的厌氧生物处理有什么优势，又有哪些不足之处？

3. 影响厌氧生物处理的主要因素有哪些？提高厌氧处理的效能主要从哪些方面考虑？

4. 试述 UASB 反应器的构造和高效运行的特点。

参考文献

[1]　王绍文，罗志腾，钱雷. 高浓度有机废水处理技术与工程应用 [M]. 北京：冶金工业出版社，2003.

[2]　贺延龄. 废水的厌氧生物处理 [M]. 北京：中国轻工业出版社，1998.

[3]　成官文. 水污染控制工程 [M]. 北京：化学工业出版社，2009.

第十章

污水化学处理工艺

水污染的来源是多方面的，不仅有生活污水与初期雨水，也包含各种工业废水。

我国工业体系复杂，企业生产原材料、生产工艺与工序差异巨大，导致生产过程排放的污水水量、水质多变。按污染物性质分类，有酸性废水、碱性废水、含油废水、含难降解有机物废水、含重金属废水、含微生物废水、含盐废水等等。如果按行业分，有煤炭开采和洗选业、石油和天然气开采业、黑色金属矿采选业、有色金属矿采选业、非金属矿采选业、其他采矿业、农副食品加工业、食品制造业、饮料制造业、烟草制品业、纺织业、纺织服装制造业、皮革毛皮羽毛（绒）及其制品业、木材加工及制品业、造纸及纸制品业、石油加工业、化学原料及化学制品制造业等等。它们的生产过程中都会产生各种废水，且多不能采用常见的生化方法与技术进行处理，需要采用针对性的化学方法进行处理。

第一节　中　和　法

中和是采用化学法去除废水中的酸或碱，使 pH 达到中性的过程。

一、中和法原理与方法

1. 基本原理

酸性或碱性废水中和处理基于酸和碱的物质的量相等，具体公式如下：

$$Q_1c_1=Q_2c_2 \tag{10-1}$$

式中　Q_1、Q_2——酸性、碱性废水流量，L/h；

c_1、c_2——酸性、碱性废水的物质的量浓度，mol/L 或 mmol/L。

在中和过程中，酸碱的量恰好符合化学反应式所表示的化学计量关系的一点，称为化学计量点。当为强酸与强碱中和时，化学计量点为中性点，此时 pH 值等于 7.0。但一方为弱酸或弱碱时，由于存在水解作用，尽管达到了化学计量点，但中和后的溶液并非中性，此时 pH 值大小取决于生成盐的水解度。

2. 基本方法

工业企业常常产生酸性废水和碱性废水，当这些废水含酸或碱的浓度很高时，例如在 3%～5%以上，应尽可能考虑回用和综合利用，这样既可以回收有用资源，又可减少处理费用。当其含酸或碱的浓度较低，回收或综合利用经济价值不大时，才考虑中和处理。对于酸性、碱性废水，常用的处理方法有酸性废水和碱性废水互相中和、药剂中和、过滤中和三种。

选择中和方法时应考虑下列因素：

① 废水所含酸类或碱类物质的性质、浓度、水量及其变化规律；

② 就地取材所能获得的酸性或碱性废料及其数量；

③ 本地区中和剂和滤料（如石灰石）的供应情况；

④ 接纳废水的管网系统、后续处理工艺对 pH 值的要求以及接纳水体环境容量。

酸性废水中和处理采用的中和剂和滤料有石灰、石灰石、白云石、纯碱、苛性碱（一般为氢氧化钠和氢氧化钾）、氧化镁等。纯碱和苛性碱具有易贮存和投加、反应快、易溶于水、不产生碱性固体废物等优点，成为酸中和的优选药剂，但其价格相对偏高。相反，石灰、石灰石、白云石来源广，价格低廉，成为传统酸性废水处理的常见药剂，但其溶解性较差，易产生大量碱性废渣，人工成本与污泥处理处置成本高，难以运送和脱水，对设备腐蚀性较强，从环保角度、工程技术经济性角度不宜推广应用。

碱性废水中和处理通常采用盐酸、硫酸以及工业生产过程产生的各种废酸，比如钛白粉生产产生的副产物磺酸，钢铁、机械生产表面处理产生的废酸，等等。

二、中和法工艺技术与设备

1. 酸碱废水相互中和工艺

酸碱废水相互中和可根据废水水量和水质以及排放规律确定。当水质、水量变化较小，且后续处理对 pH 值要求较低时，可在管道、混合槽、集水井中进行连续反应；当水质、水量变化较大，且后续处理对 pH 值要求较高时，应设连续流中和池。中和池水力停留时间视水质、水量而定，一般 1～2h；当水质变化较大，且水量较小时，宜采用间歇式中和池。为保证出水 pH 值稳定，其水力停留时间应相应延长，如 8h（一班）、12h（一夜）或 1d。

2. 药剂中和处理

药剂中和处理最常见的是用于酸性废水的中和处理。过去选择中和剂时多使用工业废渣，如电气石废渣、钢厂废石灰等；当酸性废水含有较多杂质时，宜投加具有一定絮凝作用的石灰乳。在含硫酸废水的处理中，由于生成的硫酸钙会在石灰颗粒表面形成覆盖层，影响或阻止中和反应的继续进行，所以，中和剂石灰石、白垩石或白云石的颗粒直径应在 0.5mm 以下。

由于中和剂往往含有一定量的杂质，加之中和剂在中和反应中一般不能彻底反应，因此中和剂用量应比理论需要量高。在无试验资料条件下，用石灰乳中和强酸（硫酸、硝酸和盐酸）时一般按 1.05～1.10 倍理论需要量投加；用石灰干投或石灰浆投加时，一般需要 1.40～1.50 倍理论需要量。

石灰作中和剂时，可用干式和湿式投加，一般多采用湿式投加。投加工艺流程见图 10-1。当石灰用量较小时（一般小于 1t/d），可用人工方法进行搅拌、消解。反之，采用

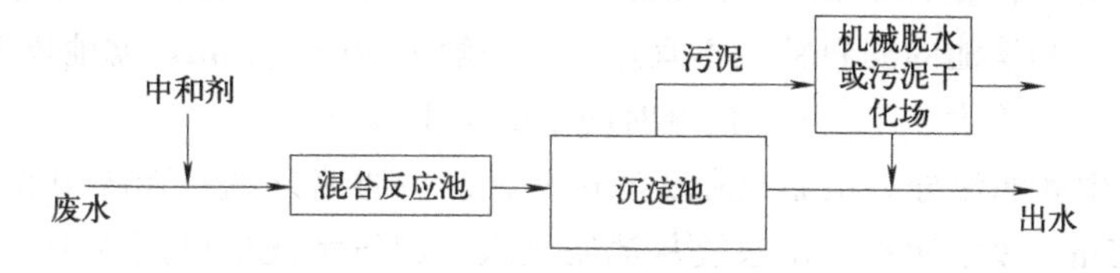

图 10-1 药剂中和处理工艺流程

机械方法搅拌、消解。经消解的石灰乳排至安装有搅拌设备的消解槽，后用石灰乳投配系统（图 10-2）投加至混合反应装置进行中和。混合反应时间一般采用 2～5min。采用其他中和剂时，可根据反应速度适当延长反应时间。

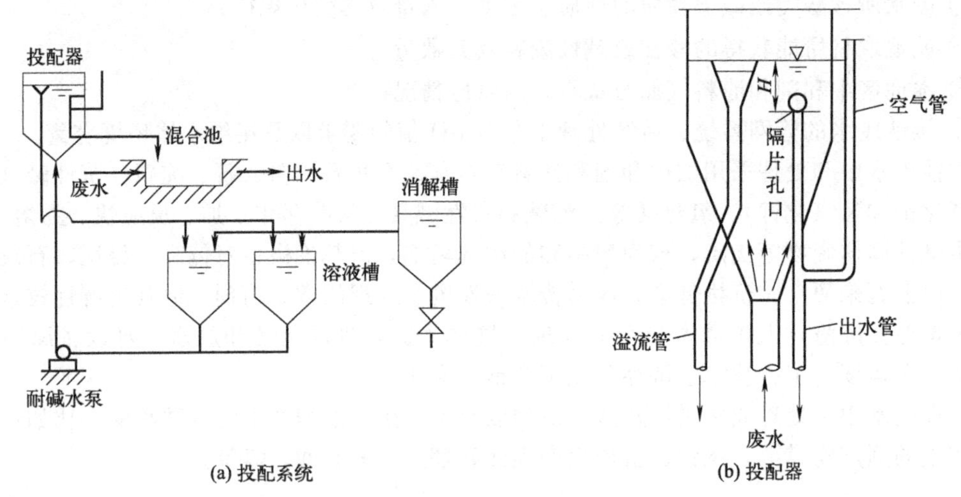

图 10-2 石灰乳投配系统

当废水水量较小时，可不设混合反应池。水量很大时，一般需设混合反应池。此时，石灰乳在池前投加，混合反应采用机械搅拌或压缩气体搅拌。

反应产生的沉渣通过沉淀去除。一般沉淀时间 1～2h。当沉渣量较小时，多采用竖流式沉淀池重力排渣；当沉渣量较大时，可采用平流式沉淀池排放沉渣。由于沉渣含水率在 95%左右，沉渣量较大时，需进行机械脱水处理。反之，可采用干化场干化。

采用石灰或石灰乳等方式会产生大量沉渣，沉渣处理不仅设备投资费用较高，且人工成本较大，存在管理难、有环境风险等隐患。目前，大中城市的很多工业企业往往选用投加苛性碱等强碱性物质，使之溶解后通过计量泵或蠕动泵投加，并采用 pH 计探头进行反应条件监控，有力地改善了反应条件，提高了中和处理的效果。

对应碱性废水，若含有可回收利用的氨，可用工业硫酸中和回收硫酸铵。若无可回收物质，多采用烟道气（二氧化碳含量可达 24%）中和。烟道气借助湿式除尘器，采用碱性废水喷淋，使气水逆向接触，进行中和反应。此法的特点是以废治废，能够实现碳减排，且投资省、费用低。但出水色度往往较高，会含有一定量的硫化物，需进一步处理。

3. 过滤中和

过滤中和仅用于酸性废水的中和处理。酸性废水通过碱性滤料时与滤料进行中和反应的方法叫过滤中和法。过滤中和的碱性滤料主要为石灰石、白云石、大理石等。用于中和的滤池有普通中和滤池、上流式或升流式膨胀中和滤池等。

普通中和滤池为固定床。滤池按水流分为平流式和竖流式两种。目前多采用竖流式（图 10-3）。普通中和滤池的滤料粒径不宜过大，一般为 30～50mm，滤池厚度 1～1.5m，过滤速度 1～1.5m/h，不大于 5m/h，接触时间不少于 10min。

升流式膨胀中和滤池分为恒滤速和变滤速两种。恒滤速升流式膨胀中和滤池见图 10-4。滤池高度 3～3.5m。废水通过布水系统从池底进入，卵石承托层厚度 0.15～0.2m，卵石粒径 20～40mm。滤料粒径 0.5～3mm，滤层高度 1.0～1.2m。为使滤料处于膨胀状态并相互

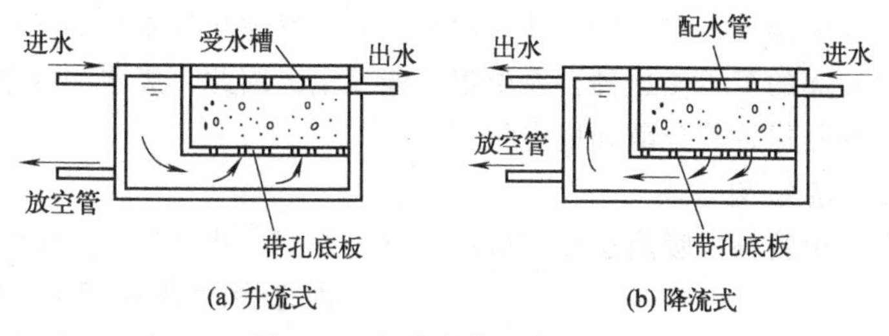

图 10-3　竖流式普通中和滤池

摩擦，滤速一般采用 60～80m/h，膨胀率保持在 50%左右。变滤速升流式膨胀中和滤池见图 10-5。滤池下部横截面积小，上部面积大。流速上部为 40～60m/h，下部为 130～150m/h，克服了恒滤速膨胀滤池下部膨胀不起来、上部带出小颗粒滤料的缺点。

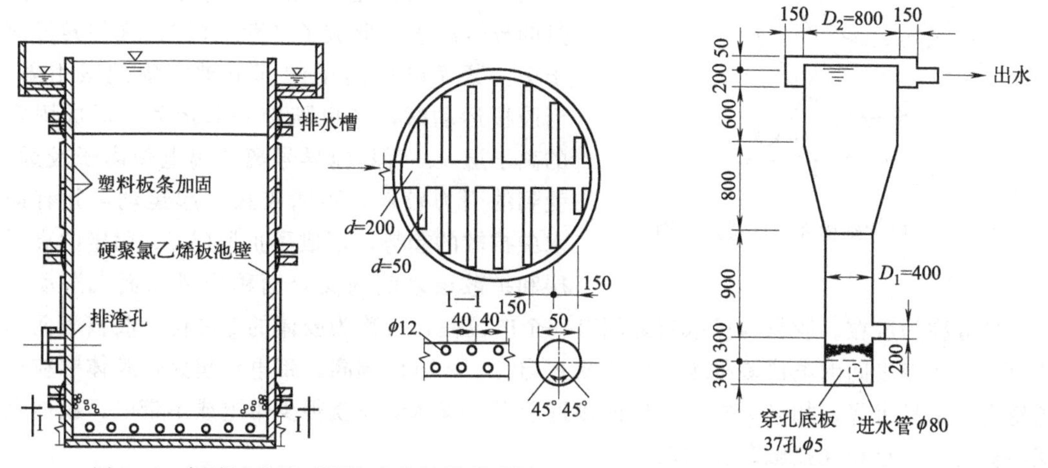

图 10-4　恒滤速升流式膨胀中和滤池示意图

图 10-5　变滤速升流式膨胀中和滤池示意图

过滤中和滚筒为卧式，其直径一般 1m 左右，长度为直径的 6～7 倍。由于其构造较为复杂，动力运行费用高，运行时噪声较大，较少使用。

第二节　化学混凝法

化学混凝法是废水物化处理中最为常用的方法。它是通过向废水中投加混凝剂，使细小悬浮颗粒和胶体微粒聚集成较粗大的颗粒，并通过气浮或沉淀得以与水分离，使废水得到净化。混凝具有降低各种工业（如印染、纺织、化工等）废水的浊度和色度，去除各种难降解有机物、细小悬浮物和胶体状污染物，改善污泥的脱水性能等作用。

一、化学混凝基本原理

1. 水中胶体微粒的稳定性

水中杂质按存在的状态可分为悬浮物、胶体和溶解物三类。悬浮物粒径通常大于 1μm，大颗粒的悬浮物由于受重力的作用而下沉，可以通过沉淀去除。根据 Stokes 公式，粒径 10μm 的微粒在清水中下沉 1m 约需 100min，而当粒径由 10μm 变为 1μm 时，其理论沉降时间将变为 10000min。因此不能靠自然沉降的方法把这类微粒从水中去除，需通过混凝使之沉降。废水中的胶体微粒粒径在 0.01～1μm 之间，且大都带有负电荷。由于这些胶体微粒很小，比表面积、表面能大，在布朗运动作用下，有自发地相互聚集的倾向，但微粒表面同性电荷的斥力或水化膜的阻碍使这种自发聚集不能发生。因此，废水中的细小悬浮颗粒和胶体微粒不易沉降，而是保持着分散和稳定状态。

2. 胶体的双电层结构

胶体结构复杂，由胶核、吸附层和扩散层三部分组成（图 10-6）。胶核是胶体粒子的中心，其表面选择性地吸附了一层带有同号电荷的离子，这些离子可以是胶核的组成物质直接电离而产生的，也可以是从水中选择性吸附 H^+ 或 OH^- 而形成的。这层离子称为胶体微粒的电位离子，它决定了胶粒电荷的大小和符号。由于电位离子的静电引力，在其周围又吸附了大量的异号离子，形成了“双电层”，这些异号离子中，紧靠电位离子的部分被牢固地吸引着，当胶核运动时，它也随着一起运动，形成固定的离子层 δ。而其他异号离子离电位离子较远，受到的引力较弱，不随胶核一起运动，并有向水中扩散的趋势，形成了扩散层 d。固定的离子层和扩散层之间的交界面称为滑动面。滑动面以内的部分称为胶粒。胶粒与扩散层之间有一个电位差，常称为胶体的 ζ 电位。胶核表面的电位离子与溶液之间的电位差称为总电位或 φ 电位。φ 电位越高，带电量越大，胶体颗粒也就越稳定而不易沉降，如果 ζ 电位越低或接近于零，胶体颗粒就很少带电或不带电，胶体颗粒就不稳定，易于相互接触黏合而沉降。

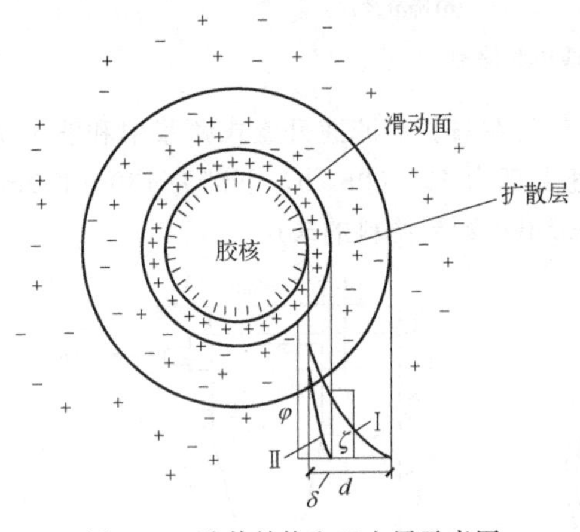

图 10-6 胶体结构和双电层示意图

3. 混凝

① 压缩双电层。废水中胶体微粒多带负电荷，向胶体溶液中投加混凝剂或电解质后，溶液中与胶体反离子电荷相同的离子浓度增加了，这些离子可进入扩散层，乃至吸附层，使胶体微粒电荷数减少，也就降低了 ζ 电位。$\zeta=0$ 时称等电状态。实际上，只要将 ζ 电位降至一定程度，胶体微粒便可发生聚集作用，这时的电位称临界电位。根据舒尔策-哈代规则(Schulze-Hardyrule)，高价电解质压缩胶体双电层的效果远远大于低价电解质，对负电荷胶体而言，为使胶体失去稳定性即“脱稳”所需不同价数的正离子浓度之比为 $[M^+]:[M^{2+}]:[M^{3+}]=1:(1/2)^6:(1/3)^6$。含高价离子如 Al^{3+}、Fe^{3+} 的混凝剂利于压缩胶体离子的双电层。

② 吸附架桥作用。带异性电荷的絮凝剂与胶体微粒之间具有强烈吸附作用，不带电荷甚至带有与胶体微粒同性电荷的絮凝剂与胶体微粒之间也有吸附作用。拉曼（Lamer）等通过对絮凝剂吸附架桥作用的研究提出：当高分子链的一端吸附了某一胶粒后，另一端又吸附另一胶粒，形成“胶粒-高分子-胶粒”的絮凝体，如图 10-7 所示。絮凝剂在这里起了胶粒与胶粒之间相互结合的桥梁作用，故称吸附架桥作用。当絮凝剂投加量过多时，将产生“胶体保护”作用，如图 10-8 所示。胶体保护可理解为：全部胶体微粒的吸附面均被絮凝剂覆盖以后，两胶粒接近时就受到絮凝剂的阻碍而不能聚集。絮凝剂投加量过少，不足以将胶体微粒架桥连接起来；投加量过多，又会产生胶体保护作用。因此实际废水处理中，絮凝剂投加量通常由试验确定。

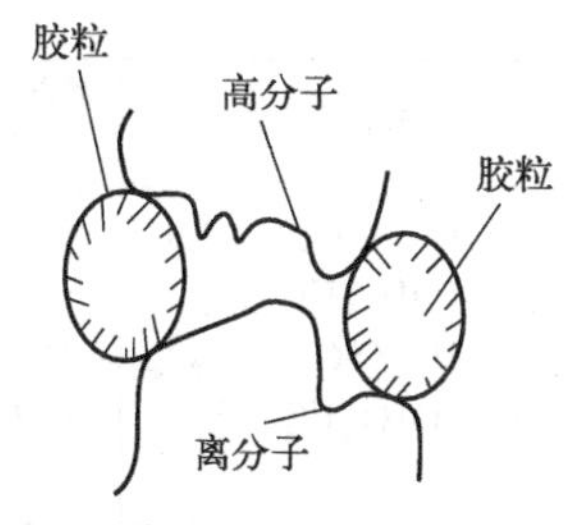

图 10-7 架桥模型示意图

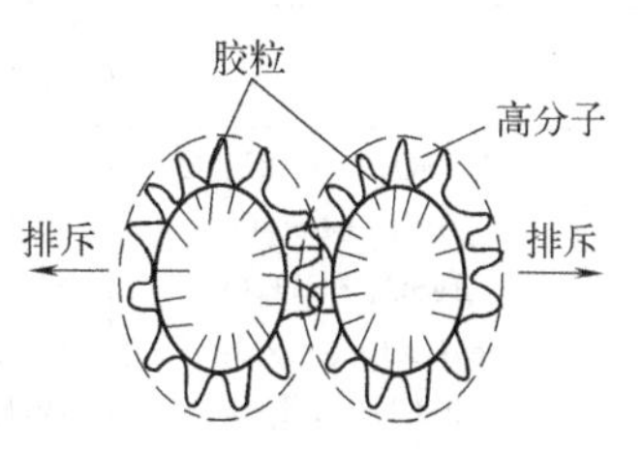

图 10-8 胶体保护作用示意图

起架桥作用的絮凝剂多为铁盐、铝盐或高分子聚合物。铝盐、铁盐的多核水解产物，分子尺寸都不足以起微粒间架桥作用，它们只能被单个分子吸附从而起电性中和作用，但中性氢氧化物聚合物具有电性中和与吸附架桥双重作用；非离子型（不带电荷）或阴离子型（带负电荷）聚合电解质只能起微粒间架桥作用。

③ 网捕作用。当铝盐或铁盐等水解而生成大量氢氧化物沉淀时，这些沉淀物在自身沉降过程中，能网捕、卷扫水中的胶体等微粒，使胶体黏结，以致产生沉淀分离，称为网捕作用。这种作用基本上是一种机械作用，所需混凝剂量与原水杂质含量成反比，即原水胶体杂质含量少时，所需混凝剂多，反之亦然。

化学混凝主要受上述三种作用的影响，由此产生的微粒凝聚和絮凝称为混凝。对于不同类型的混凝剂，压缩双电层作用和吸附架桥作用所起的作用程度并不相同。对于高分子混凝剂特别是有机高分子混凝剂，吸附架桥起主要作用；对于硫酸铝等无机混凝剂，压缩双电层作用和吸附架桥作用以及网捕作用都很重要。

4. 颗粒之间的相互作用与脱稳

水中的胶体颗粒可分为憎水胶体和亲水胶体两大类。憎水胶体指与水分子间缺乏亲和性的胶体，亲水胶体指能与水分子结合的胶体。水中黏土以及投加的无机混凝剂所形成的胶体皆属于憎水胶体，而有机物质，如蛋白质、淀粉及胶质等则属于亲水胶体。亲水胶体靠它所特有的极性基团吸附水分子，故能吸附大量的水分子。亲水胶体的一个突出特性是，它们在吸水自动分散形成胶体溶液后，又可脱水恢复成原来的物质。憎水胶体则不具备这种性质，它们的分散需借外力的作用，脱水后也不能重新自然地分散于水中。因此，亲水胶体也可称为可逆的胶体，憎水胶体也可称为不可逆的胶体。

水中胶粒能维持稳定的分散悬浮状态，主要是由于胶体微粒的 ζ 电位。如能消除或降低胶体微粒的 ζ 电位，就有可能使胶体颗粒碰撞聚结，失去稳定性。在水中投加电解质-混凝剂可达此目的。因为胶核表面的总电位不变，提高了扩散层及吸附层中的正离子浓度，就使扩散层减薄或 ζ 电位降低。当大量正离子涌入吸附层以致扩散层完全消失时，ζ 电位为零，即等电状态。在等电状态下，胶体微粒间的静电力消失，胶体微粒发生聚结。

二、废水处理中常用的混凝剂和助凝剂

1. 混凝剂

① 无机混凝剂（电解质）是水处理剂中用量最大的品种。常见的无机混凝剂有硫酸铝、硫酸亚铁、氯化铁、氯化铝、聚合氯化铝、聚合硫酸铁等（表 10-1）。聚合无机高分子絮凝剂由单分子无机物桥联聚合而成。

表 10-1 主要无机混凝剂

名称	分子式	溶解度/%	适宜pH值	名称	分子式	溶解度/%	适宜pH值
硫酸铝	$Al_2(SO_4)_3 \cdot 18H_2O$	65.3	6～8.5	聚合硫酸铝	$[Al_2(OH)_n(SO_4)_{3-n/2}]_m$	很大	6～8.5
氯化铝	$AlCl_3 \cdot 6H_2O$	很大	6～8.5	聚氯化铝	$[Al_2(OH)_nCl_{6-n}]_m$	很大	6～8.5
硫酸亚铁	$FeSO_4 \cdot 7H_2O$	37.5	8～11	聚合硫酸铁	$[Fe_2(OH)_n(SO_4)_{3-n/2}]_m$	很大	4～11
硫酸铁	$Fe_2(SO_4)_3 \cdot 9H_2O$	非常大	8～11	聚合氯化铁	$[Fe_2(OH)_nCl_{6-n}]_m$	很大	4～11
氯化铁	$FeCl_3 \cdot 6H_2O$	很大	4～11				

铝盐、铁盐混凝剂在水溶液中首先形成水合离子，可以将其视为水分子作配位体的络合离子，通过水合离子的水解作用生成氢氧化物或羟基络离子。以铝盐为例，硫酸铝为常用的混凝剂，国内一般先配成 10%～20% 的硫酸铝溶液，此时 pH 值约为 4，发生下列离解反应。

$$Al_2(SO_4)_3 \longrightarrow 2Al^{3+} + 3SO_4^{2-} \tag{10-2}$$

硫酸铝投入水中后，产生下列水解反应：

$$Al^{3+} + nH_2O \longrightarrow Al(OH)_n^{(3-n)} + nH^+ \tag{10-3}$$

当 pH 值小于 3 时，主要形式为水合铝离子 $[Al(H_2O)^{3+}]$；当 pH 值升高时，水合铝离子水解生成各种羟基铝离子，具体离子形态与 pH 值有关（图 10-9）。当 pH 大于 5 时，氢氧化铝开始出现，并在 pH=7 时成为铝的主要形态，之后带负电的配位阴离子为主要形态。可见，随着 pH 值升高，水解产物的比电荷降低，而聚合度升高。

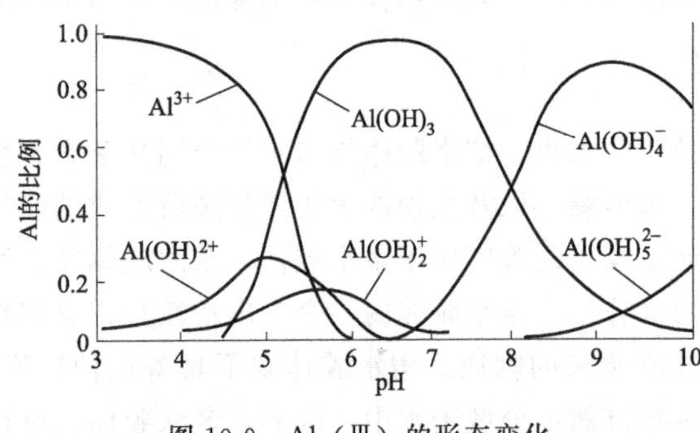

图 10-9 Al（Ⅲ）的形态变化

铁盐也常作为混凝剂。当 pH=3.0～13.0 时，会生成水合氧化铁：

$$Fe^{3+} + 3OH^- \longrightarrow Fe(OH)_3 \tag{10-4}$$

铁盐的作用与铝盐相当，也会形成各种形态的水合络合物，从而吸附带负电荷的胶体粒子，通过压缩双电层、电荷中和、羟基间的桥联和卷扫沉积等作用，使胶体颗粒脱稳而沉淀。与铝盐相比，铁盐水解的速度更快，水解产物的溶解度更小，密度更大，投加量可以更少。

② 有机高分子絮凝剂与无机絮凝剂相比，具有用量少、pH 值适应范围广、受盐类及环境因素影响小、产生的污泥量小、处理效果好等优良性能。有机高分子絮凝剂根据其在水中所带电荷的性质（负电荷、正电荷、电中性），可以分为阴离子型、阳离子型和非离子型三类。以合成聚丙烯酰胺（PAM）及其衍生物为主的聚合物分子量高达 1000 万以上，分子链上合理分布着活性基团或离子性基团，对水中细小悬浮颗粒有很强的吸附架桥作用，对水中带相反电荷的胶体物质有很好的电性中和作用、压缩双电层作用。

由于废水中的胶体微粒通常带有负电荷，在电性中和作用中，一般采用阳离子型聚合电解质作为混凝剂。为实现电性中和，混凝剂必须被吸附到胶体微粒的表面，因此，混凝剂投入水中后，应立即剧烈搅拌，使带电聚合物迅速均匀地与全部胶体微粒接触，使胶体微粒脱稳。如果搅拌不充分，电性中和作用不充分，胶体表面电荷不能有效降低，将直接影响絮凝效果。

2. 助凝剂

为了提高混凝效果，可向废水投加助凝剂以促进絮凝体增大，加快沉淀。

活化硅酸是一种常用的助凝剂，它是一种短链的聚合物，能将微小的水合铝颗粒联结在一起。由于硅的负电性，投加量过大反而会抑制絮凝体的形成。通常剂量为5～10mg/L。

三、混凝的影响因素和操作程序

1. 混凝的影响因素

(1) 废水性质的影响

废水的胶体杂质浓度、pH值、水温及共存杂质等都会不同程度地影响混凝效果。

胶体杂质浓度过高或过低都不利于混凝。用无机金属盐作混凝剂时，胶体浓度不同，用于脱稳的混凝剂用量亦不同。

pH值对胶体颗粒表面电荷的ζ电位、絮凝剂的性质和作用等均产生影响。一般情况下，阳离子型絮凝剂适于在酸性和中性的介质中使用。阴离子型絮凝剂适于在碱性至中性的介质中使用。非离子型絮凝剂适于在酸性至碱性的介质中使用。选择适宜的pH值，可以显著降低絮凝剂的用量，节省成本，且处理效果好。混凝反应过程复杂，因此，为了得到混凝的最佳pH值和最佳混凝剂投加量，需进行实验室试验。

混凝最适宜的温度在20～30℃。水温高时，黏度降低，布朗运动加快，碰撞的机会增多，化学反应速度加快，从而能提高混凝效果，缩短混凝沉淀时间。但其形成的絮凝体细小，水合作用加快，产生的污泥含水率高，体积大，处理难度较大。反之，温度低导致絮凝剂水解反应变慢，水解时间增加，混凝的化学反应速度变缓，处理时间延长。温度过低也增加了水的黏度，提高了水的黏滞性，导致形成的絮体容易撕裂和破碎。

搅拌的速度不宜过快，时间也不宜过长。一般，搅拌速度梯度G一般为600～1000s^{-1}，混合时间一般为10～30s。实际工程应用中，混合搅拌时间不要超过5min。搅拌速度过快、时间过长，会将形成的较大絮体搅碎，这样就降低了絮凝效果。当然，搅拌速度过慢、时间过短，也会导致絮凝剂与固体颗粒和胶体物质不能充分接触，使絮凝剂的浓度分布不均，不利于发挥絮凝剂的作用。

共存杂质的种类和浓度对絮凝作用有不同的影响。磷酸离子、亚硫酸离子、高级有机酸离子、表面活性等阻碍高分子絮凝作用。其他各种无机金属盐均能压缩胶体粒子的扩散层厚度，促进胶体粒子凝聚。二价金属离子Ca^{2+}、Mg^{2+}等对阴离子型高分子絮凝剂凝聚带负电荷的胶体粒子有很大促进作用，表现在能压缩胶体粒子的扩散层，降低微粒间的排斥力，并能降低絮凝剂和微粒间的斥力，使它们表面彼此接触。

(2) 絮凝剂的影响

无机金属盐水解产物的分子形态、荷电性质和荷电量等对混凝效果均有直接影响。高分子絮凝剂的分子结构、分子量和性质也直接影响混凝效果。一般线状结构较支链结构的絮凝剂为优，分子量大的单个链状分子的吸附架桥作用比分子量小的好，但水溶性较差，不易稀释搅拌。分子量小、链状分子短的吸附架桥作用差，但水溶性好，易于稀释搅拌。因此，分子量多以1000万左右为宜。高分子絮凝剂链状分子上所带电荷量越大，电荷密度越高，链状分子越能充分伸展，吸附架桥的空间作用范围也就越大，絮凝作用就越好。但分子量过大，生产成本也对应增大。

混凝效果随混凝剂用量的增加而增强，但其达到一定水平后再增加用量反而会使处理效果降低，故在废水处理工程中要确定适宜的用量。混凝剂的用量与废水中的悬浮物和胶体含量、废水的性质和 pH 值等相关。适宜的混凝剂投加量需要通过试验确定。

常用的混凝剂及其适用条件见表 10-2。处理悬浮物和含油废水，采用高分子絮凝剂效果较好，投加量也较少。无机絮凝剂和有机絮凝剂复合使用时，能够获得较大颗粒絮凝体，提高处理效果。如在悬浮物含量很高、浊度较高的废水中先投加铝盐，后再投加聚丙烯酰胺，不仅絮凝速度快，且投加的总药量会明显降低。

表 10-2 常用的混凝剂及其适用条件

混凝剂		水解产物	适用条件
铝盐	硫酸铝 $Al_2(SO_4)_3 \cdot 18H_2O$	Al^{3+}、$[Al(OH)_2]^+$、$[Al_2(OH)_n]^{(6-n)+}$	适用于 pH 值高、碱度大的原水。破乳及去除水中有机物时，pH 值宜在 4～7 之间。去除水中悬浮物时，pH 值宜控制在 6.5～8 之间。适用水温 20～40℃
	明矾 $KAl(SO_4)_2 \cdot 12H_2O$	Al^{3+}、$[Al(OH)_2]^+$、$[Al_2(OH)_n]^{(6-n)+}$	
铁盐	氯化铁 $FeCl_3 \cdot 6H_2O$	$Fe(H_2O)_6{}^{3+}$、$[Fe_2(OH)_n]^{(6-n)+}$	对金属、混凝土、塑料均有腐蚀性。亚铁离子须先经氧化成三价铁，当 pH 值较低时须曝气充氧或投加助凝剂促进氧化。pH 值的适用范围宜为 7～8.5。絮体形成较快，较稳定，沉淀时间短
	硫酸亚铁 $FeSO_4 \cdot 7H_2O$	$Fe(H_2O)_6{}^{3+}$、$[Fe_2(OH)_n]^{(6-n)+}$	
聚合盐类	聚合氯化铝 $[Al_2(OH)_nCl_{6-n}]_m$	$[Al_2(OH)_n]^{(6-n)+}$	受 pH 值和温度影响较小，吸附效果稳定。pH 值为 6～9，适应范围宽，一般不必投加碱剂。混凝效果好，耗药量少，出水浊度低、色度小，原水高浊度时尤为显著。设备简单，操作方便，劳动条件好
	聚合硫酸铁 $[Fe_2(OH)_n(SO_4)_{3-n/2}]_m$	$[Fe_2(OH)_n]^{(6-n)+}$	

2. 混凝操作过程

混凝操作过程见图 10-10。必要时先提高碱度，再投加铝盐或铁盐，Al^{3+} 或 Fe^{3+} 包围胶体粒子，使微小絮凝体带有正电荷，最后投加高分子聚合电解质（PAM 等）等助凝剂，使絮凝体增大并控制 ζ 电位。投加碱和混凝剂后需快速搅拌 1～3min，投加助凝剂后搅拌 20～30min，以促进絮凝。

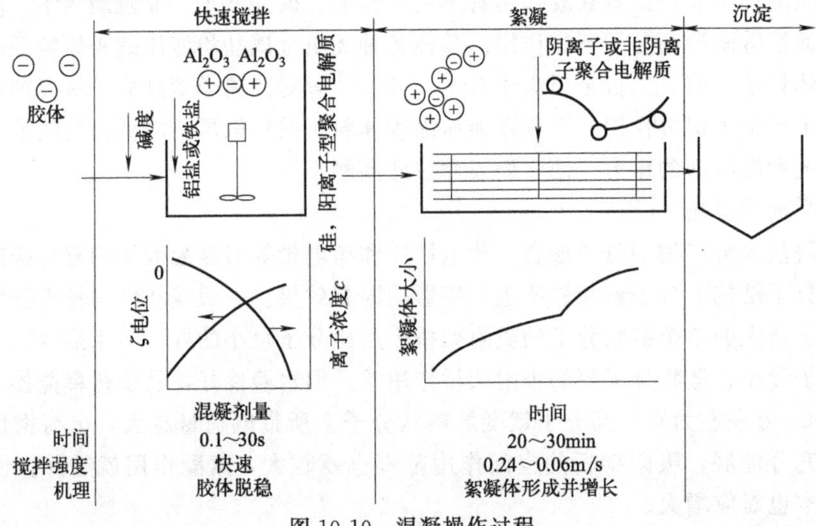

图 10-10 混凝操作过程

四、混凝设备

化学混凝设备包括混凝剂配制和投加设备、混合设备和反应设备。

混凝药剂投加常采用湿投法，先将混凝剂溶解，再配制成一定浓度的溶液，后定量投加。

混凝剂在溶解池中通过搅拌溶解。搅拌的方法有机械搅拌、压缩空气搅拌和水泵搅拌等。药剂溶解完全后，将浓药液送入溶液池，用清水稀释到一定的浓度备用。无机混凝剂溶液浓度一般用10%～20%，有机高分子混凝剂溶液的浓度一般用0.5%～1.0%。

溶液池容积（V_1）可按下式计算：

$$V_1=\frac{24\times100AQ}{1000\times1000wn}=\frac{AQ}{417wn} \tag{10-5}$$

式中 V_1——溶液池容积，m^3；

Q——处理水的流量，m^3/h；

A——混凝剂的最大投加量，mg/L；

w——溶液质量分数，%；

n——每天配制次数，一般为2～6次。

溶解池的容积（V_2）按下式计算：

$$V_2=(0.2\sim0.3)V_1$$

混凝剂溶液多采用电磁流量计计量，一般采用泵投加。

混凝剂常采用水泵混合、隔板混合和机械混合。水泵混合是利用提升水泵进行混合。药剂在水泵的吸水管上或吸水喇叭口处投入，利用水泵叶轮的高速转动达到快速而剧烈混合的目的。用水泵混合效果好，不需另建混合设备。隔板混合是在混合池内设有数块隔板，水流通过隔板孔道时产生急剧的收缩和扩散，形成涡流，使药剂与原水充分混合（图10-11）。隔板间距约为池宽的2倍。隔板孔道交错设置，流过孔道时的流速不应小于1m/s，池内平均流速不小于0.6m/s。混合时间一般为10～30s。在处理水量稳定时，隔板混合的效果较好；流量变化较大时，混合效果不稳定。机械混合采用桨板或螺旋桨搅拌混合，桨板的外缘线速度一般在2m/s左右，混合时间为10～30s。

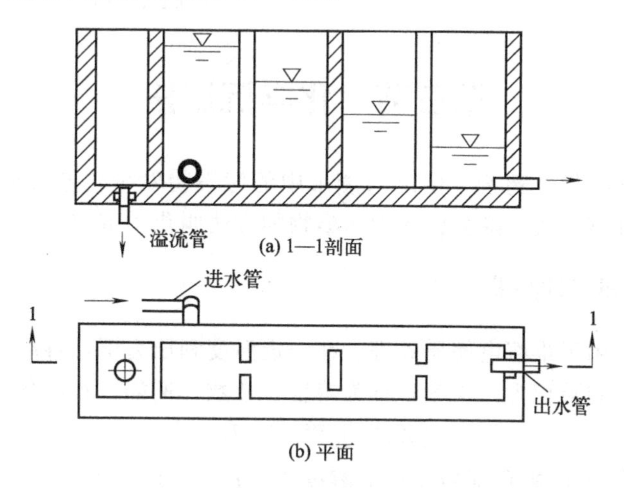

图10-11 隔板混合池

混凝沉淀的反应设备有水力搅拌和机械搅拌两大类。常用的反应池有隔板反应池和机械搅拌反应池。

隔板反应池如图10-12所示。它是利用水流断面上流速分布不均匀所造成的速度梯度，促进颗粒相互碰撞进行絮凝。为避免结成的絮凝体被打碎，隔板中的流速应逐渐减小。隔板反应池的主要设计参数可采用：①反应池隔板间的流速，起端部分为0.5～0.6m/s，末端部分为0.15～0.2m/s。隔板的间距从进口到出口逐渐放宽。②反应时间为20～30min。③为便于施工和检修，隔板间距应大于0.5～0.7m。池底应有0.02～0.03的坡度并设排泥管。④转弯处的过水断面面积应是隔板间过水断面面积的1.2～1.5倍。⑤反应池的总水头损失为0.3～0.5m。

机械搅拌反应池如图10-13所示。图中的转动轴是垂直的，也可以用水平轴。机械搅拌反应池的主要设计参数为：①每台搅拌设备上的桨板总面积为水流截面积的10%～20%，不超过25%。桨板长度不大于叶轮直径的75%，宽度为10～30cm。②叶轮半径中心点的旋转线速度在第一格用0.5～0.6m/s，以后逐格减少，最后一格采用0.1～0.2m/s，不得大于0.3m/s。③反应时间为15～20min。

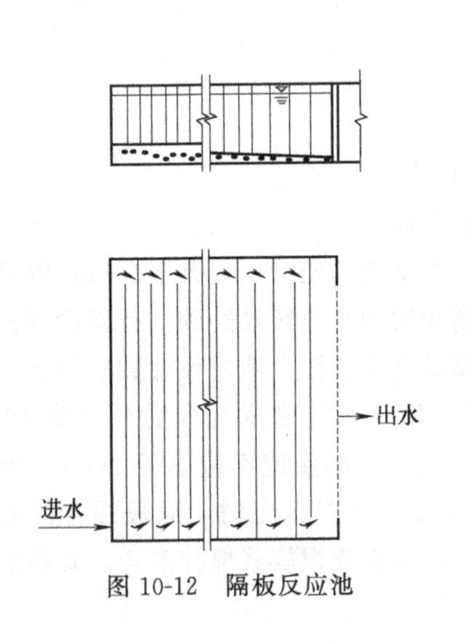

图10-12 隔板反应池

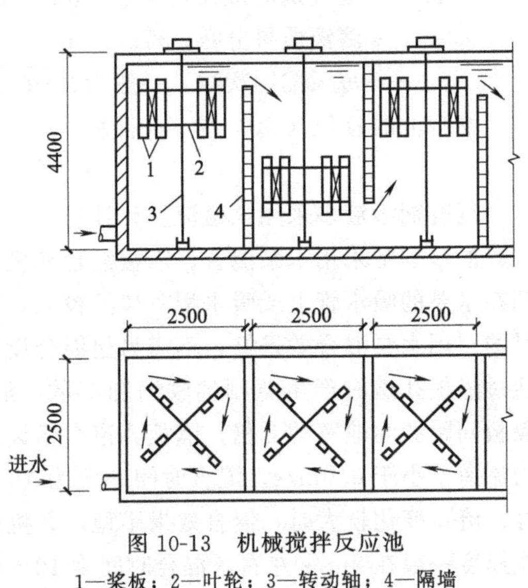

图10-13 机械搅拌反应池

1—桨板；2—叶轮；3—转动轴；4—隔墙

第三节 化学沉淀法

向废水中投加某些化学药剂，使之与废水中的污染物发生化学反应并形成难溶的沉淀物，然后进行固液分离，从而除去废水中污染物的方法叫化学沉淀法。

一、化学沉淀法基本原理

化学沉淀法主要用于难溶电解质处理。在一定温度和压力下，难溶无机化合物的饱和溶液中，各种离子浓度的乘积为一常数，称为溶度积常数。例如，在硫化锌的饱和溶液中

$$[Zn^{2+}][S^{2-}]=K_{sp}$$

$[Zn^{2+}]$与$[S^{2-}]$的乘积即硫化锌的溶度积，$K_{sp}=3.47\times10^{-12}$，溶度积常数简称溶度积。常见化合物的溶度积见表10-3。

表 10-3 化合物的溶度积常数

化合物	溶度积	化合物	溶度积	化合物	溶度积
乙酸盐		氢氧化物		CdS①	8.0×10^{-27}
AgAc②	1.94×10^{-3}	AgOH①	2.0×10^{-8}	CoS①(α-型)	4.0×10^{-21}
卤化物		$Al(OH)_3$①(无定形)	1.3×10^{-33}	CoS①(β-型)	2.0×10^{-25}
AgBr①	5.0×10^{-13}	$Be(OH)_2$①(无定形)	1.6×10^{-22}	Cu_2S①	2.5×10^{-48}
AgCl①	1.8×10^{-10}	$Ca(OH)_2$①	5.5×10^{-6}	CuS①	6.3×10^{-36}
AgI①	8.3×10^{-17}	$Cd(OH)_2$①	5.27×10^{-15}	FeS①	6.3×10^{-18}
BaF_2	1.84×10^{-7}	$Co(OH)_2$②(粉红色)	1.09×10^{-15}	HgS①(黑色)	1.6×10^{-52}
$CaF_2$①	5.3×10^{-9}	$Co(OH)_2$②(蓝色)	5.92×10^{-15}	HgS①(红色)	4×10^{-53}
CuBr①	5.3×10^{-9}	$Co(OH)_3$①	1.6×10^{-44}	MnS①(晶形)	2.5×10^{-13}
CuCl①	1.2×10^{-6}	$Cr(OH)_2$①	2×10^{-16}	NiS②	1.07×10^{-21}
CuI①	1.1×10^{-12}	$Cr(OH)_3$①	6.3×10^{-31}	PbS①	8.0×10^{-28}
$Hg_2Cl_2$①	1.3×10^{-18}	$Cu(OH)_2$①	2.2×10^{-20}	SnS①	1×10^{-25}
$Hg_2I_2$①	4.5×10^{-29}	$Fe(OH)_2$①	8.0×10^{-16}	$SnS_2$②	2×10^{-27}
HgI_2	2.9×10^{-29}	$Fe(OH)_3$①	4×10^{-38}	ZnS②	2.93×10^{-25}
$PbBr_2$	6.60×10^{-6}	$Mg(OH)_2$①	1.8×10^{-11}	磷酸盐	
$PbCl_2$①	1.6×10^{-5}	$Mn(OH)_2$①	1.9×10^{-13}	$Ag_3PO_4$①	1.4×10^{-16}
PbF_2	3.3×10^{-8}	$Ni(OH)_2$①(新制备)	2.0×10^{-15}	$AlPO_4$①	6.3×10^{-19}
$PbI_2$①	7.1×10^{-9}	$Pb(OH)_2$①	1.2×10^{-15}	$CaHPO_4$①	1×10^{-7}
SrF_2	4.33×10^{-9}	$Sn(OH)_2$①	1.4×10^{-28}	$Ca_3(PO_4)_2$①	2.0×10^{-29}
碳酸盐		$Sr(OH)_2$①	9×10^{-4}	$Cd_3(PO_4)_2$②	2.53×10^{-33}
Ag_2CO_3	8.45×10^{-12}	$Zn(OH)_2$①	1.2×10^{-17}	$Cu_3(PO_4)_2$	1.40×10^{-37}
$BaCO_3$①	5.1×10^{-9}	草酸盐		$FePO_4\cdot2H_2O$	9.91×10^{-16}
$CaCO_3$	3.36×10^{-9}	$Ag_2C_2O_4$	5.4×10^{-12}	$MgNH_4PO_4$①	2.5×10^{-13}
$CdCO_3$	1.0×10^{-12}	$BaC_2O_4$①	1.6×10^{-7}	$Mg_3(PO_4)_2$	1.04×10^{-24}
$CuCO_3$①	1.4×10^{-10}	$CaC_2O_4\cdot H_2O$①	4×10^{-9}	$Pb_3(PO_4)_2$①	8.0×10^{-43}
$FeCO_3$	3.13×10^{-11}	CuC_2O_4	4.43×10^{-10}	$Zn_3(PO_4)_2$①	9.0×10^{-33}
Hg_2CO_3	3.6×10^{-17}	$FeC_2O_4\cdot2H_2O$①	3.2×10^{-7}	其他盐	
$MgCO_3$	6.82×10^{-6}	$Hg_2C_2O_4$	1.75×10^{-13}	$[Ag^+][Ag(CN)_2^-]$①	7.2×10^{-11}
$MnCO_3$	2.24×10^{-11}	$MgC_2O_4\cdot2H_2O$	4.83×10^{-6}	$Ag_4[Fe(CN)_6]$①	1.6×10^{-41}
$NiCO_3$	1.42×10^{-7}	$MnC_2O_4\cdot2H_2O$	1.70×10^{-7}	$Cu_2[Fe(CN)_6]$①	1.3×10^{-16}
$PbCO_3$①	7.4×10^{-14}	$PbC_2O_4$②	8.51×10^{-10}	AgSCN	1.03×10^{-12}
$SrCO_3$	5.6×10^{-10}	$SrC_2O_4\cdot H_2O$①	1.6×10^{-7}	CuSCN	4.8×10^{-15}
$ZnCO_3$	1.46×10^{-10}	$ZnC_2O_4\cdot2H_2O$	1.38×10^{-9}	$AgBrO_3$①	5.3×10^{-5}
铬酸盐		硫酸盐		$AgIO_3$①	3.0×10^{-8}
Ag_2CrO_4	1.12×10^{-12}	$Ag_2SO_4$①	1.4×10^{-5}	$Cu(IO_3)_2\cdot H_2O$	7.4×10^{-8}
$Ag_2Cr_2O_7$①	2.0×10^{-7}	$BaSO_4$①	1.1×10^{-10}	$KHC_4H_4O_6$(酒石酸氢钾)②	3×10^{-4}
$BaCrO_4$①	1.2×10^{-10}	$CaSO_4$①	9.1×10^{-6}	Al(8-羟基喹啉)$_3$②	5×10^{-33}
$CaCrO_4$①	7.1×10^{-4}	Hg_2SO_4	6.5×10^{-7}	$K_2Na[Co(NO_2)_6]\cdot H_2O$①	2.2×10^{-11}
$CuCrO_4$①	3.6×10^{-6}	$PbSO_4$①	1.6×10^{-8}	$Na(NH_4)_2[Co(NO_2)_6]$①	4×10^{-12}
$Hg_2CrO_4$①	2.0×10^{-9}	$SrSO_4$①	3.2×10^{-7}	Ni(丁二酮肟)$_2$②	4×10^{-24}
$PbCrO_4$①	2.8×10^{-13}	硫化物		Mg(8-羟基喹啉)$_2$②	4×10^{-16}
$SrCrO_4$①	2.2×10^{-5}	Ag_2S①	6.3×10^{-50}	Zn(8-羟基喹啉)$_2$②	5×10^{-25}

① 摘自 J. A. Dean, Lange's Handbook of Chemistry, 13 版, 1985。

② 摘自其他参考书。

注：摘自 David R. Lide, Handbook of Chemistry and Physics, 78 版, 1997—1998。

在一个有多种离子的溶液中，如果其中两种离子 A^+ 和 B^- 能化合成难溶化合物 AB，则可能出现下列三种情况之一。

① $[A^+][B^-]<K_{AB}$，溶液未饱和，A^+、B^- 全部溶解在水中；

② $[A^+][B^-]=K_{AB}$，溶液饱和，但不产生沉淀；

③ $[A^+][B^-]>K_{AB}$，溶液过饱和，必有难溶化合物 AB 从溶液中沉淀析出。

可见产生沉淀的条件是离子积大于溶度积。若去除的污染物是 A^+，则可把含 B^- 的物质称为沉淀剂。化学沉淀法就是投加沉淀剂以降低水中某种离子浓度的方法。

若溶液中有数种离子都能与同一种离子生成沉淀，则可以通过溶度积原理判断生成沉淀的顺序，即分步沉淀。例如，溶液中同时存在 SO_4^{2-}、CrO_4^{2-}、Ba^{2+}，下面介绍如何判断发生何种沉淀。

$$SO_4^{2-}+Ba^{2+} = BaSO_4\downarrow \qquad L_{BaSO_4}=1.1\times10^{-10} \tag{10-6}$$

$$CrO_4^{2-}+Ba^{2+} = BaCrO_4\downarrow \qquad L_{BaCrO_4}=2.3\times10^{-10} \tag{10-7}$$

$L_{BaSO_4}/L_{BaCrO_4}=1.1\times10^{-10}/2.3\times10^{-10}=1/2.09$

因为 $[Ba^{2+}]$ 为同一值，所以 $[SO_4^{2-}]/[CrO_4^{2-}]=1/2.09$。

① 若溶液中 $[SO_4^{2-}]/[CrO_4^{2-}]>1/2.09$，则先发生 $BaSO_4$ 沉淀；

② 若溶液中 $[SO_4^{2-}]/[CrO_4^{2-}]<1/2.09$，则先发生 $BaCrO_4$ 沉淀；

③ 若溶液中 $[SO_4^{2-}]/[CrO_4^{2-}]=1/2.09$，则同时发生 $BaSO_4$ 和 $BaCrO_4$ 沉淀。

可见，不能认为在任何情况下都是溶度积小的难溶盐首先发生沉淀，而要以 L_1/L_2 的值作为指标衡量，并以此确定离子沉淀的顺序或者共沉淀。

二、化学沉淀法脱氮除磷

1. 化学除磷

化学除磷是向水中投加能够与磷酸根离子生成难溶性磷酸盐的金属离子，然后在沉淀池中泥水分离而将磷从污水中去除的方法。由于磷酸盐的离子形态与废水的 pH 值有关（见图 10-14），只有在 pH 值大于 7 时 HPO_4^{2-} 逐步向 PO_4^{3-} 转化，并形成 PO_4^{3-} 的沉淀物去除磷，而磷酸一氢与二氢盐为非沉淀物，难以通过沉淀法去除。

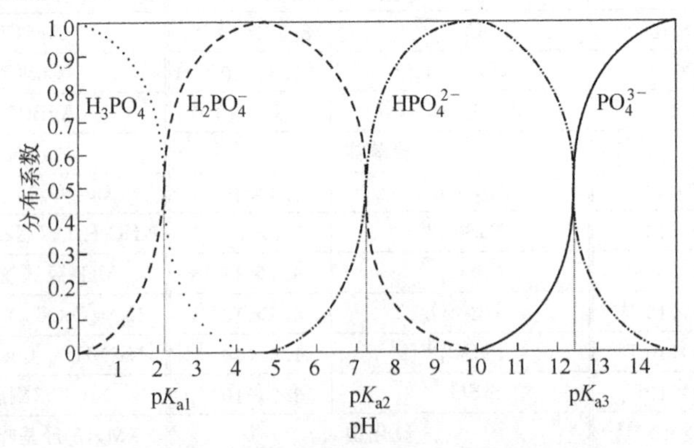

图 10-14 磷酸盐存在形态与 pH 值的关系

用于化学除磷的药剂有钙盐、铝盐和铁盐，最常用药剂是石灰、硫酸铝、氯化铁和硫酸亚铁。

过去化学除磷通常用 $Ca(OH)_2$ 作沉淀剂。当向废水中加入 $Ca(OH)_2$ 时，它首先同水中的碳酸氢盐碱度发生反应生成 $CaCO_3$ 沉淀，随着废水中 pH 值升高到 10，多余的 Ca^{2+} 会与磷酸根发生反应生成羟磷灰石［$Ca_{10}(PO_4)_6(OH)_2$］沉淀，反应式如下：

$$10Ca^{2+}+6PO_4^{3-}+2OH^- \rightleftharpoons Ca_{10}(PO_4)_6(OH)_2$$

由于 $Ca(OH)_2$ 会与废水中的碳酸氢盐碱度发生反应，反应中所需 $Ca(OH)_2$ 的量与废水中需沉淀去除的磷酸根的量无关，而主要取决于废水的碱度。由于该反应只在 pH>10 时发生，因此首先要将废水的 pH 值升高，反应结束后再将出水 pH 值调节至 9 以下，一般加入 CO_2 降低 pH 值。在实际工程应用中，这种工艺不仅成本高，而且产泥量大，对设备的腐蚀性也强，可操作性较差。

铝盐和铁盐除磷在工程中使用较多，具体反应如下：

主反应：
$$Me^{3+}+PO_4^{3-} \longrightarrow MePO_4\downarrow \tag{10-8}$$

副反应：
$$Me^{3+}+3HCO_3^- \longrightarrow Me(OH)_3\downarrow+3CO_2\uparrow \tag{10-9}$$

$$Me^{3+}+3H_2O \longrightarrow Me(OH)_3\downarrow+3H^+ \tag{10-10}$$

由于磷酸发生下述离解反应：

$$H_3PO_4 \longrightarrow H^+ + H_2PO_4^- \tag{10-11}$$

$$H_2PO_4^- \longrightarrow H^+ + HPO_4^{2-} \tag{10-12}$$

$$HPO_4^{2-} \longrightarrow H^+ + PO_4^{3-} \tag{10-13}$$

金属离子与 HPO_4^{2-} 和 $H_2PO_4^-$ 形成溶解性复合物：

$$Me^{3+} + HPO_4^{2-} \longrightarrow MeHPO_4^+ \tag{10-14}$$

$$Me^{3+} + H_2PO_4^- \longrightarrow MeH_2PO_4^{2+} \tag{10-15}$$

溶解性复合物的存在是残留溶解磷浓度升高的原因。因此，控制适当 pH 值利于磷的去除。pH 值低于 8.0、金属盐投加量较少时，形成 $MePO_4$ 沉淀，并对溶解磷有一定的吸收作用；随着金属盐投加量的增加，残留溶解磷浓度达到临界点，出现 $Me(OH)_3$ 或 MeOOH 沉淀。

磷的化学沉淀分为沉淀反应、凝聚作用、絮凝作用和固液分离四个步骤。沉淀反应和凝聚作用在一个混合池内进行，目的是使除磷剂与污水快速有效地混合；沉淀反应形成的胶体和污水中原有胶体在凝聚过程中凝聚为直径在 10～15μm 的主粒子。絮凝过程中主粒子相互结合形成更大的粒子——絮体，从而利于沉淀或固液分离。固液分离可单独进行，也可与初沉池或二沉池污泥的排放相结合。

在上述反应中，1mol 铝盐或铁盐可以沉淀 1mol 磷酸盐。由于碱度、pH 值以及沉淀反应竞争等多种情况存在，所需沉淀剂投加量通常需要试验来确定，尤其是使用聚合物作为沉淀剂时。溶液中磷酸盐与投加 Al^{3+}、Fe^{3+} 形式沉淀去除磷酸盐的平衡关系如图 10-15 所示。图中实线表示沉淀后水中残留磷酸盐的量；阴影部分表

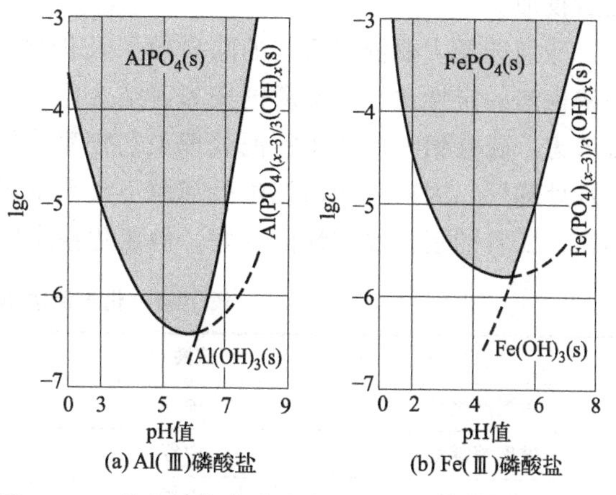

图 10-15 铝和铁的磷酸盐在不同 pH 值下的溶解平衡

示以 $AlPO_4$、$FePO_4$ 形式沉淀去除的磷酸盐的量。当用铁盐作沉淀剂时，最佳的反应 pH 值是 5；当用铝盐作沉淀剂时，最佳 pH 值是 6。在 pH 值较高或较低时，会产生较复杂的混合多核物系。

根据化学除磷剂投加点位置的不同，化学除磷工艺可分为前置（析）沉淀除磷、协同沉淀除磷和后置（析）沉淀除磷三种类型。前析沉淀除磷剂投加点是沉砂池，形成的沉淀物与初沉池污泥一起排出。协同沉淀除磷剂投加点包括初沉池出水口、曝气池和二沉池前的管道，形成的沉淀物与剩余污泥一起排出。后析沉淀除磷剂投加点位于二沉池之后，形成的沉淀物通过另设的固液分离装置进行泥水分离。具体工艺流程如图 10-16 所示。

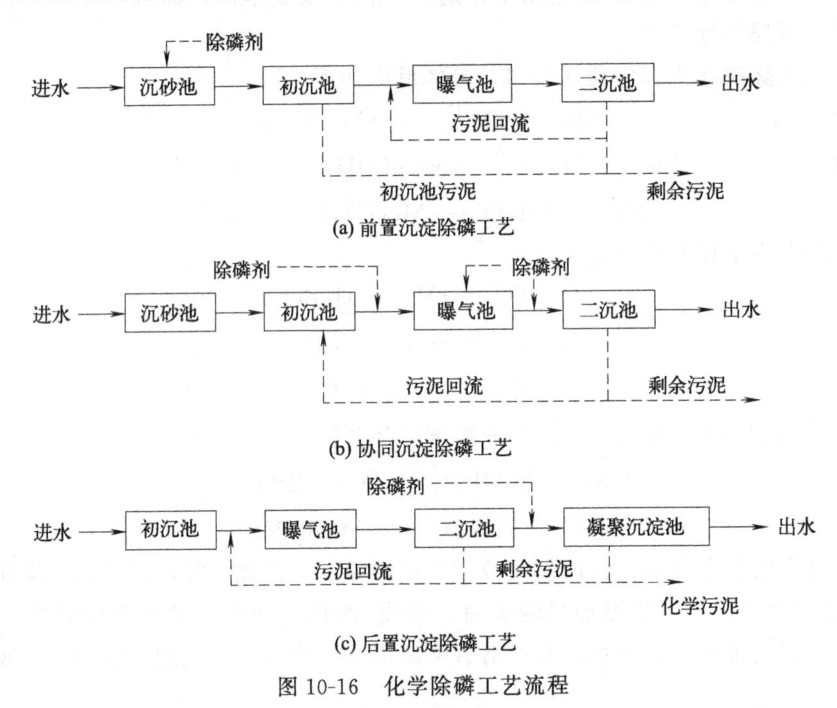

(a) 前置沉淀除磷工艺

(b) 协同沉淀除磷工艺

(c) 后置沉淀除磷工艺

图 10-16 化学除磷工艺流程

在污水处理中，除磷剂投加点和处理设施的选择取决于出水总磷（TP）的排放要求。正常运行条件下，前析、协同除磷能使出水 TP 降到 1.0mg/L 左右，后析除磷出水 TP 可低于 0.5mg/L。出水 TP 若要求为 1mg/L 左右，二沉池之前投加是可行的，否则宜在二沉池之后投加。

药剂选择主要依据药剂的除磷效果及价格。表 10-4 给出了硫酸铝、硫酸亚铁和氯化铁除磷性能的定性比较。除磷剂选择需结合化学除磷剂污水处理的技术经济性以及污泥处理处置考虑。硫酸铝一般用于污泥处理工艺较简单的污水处理厂。对于需要设置污泥综合处理的污水处理厂，因产生的污泥难处理而不宜采用硫酸铝。硫酸亚铁和氯化铁除磷效果与硫酸铝相当，二者的运行操作性能较好，但氯化铁腐蚀性强。

表 10-4 化学除磷剂的除磷性能比较

项目	硫酸铝	硫酸亚铁	氯化铁
污泥产生量	中等	中等	大
碱度消耗量	中等	中等	中等
化学效率	中等	中等	中等

续表

项目	硫酸铝	硫酸亚铁	氯化铁
操作难易程度	较难	容易	容易
污泥特性	较差	较好	较好
化学药剂处理要求	中等	中等	高
腐蚀性	中等	较强	强

将现有污水处理厂改造成具有化学除磷功能的常用方法是利用原有构筑物混合污水和除磷剂。加药点可以是巴氏计量槽、跌水井、曝气沉砂池、进水泵出口、直角弯管、水跃和曝气池等紊流程度较高的地方，但其混合能力较差，药剂的利用率会降低，药剂消耗量较大，适宜的方法是设置快速混合池。

除磷剂和污水混合的絮凝效果是以水力停留时间和速度梯度表征的。速度梯度（G）是对传递给液体的剪切强度的度量。一般水力停留时间为30s，G 值为300m/(s·m)。

2. 同时化学脱氮除磷

磷酸铵镁（$MgNH_4PO_4 \cdot 6H_2O$），俗称鸟粪石，简称MAP，是一种难溶于水的白色物质。磷酸铵镁（MAP）法的原理是将过量的 Mg^{2+} 加入含有磷酸盐和氨氮的污水中，反应生成难溶的磷酸铵镁沉淀，实现对污水中磷酸盐和氨氮的去除。

在含有 NH_4^+ 和 PO_4^{3-} 的废水中投加镁盐，会发生以下化学反应：

主反应：

$$NH_3 + H_3O^+ \longrightarrow NH_4^+ + H_2O \tag{10-16}$$

$$Mg^{2+} + PO_4^{3-} + NH_4^+ + 6H_2O \longrightarrow MgNH_4PO_4 \cdot 6H_2O \downarrow \tag{10-17}$$

$$Mg^{2+} + HPO_4^{2-} + NH_4^+ + 6H_2O \longrightarrow MgNH_4PO_4 \cdot 6H_2O \downarrow + H^+ \tag{10-18}$$

$$Mg^{2+} + H_2PO_4^- + NH_4^+ + 6H_2O \longrightarrow MgNH_4PO_4 \cdot 6H_2O \downarrow + 2H^+ \tag{10-19}$$

副反应：

$$Mg^{2+} + 2PO_4^{3-} + 4H^+ \longrightarrow Mg(H_2PO_4)_2 \tag{10-20}$$

$$Mg^{2+} + PO_4^{3-} + H^+ \longrightarrow MgHPO_4 \downarrow \tag{10-21}$$

$$3Mg^{2+} + 2PO_4^{3-} \longrightarrow Mg_3(PO_4)_2 \downarrow \tag{10-22}$$

$$Mg^{2+} + 2H_2O \longrightarrow Mg(OH)_2 + 2H^+ \tag{10-23}$$

反应有关参数如下：

$$K_{sp} = [NH_4^+][Mg^{2+}][PO_4^{3-}] = 2.5 \times 10^{-13} (25℃)$$

$$pK_{sp} = -\lg(K_{sp}) = 12.6 (25℃)$$

磷酸铵镁生成反应速度快，易于发生沉淀，但磷酸铵镁沉淀过程受下列因素影响：

pH值决定了生成磷酸铵镁的各种离子在水中达到平衡时的存在形态和活度。只有磷酸铵镁沉淀所需的各种离子的活度积超过相应的溶度积时，沉淀才能发生。在一定范围内，磷酸铵镁在水中的溶解度随着pH值的升高而降低；但当pH值升高到一定值时，磷酸铵镁的溶解度会随pH值的升高而增大。磷酸铵镁溶度积与pH值的函数关系见图10-17，适宜的pH值范围为9.0～10.7。由式（10-17）和式（10-18）可知，在生成磷酸铵镁的反应过程中，溶液的pH值会逐渐降低，因此，反应过程中需加碱以维持一定的pH值。但如果平衡时的pH值高于10，沉淀的主要成分为 $Mg_3(PO_4)_2$；如果平衡时的pH值高于11，沉淀的主要成分变为 $Mg(OH)_2$。此外，在强碱条件下，溶液中的 NH_4^+ 会转化为 NH_3，影响磷酸铵镁的生成，从而影响磷的去除。合适的pH值对磷酸铵镁法脱氮除磷起着至关重要的作用。

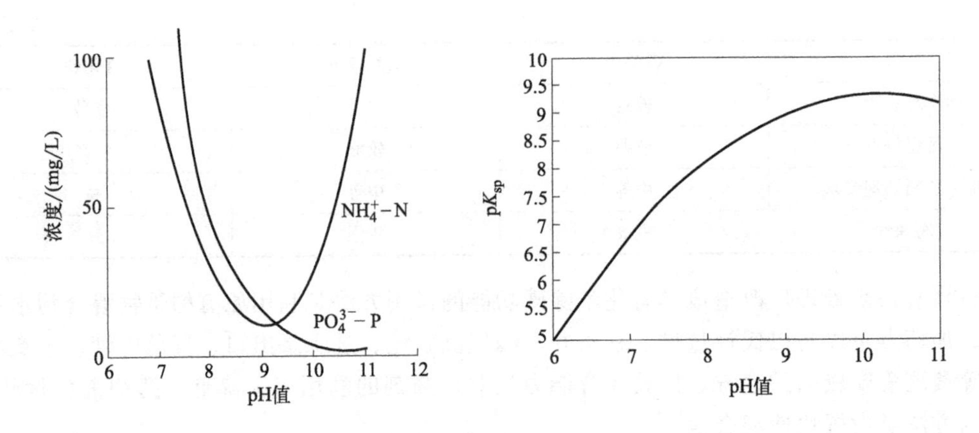

图 10-17 磷酸铵镁溶度积与 pH 值之间的关系

形成磷酸铵镁的前提是三种离子的活度积超过磷酸铵镁平衡时的活度积。磷酸铵镁沉淀法的 NH_4^+、Mg^{2+} 和 PO_4^{3-} 的理论配比为 1∶1∶1，增大 Mg^{2+} 浓度，利于 NH_4^+ 和 PO_4^{3-} 的充分去除。故提高 Mg^{2+} 的比例使 Mg^{2+} ∶NH_4^+ ＞1，保持 PO_4^{3-} 的配比接近或略低于 NH_4^+，才能保证在合适的 pH 值条件下，氮、磷能被最大限度去除，同时剩余磷含量得到控制。由于存在副反应，会消耗一定的 Mg^{2+}，所以过程中需要调高 Mg^{2+} 配比。

磷酸铵镁的形成也受钙和镁相对浓度的影响，当溶液体系形成磷酸钙时，磷酸铵镁的形成被抑制。增加钙的浓度可抑制磷酸铵镁晶体的生长，当 n(Ca)∶n(Mg) 为 1∶1 或更高时，没有磷酸铵镁晶体形成。因此，废水除磷需要考虑钙离子的影响。

三、化学沉淀法去除重金属

化学沉淀法是往水中投加某种化学药剂，生成难溶于水的盐类，从而降低水中溶解物质的含量。废水中重金属和溶解性无机物常用化学沉淀法去除。常见的化学沉淀剂包括氢氧化物、硫化物，在一些特殊情况下使用碳酸盐等作沉淀剂。大部分重金属，如砷（As）、钡（Ba）、镉（Cd）、铜（Cu）、汞（Hg）、镍（Ni）、硒（Se）和锌（Zn）等能够以氢氧化物或硫化物的形式沉淀去除。常见金属氢氧化物和硫化物的溶度积见表 10-3。

废水中的金属离子可以通过投加石灰等氢氧化物生成沉淀而得以去除。几种金属氢氧化物溶解度与 pH 值的关系如图 10-18 所示。由于废水水质复杂，干扰因素较多，理论计算结果可能与实际有一定出入，最好通过试验来控制 pH 值。此外，有些金属如 Al、Zn 等的氢氧化物为两性化合物，若 pH 值过高，它们会重新溶解变成酸性物质。因此采用氢氧化物沉淀法必须调节好 pH 值。

金属硫化物是比氢氧化物溶度积更小的难溶沉淀物。在硫化物沉淀法中，促成金属离子沉淀的是 S^{2-}，由于 H_2S 存在下列平衡：

$$H_2S \longrightarrow 2H^+ + S^{2-} \tag{10-24}$$

在 101.325kPa、25℃时，促成金属离子沉淀的 S^{2-} 浓度为：

$$[S^{2-}]=1.1\times10^{23}/[H^+]^2$$

显然，溶液的 pH 值升高，$[H^+]$ 降低，可使溶液含有较多的 S^{2-}。金属硫化物溶解度与 pH 值的关系曲线如图 10-19 所示。

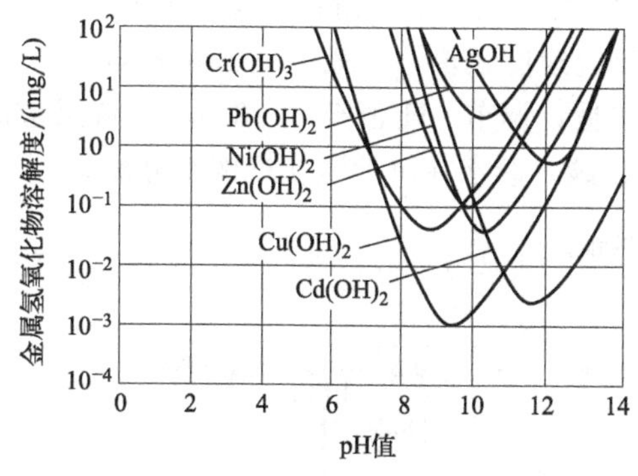

图 10-18 金属氢氧化物溶解度与 pH 值的关系

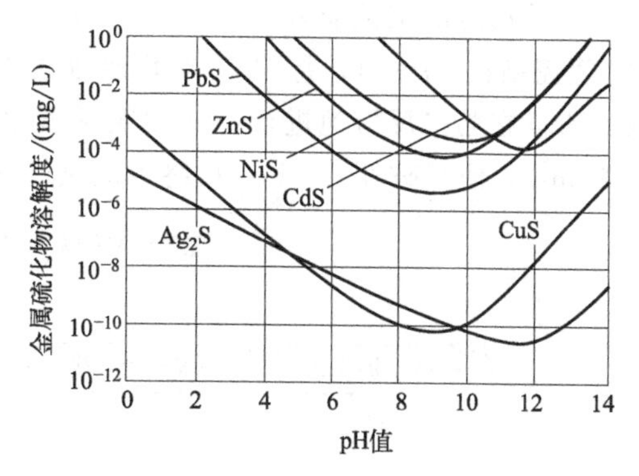

图 10-19 金属硫化物溶解度与 pH 值的关系

第四节 氧化还原法

水中的溶解性物质，包括无机物和有机物都可以通过化学反应过程将其氧化或还原，生成无害的新物质或者变为易从水中分离排出的形态（气体或者固体），从而达到处理的目的。氧化还原法的实质是使元素失去或得到电子，引起化合价的升高或降低。失去电子的过程叫氧化，得到电子的过程叫还原。

氧化还原反应总是朝着使电位值较大的一方得到电子，使电位值较小的一方失去电子的方向进行。为保证污水处理效果，选择适宜氧化剂或还原剂时必须考虑以下因素：对水中特定杂质有良好的氧化还原作用；反应后的产物应当无害；价格合理，易得；常温下反应迅速；反应所需 pH 值不宜过高或过低。

1. 氧化剂

水处理中常用的氧化剂有臭氧（O_3）、过氧化氢（H_2O_2）、二氧化氯（ClO_2）、高锰酸根（MnO_4^-）、氯（Cl_2）、次氯酸（HClO）和氧（O_2）等。这些氧化剂可以在不同情况下用于各种废水的氧化处理。通过化学氧化，可以使废水中溶解性的有机或无机污染物氧化分解，从而降低废水的 BOD 和 COD，或使废水中的有毒物质无害化。

氧是水和废水处理中常用的氧化剂，其在酸性和碱性溶液中的标准氧化还原电位分别为 1.229V 和 0.401V。在常温常压条件下，曝气充氧的氧化速度缓慢，但其在催化剂和高温高压条件下可加速氧化反应的进行。

氯系氧化剂包括氯（Cl_2）、次氯酸（HClO）、二氧化氯（ClO_2）以及漂白粉［$CaClO_2$］。它们的氧化还原电位均较高，如氯的标准氧化还原电位为 1.359V，次氯酸根的标准氧化还原电位为 1.2V。其主要用于氰化物、硫化物、酚、醇、醛、油类等污染物的氧化去除以及水和废水脱色、脱臭、杀菌等。其作用原理为氯系氧化剂在与水接触时发生歧化反应，形成 HClO 或 ClO^-，而 HClO 或 ClO^- 反应过程中释放原子氧［O］，从而实现对污染物的氧化。以氰化物为例，氯、次氯酸、二氧化氯以及漂白粉与氰化物的反应如下：

$$2CN^- + 5Cl_2 + 8OH^- \longrightarrow N_2\uparrow + 2CO_2\uparrow + 10Cl^- + 4H_2O \tag{10-25}$$

$$2CN^- + 5ClO^- + H_2O \longrightarrow N_2\uparrow + 2HCO_3^- + 5Cl^- \tag{10-26}$$

$$4CN^- + 4ClO_2 + 4OH^- \longrightarrow 2N_2\uparrow + 4HCO_3^- + 4Cl^- \tag{10-27}$$

$$4CN^- + 5Ca(ClO)_2 + 2H_2O = 2Ca(HCO_3)_2 + 2N_2 + 3CaCl_2 + 4Cl^- \tag{10-28}$$

上述反应的工艺流程见图 10-20。反应分两个阶段完成。第一阶段在第一反应池完成，pH 值控制在 10～11，将 CN^- 氧化成氰酸盐，该反应速度较快，一般 10～15min 即可完成；第二阶段在第二反应池进行，增加氯系氧化剂投加量，调节 pH 值至 8～8.5，维持反应时间 30min，使其破坏 C—N，最终生成氮气和二氧化碳。废水在沉淀池实现泥水分离。

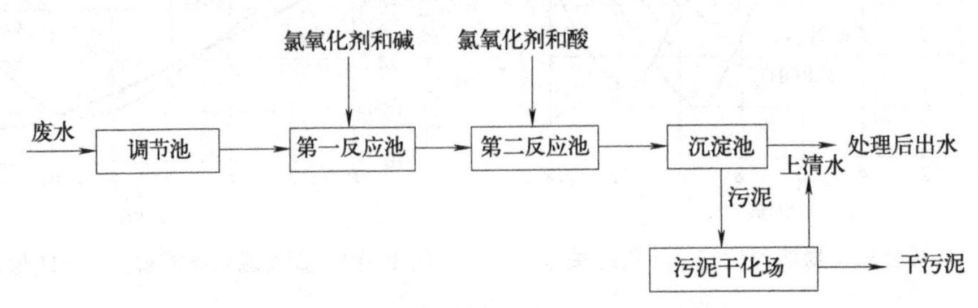

图 10-20 含氰废水氯氧化处理工艺流程

工艺反应投药量一般按氯系氧化剂反应方程式的理论需要量的 110%～115%设计，或通过试验确定。以氯氧化含氰废水为例介绍药剂理论需求量计算：

第一阶段理论需氯量为： $CN^- : Cl_2 = 1 : 2.73$

第二阶段理论需氯量为： $CN^- : Cl_2 = 1 : 4.10$

总需氯量为： $CN^- : Cl_2 = 1 : 6.83$

在实际操作中，常按水中余氯量 2～7mg/L 进行控制，或用氧化还原电位仪（ORP 仪）自动控制投氯量。对于第一阶段，ORP 达 300mV，对于第二阶段，ORP 达 650mV，可以认为氰已基本破坏。

臭氧是一种强氧化剂，可释放原子氧，具有很强的氧化能力。过氧化氢（H_2O_2）具有和臭氧类似的氧化功能。以氰化物为例，氧化反应如下：

$$2CN^- + 2O_3 \longrightarrow 2CNO^- + 2O_2 \uparrow \tag{10-29}$$

$$2CNO^- + 3O_3 + H_2O \longrightarrow N_2 \uparrow + 2HCO_3^- + 3O_2 \uparrow \tag{10-30}$$

在臭氧氧化氰化物过程中，需要调节适宜的 pH 值，以利于上述反应的快速和彻底进行。pH 值越高，臭氧的消耗量越少。

接触反应装置多采用鼓泡塔，塔内设多层塔板，不设填料（即空塔），气水逆向接触。接触反应时间一般 5～10min，对于难降解有机物，接触反应时间宜控制在 30min 左右。

过氧化氢（H_2O_2）也具有和臭氧类似的氧化功能。

2. 还原剂

常用的还原剂有亚铁盐、金属铁、金属锌、二氧化硫和亚硫酸盐等。以铁屑（或锌屑）过滤为例：

$$E^{\ominus}(Fe^{2+}/Fe) = -0.447V$$

$$E^{\ominus}(Zn^{2+}/Zn) = -0.763V$$

因而铁和锌能作为较强的还原剂处理含汞、铬、铜等重金属离子的废水。含铬废水进入铁屑池后，会发生下列反应：

$$Fe \longrightarrow Fe^{2+} + 2e^- \quad E^{\ominus} = -0.447V \tag{10-31}$$

$$Cr_2O_7^{2-} + 14H^+ + 6e^- \longrightarrow 2Cr^{3+} + 7H_2O \qquad E^{\ominus} = +1.36V \tag{10-32}$$

$$Cr_2O_7^{2-} + 14H^+ + 6Fe^{2+} \longrightarrow 2Cr^{3+} + 7H_2O + 6Fe^{3+} \tag{10-33}$$

$$Cr^{3+} + 3OH^- = Cr(OH)_3 \downarrow \quad (10\text{-}34)$$

$$Fe^{3+} + 3OH^- = Fe(OH)_3 \downarrow \quad (10\text{-}35)$$

Cr(Ⅵ) 被还原为 Cr^{3+} 需在 pH 值为 2.5～3.0 的酸性条件下进行。为从废水中去除铬，实现 Cr^{3+} 形成 $Cr(OH)_3$ 沉淀，需要将废水 pH 值调节到 8～9。所以，随着上述反应不断进行，H^+ 被大量消耗，OH^- 浓度不断增大，当 OH^- 达到一定浓度（或通过补充碱）使 pH 值维持 8～9 时，Cr^{3+} 和 Fe^{3+} 会与 OH^- 反应形成氢氧化物沉淀。氢氧化铁的絮凝作用将氢氧化铬吸附凝聚脱出。吸附饱和的铁屑丧失还原能力后，用酸或碱再生，回收铬。

铁屑池过滤处理含铬废水的铁屑填充高度为 1.5m，含铬废水通过铁屑滤床的过滤滤速为 3m/h，进水 pH 值宜控制在 3.0。

亚硫酸盐和硫酸亚铁还原法处理含铬废水，具有与铁屑过滤除铬类似的化学作用过程和 pH 值要求。在酸性条件下将 Cr(Ⅵ) 还原为 Cr^{3+}，之后在碱性条件下 Cr^{3+} 和 Fe^{3+} 与 OH^- 反应形成氢氧化物沉淀，并同沉淀而去除。

复习思考题

1. 中和处理的目的是什么？常用的酸碱中和剂有哪些？
2. 化学处理去除的对象是什么？它与生物处理相比有何不同？
3. 混凝的基本原理是什么？能否采用化学混凝方法处理生活污水，为什么？
4. 试述影响混凝的主要因素。
5. 为什么设计时要对混凝反应给出反应时间和搅拌速度（或流速）的要求？
6. 化学除磷和同时化学脱氮除磷为什么需要控制适宜 pH 值？
7. 化学除磷剂投加位置有哪些？其投加位置对除磷工艺及其磷的去除率有什么影响？
8. 当多种重金属离子同时化学沉淀时，如何判断其沉淀顺序？能否根据溶度积大小直接判断？

参考文献

[1] 高廷耀，顾国维，周琪. 水污染控制工程 [M]. 北京：高等教育出版社，2007.
[2] 赵庆良，任南琪. 水污染控制工程 [M]. 北京：化学工业出版社，2005.
[3] 成官文. 水污染控制工程 [M]. 北京：化学工业出版社，2009.
[4] 常青. 水处理絮凝学 [M]. 北京：化学工业出版社，2004.

第十一章

污水深度处理与回用

第一节 概 述

水是国民经济的重要资源。随着社会经济快速发展，工业和生活排污大量增长，致使水资源日益紧缺。加强污水处理，节约水资源、提高水的重复利用率成为水环境保护及污水资源化的关键所在。

对于城市污水厂或者工业废水处理站，污（废）水经过生化或者物化处理后，仍然含有一定量的污染物。以城市污水处理厂为例，污水经过二级生物处理后一般含有 BOD_5 20～30mg/L、COD60～100mg/L、SS20～30mg/L、氨氮 15～25mg/L、磷 6～10mg/L，此外，还可能含有细菌、重金属以及难降解有机物等。

含有上述污染物的处理出水，如果排入水体，会导致水体富营养化；若进行农业灌溉排入农田，会导致农业污染，影响农产品质量。因此，为了满足更严格的排放标准及回用水的水质要求，需要对处理出水进行深度处理。污水深度处理是指进一步去除二级处理工艺未能完全去除的污染物的净化过程。包括：①去除残存的悬浮物和胶体；②进一步降低 BOD、COD 以及难降解有机物等的含量；③脱氮除磷；④消毒杀菌等等。

深度处理通常包含以下技术：膜过滤、生物滤池、混凝沉淀-滤布滤池、高级氧化、消毒等。由于混凝、沉淀、气浮、过滤等物理处理和生物处理已在前面一些章节介绍，本章仅就膜过滤、吸附、离子交换、高级氧化、消毒技术和污水回用进行介绍。

第二节 膜 分 离

膜分离是以压力为驱动力，以膜为过滤介质，实现溶质与溶剂分离的方法。

膜分离技术是 20 世纪 60 年代以后发展起来的，已成为一种重要的固液分离手段。与传统的分离方法相比，膜分离具有设备简单、分离效率高、容易控制等优点。膜分离通常在常温下操作，不涉及相变化，同时还具有防止微生物污染等特点。

一、膜分离基本原理

1. 膜分离类型

膜分离过程可以认为是颗粒物质透过或被截留于膜上的过程，近似于颗粒物质的筛分过程。在膜分离过程中，颗粒物质依据滤膜孔径的大小而实现分离（图 11-1）。

在水处理应用中，膜分离推动力主要有以静压力差为推动力、以浓度差为推动力和以电位差为推动力三类。膜分离作用类似于筛分，小于膜孔的粒子一般可以穿过膜，反之则被截留。依据膜内平均孔径、推动力和传递机制可将膜分离分为微滤、超滤、纳滤、反渗透、电渗析五类（表 11-1）。

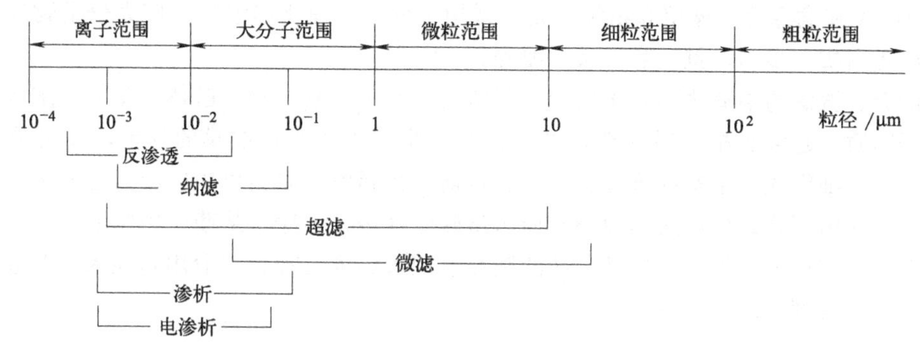

图 11-1 几种膜分离技术适宜的粒径范围

表 11-1 膜分离过程及其特征

分离过程	分离压力/Pa	过滤精度/μm	截留分子量/u	适应对象
微滤（MF）	0.01×10^6～0.3×10^6	0.1～10	＞100000	能够允许大分子和溶解性固体等通过，能截留住悬浮物、细菌及大分子量胶体等物质
超滤（UF）	0.2×10^6～1.0×10^6	0.002～0.1	1000～100000	适于较大粒径颗粒的去除，如大分子有机物、胶体、大多数细菌、病毒
纳滤（NF）	0.510^5～2.0×10^5	0.001～0.003	200～1000	可以有效地去除二价和多价离子，去除分子量 200～1000 Da(1Da＝1u)的有机物，如色度、井水硬度和病毒，适于食品和医药生产行业的提取和浓缩
反渗透（RO）	0～1×10^7	0.0004～0.0006	＞100	适于海(盐)水脱盐、去离子水制造以及污水中非常小的分子、色度、硬度、硫酸盐、硝酸盐、钠及其他离子的去除
电渗析（ED）	电位差	1～100	—	带电离子的去除，如溶液脱盐、重金属离子回收

目前，工业上常用的超滤膜材料主要有醋酸纤维、聚砜、芳香族聚酰胺、聚丙烯、聚乙烯和尼龙等高分子材料，可根据不同要求选择使用。其中，醋酸纤维素膜在较高温度下易破损，碱性条件下易水解，易被许多微生物分解，对 pH 值适应范围小，机械强度差，化学清洗时易被腐蚀和损坏；聚砜类是反渗透膜、超滤膜和微滤膜的重要材料，其对 pH 值和温度适应范围较广，抗腐蚀和抗氧化能力较强，目前应用较广。

2. 微滤和超滤

微滤技术在我国的研究开发较晚，基本上是 20 世纪 80 年代初期才起步，但其发展速度非常快。我国的微滤技术改变了仅有醋酸-硝酸混合纤维素（CA-CN）膜片的局面，相继开发了醋酸纤维（CA）素、聚苯乙烯（PS）、聚四氟乙烯（PTFE）、尼龙等膜片和筒式滤芯，聚丙烯（PP）、聚乙烯（PE）、聚四氟乙烯（PTFE）等控制拉伸致孔的微孔膜，以及聚酯、聚碳酸酯等的核径迹微孔膜。

微滤膜根据成膜材料分为无机膜和有机高分子膜，无机膜又分为陶瓷膜和金属膜［图

11-2 (a)、(b)]，有机高分子膜又分为天然高分子膜和合成高分子膜；根据膜的形式又分为平板膜、管式膜、卷式膜和中空纤维膜。根据制膜原理，高分子膜的制备方法分为溶出法（干-湿法）、拉伸成孔法、相转化法、热致相法、浸涂法、辐照法、表面化学改性法、核径迹法、动力形成法等。

微滤适用于污水处理的固液分离，微生物、细胞碎片以及其他在微米级范围的粒子的分离，如 DNA 和病毒等的截留和浓缩。超滤适用于分离、纯化和浓缩一些大分子物质，如在溶液中的蛋白质、多糖、抗生素以及污泥等。

超滤介于微滤与纳滤之间，主要用于截留去除水中的悬浮物、胶体、微粒、细菌和病毒等大分子物质。超滤膜根据膜材料，可分为有机膜和无机膜；按膜的外形，又可分为平板式、管式、毛细管式、中空纤维和多孔式。目前家用超滤净水器以中空膜为主，进水方式可分为外压式和内压式。外压式的原理为原水从膜丝外进入，净水从膜丝内制取。内压式的原理则相反，工作压力较外压式要低。超滤膜在饮用水深度处理、工业用超纯水和溶液浓缩分离等许多领域得到了广泛应用。

(a) 陶瓷膜

(b) 金属膜

图 11-2 陶瓷膜和金属膜

3. 纳滤

纳滤（nanofiltration，NF）是介于反渗透和超滤之间的一种压力驱动型膜分离技术，纳滤膜的孔径范围在几个纳米左右。纳滤膜大多从反渗透膜衍化而来，如 CA 膜、CTA 膜、芳香族聚酰胺复合膜和磺化聚醚砜膜等。纳滤装置见图 11-3。

图 11-3 纳滤装置

纳滤膜是荷电膜，能进行电性吸附。在相同水质及环境下制水，纳滤膜所需压力小于反渗透膜，所以从分离原理上讲，纳滤和反渗透有相似的一面，又有不同的一面。纳滤膜的孔径和表面特征决定了其独特的性能，对不同电荷和不同价离子具有不同的 Donann 电位；纳滤膜的分离机理为筛分和溶解扩散并存，同时具有电荷排斥效应，可以有效地去除二价和多价离子、分子量大于

200的各类物质以及部分单价离子和分子量小于200的物质，这是它在很低压力下仍能够脱除无机盐的重要原因。纳滤膜的分离性能明显优于超滤膜和微滤膜，而与反渗透膜相比则具有部分去除单价离子、过程渗透压低、操作压力低、节能等优点，以及热稳定性强、耐酸、耐碱和耐溶剂等优良性质。

纳滤主要应用于水的软化、净化以及分子量在百级的物质分离、分级和浓缩（如染料、抗生素、多肽等化工和生物工程产物的分级和浓缩）、脱色等，饮用水中脱除 Ca^{2+} 和 Mg^{2+} 等硬度成分、三卤甲烷中间体、色度、农药、可溶性有机物等，以及废水中有价物质回收或者截留去除，如电镀废液中金属回收、垃圾渗滤液处理等。

4. 反渗透

反渗透又称逆渗透。对膜一侧的料液施加压力，当压力超过料液的渗透压时，溶剂会逆着自然渗透的方向作反向渗透，从而在膜的低压侧得到透过的溶剂，即渗透液；高压侧得到浓缩的溶液，即浓缩液。若用反渗透处理海水，在膜的低压侧得到淡水，在高压侧得到卤水。因为它和自然渗透的方向相反，故称反渗透。反渗透膜主要通过膜的脱盐率、水通量以及耐氯和抗污染性能等指标进行评价。脱盐率是决定反渗透膜应用可行性的关键指标；提高膜的水通量则能够降低压力能耗、操作成本和膜清洗成本。

反渗透膜不仅可以去除溶解的无机盐类，还能去除各类有机物杂质，截留粒径在几个纳米以上的溶质，但原水在进入反渗透膜处理装置前要进行预处理。反渗透法目前已在许多领域得到了应用，如超纯水的制备、锅炉水的软化、海水和苦咸水的脱盐、化工废液中有用物质的回收、城市污水的处理和垃圾渗滤液的处理（图11-4）。

5. 电渗析

利用半透膜的选择透过性来分离不同溶质粒子（如离子）的方法称为渗析。在电场作用下，溶液中的带电溶质粒子（如离子）通过膜迁移的现象称为电渗析。利用电渗析进行提纯和分离物质的技术称为电渗析法。电渗析装置由只允许阳离子通过的阳离子交换膜和只允许阴离子通过的阴离子交换膜组成（图11-5），这两种交换膜交替地平行排列在阳极和阴极之间。加上电压以后，在直流电场的作用下，淡化室中的全部阳离子趋向阴极，在通过阳离子交换膜之后，被浓缩室的阴离子交换膜所阻挡，留在浓缩室中；淡化室中的全部阴离子趋向

图11-4　用于垃圾渗滤液处理的反渗透装置

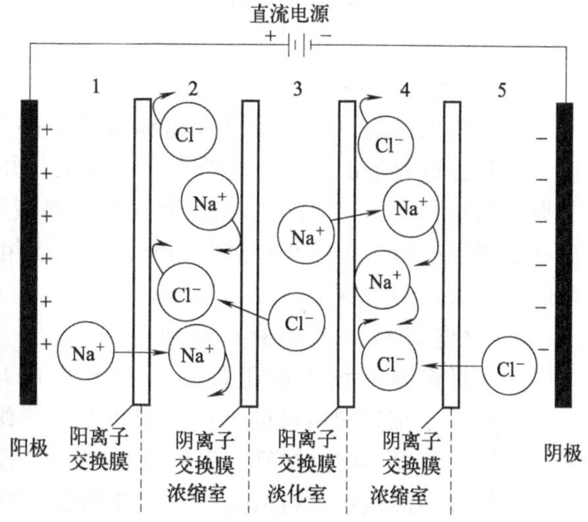

图11-5　电渗析原理示意图

阳极，在通过阴离子交换膜之后，被浓缩室的阳离子交换膜所阻挡，也被留在浓缩室中。于是淡化室中的电解质浓度逐渐下降，而浓缩室中的电解质浓度则逐渐上升。

二、膜组件

膜组件是按一定技术要求将膜和支撑物组装在一起形成的组合构件。可细分为管式膜、平板膜、卷式膜、中空纤维（毛细管）膜四类。

1. 管式膜组件

管式膜是将膜固定在内径为10～25mm、长约3m的圆状多孔支撑管上构成的，若单根管式膜并联或用管线串联，容纳在筒状容器内即构成管式膜组件，如图11-6、图11-2（b）所示。当膜处于支撑管的内壁或外壁时，则分别构成内压管式和外压管式膜组件。

管式膜组件内径较大，流道较大，对料液中杂质含量要求不高，适合处理悬浮物含量较高的料液；结构简单，清洗比较容易，膜面清洗可以用化学方法，也可以用海绵球等机械清洗方法。但管式膜组件单位体积的过滤表面积（即比表面积）在各种膜组件中最小（<$300m^2/m^3$），制作和安装费用较高，弯头连接处压力损失较大。

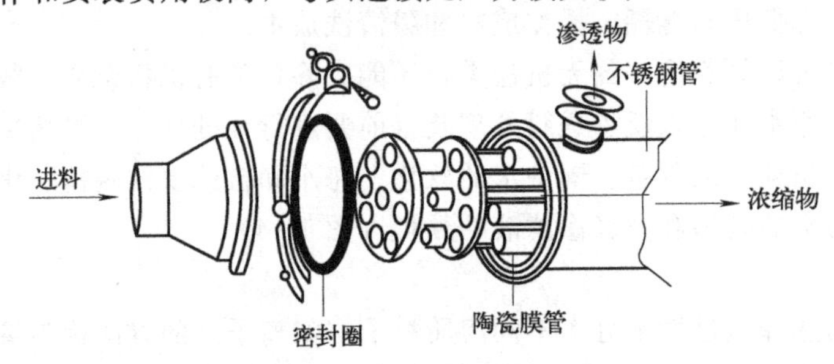

图11-6 管式膜组件结构示意图

2. 平板膜组件

平板膜组件亦称板框式组件，由多块圆形或长方形平板膜以1mm左右的间隔重叠加工而成，膜间供料液或滤液流动。

平板膜组件主要用于微滤、超滤和纳滤等膜分离过程，操作灵活，可以通过简单地增加膜的层数增大处理量；组装简单、坚固，可操作性好。但装填密度仍然有限（一般为$400m^2/m^3$左右）。

3. 卷式膜组件

卷式膜组件是目前反渗透和超滤最重要的膜组件形式。卷式膜组件由料液隔网、平板膜、多孔性材料依次叠加，卷绕在空心管上，并对两端密封而成，空心管用于滤液的回收，其典型结构如图11-7所示。在分离过程中料液从端面进入，轴向流过膜组件，而渗透物在多孔支撑层中沿螺旋路线流进收集管。卷式膜组件单位体积内膜的表面积大、体积小，但其密闭难度大，易堵塞，清洗不便。

4. 中空纤维（毛细管）膜组件

中空纤维或毛细管膜组件由数百至数百万根中空纤维膜固定在圆筒形容器内构成（图11-8）。毛细管膜组件的结构类似于管式膜组件。由于膜的孔径较小（0.5～6mm），能承受高压，所以不用支撑管。毛细管膜组件的运行方式有两种：料液流经毛细管管内，在毛细管外侧收集渗透物；料液从毛细管外侧进入组件，渗透物从毛细管管内流出。这两种方式的选择取决于具体应用场合。

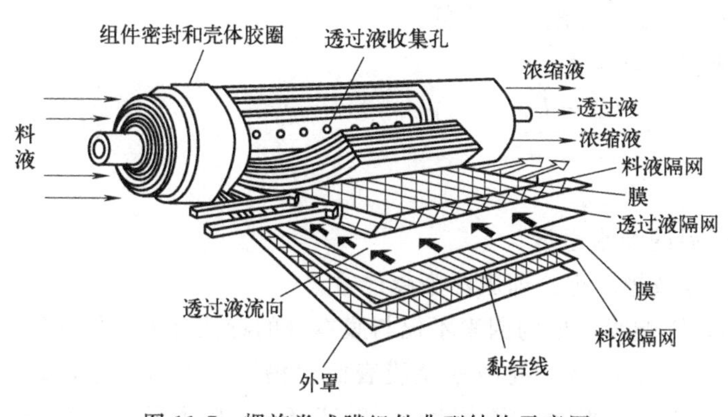

图 11-7　螺旋卷式膜组件典型结构示意图

图 11-8　中空纤维膜组件

中空纤维最主要的优点是装填密度很高，可达 16000～30000m^2/m^3，对反渗透等单位面积渗透通量很小的过程是非常有利的。但它也有许多缺点，例如：清洗困难，只能用化学清洗法；中空纤维膜一旦损坏无法更换；液体在管内流动时阻力很大，导致压力损失较大。目前中空纤维膜主要用于反渗透、超滤等领域。

由此可见，各种类型膜组件具有不同的结构特点，从而具有各自的分离特性，适用于不同的体系和要求。表 11-2 总结了各种膜组件的特点和应用范围。

表 11-2　各种膜组件的特点及应用范围

膜组件	比表面积/(m^2/m^3)	设备费用	操作费用	膜面吸附层控制	优点	缺点	应用范围
管式	＜300	很高	高	很容易	易清洗，无死角，适用于处理含固体较多的液体，单根管可以调换	保留体积大，单位体积中所含膜面积较小，压降大	UF，MF
平板式	400～600	高	低	容易	保留体积小，能耗介于管式和螺旋卷式之间	死体积较大	UF，MF
螺旋卷式	800～1000	低	低	难	单位体积中所含膜面积大，更换膜容易	料液需要预处理，压降大，易污染，清洗困难	RO，UF，MF
毛细管式	600～1200	低	低	容易	单位体积膜面积大，可以清洗，操作压力较低，动力消耗较低	料液需要预处理，单根纤维损坏时，需调换整个膜件	UF，MF
中空纤维膜	$\approx 10^4$	很低	低	很难	与毛细管式类似	与毛细管式类似	RO，ED

三、膜污染及其防治工艺措施

膜分离过程中，随着工作时间的延长，膜通量逐渐减少，甚至仅为纯水通量的 5%。这种现象的主要原因是膜污染和浓差极化，这也是膜运行过程中存在的主要问题。

1. 膜污染

膜污染是指处理物料中的微粒、胶体或大分子由于与膜存在物理化学作用或机械作用而在膜表面或膜孔内吸附和沉积，从而造成膜孔径变小或孔堵塞，使膜通量及膜的分离特性产生不可逆变化的现象。可以说正是溶质与膜之间的接触导致了膜性能的改变。一旦料液与膜接触，膜污染即开始。膜污染具体表现为膜的透过流速显著减小，而膜的截留率随滤饼层、凝胶层及结垢层等附着层的形成有两种结果，即附着层的存在对溶质的截留作用使截留率增高，同时可导致膜表面附近的浓差极化，使表观截留率降低。

一般可用膜阻力增大系数 m 表征膜污染程度。

$$m=\frac{J_{v0}-J_{v}}{J_{v}} \tag{11-1}$$

式中 J_{v0}——膜的初始纯水通量；

J_{v}——膜污染后用自来水漂洗后的纯水通量。

膜阻力增大系数 m 越大，膜通量衰减越严重，即膜污染越严重。

膜污染是膜分离不可避免的问题。影响膜污染的因素不仅与膜本身的特性有关，如膜的亲水性、荷电性、孔径大小及其分布宽窄、结构、孔隙率及膜表面粗糙度，也与膜组件结构、操作条件有关，如温度、溶液 pH 值、盐浓度、溶质特性、料液流速、压力等。当粒子或溶质的尺寸与膜孔相近时，极易产生堵塞；球形蛋白质、直链线型聚合物等污染物形态也容易产生膜污染；对于微滤膜，对称结构较不对称结构更易堵塞，而中空纤维膜，单内皮层中空纤维比双皮层膜抗污染能力强；膜表面光滑不易污染，膜面粗糙则易出现污染；溶液 pH 值不仅会改变蛋白质的带电状态，也改变膜的性质，从而影响吸附，成为膜污染的控制因素之一；膜面料液流速或剪切力大，有利于降低膜污染；化学沉淀也会造成膜污染。当原水中盐的离子浓度积超过盐的溶度积 K_{sp} 时，钙、镁、铁和其他金属的氢氧化物、碳酸盐和硫酸盐等会在膜面形成沉淀或结垢，对反渗透和纳滤产生显著影响。

生物污染是指微生物在膜-水界面上积累，从而影响系统性能的现象。膜组件内部潮湿阴暗，是微生物生长的理想环境，所以一旦原水的生物活性水平较高，则极易发生膜的生物污染。膜的生物污染分两个阶段：黏附和生长。在溶液中没有投入生物杀虫剂或投入量不足时，黏附细胞会在进水中营养物质的供养下生长、繁殖，形成生物膜。在一级生物膜上的二次黏附或卷吸进一步促进了生物膜的生长。老化的生物膜细菌主要分解成蛋白质、核酸、多糖酯和其他大分子物质，这些物质强烈吸附在膜面上引起膜表面改性。被改性的膜表面更容易吸引其他种类的微生物。微生物的一个重要特征是它们具有对变化的营养、水动力或其他条件做出迅速生化和基因调节的能力。因此，生物污染问题比非活性的胶体污染或矿物质结垢更为严重。

细菌、真菌和其他微生物组成的生物膜可通过酶作用、pH 或 Eh 直接或间接地降解膜聚合物或其他反渗透单元组件，结果造成膜寿命缩短，膜结构完整性被破坏，如聚酰胺膜比醋酸纤维素膜更易受细菌污染。为抑制膜的生物污染，可对进水进行连续或间歇的消毒，研究表明，一氯胺是一种优良的生物膜消毒剂，可大大减少微量有机氧化物，抑制细菌生长。废水中连续投入 3～5mg/L 一氯胺可抑制生物膜生长，延长运行周期。

2. 浓差极化

浓差极化是指膜分离过程中，料液中的溶液在压力驱动下透过膜，溶质（离子或不同分子量的溶质）被截留，在膜与本体溶液界面或临近膜界面区域浓度越来越高；在浓度梯度作用下，溶质又会由膜面向本体溶液扩散，形成边界层，使流体阻力与局部渗透压增加，从而导致溶剂透过通量下降。此时膜过滤界面上比主体溶液浓度高的区域就是浓差极化层。由于膜截留的溶质大多是大分子或胶体，当膜面溶质浓度极高，达到大分子或胶体的凝胶化浓度

c_g 时，这些物质会在膜面形成凝胶层。膜面凝胶层或滤饼非常致密，形成了类似的第二层膜。浓差极化对于膜分离尤其是超滤和反渗透等膜工艺有较大的影响，控制浓差极化对这类膜分离来说尤其重要。有关减弱浓差极化的控制措施见图 11-9。

3. 膜清洗

通过膜的运维管理能在一定程度上减少膜污染和浓差极化，但并不能完全防止，需要对膜进行定期的物理和化学清洗，除去膜表面的聚集物，以恢复其透过性。

物理清洗是借助于流体流动所产生的机械力将膜面上的污染物冲刷掉。物理清洗法有变流速冲洗法（脉冲、逆向及反向流动）、海绵球清洗法、超声波法、热水及空气和水混合冲洗法等。例如，每运行一个短的周期以后，关闭膜滤液出口，这时膜内、外压力相等，压差的消失使得依附于膜面上的凝胶层变得松散，液流的冲刷能使凝胶层脱落，达到清洗的目的，这种方法一般称为等压清洗。如果改变液体流动方向，进行反冲洗，效果会更明显。

当物理清洗效果不明显时，就必须添加化学药剂进行化学清洗。化学清洗所采用的药剂可分为氧化剂（NaClO、H_2O_2、O_3）、还原剂（HCHO）、螯合剂（EDTA、SHMP）、酸（HNO_3、H_3PO_4、HCl、H_2SO_4、草酸、柠檬酸）、碱（NaOH、$NH_3 \cdot H_2O$）、有机溶剂（乙醇）、表面活性剂及酵母清洗剂等。如利用滤膜对污水净化时，每隔一定时间用稀草酸溶液清洗滤膜，以除掉表面积累的无机和有机杂质；膜表面被油脂污染以后，其亲水性能下降，透水性恶化，这时可用一定量的表面活性剂的热水溶液做等压清洗。膜清洗后，如暂时不用，应储存在清水中，并加少量甲醛以防止细菌生长。

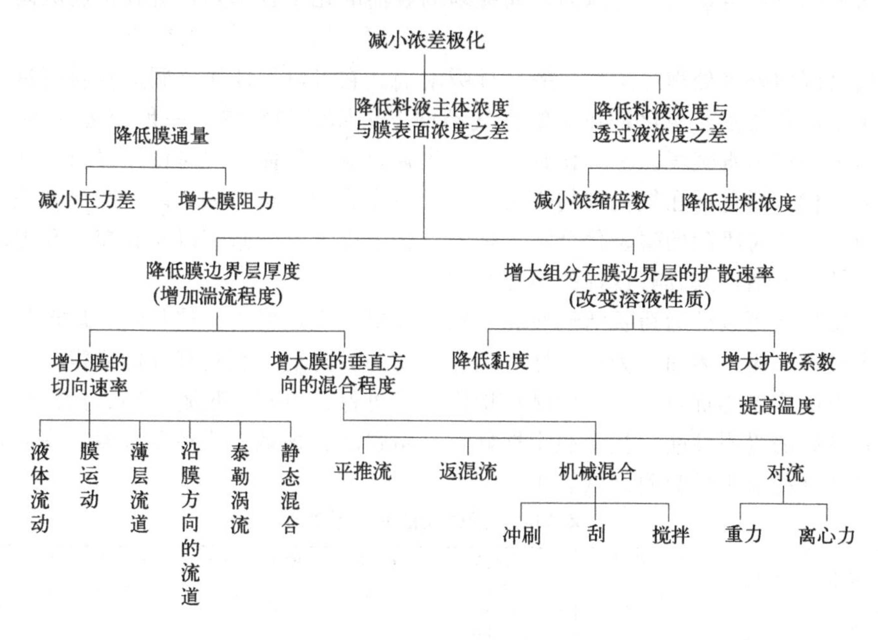

图 11-9　浓差极化的控制措施

第三节　吸　附

当气相或液相中的物质与多孔性固体物质接触时，在固体相界面上被富集的现象称为吸附。具有吸附能力的多孔性固体物质称为吸附剂，而被吸附的物质称为吸附质。

一、吸附剂

吸附剂的种类很多，可分为无机的和有机的、合成的和天然的。可以根据需要对吸附剂加以改性修饰，使之对污水中不同有机污染物具有更高的选择性，以满足各种处理工艺的要求。吸附剂选择一般要满足以下要求：①吸附量大，再生容易；②有一定的机械强度，具有耐腐蚀、耐磨、耐压性能；③密度较大，沉降性能较好；④价格低廉，来源广泛。

常见吸附剂有活性炭、沸石、硅藻土、活性氧化铝、矿渣、炉渣、大孔吸附树脂和腐殖酸类吸附剂。腐殖酸类吸附剂即天然的富含腐殖酸的风化煤、泥煤、褐煤等，其所含的活性基团具有阳离子吸附性能。

吸附可以看成是一种表面现象，它与吸附剂的表面特性有密切的关系。表征吸附剂表面特性的指标有：

① 比表面积：单位质量吸附剂所具有的表面积称为比表面积（m^2/g），它是表征吸附剂吸附性能的重要指标。

② 表面能：吸附剂表面分子比内部分子具有多余的能量，称为表面能。

③ 表面化学性质：吸附剂在制造过程中，处于微晶体边缘的碳原子由于共价键不饱和而易与其他元素结合，可与氢、氧等结合形成各种官能团，如羟基、羧基、羰基等，从而使吸附剂具有微弱的极性。

总之，吸附剂比表面积提供了被吸附物与吸附剂之间的接触机会，表面能从能量的角度说明了吸附表面过程自动发生的原因，而吸附剂表面的化学状态则在各种特性吸附中起着重要的作用。

活性炭是国内外水处理应用最多的一种吸附剂。它可以用任何含碳原材料制造。活性炭生产分炭化及活化两步。炭化是在隔绝空气条件下对原材料加热，一般温度在600℃以下，以使原材料分解放出水蒸气、一氧化碳、二氧化碳及氢等气体，同时使原材料分解并重新集合成稳定的结构。活化是在氧化剂的作用下，对炭化后的材料加热，以生产活性炭产品。活化过程烧掉了炭化时吸附的碳氢化合物，把原有孔隙边缘的碳原子以及孔隙与孔隙之间的碳原子烧掉，从而使活性炭具有良好的多孔结构。

活性炭按形状可以分为粉状活性炭和粒状活性炭（无定形炭、柱状炭、球形炭）。

活性炭具有非极性表面，为疏水性和亲有机物的吸附剂。它具有性能稳定、抗腐蚀、吸附容量大和解吸容易等优点，经多次循环操作，仍可保持原有的吸附性能。活性炭外观为暗黑色，具有良好的吸附性能，化学稳定性好，可耐强酸、强碱，能经受水浸、高温，密度比水小，是多孔性的疏水性吸附剂（表11-3）。

表11-3 活性炭的基本性能

活性炭形状	原料	活化法	比表面积/(m^2/g)	平均孔径/Å①	吸附量/%	碘吸附量②/(g/g)	亚甲基蓝脱色率/(mL/g)	焦糖脱色率③/%
粉末	木材	药品	700～1500	20～50	—	0.7～1.2	120～200	85～98
	木材	气体	800～1500	15～30	—	0.8～1.2	140～250	70～95
	其他	气体	750～1350	15～35	—	0.8～1.1	120～200	60～93
球状	煤	气体	850～1250	15～25	30～40	0.7～1.2	140～230	30～65
	石油	气体	900～1350	15～25	33～45	0.8～1.2	100～180	
纤维状	其他	气体	1000～2000	15～25	33～50	0.8～1.2	190～230	

① $1Å=10^{-10}m$。

② 碘吸附量在一定程度上能反映活性炭对废水中小分子有机物的吸附能力。

③ 焦糖脱色率在一定程度上可表示活性炭对较大分子有机物的吸附能力。

活性炭比表面积一般高达 $500\sim1700m^2/g$。对同一种物质，活性炭的吸附容量有时会出现较大差异，这种差异主要与活性炭的细孔结构和细孔分布有关。根据孔径大小可将活性炭中的细孔分为大微孔、过渡孔和小微孔三种。其中，小微孔容积约为 0.15～0.90mL/g，其占活性炭总表面积的95%以上，小微孔在活性炭吸附中具有重要意义。过渡孔的容积为 0.02～0.10mL/g，表面积不超过单位质量吸附剂总表面积的5%。吸附剂进行吸附时，吸附质需要利用过渡孔作为通道扩散到小微孔中去，因此，吸附质的扩散速度受过渡孔数量影响。大微孔容积为 0.2～0.5mL/g，比表面积只有 $0.5\sim2m^2/g$。对液相物理吸附，大微孔的作用不大；但作为催化剂载体时，大孔的作用甚为显著。

此外，在炭化及活化的过程中，氢和氧与碳的化学键结合，在活性炭的表面上生成各种有机官能团，从而促使活性炭与吸附质分子发生化学作用，形成活性炭的选择性吸附。

沸石是呈架状结构的多孔性含水铝硅酸盐晶体的总称。所有沸石化学通式为：

$$(Na、K)_x(Mg、Ca、Sr、Ba)_y(Al_{x+2y}Si_{n-(x+2y)}O_{2n})\cdot mH_2O$$

式中，x 为碱金属离子的个数，y 为碱土金属离子的个数，n 为铝硅离子个数之和，m 为水分子的个数。沸石的基本结构是以 Si 为中心，形成 4 个顶点有 O 配置的 SiO_4 四面体，硅氧通过桥氧连接，可形成四元环、五元环、六元环、八元环、十元环、十二元环、十八元环等多环结构，并在三维空间上形成多种形状的规则空穴，能够吸附和截留不同形状和大小的分子，因此沸石又叫分子筛。沸石的基本结构包括三个部分：一是铝硅酸盐格架；二是格架中的孔道、空穴和阳离子；三是存在于沸石晶体空洞和孔道内外表面的沸石水。沸石水的存在有着重要的意义。当沸石受热时，沸石水脱附逸出而使晶格中的通道和空穴空旷，从而产生沸石筛效应，而对沸石晶格几乎没有影响。

以浙江缙云天然丝光沸石为例。丝光沸石的骨架主要由五元环构成，相邻两条五元环链之间为一排八元环，而不在一个平面上的相邻两条八元环之间为十二元环的通道，是沸石的主通道。主通道呈椭圆形，孔径 0.7nm×(0.58～0.67) nm；主通道两侧是由八元环连成的侧洞，孔径 0.29nm×0.57nm，彼此互不相连。丝光沸石具有丰富的内表面，其比表面积在 $150m^2/g$ 以上，能吸附10%～12%的水分，对 N_2 的吸附量为 9～16mL/g。

二、吸附原理

1. 吸附过程

吸附质从液相转移到吸附剂孔隙相界面的吸附过程可分为以下四个过程。

① 液体主体扩散过程：液体中的吸附质从液相主体向固相表面扩散。

② 液膜扩散过程：在吸附剂颗粒周围存在着一层固定的溶剂薄膜，吸附质要先通过这层薄膜才能到达吸附剂颗粒的外表面。

③ 微孔内扩散过程：吸附质转移到吸附剂的外表面后，只有较少一部分被吸附在外表面上，绝大部分进入吸附剂内部的微孔中。

④ 微孔内表面吸附反应过程：吸附质被吸附到微孔的内表面上。

通常微孔内表面吸附的反应速度非常快，因此吸附速度主要由液膜扩散过程和吸附剂微孔内扩散过程控制。在吸附量比较少的吸附开始阶段，往往是液膜扩散起控制作用；而当吸附量增加时，则是颗粒内扩散起主要作用。

2. 吸附类型

按吸附剂与吸附质之间作用力的不同，吸附可分为物理吸附与化学吸附（表 11-4）：

吸附剂和吸附质通过分子间作用力（范德华力）产生的吸附称为物理吸附。物理吸附是一种可逆吸附，其主要特征是吸附过程中被吸附的吸附质化学性质保持不变，随着温度的上升，容易解吸，吸附热较小，一般在20.9～41.9kJ/mol之间。

吸附剂和吸附质之间靠化学键发生化学反应，牢固地联系在一起的吸附称为化学吸附。化学吸附的吸附热较大，一般在42～420kJ/mol之间。化学吸附所需的活化能高，因而要在较高温度下进行。化学吸附的选择性较强，一种吸附剂只能对某种或特定几种物质有吸附作用。化学吸附是单分子层吸附，吸附质被吸附后较为稳定，不易解吸。

物理吸附和化学吸附并不是孤立的，有时彼此相伴发生。在水处理中，大部分吸附是两种吸附综合作用的结果。

表 11-4 物理吸附和化学吸附的比较

吸附性能	物理吸附	化学吸附
作用力	分子间作用力(范德华力)	化学键
选择性	一般没有选择性	有选择性
形成吸附层	单分子或多分子吸附层均可	只能形成单分子吸附层
吸附热	较小，一般在41.9kJ/mol以内	较大，相当于化学反应热，一般在42～418.7kJ/mol
吸附速度	快，几乎不需要活化能	较慢，需要一定的活化能
温度	放热过程，低温有利于吸附	温度升高，吸附速度增大
可逆性	较易解吸	化学键强时，吸附不可逆

3. 等温线

(1) 吸附平衡

如果吸附是可逆的，当废水与吸附剂接触时，一方面吸附质被吸附剂吸附，另一方面，部分被吸附的吸附质受热运动的影响，从吸附剂表面脱离下来，回到液相中。前者称为吸附过程，后者称为脱附或解吸过程。当吸附速度和解吸速度相等时，吸附质在液相中的浓度和在吸附剂表面的浓度都不再改变而达到平衡。此时吸附质在液相中的浓度称为平衡浓度。

吸附剂吸附能力的大小以吸附量q(mg/g)表示，所谓吸附量是指单位质量的吸附剂所吸附吸附质的量。取一定体积含有吸附质浓度为c_0的水样，向内投加一定量的吸附剂，当吸附达到平衡时，水样中的吸附质浓度为c，则吸附量q可用下式表示：

$$q=\frac{V(c_0-c)}{W} \tag{11-2}$$

式中 V——废水体积，L；

c_0——原水吸附质浓度，mg/L；

c——吸附平衡时废水吸附质浓度，mg/L；

W——吸附剂投加量，g。

在一定温度条件下，吸附量随吸附质平衡浓度的提高而增加，把吸附量随平衡浓度变化的函数关系用吸附等温式表示出来，所绘制成的曲线称为吸附等温线。常见的吸附等温线有两种类型，如图11-10所示。

(2) 吸附等温式

吸附十分复杂，难以用统一的吸附理论表征。目前，常见的吸附等温线有Ⅰ型弗罗因德利希方程和朗缪尔方程、Ⅱ型BET等温式共三种类型。

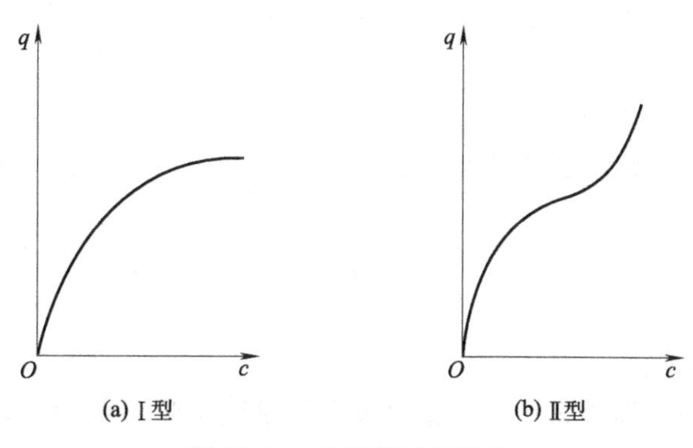

图 11-10　吸附等温线形式

① 弗罗因德利希方程。根据大量试验，弗罗因德利希（Freundlich）得出如下方程：

$$q=Kc^{1/n} \tag{11-3}$$

式中　q——吸附量，mg/g；

c——污染物的平衡浓度，mg/L；

K、$1/n$——常数。

对该式两边取对数，得：

$$\lg q=\lg K+\frac{1}{n}\lg c \tag{11-4}$$

将上式中 c 与相应的 q 绘在双对数坐标纸上，便得到一条直线，该直线的截距为 K，斜率为 $1/n$。式中的 q 值越大，表示吸附剂的吸附量越大。$1/n$ 表示随着废水中有机物浓度的增大，吸附剂吸附量增加的速度，当 $1/n$ 在 0.1～0.5 时，表明该污染物容易被吸附剂吸附，当 $1/n>2$ 时则表示该污染物难以被吸附剂吸附。因此，对于一个吸附过程，$1/n$ 越大，则吸附质的平衡浓度越高，吸附量越大，因而适宜采用连续式吸附操作；反之，多采用间歇式吸附操作。利用斜率 $1/n$ 的大小，可以比较不同吸附剂的吸附特性。

② 朗缪尔方程。朗缪尔（Langmuir）认为，在吸附剂表面与被吸附的分子之间起作用的结合力是由弱的化学吸附造成的，吸附结合力的作用范围最大是单分子层的厚度，超过这个范围就不会发生吸附。所以，朗缪尔吸附也称为单分子层吸附。方程如下：

$$q=\frac{abc}{1+bc} \tag{11-5}$$

式中　a、b——常数，其中 a 为与最大吸附量有关的常数，b 为与吸附能量有关的常数。

为便于计算，对上式进行转换，得：

$$\frac{1}{q}=\frac{1}{a}+\frac{1}{abc} \tag{11-6}$$

当朗缪尔型的吸附平衡成立时，以 $1/q$ 为纵坐标，$1/c$ 为横坐标，将数值点绘在坐标图中，亦可得到一条截距为 $1/a$、斜率为 $1/ab$ 的直线。

③ BET 等温式。BET 等温式是根据吸附剂表面可以吸附多层分子的假定推导出来的，故吸附量没有极限值，平衡浓度则以被吸附物质的饱和浓度为限。吸附量的数学表达式为：

$$q=\frac{Bc_e q_0}{(c_s-c_e)\left[1+(B-1)\frac{c_e}{c_s}\right]} \tag{11-7}$$

式中 c_s——饱和浓度，即平衡浓度 c_e 的极限值，g/L；

B——常数；

q_0——饱和吸附量，mg/g。

水处理中污染物质的浓度通常很低，即 $c_s \gg c_e$、$B \gg 1$，则 $c_e/c_s \approx 0$。令 $B/c_s = a$，于是上式可简化成：

$$q=\frac{q_0 a c_e}{1+a c_e} \tag{11-8}$$

这就是 Langmuir 等温式。

上述吸附等温式的工程意义在于：①由吸附容量确定吸附剂用量；②选择最佳吸附剂；③比较选择同种吸附剂对不同吸附质的最佳吸附条件；④通过不同吸附质的吸附特性对比及混合物的竞争吸附比较指导动态吸附。

4. 影响吸附的主要因素

影响吸附的因素主要有以下三个方面：吸附剂的特性、吸附质的特性和操作条件。

吸附剂的比表面积、细孔分布、表面化学性质以及吸附剂粒度大小等都影响吸附。

吸附质在水中的溶解度对吸附有较大影响。一般吸附质溶解度越低，越容易被吸附；表面活性剂溶于液体时能使溶液的表面张力显著降低；芳香族化合物一般比脂肪族化合物容易被吸附，不饱和有机物较饱和有机物易吸附；直链化合物比侧链化合物容易被吸附。极性吸附剂易吸附极性的吸附质，非极性吸附剂易吸附非极性的吸附质。例如，非极性吸附剂活性炭能从溶液中选择性吸附非极性或极性很低的吸附质。反之，极性吸附剂（或称亲水性吸附剂）硅胶和活性氧化铝可从溶液中选择性吸附极性分子。吸附质分子大小与吸附剂孔径大小成一定比例时有利于吸附，一般分子量越大，吸附性越强（同族）。在一定范围内，随着吸附质浓度增大，吸附容量增大。

吸附质的吸附效果一般随溶液 pH 值的增大而降低，pH 值高于 9 时不易吸附；温度对吸附质吸附影响不显著，但物理吸附是放热过程，温度升高不利于物理吸附。对于多组分污染物的吸附会出现共吸附，造成每种组分的吸附容量比单组分吸附时的吸附容量小。但混合物总的吸附容量却大于任一单个物质的吸附容量。

由于液膜扩散速度对吸附有影响，选择适当形式的吸附装置和通水速度等操作条件是很重要的。此外，接触时间也有一定影响。接触时间越长，越能保证吸附剂与吸附质之间的吸附接近平衡，充分利用吸附剂的吸附能力。

三、吸附工艺和设备

吸附工艺选择和装置设计中，必须考虑：①吸附剂类型；②吸附方式；③废水的预处理；④吸附剂的后处理问题，如吸附剂再生或更新等。

吸附方式有静态和动态两种。

1. 静态吸附

静态吸附就是在废水不流动的条件下进行的吸附操作。静态吸附操作的工艺过程是将一定量的吸附剂投加到反应池内的废水中，用机械搅拌使之与废水接触；达到平衡后，再用沉淀或过滤的方式将吸附剂与被吸附的溶液分离。鉴于一次静态吸附的出水难以达到出水水质标准，往往需要多次静态吸附操作，故水处理中较少采用。

静态吸附常用的处理设备为搅拌池（槽），主要用于小型废水处理站和试验研究。由于操作为间歇运行，故废水处理中需要两个或两个以上吸附池交替运行。

2. 动态吸附

动态吸附是在废水流动条件下进行的吸附操作。其常见的吸附装置有固定床、移动床和流化床。

① 固定床吸附是吸附中常用的方式，其构造与给水处理中使用的快速砂滤池大致相同。它是将吸附剂装填在固定的吸附装置（塔、柱或罐）内，使含有吸附质的废水流经吸附剂进行吸附，从而实现废水水质净化的方法。若吸附剂数量足够，则吸附装置处理出水的吸附质浓度可以降得很低，甚至为零。吸附剂使用一段时间后，出水中的吸附质含量会逐渐增加，当增加到一定程度时，吸附剂需要再生。再生可以和吸附在同一装置内交替进行，也可以将失效的吸附剂卸出进行处理。

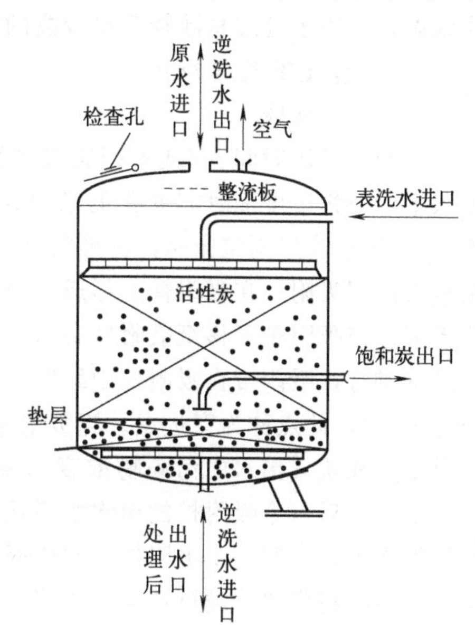

图 11-11　降流式固定床型吸附塔构造示意图

固定床按照水流方向又可分为升流式和降流式两种。降流式固定床（图 11-11）出水水质较好，但经过吸附层的水头损失较大，特别是含悬浮物较多的废水。为防止吸附剂被悬浮物堵塞，需定期进行反冲洗。对于升流式固定床，当水头损失增大时，可适当提高水流速度，使吸附剂稍有膨胀，降低层内水头损失增大速度，延长运行时间，但流速的增大有可能造成吸附剂的流失。

根据处理水量、水质和处理要求，可将固定床分成单床式、多床串联式和多床并联式三种（图 11-12）。当处理水量大时，可采用并联式；为了提高处理效果，可采用串联式；当处理水量较少时，可采用单床式。其操作工艺参数建议根据水质、水量以及设备装置考虑，推荐参数如下：

塔径（D）　1～3.5m；

塔高（H）　3～10m；

填充层与塔径比　1∶1～1∶4；

吸附时间（t）　10～50min；

线速度（v）　2～10m/h。

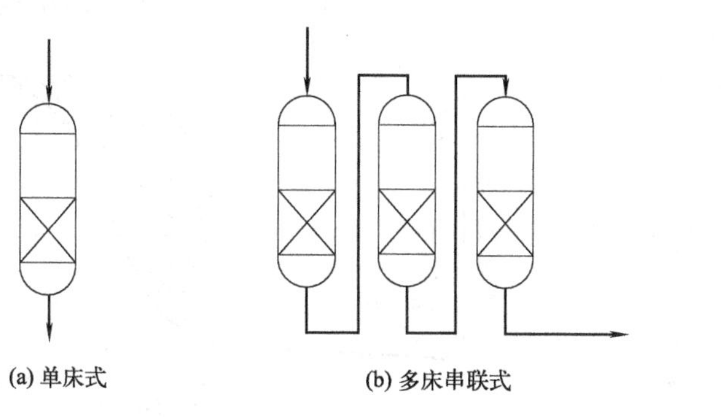
(a) 单床式　(b) 多床串联式

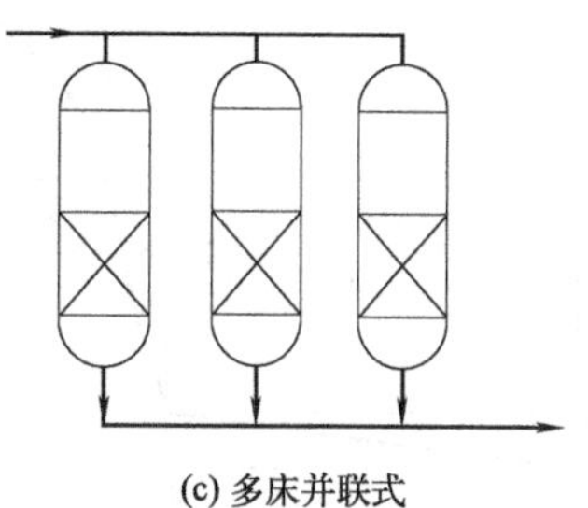
(c) 多床并联式

图 11-12　固定床吸附操作示意图

② 移动床吸附的原理是原水从吸附塔底部进入，与吸附剂逆流接触，处理后的出水从塔顶流出，吸附剂从塔顶加入，吸附饱和的吸附剂间歇从塔底排出。由于被截留的悬浮物可随吸附饱和的吸附剂一同从底部排出，所以不需要反冲洗。但这种操作方式要求塔内吸附剂上下层不能相互混合，对操作运行管理要求较高。目前较大规模废水吸附处理多采用此工艺。

移动床操作工艺参数与固定床基本相同，其线速度可高达10～30m/h。

③ 流化床类似移动床的操作方式，只是进水流速更大一些，塔内吸附剂处于膨胀或流化状态，适用于处理悬浮物含量较高的废水。

3. 动态吸附及其应用

(1) 穿透曲线

以吸附经历时间 t（或累积通水体积 V）为横坐标，出水中污染物浓度 c 为纵坐标，将出水中污染物浓度随时间变化的情况作图，得到的曲线称为穿透曲线（图 11-13）。当浓度为 c_0 的废水流经固定床时，污染物逐渐被吸附，此时，出水中污染物浓度为零。随着污染物被吸附剂吸附，在吸附柱上形成了吸附带，然后吸附剂慢慢地呈饱和状，吸附带随之慢慢往下移。当吸附带下移至吸附柱底部时，此点称为泄漏点，此时的出水污染物浓度为 c。吸附继续进行，吸附带在吸附柱中继续往下移，当下移至处理出水中污染物浓度为允许排放的浓度 c_b 时，此点称为穿透点。当吸附继续进行至整个吸附带完全移出柱外时，柱中吸附剂完全呈饱和状，出水中污染物浓度和流进该吸附柱时的浓度相等，此点称为饱和点或耗竭点。如果最后一个吸附柱的出水水质达不到排放要求，则应适当增加吸附柱的串联个数。在实际操作中，当第一个吸附柱出水中吸附质浓度为进水浓度 c_0 的 90%～95%时，应停止向第一个吸附柱供水，进行再生；进水转由第二个吸附柱开始，再重复或依次按第一吸附柱操作进行。

(2) 吸附带

吸附床中正在发生吸附作用的填充层，称为吸附带（MTZ），如图 11-14。当废水流经固定床时，随着污染物被吸附剂吸附，在吸附柱上形成了吸附带，然后吸附剂缓慢地呈饱和状，也不再发生吸附作用，吸附带也随之慢慢往下移。随着吸附继续进行，吸附带在吸附柱中继续往下移，当吸附继续进行至整个吸附带完全移出柱外时，柱中吸附剂完全呈饱和状，此时吸附质不会完全被吸附剂填充层吸附。

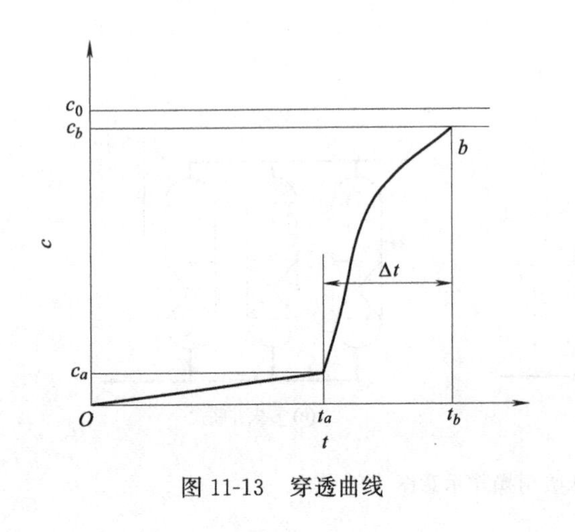

图 11-13 穿透曲线

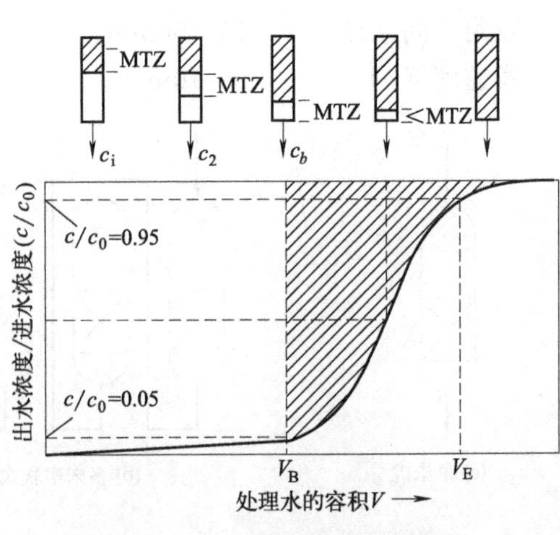

图 11-14 穿透曲线的变化模式

伴随吸附过程进行，吸附带向下推进速度 S（m/h）为：

$$S=\frac{Qc_0}{q_{动}\ v_B A_B} \tag{11-9}$$

式中　Q——废水流量，m^3/h；

c_0——进水浓度，mg/L 或 g/m^3；

v_B——吸附剂在吸附柱中的填充密度，g/m^3；

A_B——床层截面积，m^2；

$q_{动}$——吸附量，g/g。

吸附带高度 h_{MTZ} 实际上是吸附柱中的传质单元高度。吸附床层饱和所需时间实际上是吸附带全部推移到吸附柱出口所需的时间（即床层中的吸附剂全部呈饱和态所需时间），即：

$$t=\frac{H}{S} \tag{11-10}$$

式中　H——吸附柱中的吸附剂填充高度，m；

S——吸附带向下推进速度，m/h。

（3）吸附操作应用

实际吸附操作应用中，吸附剂工作高度要通过动态吸附柱试验求得。以活性炭为例，一般采用多根吸附柱串联（4～6 根），内径 25～50mm，活性炭充填高度 1.0～1.5m，在不同充填高度设取样口。通水后每隔一定时间测定各取样口浓度，最后一根吸附柱的出水水质达不到试验要求时，应适当增加吸附柱个数。试验装置如图 11-15 所示。

正式通水时，当第一柱出水浓度为进水浓度的 90%～95%时，即停止向第一柱进水。以第二柱作为新的第一柱，并在最后串上新的吸附柱，继续进行通水试验，直到第二柱出水浓度为进水浓度的 90%～95%，停止向第二柱进水，如此试验下去，直到使吸附带形成并达到稳定（平衡）状态，以累积通水量 Q 为横坐标，以各柱各点取样的水质浓度 c 为纵坐标，作穿透曲线（图 11-16）。

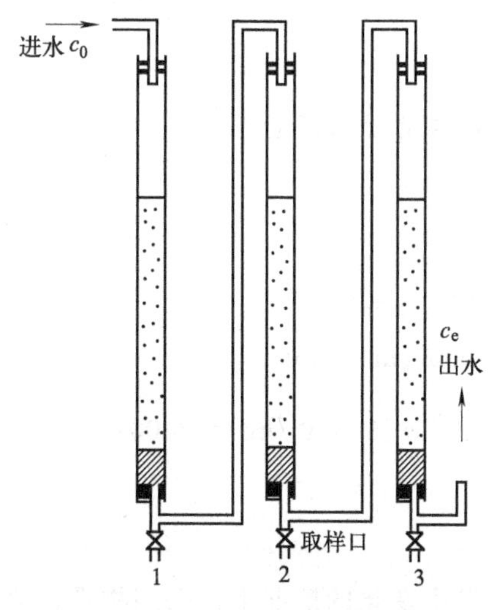

图 11-15　活性炭柱（模型试验）

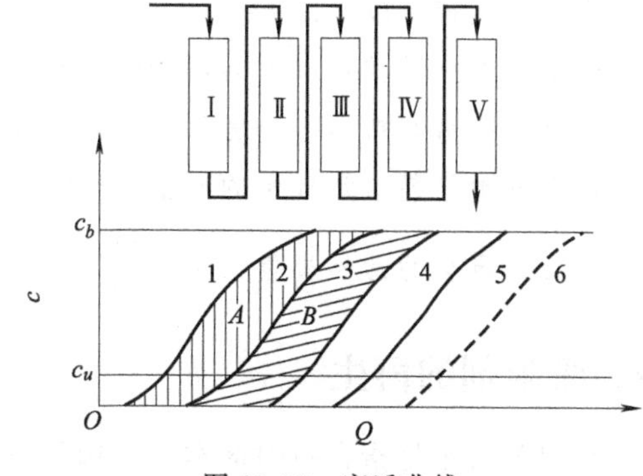

图 11-16　穿透曲线

吸附达到稳定后，根据两柱串联或三柱串联试验结果计算饱和吸附量（q_e）、活性炭的通水倍数（n）以及接触时间（T）。通水倍数指达到平衡时，单位质量吸附剂所能处理的水的总体积（m^3/kg，以活性炭计）。

根据试验结果，进行吸附床设计，具体设计步骤（固定床和移动床均适用）如下：

① 首先选定吸附操作方式以及吸附装置的形式。

② 根据处理水量及出水水质要求，参考经验数据，选择最佳空塔速度（v_L），一般采用5～15m/h，或采用空塔体积速度（v_S），$v_S=Q/V$，即单位体积吸附剂通过水的体积，以m^3/h或L/h为单位。

③ 选取至少三个经验流速进行吸附柱试验，求得动态吸附容量（q）及通水倍数（n）。

④ 根据水流速度及出水水质要求，选择最适炭层高度（H）。当炭层高度一定时，流速决定水与炭的接触时间（T）；当进水水质一定时，流速越大，所需的炭层高度也越高（即接触时间一定），吸附装置的高径比（H/D）也越大，一般H/D在2～6之间为好。

⑤ 根据处理水量（Q）及空塔速度（v_L），初步求出吸附装置的面积（F）：

$$F=\frac{Q}{v_L} \tag{11-11}$$

⑥ 结合使用情况，选择吸附装置的个数（N）及使用方式，并以此最后求得吸附装置的面积。

⑦ 根据总处理水量及动态吸附容量（或通水倍数），计算再生规模，即每天需进行再生的饱和炭量W（kg/d）。

$$W=\frac{24Q}{n} \tag{11-12}$$

【例 11-1】 某炼油厂拟采用活性炭吸附法进行炼油废水三级处理，处理水量$600m^3/h$，废水COD平均为90mg/L，出水COD要求小于30mg/L，试算吸附塔的主要尺寸。根据动态吸附试验结果，决定采用固定床吸附塔，同时确定主要设计参数如下：水流空塔速度10m/h；吸附接触时间0.5h；通水倍数n（以活性炭质量计）为$6.0m^3/kg$；选用活性炭的密度为$0.5t/m^3$。

【解】 吸附塔总面积：$F=\frac{Q}{v_L}=60m^2$

吸附塔个数（N）采用6个，并联使用，每个吸附塔的过水断面面积：$f=\frac{F}{N}=10m^2$

吸附塔直径：$D=3.5m$

吸附塔炭层高度：$H=v_L t=10m/h\times0.5h=5.0m$

每个吸附塔装填活性炭的体积：$V=fH=10m^2\times5.0m=50m^3$

每个吸附塔装填活性炭的质量：$m=V\rho=50m^3\times0.5t/m^3=25t$

每天需再生的活性炭量：$W=\frac{24Q}{n}=24h/d\times600m^3/h/(6.0m^3/kg)=2400kg/d=2.4t/d$

四、吸附剂的再生

吸附剂再生是指在吸附剂本身结构不发生或极少发生变化的情况下，采用物理、化学或生物的方法将吸附质从吸附剂孔隙中去除，恢复吸附剂的吸附功能，以实现其重复利用。例如，活性炭可以采用回转炉、耙齿型多段炉或流动炉等在700～1000℃的高温下进行干式加热再生；也可采用酸、碱或有机溶剂等化学药品进行洗脱再生（溶剂再生法）。其中，干式加热法几乎对所有有机物的分解都是有效的，所以它是目前活性炭应用最广泛的再生方法。干式加热法的再生分为五个步骤：

① 脱水：输送用水和活性炭的分离。

② 干燥：炭细孔内的水分蒸发和低沸点有机物的挥发（100～150℃）。

③ 炭化：挥发性物质的挥发和吸附物质的炭化（300～700℃）。

④ 活化：利用蒸汽、二氧化碳等活化气体进行活化反应（700～1000℃）。

⑤ 冷却：一般是在水中急速冷却，防止氧化。

通常到炭化过程为止，再生恢复率往往可达到60%～80%，如再进一步用空气、水蒸气、二氧化碳等活化气体，还能提高吸附能力的恢复程度。

对于沸石，常采用药剂再生。沸石药剂再生主要采用盐（氯化钠）或中强碱、弱碱（氢氧化钙），其中以氯化钠作再生剂最为普遍。

第四节　离子交换

一、基本原理

离子交换法是利用固相离子交换剂功能基团的可交换离子与所处理废水中的离子进行交换反应，以达到离子置换、分离的一种方法。它是水处理中软化、除盐以及去除重金属的主要方法之一。

1. 离子交换的选择性

离子交换是一种可逆反应。以阳离子交换树脂（RA）为例，其与溶液中 n 价（阳离子）B^{n+} 的离子交换反应为：

$$nR^-A^+ + B^{n+} \longrightarrow (R^-)_nB^{n+} + nA^+ \qquad (11\text{-}13)$$

若溶液为稀溶液，各种离子的活度系数接近1，假定离子交换树脂中的离子活度系数的比值为一常数，则由离子交换反应的平衡关系得：

$$\frac{[A^+]_S^n[(R^-)_nB^{n+}]_R}{[R^-A^+]_R^n[B^{n+}]_S} = K_{A^+\to B^{n+}} \qquad (11\text{-}14)$$

式中，$K_{A^+\to B^{n+}}$——平衡选择系数；

$[A^+]_S$、$[B^{n+}]_S$——溶液相中离子浓度；

$[(R^-)_nB^{n+}]_R$、$[R^-A^+]_R$——树脂相中的浓度。

离子交换平衡选择系数主要与离子性质和价态、树脂种类和再生、废水中离子浓度及pH值范围等有关。

在常温、低浓度条件下，阳离子树脂对各种离子的交换选择性顺序为：

$Fe^{3+} > Cr^{3+} > Al^{3+} > Ca^{2+} > Cu^{2+} > Mg^{2+} > K^+ = NH_4^+ > Na^+ > H^+ > Li^+$

阴离子树脂对各种离子的交换选择性顺序为：

$Cr_2O_7^{2-} > SO_4^{2-} > CrO_4^{2-} > NO_3^- > AsO_4^{3-} > PO_4^{3-} > MoO_4^{2-} > CH_3COO^- > I^- > Br^- > Cl^- > F^- > HCO_3^-$

在常温、低浓度时，位于前面的离子可以取代位于后面的离子；而在高温条件下，位于后面的离子可以取代位于前面的离子。这是树脂再生的依据之一。

2. 交换容量

交换容量是离子交换剂最重要的性能，它决定离子交换剂交换能力的大小。交换容量的单位是 mol/kg（以交换剂质量计）。交换容量又可分为全交换容量和工作交换容量。前者是指一定量的交换剂所具有的活性基团或可交换离子的总数量，后者是指交换剂在给定工作条件下的实际交换能力。如缙云丝光沸石的理论交换容量为 2.23mol/100kg，而实际使用沸石的交换容量与沸石含量有关。

二、离子交换剂

离子交换剂分有机离子交换剂和无机离子交换剂两大类。无机离子交换剂有天然沸石和合成沸石等。有机离子交换剂（树脂）的种类繁多，主要有强酸阳离子交换树脂、弱酸阳离子交换树脂、强碱阴离子交换树脂、弱碱阴离子交换树脂以及螯合树脂和有机吸附树脂等。其中螯合树脂适用于微量元素的吸附；有机吸附树脂适用于有机物的吸附。

沸石为硅铝酸盐矿物，具有可逆性离子交换性能。其对各种离子的交换选择性顺序为：$Cs^+ > Rb^+ > K^+ > NH_4^+ > Sr^+ > Na^+ > Ca^{2+} > Fe^{3+} > Al^{3+} > Mg^{2+} > Li^+$。由于城市污水中一般 K^+、Cs^+、Rb^+ 含量并不高，故沸石对铵离子有较高的选择性。沸石价格便宜，对铵离子选择性高，可以采用药剂再生和生物再生。故可将沸石投加在活性污泥中交换铵离子，并利用微生物硝化和反硝化作用，强化生物脱氮。

离子交换树脂由苯乙烯和二乙烯苯发生共聚反应制成。树脂的交联度对树脂的性能具有决定性的影响。一般水处理树脂的交联度（即二乙烯苯在树脂中的含量）为 7%～10%。在废水处理中，采用离子交换树脂必须考虑树脂的交换选择性。树脂对离子交换能力的大小取决于各种离子对该种树脂亲和力的大小。离子交换树脂可以去除废水中的铵离子，饱和后树脂采用 $Ca(OH)_2$ 再生，随着 pH 值升高，树脂中铵离子转化成氨气逸出。离子交换树脂对硝酸盐的选择性低于硫酸盐，当废水中含有硫酸盐时，树脂去除硝酸盐的作用受限，此时硫酸盐会取代树脂中硝酸盐的位置，导致硝酸盐排入废水中。此时，如果需要离子交换树脂对硝酸盐具有选择性或去除效果，就必须投加 SO_4^{2-} 的沉淀剂（如石灰乳或 Ca^{2+} 等）消除硫酸盐的影响。

由于离子交换树脂的活性基团分为强酸性、弱酸性、强碱性和弱碱性，溶液的 pH 值势必对活性基团的电离能力产生影响。表 11-5 列出了各种类型交换树脂的有效 pH 值范围。

表 11-5 各类交换树脂的有效 pH 值范围

树脂类型	强酸性离子交换树脂	弱酸性离子交换树脂	强碱性离子交换树脂	弱碱性离子交换树脂
pH	1～14	5～14	1～12	1～7

离子交换法是去除重金属离子最常用的方法之一。但工业废水中重金属离子种类和含量波动性很大，需要设置均质调节池来保证离子交换的可能性。当用于贵重金属回收时，离子交换法具有很好的经济可行性。螯合树脂对微量元素（如 Cr、Ni、Cu、Zn、Cd、Pb 等）具有很高的选择性，可用于去除废水中的众多混合金属离子。

在除盐过程中，阳离子和阴离子交换树脂需同时使用。需除盐的水首先通过阳离子交换器，H^+ 替换盐中 Na^+、K^+、Ca^{2+}、Mg^{2+}；交换后的出水再进入阴离子交换器，OH^- 替换 HCO_3^-、Cl^-。

三、离子交换设备及其应用

1. 离子交换设备

离子交换设备按进水方式的不同，可分为固定床和连续床两大类。其中，固定床又分为单层床、双层床和混合床，连续床又分为移动床和流化床。

用于废水处理的离子交换装置一般包括预处理设备（一般采用砂滤器）、离子交换器和再生附属设备等。常用的固定床离子交换器见图 11-17，常见的工艺操作流程为交换、反洗、再生、清洗。交换工作周期一般 24～48h。反冲洗时间 15min 左右，流速约 15m/h。再生时，通过较高浓度的再生液流过离子交换剂，将吸附的离子交换出来。对于阳离子交换树脂，食盐再生液浓度一般采用 5%～10%，盐酸再生液浓度一般 4%～6%，硫酸再生液则不大于 2%。清洗时将残留的再生液清洗掉，清洗用水一般为离子交换剂体积的 4～13 倍。

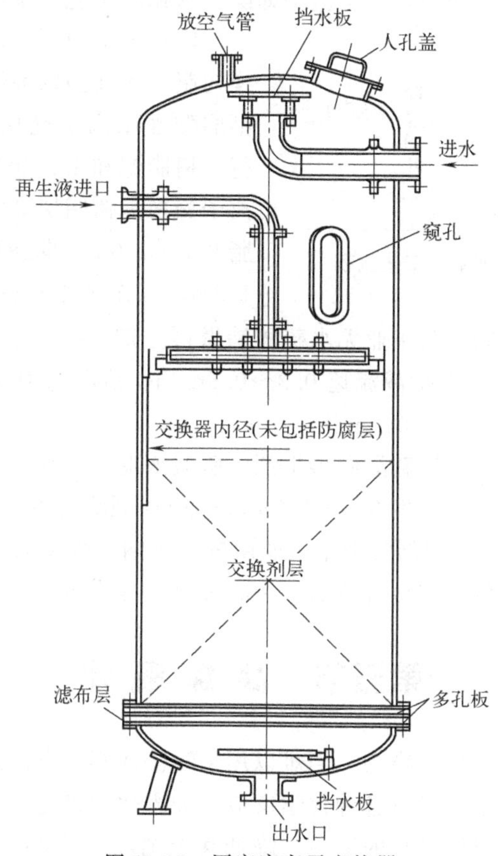

图 11-17　固定床离子交换器

2. 应用

离子交换法在废水处理中的应用见表 11-6。

表 11-6　离子交换法在废水处理中的应用

废水种类	有害组分	离子交换树脂类型	废水出路	再生剂	再生液出路
电镀(铬)废水(镀件清洗水)	CrO_4^{2-}	大孔型阴离子交换树脂	循环使用	食盐或烧碱	用氢型阳离子交换树脂除钠后用于生产
电镀废水	Cr^{3+}、Cu^{2+}	强酸性阳离子交换树脂	循环使用	18%～20%硫酸	蒸发浓缩后回用

续表

废水种类	有害组分	离子交换树脂类型	废水出路	再生剂	再生液出路
含汞废水	Hg^{2+}	强碱性大孔型阳离子交换树脂	中和后排放	盐酸	回收汞
黏胶纤维废水	Zn^{2+}	弱酸性阳离子交换树脂	中和后排放	硫酸	用于生产
放射性废水	各类型放射性废水	弱酸性阳离子和强碱性阳离子交换树脂	排放	硫酸、盐酸和烧碱	进一步处理
氯苯酚废水	氯苯酚	强碱性大孔型离子交换树脂	排放	2%NaOH、甲醇	回收酚和甲醇

生产实践中，离子交换法适于浓度不大于 200mg/L 的含铬、镍、汞等重金属离子废水处理。下面以镀镍废水为例介绍具体应用：

废水处理采用双阳离子交换柱、全饱和即除盐水循环工艺，基本工艺流程见图 11-18。

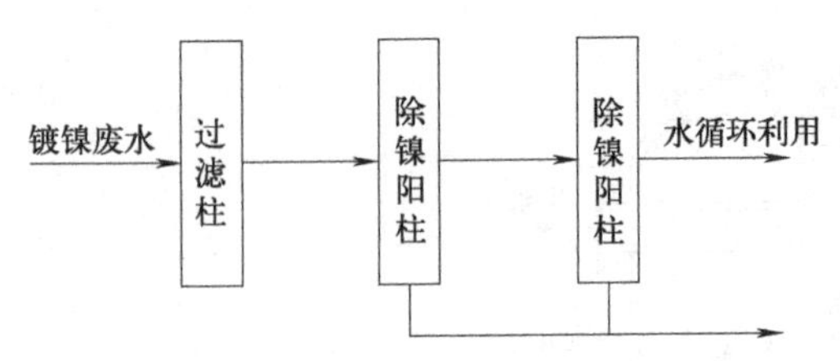

图 11-18 镀镍废水处理基本工艺流程

阳离子交换剂采用凝胶型强酸性阳离子交换树脂、大孔型弱酸性阳离子交换树脂或凝胶型弱酸性阳离子交换树脂，均以钠型投入运行。树脂饱和工作交换容量宜通过试验确定。离子交换床树脂层高度为强酸性阳离子交换树脂 0.5～1.0m，弱酸性阳离子交换树脂 0.5～1.2m，工作流速分别为 25m/h 和 15m/h。

强酸性阳离子交换树脂采用工业无水硫酸钠做再生剂，再生液用量为树脂体积的 2 倍，控制再生温度不低于 20℃，再生液流速 0.3～0.5m/h，清洗采用除盐水，淋洗水量为树脂体积的 4～6 倍，淋洗速度 0.3～0.5m/h。

弱酸性阳离子交换树脂采用硫酸做再生剂。硫酸浓度为 1.0～1.5mol/L，用量宜为树脂体积的 2 倍，再生流速为顺流再生 0.3～0.5m/h、循环顺流再生 4～5m/h，循环时间 20～30min，终点 pH 值 4～5。转型剂宜采用工业用氢氧化钠，浓度为 1.0～1.5mol/L，氢氧化钠用量宜为树脂体积的 2 倍，转型流速 0.3～0.5m/h，终点 pH 值 8～9。

第五节 高级氧化

对于一些有毒有害的有机污染物，当难以用生物法或其他方法处理时，可利用其在化学反应过程中能被氧化的性质，进行各种化学反应，如光化学氧化、光化学催化氧化、湿式氧化等高级氧化法，改变有机污染物的形态，降低甚至消除其毒害性，从而达到处理的目的。高级氧化是指通过高温、高压和光化学作用等产生多种自由基，如羟基自由基（·OH），对废水中普通氧化剂难以氧化的有机污染物进行降解。

一、光化学氧化

所谓光化学反应，就是在光的作用下进行的化学反应。该反应中分子吸收光能，被激发到高能态，然后和电子激发态分子进行化学反应。光化学反应的活化能来源于光子的能量。自然环境中 290～400nm 的近紫外光极易被有机污染物吸收，在有活性物质存在时就发生强烈的光化学反应，使有机物发生降解。天然水体中存在大量的活性物质如氧气、OH^- 以及有机还原性物质。因此，在有光照的水体表面发生着复杂的光化学反应。

光降解通常是指有机物在光的作用下，逐步被氧化成二氧化碳、水及其他的离子如卤素离子、NO_3^-、PO_4^{3-} 等。有机物光降解可分为直接光降解和间接光降解。前者是有机物分子吸收光能后呈激发态，与周围环境中的物质进行的反应。后者是周围环境中存在的某些物质吸收光能后呈激发态，再诱导一系列有机污染物发生的反应。光降解反应包括无催化剂和有催化剂两类。下面主要介绍无催化剂的光化学降解。

1. 反应原理

光化学反应需要分子吸收特定波长的电磁辐射，光化学中可以利用的波长范围在 200～700nm（紫外光与可见光），相应能量近似 600～1700J/mol 范围。一般情况下，有机分子在激发态之前处于最低能级，所有的分子都进行配对。为了得到电子激发态，一个分子必须吸收至少等于最高占有轨道和最低占有轨道之间能量差的光能。

量子产率一般随反应物的性质，吸收光的波长和外界条件如温度、压力等而变化。光化学反应与普通热力学反应不同：后者的活化能来源于分子碰撞，故反应速率的温度系数较大，一般温度升高 10℃，反应速率增加 2～4 倍；而光化学反应的活化能来源于光能，故反应速度的温度系数较小，温度升高 10℃，速度增加 0.1～1 倍。

光化学反应，一般通过产生羟基自由基（·OH）来对有机污染物进行彻底的降解，表 11-7 为·OH 的标准电极电位与其他强氧化剂的比较：羟基自由基比其他一些常用的强氧化剂具有更高的标准电极电位。·OH 是一种强氧化剂，在常温常压下几乎可以氧化所有有机物，生成二氧化碳、水等，而不会产生新的污染物。

表 11-7　各种氧化剂的标准电极电位

氧化剂	方程式	标准电极电位/V
·OH	$\cdot OH + H^+ + e^- \longrightarrow H_2O$	2.80
臭氧	$O_3 + 2H^+ + 2e^- \longrightarrow H_2O + O_2$	2.07
过氧化氢	$H_2O_2 + 2H^+ + 2e^- \longrightarrow 2H_2O$	1.77
高锰酸根	$MnO_4^- + 8H^+ + 5e^- \longrightarrow Mn^{2+} + 4H_2O$	1.52
二氧化氯	$ClO_2 + e^- \longrightarrow Cl^- + O_2$	1.50
氯气	$Cl_2 + 2e^- \longrightarrow 2Cl^-$	1.30

2. 光化学氧化工艺

(1) UV/H_2O_2 工艺

H_2O_2 是一种强氧化剂，其氧化还原电位与 pH 值有关：当 pH=0 时，E=1.80V；当 pH=14 时，E=0.87V。因此 H_2O_2 能很好地应用于多种有机或无机污染物的处理。

许多金属，如 Mn、Pb、Au、Fe 的化合物都是过氧化氢分解反应的催化剂。这些催化剂的电位都介于 H_2O_2 的两个电位之间。因此有人认为催化分解 H_2O_2 的过程是氧化还原过程。如 MnO_2（1.23V）把 H_2O_2（0.68V）氧化成 O_2，而本身被还原为 Mn^{2+}；接着 H_2O_2（1.77V）又把 Mn^{2+}（1.23V）氧化成 MnO_2。这样循环往复，H_2O_2 就“分解”为 O_2 和 H_2O。1 体积 30%的 H_2O_2 水溶液完全分解得到 100 体积的 O_2（标准状态），1 体积 3%的 H_2O_2 水溶液完全分解释放 10 体积的 O_2，因此医药上把 3%的 H_2O_2 水溶液称为“十体积水”。

H_2O_2 和几种化合物的标准电极电位：

$$H_2O_2 + 2H^+ + 2e^- \longrightarrow 2H_2O \qquad E^{\ominus} = 1.77V \tag{11-15}$$

$$MnO_2 + 4H^+ + 2e^- \longrightarrow Mn^{2+} + 2H_2O \qquad E^{\ominus} = 1.23V \tag{11-16}$$

$$Fe^{3+} + e^- \longrightarrow Fe^{2+} \qquad E^{\ominus} = 0.77V \tag{11-17}$$

$$O_2 + 2H^+ + 2e^- \longrightarrow H_2O_2 \qquad E^{\ominus} = 0.68V \tag{11-18}$$

过氧化氢常被用于去除工业废水中的难降解有机物，尽管处理费用比普通的物理和生物方法要高，但该方法具有其他处理方法不可替代的作用。

① UV/ H_2O_2 的反应机理。一般认为 UV/H_2O_2 的反应机理是 1 分子的 H_2O_2 首先在紫外光的照射下产生 2 分子的 · OH，如下式所示：

$$H_2O_2 + h\nu \longrightarrow 2 \cdot OH \tag{11-19}$$

该反应的反应速率与 pH 值有关：酸性越强，反应速率就越快。生成的 · OH 对有机物的氧化作用有脱氢、亲电加成和电子转移三种类型。UV/H_2O_2 系统发生的这三种反应中，主要反应为：

$$\begin{gathered} H_2O_2 + h\nu \longrightarrow 2 \cdot OH \\ RH + \cdot OH \longrightarrow H_2O + \cdot R \end{gathered} \tag{11-20}$$

亲电加成过程中羟基自由基（· OH）对有机物 π 电子的加成会导致有机自由基的产生。如亲电加成使氯酚快速脱氯从而形成氯离子，其反应途径如式（11-21）所示：

Cl-C₆H₄-OH + · OH ⟶ (OH)(Cl)C₆H₄-OH ⟶ O=C₆H₄-OH + HCl (11-21)

当发生多卤化取代时，主要是有机基质（RX）与羟基自由基（· OH）反应，使 · OH 转化成 OH^-。

$$\cdot OH + RX \longrightarrow OH^- + RX^+ \tag{11-22}$$

② UV/H_2O_2 系统在污染物降解中的应用。UV 活化光源可由释放 254nm 波长光的汞灯提供，有机物最终被氧化为 CO_2 和 H_2O。对于难降解有机物，如 2,4-二硝基苯，UV/H_2O_2 先通过支链氧化形成 1,3-二硝基苯，之后发生羟基化反应生成硝基苯的羟基衍生物，再进一步发生链断裂反应和氧化，最终转化成 CO_2、H_2O 和硝酸。

③ UV/H_2O_2 系统的优缺点和适用条件。UV/H_2O_2 系统能将有机污染物彻底无害化，且系统具有可移动性及短时间内可装配于不同地点等优点。但 UV/H_2O_2 系统仅适用于流动性污水处理，不适于处理具有较多悬浮颗粒的污水和有色的无机、有机污染物处理。Fe 盐等可在反应过程中沉淀下来，阻塞光管，降低紫外光的穿透率，因而采用过滤及澄清等预处理可以提高处理效率。对于含有金属离子的废水，控制 pH 值是非常必要的。pH≤6 时可以避免金属氧化物沉淀，以及碱性溶液对于反应速率的不利影响。UV/H_2O_2 系统主要用于浓度在 10^{-6} 级的低浓度污水处理（如地下水），而不适用于高浓度废水。

（2）UV/O_3 工艺

UV/O_3 是将臭氧与紫外光辐射相结合的一种高级氧化工艺。该工艺不是利用臭氧直接氧化有机物，而是利用臭氧在紫外光照射后分解产生的活性次生氧化剂氧化有机物。UV/O_3 系统是目前水处理中应用最多的高级氧化技术，能氧化臭氧难以降解的有机物，常用于饮用水的消毒处理。

臭氧是一种有效的氧化剂和消毒剂。臭氧能氧化水中许多有机物，但臭氧与有机物的反应是选择性的，不能将有机物彻底分解为 CO_2 和 H_2O，被臭氧氧化后的产物往往为羧酸类有机物。提高臭氧的氧化速率、效率以及处理程度，就需要产生活泼的·OH。

UV/O_3 氧化反应为自由基型，即液相臭氧在紫外光辐射下分解产生·OH，由·OH与水中的溶解物进行反应：

$$O_3 + h\nu \longrightarrow O_2 + \cdot O \tag{11-23}$$

$$2\cdot O + H_2O_2 \longrightarrow 2\cdot OH + O_2 \tag{11-24}$$

和

$$O_3 + H_2O + h\nu \longrightarrow O_2 + H_2O_2 \tag{11-25}$$

$$H_2O_2 + h\nu \longrightarrow 2\cdot OH$$

UV/O_3 系统作为一种高级氧化技术，不仅能氧化和降解难降解有机物、细菌、病毒，还可以用于造纸漂白废水的褪色。

二、光化学催化氧化

光化学催化氧化分为均相和非均相两种类型。均相催化氧化主要以 Fe^{2+} 或 Fe^{3+} 及 H_2O_2 为介质，通过光助-芬顿反应（Photo-Fenton）使污染物降解；非均相催化氧化则以光敏材料为介质，同时结合一定量的光辐射，使光敏材料在光的照射下激发产生电子-空穴对，并与吸附在光敏材料上的溶解氧、水分子等发生作用，产生各种氧化性强的自由基，从而与有机污染物发生加合、取代、电子转移等反应，最终生成二氧化碳、水和无机盐。这里主要介绍均相催化氧化。

均相催化氧化是指 UV/Fenton 法。Fenton 试剂是亚铁离子和过氧化氢的组合。该方法的原理是利用亚铁离子作为过氧化氢的催化剂，使之在反应过程中产生羟基自由基（·OH），以氧化各种有机物，尤其是难降解有机物。该方法能有效去除 COD、色度和泡沫等，但其氧化反应一般需要把 pH 值控制在 3～5 的条件下。

Fenton 试剂及其改进工艺在废水处理中的应用可分为单独使用和与其他方法联用两类。后者包括与光催化、活性炭等联用。Fenton 试剂辅以紫外光或可见光辐射，能极大地提高传统 Fenton 法的氧化反应效率，从而明显降低废水处理成本。

1. UV/Fenton 法的工作原理

H_2O_2 在 UV 光照条件下产生羟基自由基（·OH）：

$$H_2O_2 + h\nu \longrightarrow 2\cdot OH$$

Fe^{2+} 在 UV 光照条件下部分转化成 Fe^{3+}，Fe^{3+} 在 pH3～5 的介质中可以水解生成羟基化的 $[Fe(OH)]^{2+}$，$[Fe(OH)]^{2+}$ 在 UV 作用下又可转化成 Fe^{2+}，同时产生·OH：

$$[Fe(OH)]^{2+} \longrightarrow Fe^{2+} + \cdot OH \tag{11-26}$$

正是上述反应的存在，使得过氧化氢的分解速度远大于亚铁离子或 UV 催化过氧化氢的速度。与此同时，Fenton 试剂在 UV 照射作用下也产生羟基自由基：

$$Fe^{2+} + H_2O_2 \longrightarrow Fe^{3+} + OH^- + \cdot OH \tag{11-27}$$

$$Fe^{3+} + H_2O_2 \longrightarrow Fe^{2+} + \cdot OOH + H^+ \tag{11-28}$$

2. UV/Fenton 法的影响因素

UV/Fenton 法需要控制有机物浓度、Fe^{2+} 与 H_2O_2 浓度、pH 值以及反应时间。

UV/Fenton 法为光催化氧化，污水中有机物的浓度影响光照或系统的透光性，因而，污水处理系统需要控制有机物的浓度及腐败程度，使污水具有良好的透光性。

Fe^{2+}浓度过高对过氧化氢消耗过多，不利于羟基自由基的生成；Fe^{2+}浓度过低，又不利于过氧化氢分解成羟基自由基。因此，反应需要控制适当的Fe^{2+}浓度。

适当增大H_2O_2浓度或投加量，可以使反应在较高速率下进行，同时有机物的去除率也较高。

废水处理前需要调节pH值，使之处于3～5范围。由于Fenton反应过程中生成草酸、顺丁烯二酸、反丁烯二酸等有机酸，只需调节初始的pH值就可维持反应进行。

一般情况下，完成Fenton反应需30～60min。对于浓度高、成分复杂的废水，反应时间可能需要数小时。

3. UV/Fenton法的应用

UV与Fenton试剂的联用，使光助-芬顿系统具有以下优点：①UV和亚铁离子对过氧化氢的催化分解存在协同效应；②降低亚铁离子的用量，保持过氧化氢较高的利用率。因而UV/Fenton法在处理高浓度、难降解、有毒有害废水方面表现出比其他处理方法更多的优势，尤其是受污染地下水的生态修复。

三、湿式氧化法

湿式氧化法（wet air oxidation，简称WAO）是在高温高压条件下，利用氧、空气或其他氧化剂将废水中的有机物氧化成H_2O和CO_2。该法适用于含氰酚、造纸黑液、垃圾渗滤液、农药等小水量、高浓度、难降解和有毒有害有机废水的处理。

1. 湿式氧化法的基本原理

湿式氧化法通常采用200～340℃、1.5～20MPa的控制条件，提高O_2在液相中的溶解度，抑制水的蒸发。在150℃以上高温时，氧的物理性质发生了变化，在水中的溶解度随着温度的增高而增大，传质系数也随温度的增高而增大，从而促进氧化反应。

水在高温高压条件下，能产生·OH、·OOH、·O等多种活性自由基，其中以·OH为主。由于·OH具有很高的负电性和亲电性，它可以从含氢的有机物上夺取氢，发生脱氢反应，从而破坏有机物的分子结构，最终降解有机物。

2. 湿式氧化法的影响因素

温度是湿式氧化的主要影响因素。温度越高，反应速度越快，反应进行得越彻底；同时，液体的黏滞性降低，氧的传质速率加快。适宜的温度范围约在200～340℃。

压力不是氧化反应的直接影响因素，但为保证氧化反应的进行，反应压力不得低于该温度下的饱和蒸气压。

反应时间的长短决定反应装置的容积，同时难降解有机物浓度越高、处理程度越高，则反应温度要求越高、处理时间越长。通常湿式氧化水力停留时间在0.1～2.0h之间。

废水pH值是影响湿式氧化效果的重要因素，较低的pH值使反应进行得较快、较彻底。

废水性质也会带来影响。脂肪族和卤代脂肪族化合物、氰化物、芳烃、芳香族和含非卤代基团的卤代芳香族化合物等易氧化，不含非卤代基团的氯苯和多氯联苯等难氧化。被氧化有机物中碳所占比例越高越易氧化。

3. 湿式氧化工艺的应用

湿式氧化工艺流程如图11-19所示。废水通过热交换器，水温升到接近反应温度后进入反应器，氧由空压机输入，废水中的有机物与氧反应，生成水和二氧化碳或者低级有机酸等中间产物。

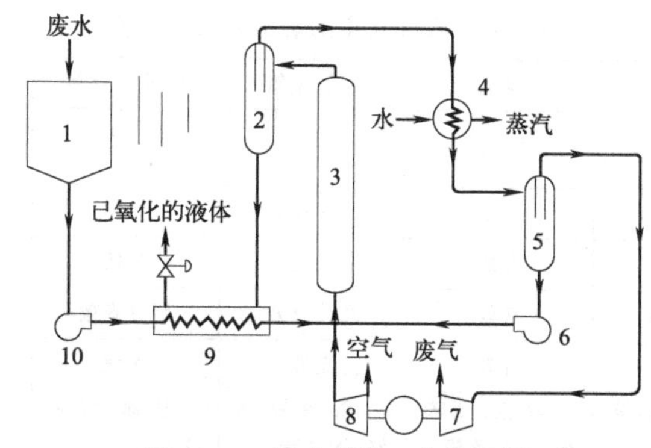

图 11-19　湿式氧化工艺流程图

1—水箱；2，5—分离器；3—反应器；4—再沸器；6—循环泵；
7—透平机；8—空压机；9—热交换器；10—高压泵

第六节　消毒技术

消毒是饮用水必不可少的处理工艺。对废水处理而言，消毒虽不是必需的，但对含有有害微生物污水的安全排放或回用是非常重要的。生活污水、医院污水、禽畜养殖废水等通常含大肠杆菌达 10 万～100 万个/mL，粪便链球菌 1000～100000 个/mL，此外还含有各种致病菌。尽管经过了污水生物处理，但如果未经消毒而任意排放这类处理出水，会导致肠道传染病，如伤寒、痢疾、霍乱以及钩端螺旋体病、肠炎等通过水体传播，病毒引起的传染病如肝炎等和结核病随水传播。城镇污水处理厂出水必须进行消毒，含有毒有害微生物的工业废水处理出水也需要消毒，但一般工业废水处理出水不需要消毒。

污水中的病原体主要有三类：病原性细菌、肠道病毒和蠕虫卵。具体分类如下：

病原体
- 病原性细菌：沙门氏菌属、痢疾志贺氏菌、霍乱弧菌、结核分枝杆菌、布鲁氏菌属、炭疽杆菌、大肠杆菌
- 肠道病毒：肝炎病毒、脊髓灰质炎病毒、腺病毒、柯萨奇病毒、埃可病毒
- 蠕虫卵：蛔虫卵、钩虫卵、血吸虫卵

所谓消毒是指通过消毒剂或其他消毒手段杀灭水中致病微生物的处理过程。消毒与灭菌是两种不同的处理工艺，在消毒过程中并不是所有的微生物均被破坏，消毒仅要求杀灭致病微生物，而灭菌则要求杀灭全部微生物。

在废水处理过程中，致病微生物多黏附在悬浮颗粒上，因此混凝、沉淀和过滤能去除相当部分的致病微生物。如明矾混凝沉淀可除去 95%～99%的柯萨奇（Coxsachie）病毒，而 $FeCl_3$ 有 92%～94%的去除率；采用苛性碱、酸、氯、臭氧等其他化学药剂，也可对致病微生物有杀灭作用。所以，废水消毒方法需要结合整个处理过程进行选择。

消毒方法大体上可分为物理方法和化学方法两类。物理方法主要有加热、冷冻、辐照、紫外线和微波消毒等。化学方法常用氯、臭氧、碘、高锰酸钾以及重金属、阳离子型表面活性剂等进行消毒。其中，氯是应用最广的消毒剂，但氯消毒会引起一些副作用，目前多采用二氧化氯消毒、紫外线消毒、臭氧消毒等。重金属常用于游泳池除藻及工业用水消毒，碘及其制剂可用于游泳池水消毒以及军队野战中的临时用水消毒。表 11-8 所示为几种常用的消毒方法的比较。本节主要介绍近年来在污水处理与回用工程中广泛应用的二氧化氯消毒技术和紫外线消毒技术。

表 11-8 几种常用的消毒方法的比较

项目		液氯	臭氧	二氧化氯	紫外线照射	Br_2/I_2	银、铜等离子
使用剂量/(mg/L)		10.0	10.0	2～5	—	—	—
接触时间/min		10～30	5～10	10～20	短	10～30	120
作用	对细菌	有效	有效	有效	有效	有效	有效
	对病毒	部分有效	有效	部分有效	部分有效	部分有效	无效
	对芽孢	无效	有效	无效	无效	无效	无效
优点		便宜，有后续消毒作用	除色、臭味效果好，无毒	杀菌效果好，无气味	快速、无化学药剂	同氯，对眼睛影响较小	有长期后续消毒作用
缺点		对某些病毒、芽孢无效，有残毒	比氯贵，无后续消毒作用	维修管理要求较高	无后续消毒作用，对浊度要求高	消毒速度慢，比氯贵	消毒速度慢，贵

一、二氧化氯消毒

1. 概述

氯气是人们最为熟悉的水处理用消毒剂，但氯气消毒具有以下缺点：与水中腐殖酸类物质反应形成致癌的卤代烃（THMs）；与酚类反应形成具有怪味的氯酚；与水中的氨反应形成消毒效力低的氯胺，其排入水体后会对鱼类产生危害；pH 值较高时消毒效力大幅度下降；长期使用会引起某些微生物的抗药性。有鉴于此，其他消毒方法应运而生，其中二氧化氯在世界各国得到广泛应用。

二氧化氯（ClO_2），一种黄绿色气体，具有与氯相似的刺激性气味，沸点为 11℃，凝固点为－59℃。ClO_2 以自由基单体存在，其活性为氯的 2.6 倍。

ClO_2 是一种氧化剂，能进行两步连续反应：

$$ClO_2 + e^- \longrightarrow ClO_2^- \tag{11-29}$$

$$ClO_2^- + 4e^- + 2H_2O = Cl^- + 4OH^- \tag{11-30}$$

ClO_2 的气体极不稳定，在空气中浓度为 10%时就有可能发生爆炸，在 45～50℃时会剧烈分解，分解反应的速度与总压（P_{ClO_2}）$^{1/2}$ 成正比。其总反应为

$$ClO_2 = 0.5Cl_2 + O_2 \tag{11-31}$$

ClO_2 在理论上可看作是亚氯酸和氯酸的混合酸酐：

$$2ClO_2 + H_2O = HClO_2 + HClO_3 \tag{11-32}$$

ClO_2 易溶于水，溶解度约为氯的 5 倍，在室温、4kPa 分压下溶解度为 2.9g/L。与氯不同，ClO_2 在水中以纯粹的溶解气体存在，水解作用非常弱，20℃时，

$$K_H = \frac{[HClO_2][HClO_3]}{[ClO_2]^2} = 1.2 \times 10^{-7} \tag{11-33}$$

ClO_2 水溶液在较高温度、光照下生成 ClO_2^- 与 ClO_3^-，因此应在避光低温处存放。ClO_2 溶液浓度在 10g/L 以下时，基本没有爆炸的危险。可见，ClO_2 气体和液体都极不稳定，不能像氯气那样装瓶运输，一般情况下只能在使用现场临时制备。

2. 二氧化氯的作用

(1) 与无机物反应

ClO_2 可将水中溶解的还原态铁、锰氧化，对去除铁、锰很有效。反应式如下：

$$2ClO_2 + 5Mn^{2+} + 6H_2O \longrightarrow 5MnO_2 + 2Cl^- + 12H^+ \qquad (11\text{-}34)$$

$$ClO_2 + 5Fe(HCO_3)_2 + 3H_2O \longrightarrow 5Fe(OH)_3 + 10CO_2 + Cl^- + H^+ \qquad (11\text{-}35)$$

（2）与有机物反应

ClO_2 与水中有机物的反应比较复杂，主要发生氧化反应。与氯不同，它不会发生取代与加成反应。ClO_2 与酚反应不会生成有味的氯酚，而是将其氧化；ClO_2 可将致癌物苯并[a]芘氧化成无致癌性的物质；ClO_2 对水中色度、嗅和味的去除能力很强，可去除由2,4,6-三氯苯甲醚（TCA）、2-甲基异冰片（MIB）及2-异丁基-3-甲基芘嗪等产生的怪味；ClO_2 与腐殖酸、富里酸等作用不会生成三氯甲烷，主要生成苯多羧酸、二元脂肪酸、一元脂肪酸四类氧化产物，它们的致突变性比较弱。

（3）消毒作用

ClO_2 对大肠杆菌、脊髓灰质炎病毒、甲肝病毒等均有很好的杀灭作用，效果优于氯消毒，因此医院、微生物研究所等的有毒有害微生物污水处理宜采用 ClO_2 消毒。此外，与氯不同，ClO_2 在碱性条件下仍具有很好的杀菌能力。ClO_2 不与氨反应，在高 pH 值的含氨系统中可发挥极好的杀菌作用，并对藻类有很好的杀灭作用。

3. 存在问题

ClO_2 在水中有50%～70%会转变为 ClO_2^-、ClO_3^-，它们对人体血细胞有损害，会使血液胆固醇升高，因此 ClO_2 消毒时水中残余总量以控制在1.0mg/L以下为宜。

去除水中残余的 ClO_2 以及 ClO_2^-、ClO_3^- 可以有多种方法。应用厚度为2m的粒状活性炭床，空床接触时间9.6min，可使水中 ClO_2^- 由3.0mg/L降为0.3mg/L。亚铁对 ClO_2^- 也具有良好的去除作用，在pH值＞5、亚铁投加量为3.0～3.1mg/mg时，5～15s即可完成反应，且不会形成 ClO_3^-，产生的氢氧化铁对后续絮凝过程没有干扰。

二、紫外线消毒

紫外线用于水的消毒，具有消毒快捷、不污染水质等优点，因此污水处理厂多采用紫外线消毒。

1. 紫外线消毒原理

紫外线是一种波长范围为136～400nm的不可见光，按波长范围分为A、B、C三个波段和真空紫外线，A波段320～400nm，B波段280～320nm，C波段200～280nm，真空紫外线100～200nm。对水消毒起所用的是C波段紫外线。根据光量子理论，每一粒波长为253.7nm的紫外线光子具有4.9eV的能量。当紫外线照射到微生物时，便发生能量的传递和积累，积累结果造成微生物的灭活，从而达到消毒的目的。

紫外线杀菌机理是一个较为复杂的过程，目前较为普遍的看法是：微生物体受到紫外线照射，核酸吸收了紫外线的能量。核酸是一切生命体的生命基础，分为核糖核酸（RNA）和脱氧核糖核酸（DNA）两大类。DNA和RNA的吸收光谱范围在240～280nm，对波长为260nm的紫外线具有最大吸收（图11-20）。紫

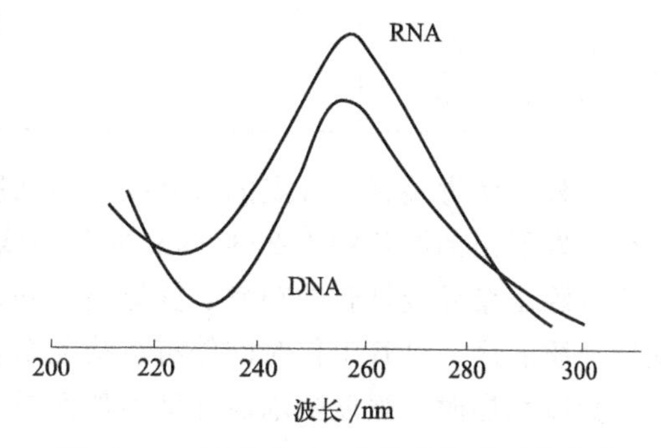

图11-20　DNA和RNA的紫外线吸收光谱

外线灯中心辐射波长是253.7nm。一方面，核酸吸收紫外线后发生突变，其复制、转录受到阻碍，从而引起微生物体内蛋白质和酶的合成障碍；另一方面，紫外线照射产生的自由基可引起光电离，从而导致细胞死亡。

紫外线消毒器的消毒能力是指在额定进水量情况下对水中微生物的杀灭能力。其物理表达式表示在该状态下的辐照剂量：

$$W=\frac{IV}{Q}\times 3.6 \tag{11-36}$$

式中 W——辐照剂量，$\mu W/(cm^2 \cdot s)$；

I——辐射强度，$\mu W/cm^2$；

V——消毒器的有效水容积，L；

Q——消毒器的额定进水量，m^3/h；

3.6——系数。

表11-9列出了不同微生物达到不同杀灭率所需要的辐照剂量，试验水样菌落总数 1×10^5 cfu/L，水深2cm。从表中可以看出，杀灭不同微生物需要不同的辐照剂量。选定的辐照剂量过高会浪费能量，过低又达不到水消毒的目的。水的消毒主要在于杀灭肠道细菌等水传播疾病的病原体，故紫外线消毒器所能提供的辐照剂量最低不得小于 $9000\mu W/(cm^2 \cdot s)$，产品出厂时应大于 $12000\mu W/(cm^2 \cdot s)$。

表11-9 微生物不同杀灭率需要的253.7nm紫外线辐照剂量

单位：$\mu W/(cm^2 \cdot s)$

微生物	杀灭率			
	90%	99%	99.99%	100%
大肠杆菌	3000	6000	12000	
伤寒杆菌	4000	3000	1600	
枯草杆菌芽孢	10000	20000	40000	
金黄色葡萄球菌	3000	6000	12000	
白喉杆菌	5000	10000	20000	
结核杆菌	5100	10000	20000	
黑曲霉孢子	150000	300000	600000	
流感病毒	1000	2000	<5000	6600
破伤风病毒				22000
溶血性链球菌				5500
大肠杆菌噬菌体				6600

紫外线消毒装置中各点的紫外线辐射强度是不同的。紫外线辐射强度（I）是指紫外线灯管所发射出的波长约为253.7nm的紫外线强度，也称为放射密度，单位 $\mu W/cm^2$。紫外线强度除由紫外线灯管的功率、性能决定外，还与原水水质、被照射点与灯管的距离、灯管周围介质温度、灯管工作时间等有直接关系。灯管发出的紫外线穿过石英套管造成一定的衰减，穿过水层时，强度随水层深度增加而减小：

$$I=I_0 e^{-kd} \tag{11-37}$$

式中 I——不同水深的辐射强度，$\mu W/cm^2$；

I_0——起始辐射强度，$\mu W/cm^2$；

k——水层深度，cm；

d——水的吸取系数，cm^{-1}，与浊度、色度、含铁量有关。

2. 紫外线杀菌的影响因素

(1) 紫外线杀菌灯的性能

低压汞灯波长为 253.7nm 的紫外线具有最佳的杀菌效果，该灯发出的紫外线能量可占灯管能量的 80%以上，因此目前纯水用紫外线杀菌装置皆采用低压汞灯。

(2) 原水的成分

根据《城市给排水紫外线消毒设备》(GB/T 19837—2019)，污水消毒时，为达到《城镇污水处理厂污染物排放标准》(GB 18918—2002) 一级标准的 B 标准，紫外线照射剂量不低于 $15mJ/cm^2$；为达到《城镇污水处理厂污染物排放标准》(GB 18918—2002) 一级标准的 A 标准，紫外线照射剂量不低于 $20mJ/cm^2$。

此外，由于紫外线的穿透能力较弱，所以对水的色度、浊度、含铁量等有一定要求。一般要求色度小于 15 度，浊度小于 5 度，总铁含量小于 0.3mg/L。

(3) 灯管周围介质温度

灯管周围介质温度会影响紫外线灯的辐射强度，从而影响消毒效果。一般情况下，汞灯的最佳放射温度大约 40℃，当灯管周围介质温度低于或高于此温度时，都会使其效率有不同程度的下降，温度低于 5℃时甚至会造成灯管启动困难。为了使灯管的紫外线效率免受周围介质温度的影响，通常把紫外线灯管安置于石英套管内。

(4) 灯管与被照射点距离

灯管与被照射点的间距对紫外线强度有影响，强度系数随距离增加而减小。如将距离 1m 处的强度系数规定为 1，其他位置的强度系数见表 11-10。所以，紫外消毒池的过水断面均很窄，以确保流过污水离灯管的有效距离尽可能近 (图 11-21)，如 0.2m 及以下。

表 11-10 被照射点的强度系数

被照射点与灯管间距/m	强度系数	被照射点与灯管间距/m	强度系数
0.05	32.3	0.45	3.6
0.075	22.8	0.60	2.33
0.10	18.6	0.90	1.22
0.15	12.9	1.00	1.00
0.20	9.85	1.20	0.681
0.25	7.94	1.50	0.452
0.30	6.48	2.00	0.256
0.35	5.35	2.50	0.169

(5) 灯管工作时间

灯管紫外线出力与使用时间成反比，使用时间越长，其出力越低。当灯管的紫外线强度低于 $25000\mu W/cm^2$ 时，应予以更换。国外紫外线灯管的有效使用时间一般都在 7500h 以上，由于测定紫外线强度比较困难，实际上均以使用时间来更换灯管。计数时除连续使用时间累计外，每开关一次灯管使用时间按 3h 消耗计算。国外低压汞灯的紫外线出力随工作时间变化曲线见图 11-22。

图 11-21 紫外消毒池

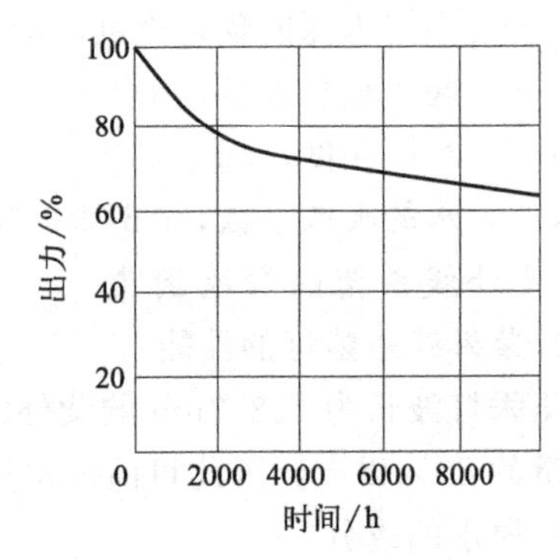

图 11-22 出力与使用时间的关系

3. 消毒器的构造及工艺参数

按水流状态，紫外线消毒器可分为敞开重力式和封闭压力式。目前，以封闭压力式使用居多，该装置主要由外筒、紫外线灯管、石英套管及电气设施等部分组成。

封闭式紫外线消毒器采用金属圆筒把消毒灯管封闭起来。筒体一般用不锈钢或铝制造，其内壁多做抛光处理，以提高对紫外线的反射能力，增强筒体内的紫外线辐射强度。

紫外线灯管是紫外线消毒器的核心部件，其作用是把电能转化为紫外线的光能。灯管内充有惰性气体和汞蒸气，低压紫外线灯管壳中的汞蒸气压力为 0.8Pa。石英套管材质采用高强度石英，要求紫外线透过率不小于 80%，工作压力 0.45MPa，试验压力 0.68MPa。套管可半年或一年清洗一次，用浸酒精的纱布擦净，也可用抛磨粉进行擦洗。

表 11-11 列出了国产直管型石英紫外线低压汞消毒灯的光电参数。

表 11-11 消毒灯的光电参数

型号	功率/W		工作电压/V			电流/A		紫外线辐射强度/(μW/cm²)
	额定值	最大值	额定值	最小值	最大值	工作	预热	
ZSZ8D	8	11	54	44	65	0.19	0.22	≥10
ZSZ15D	15	18	65	53	70	0.30	0.45	≥30
ZSZ20D	20	24	80	73	90	0.32	0.43	≥60
ZSZ30D	30	35	130	120	140	0.30	0.50	≥90
ZSZ40D	40	43	140	130	150	0.33	0.65	≥100

4. 紫外线消毒设计与运行管理

合理地设计紫外线消毒装置是紫外线消毒的基础。紫外线消毒的设计要求如下：

① 消毒器中流速最好不小于 0.3m/s，以减少套管的结垢，当接触时间不够时可采用串联运行；光照接触时间 10～100s，可直接起杀菌作用，无需反应池。

② 消毒器中的水流流态为分散数小（E_x<100cm²/s）的推流，消毒器长度和过水断面积之比越大，越接近推流，以减少光能消耗。

③ 消毒器可并联或串联安装，但应能单独运行检修。处理水量大时，多灯管消毒器内的灯管间距不宜太近，否则会浪费能量；灯管不宜过多，以便清洗和更换。

④ 反射罩一般采用表面抛光的铝质材料。外壳用不锈钢、热镀锌的钢板或铝镁合金等防腐材料。

消毒器运行管理中，需要注意灯管是否全部工作，电源电压是否正常，出水水质是否正常，并及时撤换失效灯管。同时，每 3 个月对石英玻璃套管、灯管等清洗一次。

第七节　污水回用

污水回用是指污水经深度处理后达到回用水质要求，回用于工业、农业、城市景观与市政杂用、回灌地下水等。城市污水回用按回用方式分为直接回用和间接回用两类。

直接回用是指人们有意识、有计划地将经深度处理的污水直接回用于需水部门，如工业工艺用水、循环用水、冷却水等。间接回用是指将处理后的污水回灌地下水或排放至水体，然后抽取用于农业、工业、城市景观和给水水源等。城市污水回用用途广泛（表 11-12）。

表 11-12　城市污水回用分类

序号	分类	范围	示例
1	农、林、牧、渔业用水	农田灌溉	育种、粮食与饲料作物、经济作物
		造林育苗	苗木、观赏植物
		畜牧养殖	畜牧、家畜、家禽
		水产养殖	淡水养殖
2	城市杂用水	城市绿化	公共绿地、住宅小区绿化
		冲厕	厕所便器冲洗
		道路清扫	城市道路的冲洗及喷洒
		车辆冲刷	各种车辆冲洗
		建筑施工	施工场地清扫、浇洒、灰尘抑制、混凝土制备与养护、施工中的混凝土构件和建筑物冲洗
		消防	消火栓、消防水炮
3	工业用水	冷却用水	直流式、循环式
		洗涤用水	冲渣、冲灰、消烟除尘、清洗
		锅炉用水	中压、低压锅炉
		工艺用水	溶料、水浴、蒸煮、漂洗、水力开采、水力输送、增湿、稀释、搅拌、选矿、油田回注
		产品用水	浆料、化工制剂、涂料
4	环境用水	娱乐性景观环境用水	娱乐性景观河道、景观湖泊及水景
		观赏性景观环境用水	观赏性景观河道、景观湖泊及水景
		湿地环境用水	恢复自然湿地、营造人工湿地
5	补充水源水	补充地表水	河流、湖泊
		补充地下水	水源补给，防止海水入侵，防止地面沉陷

一、回用水水质基本要求

为用水安全可靠，城市污水回用水水质应满足以下基本要求：

① 符合回用对象的水质控制指标。

② 回用于工农业生产时，水质不得对产品质量产生不良影响；回用于城市景观和市政杂用时，不得对人体健康、环境质量和自然生态产生不良影响。

③ 回用水水质、水量必须稳定，不得对回用系统的管道、设备产生腐蚀、结垢等损害。

④ 回用水使用时不得有嗅觉和视觉上的不快感。

二、回用水水质标准

为引导污水回用健康发展，确保回用水的安全使用，我国先后制定了一系列回用水水质标准，如《城市污水再生利用 工业用水水质》(GB/T 19923—2005)[❶]、《城市污水再生利用 城市杂用水水质》(GB/T 18920—2020)和《城市污水再生利用 景观环境用水水质》(GB/T 18921—2019)等(表 11-13)，并在《城镇污水再生利用工程设计规范》(GB 50335—2016)中提出了再生水用作冷却水的水质控制指标。农业回用水可参照《农田灌溉水质标准》(GB 5084—2021)，确定相应水质控制指标。

表 11-13 回用水水质主要控制指标

项目	回用于工业用水《城市污水再生利用 工业用水水质(征求意见稿)》(GB/T 19923—××××)		回用于工城市杂用水《城市污水再生利用 城市杂用水水质》(GB/T 18920—2020)		回用于景观环境用水《城市污水再生利用 景观环境用水水质》(GB/T 18921—2019)						
	直流冷却水、洗涤用水、除尘水、冲渣水	循环冷却水补水、锅炉补给水、工艺与产品用水	冲厕、车辆冲洗	城市绿化、道路清扫、消防、建筑施工	观赏性景观环境用水			娱乐性景观环境用水			景观湿地环境用水
					河道类	湖泊类	水景类	河道类	湖泊类	水景类	
嗅与味	无不快感		无不快感		无漂浮物，无令人不愉快的嗅与味						
色度/度	≤30		≤15	≤30	≤20						
pH	6.5～9.0	6.5～8.5	6.0～9.0		6.0～9.0						
溶解氧/(mg/L)	—		≥2.0		—						
COD_{Cr}/(mg/L)	≤50		—		—						
BOD_5/(mg/L)	≤10		≤10		≤10	≤5		≤10	≤5		≤10
悬浮物(SS)/(mg/L)	≤10		—		—						
溶解性总固体/(mg/L)	≤1000		≤1000(2000)[②]		—						
浊度/NTU	—		—		≤10	≤5		≤10	≤5		≤10
氨氮/(mg/L)	≤5(1)[①]		≤5	≤8	≤5	≤3		≤5	≤3		≤5
总氮/(mg/L)	≤15		—		≤15	≤10		≤15	≤10		≤15
总磷(以 P 计)/(mg/L)	≤0.5		—		≤0.5	≤0.3		≤0.5	≤0.3		≤0.5
石油类/(mg/L)	≤1.0		—		—						
阴离子表面活性剂/(mg/L)	≤0.5		≤1.0	≤0.5	—						
铁/(mg/L)	≤0.5	≤0.3	≤0.3	—	—						
锰/(mg/L)	≤0.2	≤0.1	≤0.1	—	—						
氯离子/(mg/L)	0.1～0.2	—	—		—						
二氧化硅/(mg/L)	≤50	≤30	—		—						
硫酸盐/(mg/L)	≤600	≤250	≤500		—						
粪大肠菌群/(个/L)	≤1000		大肠埃希氏菌 无		≤1000			≤1000	≤3		≤1000

❶ 住房和城乡建设部组织有关单位对该标准进行了修订，并于 2021 年 7 月 30 日发布了《城市污水再生利用 工业用水水质(征求意见稿)》(GB/T 19923—××××)。本书后续内容参考了该征求意见稿。

续表

项目	回用于工业用水《城市污水再生利用 工业用水水质(征求意见稿)》(GB/T 19923—××××)		回用于工城市杂用水《城市污水再生利用 城市杂用水水质》(GB/T 18920—2020)		回用于景观环境用水《城市污水再生利用 景观环境用水水质》(GB/T 18921—2019)						
	直流冷却水、洗涤用水、除尘水、冲渣水	循环冷却水补水、锅炉补给水、工艺与产品用水	冲厕、车辆冲洗	城市绿化、道路清扫、消防、建筑施工	观赏性景观环境用水			娱乐性景观环境用水			景观湿地环境用水
					河道类	湖泊类	水景类	河道类	湖泊类	水景类	
总碱度(以 $CaCO_3$ 计)/(mg/L)	≤350		—		—						
总硬度(以 $CaCO_3$ 计)/(mg/L)	≤450		—								

① 当循环冷却系统为铜材换热器时，循环冷却水中的氨氮指标应小于 1mg/L；

② 括号内指标值为沿海及本地水源中溶解性固体含量较高的区域的指标。

回用水的用途不同，采用的水质标准和深度处理的方法也不同；同样的回用用途，由于处理出水水质不同，相应的处理工艺及其技术参数也各异。因此，应根据再生水水源水质、处理水量、回用用途以及当地水资源、社会经济、生态环境等状况，对城市污水处理厂出水再生处理工艺进行技术经济性比较，优化组合污水处理厂处理出水深度处理工艺流程。以工业回用为例，不同的工业回用对象有不同的回用水水质要求。回用水用于工业冷却水时，采用的工艺应重点放在去除水中的硬度、氮磷和微生物等，以防止冷却装置结垢、产生藻类、滋生微生物等；当回用于生产工艺时，应根据工艺流程和循环使用的用水水质要求采用适宜的工艺技术方法。

在我国，回用于冷却水、城市景观用水和市政杂用水的污水处理厂出水常采用混凝、沉淀、过滤和消毒的组合工艺进行处理，如西安北石桥污水处理厂、太原杨家堡水质净化厂、合肥王小郢污水处理厂等的出水回用均采用了混凝、沉淀、过滤和消毒的组合工艺；回用于工业生产和农业种植，尤其是用于绿色粮油食品种植基地时，除采用上述工艺技术外，还需要进行除盐处理。在国外，污水回用处理较多采用膜处理技术，包括超滤、反渗透和消毒处理系统，如新加坡将污水处理厂处理出水用作微电子高纯水时，采用了微滤、反渗透和紫外线消毒工艺；美国科罗拉多州的某电厂将污水处理厂处理出水用作冷却循环水时，采用了混凝、过滤和离子交换工艺。

复习思考题

1. 膜过滤技术有哪些？如何防止膜污染？
2. 反渗透与超滤在原理、设备结构、运行上有何区别和联系？
3. 等温吸附曲线的物理意义是什么？有什么实际应用价值？如何绘制动态吸附的穿透曲线？
4. 活性炭为什么有吸附作用？哪些污染物易为活性炭吸附？
5. 离子交换反应有哪些主要类型？影响离子交换速度的因素有哪些？

6. 氯消毒有哪些副产物？目前常用的消毒方法有哪些？
7. 试比较二氧化氯消毒、臭氧消毒和紫外线消毒技术的优缺点。
8. 高级氧化工艺中羟基自由基的产生技术有哪些？
9. 为什么要对废水进行深度处理？如何考虑其技术经济性？

参考文献

[1] 高廷耀，顾国维，周琪. 水污染控制工程 [M]. 北京：高等教育出版社，2007.
[2] 赵庆良，任南琪. 水污染控制工程 [M]. 北京：化学工业出版社，2005.
[3] 成官文. 水污染控制工程 [M]. 北京：化学工业出版社，2009.
[4] 任建新. 膜分离技术及其应用 [M]. 北京：化学工业出版社，2002.

第十二章

污泥处理与处置

污水处理过程中会产生大量的污泥，其质量约占处理水量的0.3%～0.5%（以含水率97%计）。

污泥是一种由有机物、微生物、无机物和胶体组成的非均质体。其具有有机质含量高、粒径细、密度小、亲水性、呈胶体状、脱水性差、难以通过沉降进行固液分离的特点。同时，污泥含有大量有毒有害物质，如病原微生物、细菌、合成有机物、重金属以及氮、磷等，需要及时进行处理与处置。

污泥处理与处置的过程是污泥含水率逐步降低的过程，是污泥从纯液体状态到黏滞状态、塑性状态、半固体状态到固体状态的变化过程。

污泥处理与处置的目的是使污泥减量化、稳定化、无害化和资源化。

第一节　污泥的来源、性质及处理与处置方法

一、污泥的来源

污泥按来源可分为初沉污泥、剩余活性污泥、腐殖污泥、消化污泥和化学污泥。其中，初沉污泥、剩余活性污泥、腐殖污泥统称为生污泥或新鲜污泥。

初沉污泥（primary sludge）即从初沉池底排出的，一般含固率3%～8%，有机物约占70%，因此初沉污泥极易变成厌氧状态并产生臭味。二沉污泥（secondary sludge）即从二次沉淀池排出的沉淀物。回流污泥（returned sludge）为由二次沉淀池（或沉淀区）分离出来，回流到曝气池的活性污泥。剩余活性污泥（excess activated sludge）为从二次沉淀池（或沉淀区）排出系统外的活性污泥。消化污泥（digested sludge）是指经过好氧消化或厌氧消化的污泥，所含有机物浓度有一定程度的降低，并趋于稳定。腐殖污泥是指生物膜法产生的污泥。化学污泥是指混凝、化学沉淀过程产生的污泥。

二、污泥的主要性质

(1) 含水率

污泥中所含水分的质量与污泥总质量之比称为含水率。污泥含水率高，降低污泥含水率是污泥减容、降低运输成本的关键措施。污泥的体积、质量及所含固体浓度之间的关系为：

$$\frac{V_1}{V_2}=\frac{m_1}{m_2}=\frac{100-P_2}{100-P_1}=\frac{c_2}{c_1} \tag{12-1}$$

式中 P_1、P_2——污泥处理前后的含水率；

V_1、m_1、c_1——污泥含水率为 P_1 时的污泥体积、质量与固体物浓度；

V_2、m_2、c_2——污泥含水率为 P_2 时的污泥体积、质量与固体物浓度。

该公式适用于含水率大于65%的污泥。原因是当 $P<65\%$时，污泥的体积由于颗粒具有弹性不再收缩。代表性污泥的含水率见表12-1。

表12-1 代表性污泥的含水率

名称		含水率/%	名称		含水率/%
初沉污泥		95	生物滤池污泥	慢速滤池	93
混凝污泥		93		快速滤池	97
活性污泥	空气曝气	98～99	厌氧消化污泥	初沉污泥	85～90
	纯氧曝气	96～98		活性污泥	90～94

【例12-1】 求污泥含水率从97.5%降至95%过程中的污泥体积变化。

【解】 由式（12-1）得：

$$V_2=V_1(100-P_1)/(100-P_2)=V_1(2.5/5)=0.5\,V_1$$

污泥含水率从97.5%降至95%，污泥体积减少一半。

（2）可消化程度

污泥中的有机物是消化处理的对象，可消化程度表示污泥中可被消化降解的有机物数量或能够通过生物厌氧减量的程度，它反映了污泥能源回收利用的潜力。

$$R_d=\left(1-\frac{P_{v_2}P_{s_1}}{P_{v_1}P_{s_2}}\right)\times 100 \tag{12-2}$$

式中 R_d——可消化程度；

P_{s_1}、P_{s_2}——生污泥及消化污泥的无机物含量，%；

P_{v_1}、P_{v_2}——生污泥及消化污泥的有机物含量，%。

（3）肥分

污泥中含有大量植物生长所必需的肥分（N、P、K）、微量元素及土壤改良剂（有机腐殖质），是园林绿化、矿山修复、石漠化土壤改良的营养基质，但污泥已被列为农用有机肥禁用原料。城市污水处理厂各种污泥所含肥分见表12-2。鉴于磷资源的稀缺性，许多污水处理厂利用磷酸铵镁法（鸟粪石法）从污泥浓缩上清液、污泥脱水液中回收磷，有些国家利用污泥焚烧回收磷资源。

表12-2 我国城市污水处理厂污泥肥分

污泥类别	总氮/%	磷(以 P_2O_5 计)/%	钾(以 K_2O 计)/%	有机物/%
初沉污泥	2～3	1～3	0.1～0.5	50～60
活性污泥	3.3～7.7	0.78～4.3	0.22～0.44	60～70
消化污泥	1.6～3.4	0.6～0.8		25～30

（4）重金属

城镇污水处理厂产生的污泥属于一般固体废物。以工业废水为主的工业园区污水处理厂产生的污泥，往往含有一定量的重金属，可能具有危险特性。此时应按《国家危险废物名录》、《危险废物鉴别技术规范》（HJ 298—2019）和《危险废物鉴别标准》的相关规定，对污泥进行鉴定，以确定是一般固废还是危废，并分别进行处理处置。

（5）脱水（或过滤）性能和可压缩性能

污泥的脱水性或过滤性影响着几乎所有不同类型的脱水设备的输出量，这些设备包括干化床、压带机、真空过滤器、压滤机和离心分离机等。污泥的脱水性能常用污泥比阻来衡量，污泥比阻可在实验室通过布氏漏斗（Büchner funnel）试验确定。比阻（α_{av}）为单位过滤面积上，滤饼单位干固体质量所受到的阻力，其单位为 m/kg。

$$\alpha_{av}=\frac{2\Delta p A^2 k_b}{\mu\omega} \tag{12-3}$$

式中　Δp——过滤压力（为滤饼上下表面间的压力差），N/m^2；

A——过滤面积，m^2；

k_b——过滤时间/滤液体积的斜率，s/m^6；

μ——滤液动力黏度，$(N\cdot s)/m^2$；

ω——滤液所产生的干固体质量，kg/m^3。

污泥比阻用来衡量污泥脱水的难易程度，它反映了水分通过污泥颗粒所形成的泥饼层时所受阻力的大小。不同的污泥种类，其比阻差别较大。一般来说，比阻小于 1×10^{11} m/kg 的污泥易于脱水，大于 1×10^{13} m/kg 的污泥难以脱水。

由于污泥比阻测定时间较长，常采用毛细吸收时间（CST）测定替代布氏漏斗法。毛细吸收时间是指滤液在滤纸上渗透特定距离所需要的时间，可用于表征污泥的脱水性，CST 越大意味着污泥的脱水性越差。

污泥具有一定的可压缩性，在实践中用压缩系数来衡量，一般污泥的压缩系数为 0.6～0.9。压缩系数可用来反映污泥的渗滤性质：压缩系数大的污泥，当压力增加时，污泥的比阻会迅速增大，这种污泥宜采用真空过滤或离心的方法脱水；与此相反，压缩系数小的污泥宜采用板框和带式压滤机脱水。经调理的污泥往往比阻减小，而压缩系数增大，所以在脱水时须选择合适的压力，否则压力过大会使污泥絮体破碎，反而不利于过滤脱水。各种污泥的污泥比阻和压缩系数见表 12-3。

表 12-3　各种污泥的污泥比阻和压缩系数

污泥类型	比阻/(m/kg)	压力/(0.1MPa)	压缩系数
初沉污泥	4.61×10^{13}	0.5	0.54
活性污泥	2.83×10^{14}	0.5	0.81
消化污泥	1.39×10^{14}	0.5	0.74
$Al(OH)_3$ 混凝污泥	2.16×10^{13}	3.5	—
$Fe(OH)_3$ 混凝污泥	1.47×10^{13}	3.5	—
黏土	4.91×10^{12}	3.5	—

三、污泥处理与处置方法

污泥处理与处置的方法很多，但最终目的都是实现减量化、稳定化、无害化和资源化，各种污泥处理与处置方法的目的和作用见表 12-4。

表 12-4 各种污泥处理与处置方法的目的和作用

处理与处置方法		目的和作用
污泥浓缩	重力浓缩	缩小体积
	气浮浓缩	缩小体积
	机械浓缩	缩小体积
污泥稳定	加氯稳定	稳定
	石灰稳定	稳定
	厌氧消化	稳定、减少质量
	好氧消化	稳定、减少质量
污泥调理	化学调理	改善污泥脱水性质
	加热调理	改善污泥脱水性质及稳定和消毒
	冷冻调理	改善污泥脱水性质
	辐射法调理	改善污泥脱水性质
污泥消毒		消毒灭菌
污泥脱水	自然脱水	缩小体积
	机械脱水	缩小体积
机械加热干燥		降低质量、缩小体积
污泥焚烧		缩小体积、灭菌
污泥最终处置	卫生填埋	解决处理后污泥的最终出路
	林业利用	充分利用污泥的肥分改良土壤

第二节 污泥浓缩

污泥含有大量水分，所含水分大致可分为颗粒间的间隙水（约占总水分的 70%）、毛细水（颗粒间毛细管内的水，约占 20%）、污泥颗粒吸附水和颗粒内部水（约占 10%）。其中，浓缩主要用于降低污泥中的间隙水，是减容的主要方法；自然干化法与机械脱水法主要脱除污泥毛细水；干燥与焚烧法主要脱除污泥颗粒吸附水和颗粒内部水。

污泥浓缩是污泥处理过程的第一步。浓缩能使细小污泥颗粒形成更大、沉降更快的絮凝体。剩余活性污泥含水率在 99%左右，必须浓缩去除污泥颗粒间的间隙水，达到减容的目的，减轻污泥后续处理、处置的压力。但污泥浓缩一般会在浓缩池停留 10h 左右，污泥厌氧发酵导致磷的释放，使浓缩池上清液中含磷较高，如不通过化学除磷予以去除，则上清液中的磷回流至提升泵房后会返回到污水处理系统。采用浓缩离心式一体化装置可以避免污泥浓缩厌氧释磷，从而减轻工艺厌氧生物除磷的压力，但投药会增加污泥量。

污泥浓缩的基本方法有重力浓缩、气浮浓缩和离心浓缩等。各种浓缩方法的优缺点如表 12-5 所示。

表 12-5 各种污泥浓缩方法的优缺点

浓缩方法	优　点	缺　点
重力浓缩	储存污泥能力强，操作要求不高，运行费用低	浓缩效果差，浓缩后的污泥非常稀薄；所需土地面积大，会产生臭气问题
气浮浓缩	兼顾污泥浓缩和污泥脱水两种作用，泥水分离效果好，浓缩后的污泥含水率较低，很少有臭气，并能同时去除污水中的油类物质	运行费用比重力浓缩高，占地较离心法多，污泥储存能力弱
离心浓缩	污泥浓缩离心一体化处理避免了磷的释放，没有臭气问题，降低了工艺除磷压力	需专用离心机，能耗高，有隔声问题，对工作人员要求高

一、重力浓缩

1. 污泥浓缩池

污泥重力浓缩是利用污泥中的固体颗粒与水之间的密度差来实现泥水分离的。重力浓缩的特征是区域沉降，在浓缩池中有四个基本区域。

① 上清液区：固体颗粒或污泥絮体进行的是自由沉淀。

② 阻滞沉降区：悬浮颗粒以恒速向下运动，沉降固体开始从区域底部形成。

③ 过渡区：其特征是固体沉降速率减小。

④ 压缩区：污泥絮体和固体物相互挤压。

用于重力浓缩的构筑物称为重力浓缩池。按照污泥的投配方式，重力浓缩池可以分为连续式重力浓缩池和间歇式重力浓缩池。

连续式重力浓缩池的基本形式类似于普通沉淀池，通常为圆形。待处理的剩余污泥由中心管连续进入，上清液由周边溢流堰排出并回到污水提升泵房，浓缩后的污泥由刮泥机缓缓刮至池中心的污泥斗，从池底排出并根据需要提升至消化池或脱水设备。连续式重力浓缩池直径一般在 5～20m，可带刮泥机与搅动装置（见图 12-1）。

间歇式重力浓缩池是一次进泥至所设计的容积后即开始静止浓缩，一般需 2 个以上，适于小型污水处理厂或工业企业污水处理厂（站）。由于污泥间歇排入浓缩池，故在投泥前必须先排出浓缩池中的上清液，以便腾出池容，再投入待浓缩污泥。为此，应在浓缩池的不同高度上设置上清液排出管（图 12-2）。浓缩时间一般采用 12h。

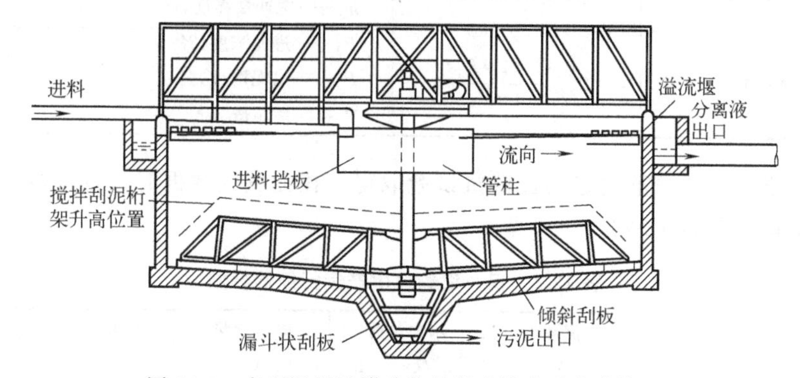

图 12-1　有刮泥机及搅动装置的连续式重力浓缩池

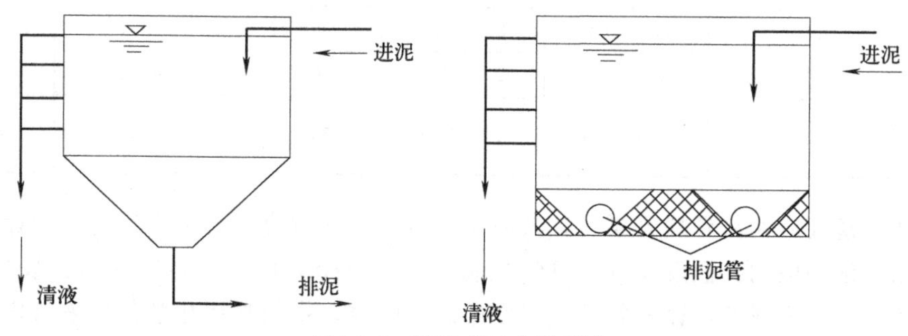

图 12-2　间歇式重力浓缩池

2. 污泥浓缩池的设计

（1）规范规定

① 污泥处理构筑物不宜少于 2 个，按同时工作设计；污泥浓缩过程中产生的上清液应

返回污水处理构筑物进行处理。

② 重力浓缩池的污泥固体负荷宜采用 30～60kg/(m^2 · d)；浓缩时间≤12h；浓缩池的有效水深宜为 4m；采用栅条浓缩机时，其外缘线速度一般宜为 1～2m/min，池底坡向泥斗的坡度不宜小于 0.05。同时，污泥浓缩池一般宜设置去除浮渣的装置。

③ 为避免增加工艺除磷负荷，应将重力浓缩过程中产生的污泥水或上清液除磷后再返回污水处理构筑物进行处理。或者采用一体化离心机浓缩脱水。

④ 间歇式污泥浓缩池应设置可排出不同深度上清液的管阀。

(2) 设计计算

对于重力浓缩，浓缩池污泥固体通量（单位时间内单位表面积所通过的固体物质量）是主要控制因素。具体计算公式见表 12-6。

表 12-6 污泥浓缩池设计计算公式

名称	公式	符号说明
浓缩池总面积 A/m^2	$A=\frac{Qc}{M}$	Q——污泥量，m^3/d c——污泥固体浓度，g/L M——浓缩池污泥固体通量，kg/(m^2 · d)
单池面积 A_1/m^2	$A_1=A/n$	n——浓缩池数量
浓缩池工作部分高度 h_1/m	$h_1=TQ/(24A)$	T——设计浓缩时间，h
浓缩池总高度 H/m	$H=h_1+h_2+h_3$	h_2——超高，m h_3——缓冲层高度，m
浓缩后污泥体积 V_2/m^3	$V_2=\frac{V_1(1-P_1)}{1-P_2}$	P_1——进泥浓度，% P_2——出泥浓度，% V_1——进泥量，m^3

浓缩池的设计参数一般通过污泥静沉试验取得，在无试验数据时，也可根据浓缩池的运行经验参数选取（见表 12-7）。

表 12-7 重力浓缩池生产运行经验参数

污泥种类	进泥浓度/%	出泥浓度/%	水力负荷/[m^3/(m^2 · h)]	固体通量/[kg/(m^2 · h]	固体回收率/%	溢流 TSS/(mg/L)
初沉污泥	1.0～7.0	5.0～10.0	24～33	90～144	85～98	300～1000
腐殖污泥	1.0～4.0	2.0～6.0	2.0～6.0	35～50	80～92	200～1000
活性污泥	0.2～1.5	2.0～4.0	2.0～4.0	10～35	60～85	200～1000
初沉污泥与活性污泥混合	0.5～2.0	4.0～6.0	4.0～10.0	25～80	85～92	300～800

浓缩池上清液应回流到提升泵房，其数量和有机物含量应参与全厂物料平衡计算。

重力浓缩池一般均会散发臭气，臭气控制可以从三个方面着手，即封闭、吸收和掩蔽。封闭，指的是用盖子或其他设备封住臭气发生源；吸收，指的是用化学药剂来氧化或净化臭气；掩蔽，指的是采用掩蔽剂使臭气暂时不向外扩散。

二、气浮浓缩

气浮浓缩是使大量微小气泡附着在污泥颗粒表面，从而使污泥颗粒密度降低而上浮，实现泥水分离的目的。典型溶气气浮浓缩池如图 12-3 所示，该法适用于浓缩活性污泥等颗粒密度较小的污泥。通过气浮浓缩，可使含水率为 99.5%的活性污泥浓缩到含水率为 94%～96%。气浮浓缩法所得到污泥含水率低于采用重力浓缩法所得到的污泥，可以达到较高的固体通量，但运行费用比重力浓缩法高，适合人口密集、土地紧张的城市应用。

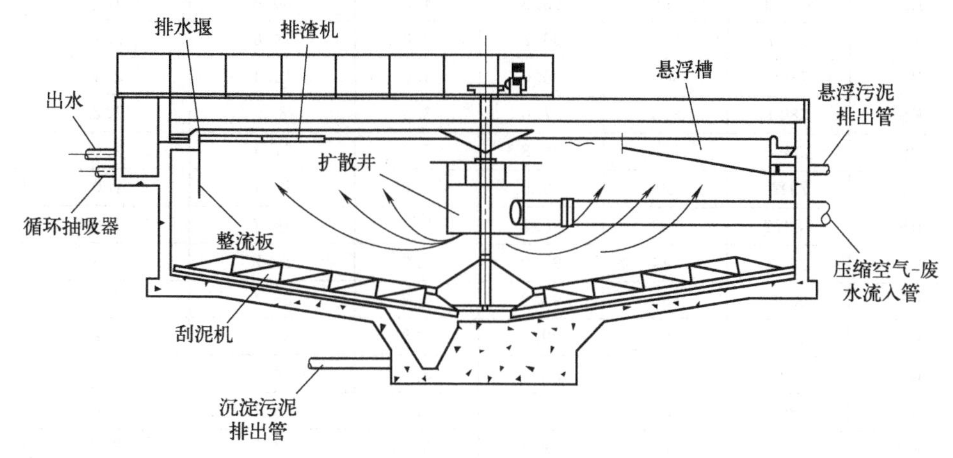

图 12-3　溶气气浮浓缩池

气浮浓缩可用铝盐、铁盐、PAM 等混凝剂。混凝剂剂量宜通过试验确定。

气浮浓缩池设计的主要参数为气固比，其定义为浓缩单位质量的污泥固体所需的空气质量，该值可按下式计算：

$$\frac{Q_g}{Q_s}=\frac{(QS_a+QRfS_a p/p^{\ominus})-(R+1)QS_a}{Qc_0}=\frac{RS_a(fp/p^{\ominus}-1)}{c_0} \tag{12-4}$$

式中　Q_g——气浮池释放出的气体量，等于进、出池溶解气体量之差值，kg/h；

Q_s——流入的污泥固体量，kg/h；

Q——流入的污泥量，m^3/h；

c_0——流入的污泥浓度，kg/m^3；

R——回流比，加压溶气水与需要浓缩污泥的体积比；

S_a——常压下空气在回流水中的饱和浓度，kg/m^3；

p——溶气罐压力（绝对压力），一般采用 0.3 MPa；

$p^{\ominus}$——标准大气压，101325Pa；

f——溶解效率，当溶气罐内加填料及溶气时间为 2～3 min 时，f 取 0.9，不加填料时，f 取 0.5。

上式分子中的第一项 QS_a 为新污泥所携带的空气量，若为活性污泥或好氧消化污泥，可近似认为处于饱和状态；若为初沉污泥，则 $QS_a=0$。

在有条件时，设计前应进行必要的试验，针对污泥及溶气水的特性，求得在不同压力下，不同污泥负荷、水力负荷时的污泥浓缩效果以及出水的悬浮固体浓度、回流比、气固比等，从而决定最佳设计参数。当缺乏试验条件时，气固比一般取 0.01～0.04；水力负荷取 40～80 $m^3/(m^2 \cdot d)$；回流比一般取不小于 1。相应运行参考数据见表 12-8。

三、离心浓缩

离心浓缩法是利用污泥中的固体、液体存在的密度差，在离心力场中所受离心力不同而

表 12-8 活性污泥气浮装置的运行数据

场所	污泥性质	流入 SS /(mg/L)	流出 SS /(mg/L)	SS 去除率 /%	浮渣 SS /%	固体负荷 /[kg/(m² · h)]	水力负荷 /[m³/(m² · h)]	备注
1	ML	3600	200	94.5	3.8	10.6	2.9	
2	RS	17000	196	98.8	4.3	20.8	1.2	
3	RS	5000	188	96.2	2.8	14.6	2.9	+
4	RS	7300	300	96.0	4.0	14.4	2.0	+
5	RS	6800	200	97.0	3.5	8.3	1.2	
6	RS	19660	118	99.8	5.9	37.4	2.0	+
7	ML	7910	50	99.5	6.8	15.1	2.0	+
8	RS	18372	233	98.7	5.7	18.7	1.0	+
9	RS	2960	144	95.0	5.0	10.2	3.6	+
10	RS	6000	350	95.0	6.9	25.4	4.3	+
11	ML	9000	80	99.1	6.8	31.7	3.2	+
12	RS	6250	80	98.7	8.0	14.6	2.4	+
13	RS	6800	40	99.5	5.0	16.1	2.4	+
14	RS	5700	31	99.4	5.5	14.1	2.4	+
15	RS	8100	36	99.6	4.4	23.9	2.9	+
16	RS	7600	460	94.0	3.3	6.3	0.8	
17	RS	15400	44	99.6	12.4	24.9	1.5	+

注：1. 本表摘自陈杰瑢《环境工程技术手册》，科学出版社，2008。

2. ML 为曝气池混合液；RS 为回流污泥；＋表示加高分子絮凝剂。

实现固液分离。离心浓缩法可用于污泥浓缩，也可用于污泥脱水。离心浓缩法可以连续工作，占地面积小，工作场所卫生条件好，造价低，但运行费用与机械维修费用较高，且存在噪声问题。

用于离心浓缩的主要设备是离心机。离心机的性能一般可以通过浓缩固体和 TSS 的回收率来反映。回收率是指浓缩后得到的干固体占进入离心机的总固体的百分比，如果能测得固体的浓度，则其回收率可以通过下式进行计算。

$$R=\frac{TSS_P(TSS_F-TSS_C)}{TSS_F(TSS_P-TSS_C)}\times 100\% \tag{12-5}$$

式中 R——回收率；

TSS_P——浓缩固体产物中总悬浮物的质量百分比；

TSS_F——进泥总悬浮物的质量百分比；

TSS_C——浓缩固体悬浮物的质量百分比。

离心机的固体回收率一般为 80%左右，为了提高固体回收率，可投加絮凝剂，但药剂类型和用量应与污泥的性质相适应。表 12-9 为投加和不投加絮凝药剂时离心机的浓缩效果。

表 12-9 絮凝药剂对离心机浓缩效果的影响

参数	单位	不投加药剂	投加药剂
出泥含固率	%	5～7	6～8
固体回收率	%	<80	>90
药剂投加量(以干固体质量计)	g/kg		1～2
耗电量(以污泥体积计)	(kW · h)/m³	0.8～1.2	0.5～1.2

第三节　污泥消化

污泥消化是指在人工控制条件下，通过生物代谢使污泥中有机质稳定化的过程。其主要目的是减少污泥中碳水化合物、蛋白质、脂肪等能量物质的含量，即通过降解使高分子物质转变为低分子氧化物。污泥消化分为厌氧消化和好氧消化两种。

一、污泥厌氧消化

污泥厌氧消化是一个复杂的过程（具体参见第九章第一节），大致可以分为 3 个阶段：水解发酵阶段，大分子不溶性复杂有机物在胞外酶的作用下，水解成小分子溶解性高级脂肪酸；产氢产乙酸阶段，将第一阶段的产物降解为简单脂肪酸并脱氢；产甲烷阶段，在产甲烷菌的作用下，将第二阶段的产物转化为甲烷和二氧化碳。

1. 污泥厌氧消化的类型

污泥厌氧消化可分为常温、中温和高温污泥厌氧消化，其中最常用的是中温污泥厌氧消化。中温、高温污泥厌氧消化有严格的边界条件，要求有加热设备和隔热控制设备，以保证消化池能够在稳定的温度下运行或快速降解；消化池连续混合搅拌有利于污泥消化的安全运行。由于高温污泥厌氧消化过程中有机酸的含量高，消化后污泥脱水困难，较少单独使用。

2. 污泥厌氧消化池的构造

污泥厌氧消化池池形有圆柱形和蛋（卵）形两种，如图 12-4 所示。图中（a）、（b）、（c）为圆柱形，池径一般为 6～35m，视污水厂规模而定；（d）为蛋形，大型消化池可采用蛋形，容积可达 10000m^3 以上。消化池的构造主要包括污泥投配、排泥及溢流装置，沼气收集与储气装置，搅拌及加温设备等。

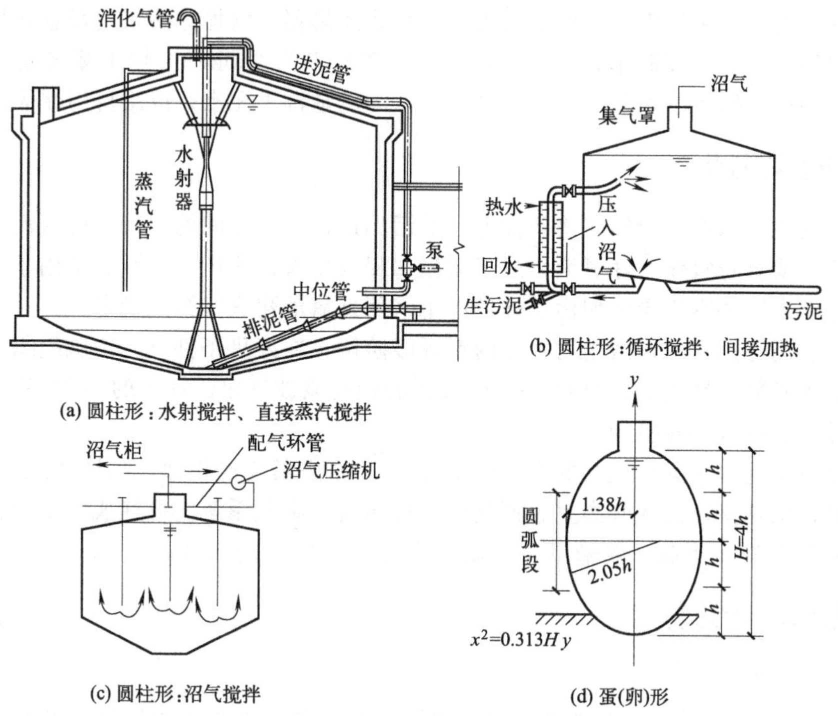

图 12-4　厌氧消化池基本池形

（1）污泥投配装置

污泥投配池一般为矩形，至少设 2 个。投配池池容根据生污泥量及投配方式确定，常按 12h 储泥量设计。投配池应加盖，设排气管及溢流管。如果采用消化池外加热生污泥的方式，则投配池可兼作污泥加热池。

（2）排泥装置

消化池排泥管设在池底，依靠池内静水压力将消化污泥从池底排至后续处理装置。

（3）溢流装置

为避免消化池投配过量以及排泥不及时或沼气产生量与用气量不平衡造成池内压力增加，或为降低消化池污泥的含水率设置上清液的溢流装置。溢流装置必须绝对避免集气罩与大气相通。溢流装置常用形式有倒虹管式、大气压式和水封式 3 种。

（4）沼气收集与储气系统

由于产气量与用气量常常不平衡，所以必须设储气柜进行调节，沼气从集气罩通过沼气管输送到储气柜。储气柜有低压浮盖式和高压球形罐两种，当需要长距离输送沼气时，可采用高压球形罐。

（5）搅拌设备

搅拌的目的是使池内污泥温度与浓度分布均匀，防止污泥分层或形成浮渣层，缓冲池内碱度，从而提高污泥分解速度。当消化池内各处污泥浓度相差不超过 10％时，可以认为混合均匀。搅拌方法有沼气搅拌、泵加水射器搅拌及联合搅拌等连续搅拌，也可用间歇搅拌，在 5～10h 内将全池污泥搅拌一次。沼气搅拌由于具有机械性磨损低、池内设备少、结构简单、施工和维修方便、搅拌效果好等优点，已为大多数国家所采用。

（6）加热设备

消化池的加热设备把生污泥加热到消化所需温度，补偿消化池壳体及管道的热损失。加热方法分为外加热和内加热两种。外加热法是将污泥水抽出，通过池外的热交换器加热，再循环到池内，通常采用套管式、螺旋盘式和水浴式加热器。内加热法采用盘管间接加热或水蒸气直接加热。后者比较简单，水蒸气压力（表压）多为 200kPa。用水蒸气喷射泵时，还同时起搅拌作用，但由于水蒸气的凝结水进入，需经常排出泥水，以维持污泥体积不变。

二、污泥好氧消化

污泥好氧消化是在不投加底物条件下，对污泥进行较长时间的曝气，使污泥中的微生物处于内源呼吸或自身氧化。好氧消化由于需添加曝气设备，能耗大，因此多用于小型污水处理厂，但近年来国外有不少大型污水处理厂也采用好氧消化进行污泥稳定。

污泥好氧消化过程中，微生物处于内源呼吸阶段，在好氧条件下，细胞组织被氧化成为二氧化碳、水和氨。事实上，只有 75％～80％的细胞能被氧化，其余的 20％～25 ％是惰性物质和不可生物降解的有机物。

污泥好氧消化池及其构造与完全混合式活性污泥法曝气池相似，如图 12-5 所示，主要构造包括好氧消化室、泥水分离室、消化污泥排出管、曝气系统。可建成矩形或圆形，池底坡度 i 不小于 0.25，水深一般采用 3～4m，超高至少为 0.9～1.2m。

三、消化池设计计算

1. 规范规定

① 污泥厌氧消化系统由于投资和运行费用相对较省、工艺条件稳定、可回收能源、占

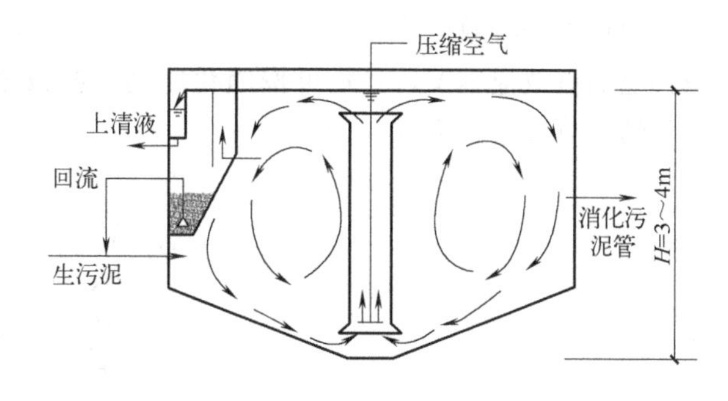

图 12-5　好氧消化池及其构造

地较小等，应用比较广泛；污泥完全厌氧消化的挥发性固体分解率最高可达 80%。对于充分搅拌、连续工作、运行良好的厌氧消化池，在有限消化时间（20～30d）内，挥发性固体分解率可达到 40%～50%。

② 污泥好氧消化系统由于投资和运行费用相对较高、占地面积较大、工艺条件（污泥温度）随气温变化波动较大、冬季运行效果较差、能耗高等，应用较少。在污泥量少的小型污水处理厂或由于受工业废水影响，污泥不宜进行厌氧消化时，可考虑好氧消化工艺。污泥完全好氧消化的挥发性固体分解率最高可达 80%。运行良好的好氧消化池在有限消化时间（15～25d）内，挥发性固体分解率可达到 50%。

好氧消化时间宜采用 10～20d，消化池中溶解氧浓度不小于 2mg/L。好氧消化池采用鼓风曝气时，应同时满足细胞自身氧化需气量和搅拌混合需气量。一般情况下，剩余污泥的细胞自身氧化需气量（以池容计）为 0.015～0.02$m^3/(m^3 \cdot min)$，搅拌混合需气量为 0.02～0.04$m^3/(m^3 \cdot min)$；初沉污泥或混合污泥的细胞自身氧化需气量为 0.025～0.03$m^3/(m^3 \cdot min)$，搅拌混合需气量为 0.04～0.06$m^3/(m^3 \cdot min)$。好氧消化池宜采用中气泡空气扩散装置，如穿孔管、中气泡曝气盘等。好氧消化池的有效深度，应根据曝气方式确定。当采用鼓风曝气时，有效深度宜采用 5.0～6.0m。当采用机械表面曝气时，一般为 3.0～4.0m。好氧消化池的超高不宜小于 1.0m。

2. 污泥厌氧消化池的设计

污泥厌氧消化池的设计内容包括：确定运行温度与负荷、计算有效池容、确定池体构造、计算产气量及储气罐容积、热力学计算、搅拌装置的选择和消化气的利用等。

(1) 消化温度与负荷

中温消化的温度一般控制在 30～35℃；高温消化的温度一般控制在 50～55℃。高温消化适于要求消毒的污泥及含有大量粪便等生污泥的场合，污泥本身温度较高或有多余热源时往往选择高温消化。通常城镇污水处理厂的污泥厌氧消化均采用中温消化。消化池的设计负荷与消化温度、污泥类别以及污泥消化的工艺有关。对于城镇污水处理厂的污泥厌氧消化，如无试验资料时，设计参数可按表 12-10 选择。

表 12-10　城镇污水处理厂污泥中温厌氧消化时的设计参数

参数	传统消化池	快速消化池
挥发性固体负荷/[$kg/(m^3 \cdot d)$]	0.6～1.2	1.6～3.2
污泥固体停留时间/d	30～60	10～20
污泥固体投配率/%	2～4	5～10

（2）消化池的有效池容

消化池的有效池容 V（m^3）可按消化时间、挥发性固体容积负荷或污泥固体投配率计算，有关的计算方法如下：

$$V=V'T_d \tag{12-6}$$

$$V=\frac{V'c}{L_{vs}} \tag{12-7}$$

$$V=\frac{V'}{P} \tag{12-8}$$

式中 T_d——消化时间，d；

V'——每日投入消化池的原污泥容积，m^3/d；

c——污泥的挥发性固体（VSS）浓度，kg/m^3；

L_{vs}——消化池挥发性固体容积负荷，$kg/(m^3 \cdot h)$；

P——污泥投配率，%。

《室外排水设计标准》（GB 50014—2021）规定：中温消化时间（按进泥量计算）为 20～30d，挥发性（有机物）固体负荷宜为 0.6～1.5kg/(m^3·h)。

（3）产气量与储气罐容积

污泥消化产气量可以按厌氧消化的有关理论公式计算，也可以通过试验或经验资料确定。据经验资料，一般每降解 1kg 挥发性有机物的产气量为 0.75～1.12m^3。污泥消化产气量也可按每人每天的产气量进行计算，对于城镇污水二级处理厂，该数值为每 1000 人每天产沼气 15～28m^3。沼气管的管径按日平均产气量计算，管内流速按 7～15m/s 计算，当消化池采用沼气循环搅拌时，应加入搅拌循环所需沼气量。

储气罐容积可按产气量和用气量的变化曲线进行计算，或按日平均产气量的 25%～40%，即 6～10h 的平均产气量计算。

（4）热力学计算

加热和保温是维持消化池正常消化过程的必要条件，因此必须根据消化池的运行方式、加热和保温的措施和材料等条件，进行热力学平衡计算，维持消化池正常工况。

（5）消化气的利用

污泥厌氧消化产生的消化气是一种能源，可以收集利用。消化气的主要成分为 CH_4（60%～70%）和 CO_2（25%～35%），此外还含有少量的 CO、N_2、O_2、H_2S 和其他微量物质。消化气主要用于沼气发电、生产或生活用燃料。1.0m^3 消化气的热值相当于 1.0kg 的无烟煤、0.7L 汽油。1.0m^3 消化气可发电 1.5kW·h。

3. 污泥好氧消化池的设计

影响污泥好氧消化的因素包括污泥温度、停留时间、污泥负荷、需氧量、搅拌能耗等。其设计参数一般应通过试验确定。典型的污泥好氧消化池设计参数见表 12-11。

表 12-11 好氧消化池推荐设计参数

<table>
<tr><th>序号</th><th colspan="2">名称</th><th>数值</th><th>序号</th><th colspan="2">名称</th><th>数值</th></tr>
<tr><td rowspan="2">1</td><td rowspan="2">污泥停留时间/d</td><td>活性污泥</td><td>10～15</td><td rowspan="2">3</td><td rowspan="2">需气量/[$m^3/(min \cdot m^3)$]</td><td>活性污泥</td><td>0.02～0.04</td></tr>
<tr><td>混合污泥</td><td>15～25</td><td>混合污泥</td><td>≥0.06</td></tr>
<tr><td>2</td><td colspan="2">有机负荷(VSS)/[$kg/(m^3 \cdot d)$]</td><td>0.38～2.24</td><td>4</td><td colspan="2">机械曝气所需功率(以池容计)/(kW/m^3)</td><td>0.02～0.04</td></tr>
</table>

续表

序号	名称	数值	序号	名称	数值
5	最低溶解氧/(mg/L)	2	8	VSS与SS的比值/%	60～70
6	温度/℃	>15	9	污泥含水率/%	<98
7	挥发性固体(VSS)去除率/%	50左右	10	污泥需氧量(以VSS和O_2计)/(kg/kg)	3～4

第四节　污泥脱水

污泥脱水的目的是进一步减小污泥体积，便于后续处理、处置和利用。污泥中的自由水分基本上可在污泥浓缩过程中被去除，而内部水一般难以分离，所以污泥脱水去除的主要是污泥颗粒间的毛细水和颗粒表面的吸附水。

一、干化场脱水

污泥干化受自然条件的影响较大，气温高、干燥、风速大、日晒时间长的地区，干化效果好，比如我国西北干旱地区，而寒冷、潮湿、多雨地区不适宜该法。

污泥干化脱水包括上部蒸发、底部渗透、中部放泄等多种自然过程，其中，蒸发受自然条件的影响较大；渗透作用主要与干化场的渗水层结构有关。

根据滤水层构造差异，干化场可分为自然滤层干化场（无人工排水滤层）和人工滤层干化场两种。前者适用于自然土质渗透性能好，地下水位低，渗透下去的污泥水不会污染地下水的地区；后者的底板是人工不透水层，上铺滤水层，渗透下去的污泥水由埋设在人工不透水层上的排水管截留，送到处理厂重复处理。图12-6为人工滤层干化场的基本构造。

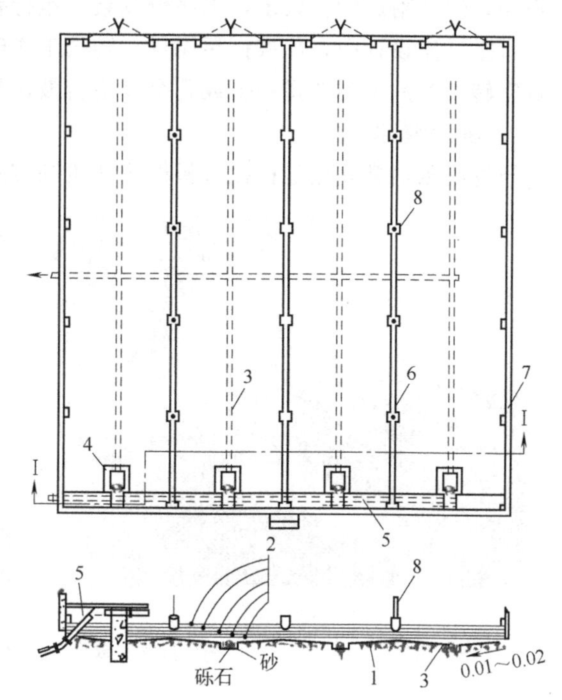

图12-6　人工滤层干化场的基本构造

1—不透水底板；2—滤层；3—排水管系统；4—溅泥面；5—输泥管与切门；6—隔墙；7—围堤；8—柱子

污泥干化场设计内容包括有效面积、进泥周期、围堤高度、渗水层结构、污泥输配系统及排水设施等。干化场的有效面积A(m^2)按下式计算：

$$A=\frac{V}{h}T \tag{12-9}$$

式中　V——污泥量，m^3/d；

h——干化场每次放泥高度，一般采用0.3～0.5m；

V/h——每天需要的污泥存放面积，应等于每块干化场面积的整数倍；

T——污泥干化周期，即两次放泥间隔时间，该值取决于气候条件及土壤条件，d。

考虑到围堤等所占面积，干化场实际需要的面积应比A大20%～40%。围堤高度一般取0.5～0.7m。冰冻期长的地区，应适当增高围堤。

在传统污泥干化场中，污泥干化过程基本处于静止堆积状态，表层的污泥干化后在表层形成一个“壳盖”，严重影响下层污泥对太阳能的吸收和水分的逸出。为强化自然干化，可以对污泥干化层进行周期性翻动，使污泥层的传质条件得到改善。

二、机械脱水

污泥机械脱水是以压力差为推动力，使污泥中的水分强制通过过滤介质，形成滤液，固体颗粒被截留在介质上，形成滤饼。造成压力差推动力的方法有 3 种：

① 在过滤介质的一面形成负压（如真空过滤脱水）；

② 对污泥加压，把水分压过介质（如压滤脱水）；

③ 引入离心力（如离心脱水）。

1. 真空过滤脱水

真空压滤机通过真空泵抽吸产生的真空作用，使污泥吸附在过滤介质上。过滤介质多采用合成纤维，如腈纶、涤纶、尼龙等不易堵塞而又耐久的材料。系统主要由空心转鼓、污泥储槽、真空系统和空气压缩机组成。真空过滤脱水目前应用较少，可用于预处理后的初次沉淀污泥、化学污泥及消化污泥脱水，一般处理量 0.12～0.24$m^3/(m^2 \cdot h)$，能连续生产、自动控制，但其附属设备较多，工序较复杂，运行费用较高。

真空过滤设计中，需根据污泥量、转鼓工作时间及场地大小决定所需过滤面积，然后根据真空转鼓产品系列选择一个或几个真空转鼓，使总过滤面积满足要求。

2. 压滤脱水

压滤脱水通常采用的机械有板框压滤机和带式压滤机（见图 12-7）。

(a) 板框压滤机

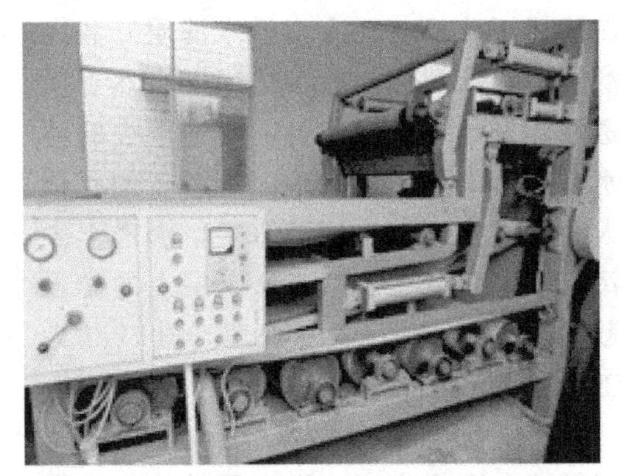

(b) 带式压滤机

图 12-7 板框压滤机和带式压滤机

板框压滤机的构造较简单，操作容易，运行稳定，设备使用寿命长，过滤推动力大，脱水效果好，处理泥饼含水率可达 65%以下，对物料的适应性强，适用于各种污泥。但不能连续运行，处理量小，滤布消耗大。适合中小型污泥脱水处理的场合。

板框压滤机容量大小即过滤面积 A 可用下式计算：

$$A=1000\times\left(1-\frac{w}{100}\right)\times\frac{Q}{v} \tag{12-10}$$

式中 A——过滤面积，m^2；

w——污泥含水率，%；

Q——污泥量，m^3/h；

v——过滤速度，$kg/(m^2 \cdot h)$，一般为 $2 \sim 4\ kg/(m^2 \cdot h)$，过滤周期 1.5～4h。

带式压滤机基本上由滤布和辊组成，适用于活性污泥和有机亲水性污泥的脱水。对于脱水性能良好的污泥，处理泥饼含水率在70%以下；对于脱水性能一般的污泥，脱水后的含水率多在75%左右。

带式压滤机是目前广为采用的污泥脱水设备。在选用时，通常根据带式压滤机生产能力、污泥量来确定所需压滤机宽度和台数（一般不少于2台）。带式压滤机的生产能力以单位宽度单位时间分离出的干物质质量［kg/(m·h)］计，其按污泥脱水负荷（泥饼产率）计算压滤机有效带宽的方法：

$$W = 1000 \times \left(1 - \frac{w}{100}\right) \times \frac{Q}{V} \times \frac{1}{T} \tag{12-11}$$

式中 W——有效滤带宽度，m；

w——湿污泥含水率，%；

Q——脱水污泥量，m^3/d；

V——污泥脱水负荷，$kg/(m \cdot h)$；

T——压滤机每天工作时间，h/d。

3. 离心脱水

离心脱水的基本原理是：由于污泥颗粒和水之间存在密度差，它们在相同的离心力作用下产生的离心加速度不同，从而导致污泥颗粒与水之间的分离，实现脱水的目的。经离心机脱水，初沉污泥和消化后的初沉污泥的含水率可降至65%～75%，混合污泥和消化后的混合污泥的含水率可降至76%～82%；投加调理剂时，上述四种污泥的回收率≥95%，排出的“滤液”仍含有大量SS，须返回污水处理系统处理。

离心机的种类很多，其中以中、低速转筒式离心机在污泥脱水中应用最为普遍。离心机的特点是结构紧凑、附属设备少、效率高、分离能力强、操作条件好，能长期自动连续运行。但噪声大，易磨损，对污泥的预处理要求高，且必须使用高分子聚合电解质作为调理剂。

离心脱水的设计中，要根据污泥量、离心机的水力负荷、固体负荷以及脱水泥饼的含水率及固体回收率选择离心机，并确定运行参数。

三、规范规定

① 污泥自然干化可以节约能源，降低运行成本，但要求降雨量少、蒸发量大、可使用的土地多、环境要求相对宽松等条件。

由于各地污泥性质和自然条件不同，建议固体负荷量宜充分考虑当地污泥性质和自然条件，参照相似地区的经验确定。干化场划分不宜少于3块，需考虑进泥、干化和出泥能够轮换进行，提高干化场的使用效率。

污泥热干化成本较高，故应充分考虑热干化工艺的技术经济性。污泥含水率对热干化有显著影响。热干化设备以污泥气作为能源，但直接加热系统仍多采用天然气。

② 污泥脱水机械多采用压滤、离心脱水机。污泥脱水性质的指标有比阻、黏滞度、粒度等。进入脱水机的污泥的含水率对泥饼产率影响较大。在一定条件下，泥饼产率与污泥含水率成反比。进入脱水机的污泥的含水率一般不大于98%。当含水率大于98%时，应对污

泥进行预处理，以降低其含水率。

为了改善污泥脱水性能，污泥脱水前应加药剂进行调理。无机混凝剂不宜单独用于脱水机脱水前的污泥调理，原因是形成的絮体细小，重力脱水难以形成泥饼，压榨脱水时污泥颗粒漏网严重，固体回收率很低。用有机高分子混凝剂（如阳离子型聚丙烯酰胺）进行调理时，形成的絮体粗大，适用于污水厂污泥机械脱水。阳离子型聚丙烯酰胺适用于带负电荷、胶体粒径小于0.1μm的污水污泥。聚丙烯酰胺与铝盐、铁盐联合使用，可以减少用于中和电荷的量，从而降低药剂费用。

③ 常见污泥压滤脱水机有带式压滤机、板框压滤机、箱式压滤机和微孔挤压压滤机。对于带式压滤机，浓缩污泥及消化污泥的污泥脱水负荷一般采用大于150kg/(m·h)；推荐滤布冲洗水压一般为0.5～0.6MPa。对于板框压滤机和箱式压滤机，过滤压力一般采用400～600kPa；过滤周期一般不大于4h；压缩空气量每立方米滤室一般为1.4～3.0m^3/min。

目前国内污泥离心脱水多用卧螺离心机。其分离因数宜小于3000*g*（*g*为重力加速度），对于初沉和一级强化处理等有机质含量相对较低的污泥，可适当提高分离因数。为避免污泥中的长纤维缠绕离心机螺旋以及纤维裹挟污泥形成较大的球状体后堵塞离心机排泥孔，离心脱水机前应设置污泥切割机，切割后的污泥粒径不宜大于8mm。

第五节 污泥的最终处置

目前，我国每年排放湿污泥约2600万立方米，折合干污泥415万吨左右。随着新建污水处理厂投入使用，污泥排放量将继续增加。污泥作为污水处理过程中的副产物，经浓缩、消化及脱水等处理后，不仅体积大大减小，而且在一定程度上得到了稳定，污泥最终处置已成为摆在我们面前迫切需要解决的问题。国内污泥最终处置的方法有作农林业改土基质、焚烧、填埋等。

一、农林牧业利用

根据《农用污泥污染物控制标准》（GB 4284—2018），污泥产物根据农用时的污染物浓度可分为A级和B级，污染物浓度限值应满足表12-12的要求。A级污泥产物可用于耕地、园地和牧草地，B级污泥产物可用于园地、牧草地和不种植食用农作物的耕地。污泥产物农用时，年用量累计（以干基计）不应超过7.5t/hm^2，连续使用不应超过5年。

表12-12 污泥产物的污染物浓度限值 单位：mg/kg

序号	控制项目	污染物浓度限值		序号	控制项目	污染物浓度限值	
		A级污泥产物	B级污泥产物			A级污泥产物	B级污泥产物
1	总镉(以干基计)	<3	<15	7	总锌(以干基计)	<1200	<3000
2	总汞(以干基计)	<3	<15	8	总铜(以干基计)	<500	<1500
3	总铅(以干基计)	<300	<1000	9	矿物油(以干基计)	<500	<3000
4	总铬(以干基计)	<500	<1000	10	苯并[a]芘(以干基计)	<2	<3
5	总砷(以干基计)	<30	<75	11	多环芳烃(PAHs)(以干基计)	<5	<6
6	总镍(以干基计)	<100	<200				

用于盐碱地、沙化地和废弃矿场土地的改良时，污泥应满足《城镇污水处理厂污泥处置　土地改良用泥质》（GB/T 24600—2009）的指标要求（见表12-13、表12-14）。

表12-13　土地改良用泥质指标

序号	指标	限值	序号	指标	限值
1	pH	5.5～10	4	有机物含量	≥10%
2	含水率	≤65%	5	类大肠菌群值	＞0.01
3	总养分[TN(以N计)+TP(以 P_2O_5 计)+TK(以 K_2O 计)]	≥1%	6	细菌总数(以干污泥质量计)	10^8 MPN/kg
			7	蛔虫卵死亡率	＞95%

表12-14　土地改良用泥质的污染物指标及浓度限值（以干基计）　单位：mg/kg

序号	指标	浓度限值	
		酸性土壤(pH＜6.5)	碱性和中性土壤(pH≥6.5)
1	总镉	＜5	＜20
2	总汞	＜5	＜15
3	总铅	＜300	＜1000
4	总铬	＜600	＜1000
5	总砷	＜75	＜75
6	总硼	＜100	＜150
7	总铜	＜800	＜1500
8	总锌	＜2000	＜4000
9	总镍	＜100	＜200
10	矿物油	＜3000	＜3000
11	可吸附有机卤化物(AOX)(以Cl计)	＜500	＜500
12	多氯联苯	＜0.2	＜0.2
13	挥发酚	＜40	＜40
14	总氰化物	＜10	＜10

二、污泥焚烧

焚烧是污泥处置最有效和彻底的方法。污泥焚烧是指污泥所含水分被完全蒸发、有机物质被完全焚烧，最终产物是 CO_2、H_2O 及灰渣。污泥焚烧需借助辅助燃料，使焚烧炉内温度升至污泥的燃点以上，令其自燃。如果污泥的热值不足，则须继续添加辅助燃料。

污泥的热值仅为标准煤的30%～60%，低于木材，与泥煤、煤矸石接近，对比情况见表12-15。由于污泥热值与煤矸石接近，故污泥焚烧工艺可以在一定程度上借鉴煤矸石焚烧工艺。

污泥的燃烧热值可用式（12-12）计算得出。

$$Q=2.3a\left(\frac{100P_V}{100-G}-b\right)\left(\frac{100-G}{100}\right) \tag{12-12}$$

式中　Q——污泥的燃烧热值，以干污泥计，kJ/kg；

P_V——有机物（即挥发性固体）含量，%；

G——机械脱水时，所加无机混凝剂质量（以占污泥干固体质量的百分比计），当用有机高分子混凝剂或未投加混凝剂时，$G=0$；

a，b——经验系数，与污泥性质有关（新鲜初沉污泥与消化污泥：$a=131$，$b=10$。新鲜活性污泥：$a=107$，$b=5$）。

由于污泥热值偏低，单独焚烧有一定难度，宜考虑与热值较高的垃圾或燃料煤同时焚烧。污泥焚烧设备有回转窑式、立式多段及流化床焚烧炉等，但多采用循环流化床锅炉，并要求进泥含水率≤10%，预热温度136℃，焚烧温度≥850℃，炉内有效停留时间>2s。

表 12-15 污泥与其他材料热值对比

材料		热值/(kJ/kg)		
		脱水后	干化后	无水
燃料	标准煤			29300
	木材			19000
	泥煤			18000
	煤矸石			≤12550
污泥	初沉污泥			10715～18920
	二沉污泥			13295～15215
	混合污泥			12005～16957
北京高碑店	原污泥			9830～14360
	消化污泥			11120
	混合污泥			10980～11910
天津纪庄子	污泥	559(含水率75%)	12603(含水率6.80%)	13823
	污泥(放置时间较长)	1346(含水率75%)	13873(含水率7.78%)	15257
天津东郊	污泥	1672(含水率75%)	12895(含水率7.74%)	14187
	污泥(放置时间较长)	1718(含水率75%)	13134(含水率7.36%)	14375

为规范城镇污水处理厂污泥处置，《城镇污水处理厂污泥处置 单独焚烧用泥质》(GB/T 24602—2009) 规定，污泥单独焚烧利用时，其理化指标及限值应满足表 12-16 要求，在选择焚烧炉的炉型时要充分考虑污泥的含砂量，并同时满足规范规定的污泥浸出液最高允许浓度指标、焚烧炉大气污染物排放标准的相关要求。

表 12-16 污泥焚烧理化指标及限值

序号	类别	指标及限值			
		pH	含水率/%	低位热值/(kJ/kg)	有机物含量/%
1	自持焚烧	5～10	<50	>5000	>50
2	助燃焚烧	5～10	<80	>3500	>50
3	干化焚烧	5～10	<80①	>3500	>50

① 指污泥进入干化系统时的含水率。

三、污泥制砖

根据《城镇污水处理厂污泥处置 制砖用泥质》(GB/T 25031—2010)，污泥制砖时理化指标应满足表 12-17 要求。同时污泥污染物浓度限值也应满足该规范的相关指标要求。

表 12-17　制砖用污泥泥质指标

序号	控制指标	限值	序号	控制指标	限值	
1	pH	5～10	3	烧失量(干污泥)	≤50%	
2	含水率	≤40%	4	放射性核素(干污泥)	I_{Ra}≤1.0	I_r≤1.0

四、污泥填埋

根据《城镇污水处理厂污泥处置　混合填埋用泥质》(GB/T 23485—2009)，城镇污水处理厂污泥进入生活垃圾卫生填埋场混合填埋处置时，其污染物指标限值应满足表 12-18 的要求。

表 12-18　污泥混合填埋的基本指标及其限值

序号	控制指标	限值	序号	控制指标	限值
1	pH	5～10	3	污泥与生活垃圾质量比	≤8%
2	含水率	＜60%			

当污泥用作填埋场覆盖土添加料时，其污染物指标限值应满足表 12-19 的要求，基本指标限值应满足表 12-20 的要求。

表 12-19　污泥作填埋场覆盖土添加料时污染物指标及其限值（以干基计）

单位：mg/kg

序号	控制项目	浓度限值	序号	控制项目	浓度限值
1	总镉	＜20	7	总锌	＜4000
2	总汞	＜25	8	总铜	＜1500
3	总铅	＜1000	9	矿物油	＜3000
4	总铬	＜1000	10	挥发酚	＜40
5	总砷	＜75	11	总氰化物	＜10
6	总镍	＜200			

表 12-20　污泥作填埋场覆盖土添加料时泥质的基本指标及其限值

序号	控制指标	限值	序号	控制指标	限值
1	含水率	＜45%	3	横向剪切强度	＞25kN/m²
2	臭气浓度	＜2 级(臭气强度共分为六级)			

复习思考题

1. 污泥含水率从 98%降至 94.5%，求污泥体积的变化。
2. 简述污泥比阻的含义。
3. 常用的污泥脱水方法有哪些?
4. 简述污泥浓缩与污泥脱水的区别。
5. 污泥最终处置有哪些方法？各有什么基本要求?

参考文献

[1] 陈杰瑢. 环境工程技术手册 [M]. 北京：科学出版社，2008.
[2] 何品晶，顾国维，李笃中，等. 城市污泥处理与利用 [M]. 北京：科学出版社，2003.
[3] 成官文. 水污染控制工程 [M]. 北京：化学工业出版社，2009.

第十三章

污水处理厂和工业废水处理站的设计

污水处理厂的设计包括：确定厂址，选择合理的工艺流程，进行平面与高程布置，对各种处理的构筑构进行设计与计算，等等。

第一节　污水处理厂设计的依据与基础资料

一、设计依据

污水处理厂可行性研究报告、工程设计文本编制依据包括基础资料，法律、法规与政策，标准、规范与规程三个方面。

1. 基础资料

污水处理厂工程设计基础资料包括工程建设单位（甲方）的设计委托书及设计合同、工程可行性研究报告及其批准书、污水处理厂建设的环境影响评价报告及其批复、地质灾害评价、工程地质勘探报告、城市现状及近期和远期发展总体规划、所在区域水资源状况及水污染现状、受纳水体的使用功能与水环境质量状况、排水规划与排水系统现状、所在区域城市给水以及农业灌溉相关资料、工程用地用电用水批复等等。

2. 法律、法规与政策

污水处理厂工程设计法律、法规与政策包括《中华人民共和国环境保护法》《中华人民共和国水法》《中华人民共和国水污染防治法》《中华人民共和国固体废物污染环境防治法》《中华人民共和国噪声污染防治法》《中华人民共和国大气污染防治法》等法律，国务院行政法规、政府部门规章、地方性法规和地方政府规章，以及国家行业部门发布的通知、规定、规划等等。

3. 标准、规范与规程

污水处理厂工程设计标准、规范包括《污水综合排放标准》（GB 8978—1996）、《污水排入城镇下水道水质标准》（GB/T 31962—2015）、《城镇污水处理厂污染物排放标准》（GB 18918—2002）、《室外给水设计标准》（GB 50013—2018）、《室外排水设计标准》（GB 50014—2021）、《环境工程设计文件编制指南》（HJ 2050—2015）、《水污染治理工程技术导则》（HJ 2015—2012）、《污水混凝与絮凝处理工程技术规范》（HJ 2006—2010）、《污水气浮处理工程技术规范》（HJ 2007—2010）、《水解酸化反应器污水处理工程技术规范》（HJ

2047—2015)、《升流式厌氧污泥床反应器污水处理工程技术规范》(HJ 2013—2012)、《厌氧颗粒污泥膨胀床反应器废水处理工程技术规范》(HJ 2023—2012)、《厌氧-缺氧-好氧活性污泥法污水处理工程技术规范》(HJ 576—2010)、《氧化沟活性污泥法污水处理工程技术规范》(HJ 578—2010)、《序批式活性污泥法污水处理工程技术规范》(HJ 577—2010)、《生物接触氧化法污水处理工程技术规范》(HJ 2009—2011)、《生物滤池法污水处理工程技术规范》(HJ 2014—2012)、《人工湿地污水处理工程技术规范》(HJ 2005—2010)、《污水自然处理工程技术规程》(CJJ/T 54—2017)、《污水混凝与絮凝处理工程技术规范》(HJ 2006—2010)、《化学合成类制药工业水污染物排放标准》(GB 21904—2008)、《化学工业污水处理与回用设计规范》(GB 50684—2011)、《发酵类制药工业废水治理工程技术规范》(HJ 2044—2014)、《含油污水处理工程技术规范》(HJ 580—2010)、《污水过滤处理工程技术规范》(HJ 2008—2010)、《芬顿氧化法废水处理工程技术规范》(HJ 1095—2020)、《城市污水再生利用 工业用水水质(征求意见稿)》(GB/T 19923—××××)、《城市污水再生利用 城市杂用水水质》(GB/T 18920—2020)、《城市污水再生利用 景观环境用水水质》(GB/T 18921—2019)、《城镇污水再生利用工程设计规范》(GB 50335—2016)、《农用污泥污染物控制标准》(GB 4284—2018)、《城镇污水处理厂污泥处置 土地改良用泥质》(GB/T 24600—2009)、《城镇污水处理厂污泥处置 单独焚烧用泥质》(GB/T 24602—2009)、《城镇污水处理厂污泥处置 制砖用泥质》(GB/T 25031—2010)、《城镇污水处理厂污泥处置 混合填埋用泥质》(GB/T 23485—2009)、《城镇污水处理厂污泥处理技术规程》(CJJ 131—2009)、《工业企业厂界环境噪声排放标准》(GB 12348—2008)、《恶臭污染物排放标准》(GB 14554—1993)、《泵站设计规范》(GB 50265—2010)、《混凝土结构设计规范(2015年版)》(GB 50010—2010)、《建筑地基基础设计规范》(GB 50007—2011)《现场设备、工业管道焊接工程施工规范》(GB 50236—2011)、《给水排水工程构筑物结构设计规范》(GB 50069—2002)、《给水排水工程管道结构设计规范》(GB 50332—2002)、《建筑给水排水设计标准》(GB 50015—2019)、《污水处理设备安全技术规范》(GB/T 28742—2012)、《建筑照明设计标准》(GB 50034—2013)等等。

二、基础资料

1. 社会经济发展资料

社会经济发展资料主要包括当地中长期社会经济发展规划、近期五年社会经济发展规划、上一个年度社会经济发展年鉴等有关当地社会经济发展目标、发展现状、发展规划的资料，尤其是与此相关的资源利用、行业发展、园区建设、管网建设、用水规划、污水处理厂建设、水污染治理等资料。

2. 自然条件资料

① 气象特征：包括气温(年平均、最高、最低)、湿度、降雨量、蒸发量、土壤冰冻情况以及风向资料。

② 水文资料：包括当地有关河流的水位(最高水位、平均水位与最低水位)、流速(各特征水位下的平均流速)、流量(平均流量、保证率为95%的水文年的最高月平均流量)资料。若城市位于海滨，则还需要潮汐及洋流资料。

③ 水文地质资料：包括地下水的资料，特别应注意地下水和地表水的相互补给情况和地下水利用情况。

④ 地质资料：包括废水处理厂厂址地区的地质钻孔柱状图、地基的承载能力、地下水位与地震资料。

⑤ 地形资料：包括废水处理厂及其附近 1∶5000 的地形图，厂址与排放口附近 1∶500 的地形图。

⑥ 其他自然条件资料：包括城镇周围有无能够利用的池塘、山谷、洼地、沼泽地与旧河道等废弃不能利用的土地等土地资料以及其他自然资源资料等。

第二节　设计步骤

城市污水处理厂的设计步骤可分为设计前期工作、初步扩大设计和施工图设计三个阶段。

一、设计前期工作

设计前期工作包括编制项目建议书、进行工程可行性研究。

1. 项目建议书

项目建议书是建设单位向政府相关部门提出要求建设某一污水处理厂的建设文件，是建设程序中最初步阶段的工作。项目建议书一般包括以下内容：

① 建设污水处理厂的必要性和依据。

② 建设污水处理厂的地点、规模，采用的技术标准、污水处理工艺和污泥处理工艺，工程投资估算和资金筹措的设想。

③ 如计划利用外资，则需说明利用外资的理由和可能性，以及偿还贷款能力的初步测算。

④ 项目建设进度设想和效益估算。

2. 可行性研究

污水处理厂可行性研究涉及城市发展、经济条件、社会效益和环境效益等各个方面的论证，需要对项目建设的必要性、经济合理性、技术可行性、实施可能性进行综合研究和论证，或对项目规模、选址、工艺运行、投资和效益等工程技术经济性问题进行科学论证和评价，以判断该项目是否可行，为立项决策提供科学依据。因此，可行性研究是一个多学科综合研究和决策的过程。可行性研究包括如下基本内容：

① 项目背景。

② 项目实施的意义和必要性。

③ 污水处理厂厂址选择与建厂条件。

④ 污水处理厂建设规模、排放标准、污水处理程度和尾水出路。

⑤ 污泥处理工艺方案选择与评价。

⑥ 推荐方案的工程设计，包括设计原则、设计工艺、建筑、结构、供电、仪表和自控、设备、辅助设施、新技术应用以及安全、卫生、环保、节能和消防等。

⑦ 项目实施计划和管理。

⑧ 工程投资估算、资金筹措、财务评价和工程效益分析。

⑨ 结论和建议。

⑩ 附图和附件。

二、初步扩大设计

初步扩大设计根据工程可行性研究报告批复文件进行。其主要任务是明确工程规模、设计原则和设计标准，深化可行性研究报告的推荐方案，解决主要工程技术问题，提出拆迁、征地范围和数量，以及工程建设主要材料、设备和工程概算。初步扩大设计应满足主要设备订货、工程招标以及工程施工准备的要求。

初步扩大设计文件应包括：设计说明书、设计图纸、主要工程数量、主要材料与设备的数量和规格、工程概算。

设计说明书应包含设计依据、工程相关批复文件和协议资料、工程设计的相关资料、工程设计（包括厂址选择、污水水质水量及其处理程度、工艺流程选择、构筑物及其设备数量和型号、处理污水和污泥的出路、厂区辅助设施和道路建设、绿化设计、平面布置和高程布置、分期建设情况、存在的问题及其解决措施）。

初步扩大设计图纸包括总平面图、高程图、处理构筑物图等。

工程量包括混凝土量、挖土方量和填土方量等。

材料与设备的数量和规格包括工程施工所需的钢材、木材和水泥的规格、数量，工程所需各种设备的规格、数量。

工程概算包括直接费（含土建费、设备及其安装费、电气与自动化控制费、实验室建设费）、间接费、第二部分费、工程预备费（或第三部分费）、总投资、单位水处理成本费（含动力费、药剂费、污泥处置费、人工费、福利、折旧提成费、检修维护费、管理费、水综合利用费等）。

三、施工图设计

施工图设计是在初步扩大设计被批准后进行的。其主要任务是将污水处理厂各处理构筑物平面位置和高程精确地表示在图纸上，将各构筑物各个节点的构造、尺寸都用图纸表现出来，以利于施工人员按照图纸精确施工。

施工设计说明包括设计依据、有关初步设计变更情况的说明、采用新技术和新材料的说明、施工安装注意事项及质量验收要求、设备调试与运行管理注意事项等。同时，应提供详尽的材料、设备及其预算情况。

施工设计图纸包括：平面布置图（含构筑物一览表、工程量表、图例及说明）、污水和污泥工艺流程图、各处理构筑物工艺施工图、管渠平面布置及其结构示意图、附属构筑物和建筑物的布置图和结构图、设备安装与自动控制图、照明和通风等电气控制图等。对于非标准设备还要有设计图和加工安装说明等。

第三节 城市（镇）污水处理厂设计

一、厂址选择

污水处理厂厂址选择应根据受纳水体功能区划、水资源情况、城市（镇）总体规划、排水系统布置、污水出路和自然条件等情况确定。厂址选择一般需考虑以下原则：

① 要与污水处理工艺相适应，要便于污泥的处理处置，并尽可能不占、少占农田。

② 必须位于集中给水水源的下游，并位于城市（镇）和工厂厂区夏季主导风向的下风向，距离城市（镇）、工厂厂区、居民点300m以上。

③ 当处理尾水排放入水体时，应尽可能靠近水体。若尾水回用，则尽可能靠近用户。

④ 要充分利用地形，选择适宜坡度与高程布置，减少土方工程量和某些构筑物的埋深，减少污水和污泥提升设备，并降低动力运行费用。

⑤ 科学规划远期发展，必要时应留有扩建的余地。

⑥ 厂址尽可能设在地质条件良好的地方。除采用稳定塘外，厂址不宜设在雨季易受水淹的低洼地带。靠近水体的污水处理厂，要有防洪措施。

二、工艺流程选择

污水处理系统工艺流程系指在保证处理出水达到所要求处理程度的前提下所采用的污水处理技术各单元的有机组合，包括污水处理工艺流程、污泥处理工艺、除磷剂投加位置以及除磷剂选择等。污水处理工艺流程选择与污水水量、污水水质、污水处理程度、受纳水体环境容量与自净能力、尾水出路以及当地社会经济条件等密切相关。

污水处理厂设计应根据进水水量和水质、尾水排放标准、城市（镇）排水系统，进行城市（镇）生活污水处理程度计算和BOD_5/COD_{Cr}、$BOD_5:N:P$计算，并结合城市（镇）社会经济现状、用地情况、接纳水体环境容量、城市水资源现状以及当地人才、技术条件等综合考虑；同时，根据水量确定水处理构筑物的池形（包括曝气池、二沉池等）及其相关设备型号（如提升泵房）；结合污水处理工艺及其污泥量、污泥性质等选用符合污泥处置规范及当地实际的污泥处理工艺；根据除磷需求设计除磷剂添加位置、进行除磷剂选择；对出水进行消毒，对尾水考虑资源化利用等。由于污泥处理费用一般占污水处理厂运行费用的50%及以上，处理成本高，且具有二次污染的隐患，设计中必须对污泥处理工艺选择给予充分重视。选择合适的污水处理工艺，不仅可以保证出水水质，降低工程投资，利于运行管理，还能够降低运行费用，因而工艺流程论证选择成为污水处理厂设计的关键。

影响污（废）水处理工艺流程选择的主要因素有：

① 污（废）水的水质和水量。水质是工艺流程选择的重要影响因素，而水量对构筑物选型有很大影响。水质包括污染物浓度、可生化性、$BOD_5:N:P$、BOD/TN、BOD/TP、SS、重金属、油类、抗生素以及有毒有害组分、水温等；水量包括总量及其排放规律。

② 排放标准与污水处理程度。排放标准与污（废）水处理的去除率密切相关，不仅影响工艺流程的选择，也对工艺技术参数有重要影响，如硝化反硝化脱氮工艺的内回流，是否深度处理，等等。

③ 工程造价和运行维护费用。由于污水处理设施运行周期较长，社会经济条件好的地区或城市比较重视工艺的先进性和自动化程度，以便设施能够长期高效、正常运行，工艺选择具有超前性，因而基建投资规模偏高；但社会经济条件较差的地区或城镇，更多地要求在确保稳定性的前提下节省工程投资、降低运行费用。

④ 运行管理与自动化控制要求。仪器设备及其自动化程度不仅影响运行管理，也对技术人员素质和工程投资等产生很大影响，进行工艺选择时必须兼顾技术经济的合理性和工艺运维的可操作性。

⑤ 污泥处理工艺。污泥处理是污水处理工艺选择的重要组成部分。污泥处理工艺选择不仅涉及环境保护与日常的运行管理，还直接影响到工程投资、运行费用。

⑥ 气候气象条件、用地与选址、排放水体与洪水位、排水体制等。合流制排水体制涉及初期雨水的处理，因此需要设计初沉池（旱季跳过）；如果排放水体洪水位高于二沉池出水水位，需要在出水口设立提升泵站；排放水体水量小，排放尾水占水体水量的比例会较高，从而影响水体的稀释能力和自净能力。

因此，工艺流程选择必须综合考虑上述因素，并结合当地社会经济条件，因地制宜选择污水处理工艺流程及其构筑物，使之经济合理、技术可行、环境安全、运行稳定、操作便利。

三、工艺流程选择的工程案例

【例 13-1】 某污水处理厂位于某工业城市，合流制排水系统，设计水量 $20\times10^4 m^3/d$，设计处理进、出水水质见表 13-1，污水含有重金属，尾水排入城市取水口下游，排放执行《城镇污水处理厂污染物排放标准》(GB 18918—2002) 一级 B 标准。河流年平均流量为 $1260m^3/s$，最枯月流量 $164m^3/s$，洪水位会高于污水处理厂排放口高程。试选择适宜工艺流程。

表 13-1 污水处理厂设计进、出水水质

单位（除 pH 值及处理程度外）：mg/L

项 目	pH 值	SS	BOD_5	COD_{Cr}	NH_3-N	TP
进水水质	6～8	160	120	300	25(33.3)①	4.0
出水水质	6～9	≤20	≤20	≤60	≤8	≤1
处理程度		87.5%	83.3%	80%	68%	75%

① 括号中为 TN 含量。

【解】 (1) 污水处理程度计算

污水处理厂工艺流程选择首先需要进行污水处理程度计算，然后根据设计进水水质、处理程度要求、用地面积和工程规模等多因素综合考虑。从本工程案例看，要求的处理程度高（见表 13-1），对 SS、BOD_5、COD_{Cr}、NH_3-N、TP 去除率的要求分别达到 87.5%、83.3%、80%、68%和 75%以上；BOD_5 : N : P=100 : 27.8 : 3.3，氮和磷明显高出微生物所需要的 BOD_5 : N : P=100 : 5 : 1 的比例要求，需要进行脱氮除磷处理。

(2) 采用生物脱氮除磷工艺的可行性分析

污水生物脱氮除磷可行性评价指标主要有 BOD_5/COD_{Cr}、BOD_5/TN 和 BOD_5/TP。

BOD_5/COD_{Cr} 是评价污水可生化性广泛采用的一种最为简易的方法，BOD_5/COD_{Cr} 越大，说明污水可生化性越好。本设计进水水质 $BOD_5/COD_{Cr}=0.4$，可生化性好，适宜生物处理。

BOD_5/TN 是评价能否采用生物脱氮的主要指标。在没有外来碳源条件下，污水中必须有足够的碳源才能保证反硝化的顺利进行，当城市污水 $BOD_5/TN\geqslant4$ 时，即可认为污水有足够的碳源供反硝化细菌利用。本设计进水 BOD_5/TN=3.6，接近要求。

BOD_5/TP 是评价工艺能否采用生物除磷的主要指标，较高的 BOD_5 负荷可以取得较好的除磷效果。进行生物除磷的下限是 BOD_5/TP=17，且有机质成分对除磷也有影响。小分子有机物利于诱导聚磷菌释放磷，有机物浓度越高，聚磷菌在厌氧池释磷越充分，其在好氧池的摄取量也越大。本工程 BOD_5/TP=30，能满足生物除磷工艺要求。

据以上分析，本设计可以采用生物法对污水进行脱氮除磷处理。

由于本设计排水体制为合流制，需设初沉池。合流制污水初沉池一般按旱季污水量计算，按合流设计流量校核，校核的沉淀时间≥30min。沉淀池停留时间对污染物的去除率及BOD_5/TN和BOD_5/TP的影响见表13-2，由于进水水质浓度低，初沉池停留时间越长，BOD_5/TN和BOD_5/TP值下降越多，对生物脱氮除磷越不利。因此本设计只能按较短沉淀时间设计，旱季时污水不经过初沉池，以确保工艺生物脱氮除磷效果。

表13-2　沉淀池停留时间对污染物去除率及BOD_5/TN和BOD_5/TP的影响

项目	水力停留时间			项目	水力停留时间		
	0.5～1.0h	1.0～1.5h	＞1.5h		0.5～1.0h	1.0～1.5h	＞1.5h
BOD_5去除率	16.7%	25.0%	33.0%	TP去除率	8.0%	8.0%	8.0%
COD_{Cr}去除率	16.7%	25.0%	33.0%	BOD_5/TN	3.0	2.7	2.4
SS去除率	42.9%	50.0%	57.1%	BOD_5/TP	25.0	22.5	20.1
TN去除率	9.1%	9.1%	9.1%				

(3) 污水生物脱氮除磷工艺选择

生物脱氮除磷工艺包含厌氧、缺氧、好氧三个环节。按照活性污泥附着方式又分为悬浮型活性污泥法和固着型生物膜法两大类。目前，悬浮型活性污泥法污水处理工艺主要有氧化沟、A^2/O、CASS三种常见工艺及MSBR改良工艺；固着型生物膜法工艺主要有生物接触氧化与生物滤池工艺。其中氧化沟（适于中型）、A^2/O（适于大中小型）、CASS（适于小型）三种常见工艺技术较为成熟，运行效果较好，在我国城镇污水处理厂中广泛应用；生物接触氧化工艺在小型、微型城镇污水处理厂，生物滤池在中小型污水处理厂深度处理中广泛应用。

A^2/O法为空间上的推流式活性污泥系统，原污水首先进入厌氧区，兼性厌氧菌将废水中可生物降解的大分子有机物转化为挥发性脂肪酸（VFA）类小分子有机物。在厌氧条件下，聚磷菌将菌体内积贮的聚磷酸盐（ATP）分解，所释放的能量供专性好氧的聚磷菌在厌氧的不利环境下维持生存，剩余能量用于聚磷菌主动吸收环境中的VFA类小分子有机物，并以PHB形式在菌体内贮存起来。随后废水进入缺氧区，反硝化细菌利用缺氧区中混合液回流带来的硝酸盐，以及废水中可生物降解有机物进行反硝化，达到同时去碳和脱氮的目的。厌氧区和缺氧区设有搅拌混合器，以防止污泥沉积。随后废水进入好氧区，聚磷菌分解体内贮积的PHB，放出能量供自身生长繁殖以及大量吸收周围环境中的溶解磷，并以聚磷酸盐的形式在体内贮积起来。同时，异养菌将有机物分解成水和二氧化碳。随着有机物经厌氧区、缺氧区以及好氧区被聚磷菌、反硝化细菌以及异养菌不断利用，有机物浓度逐步降低，从而利于自氧型硝化细菌（亚硝化细菌和硝化细菌）生长繁殖，把氨氮转化为亚硝酸盐和硝酸盐，并通过回流混合液在反硝化区实现生物脱氮。好氧池混合液进入二沉池后泥水分离，通过排放含有过量积贮聚磷盐的聚磷菌或剩余污泥实现除磷目的。由于硝化细菌和聚磷菌的世代显著不同，彼此泥龄难以兼顾。泥龄长，硝化和反硝化效果加强，生物脱氮效果好；泥龄短，系统排泥量大，生物除磷效果好。生物脱氮和生物除磷难以兼顾，实际工艺运行中需要根据脱氮除磷要求科学选择工艺技术参数，提高脱氮或除磷效果。当二者处理程度均要求较高时，一般优先保证生物脱氮效果，除磷通过化学法实现。本设计中对脱氮要求很高，因此工艺参数要选择较长泥龄，以确保生物脱氮效果，工艺处理后超标的磷则通过投加化学除磷剂去除。

前置厌氧-氧化沟法工作原理与 A^2/O 法完全相同，只是缺氧区和好氧区整合在一个环形的沟道中。氧化沟法的突出优点是可硝化液回流比高，能达到较高的脱氮率。

CASS 工艺与 A^2/O 法类似，适于小型规模，间歇运行，好氧池兼作二沉池，依靠滗水器出水。由于沉淀没有二沉池过水断面流速变化，污泥絮凝沉降与泥水分离效果较二沉池差。此外，各构筑物的单位面积水力负荷明显低于连续运行工艺。

上述三种工艺各有特点，其方案技术比较见表 13-3，从国内现有污水处理厂的运行看，彼此的运行成本差距不大。前置厌氧-氧化沟工艺处理效果好，出水水质稳定，技术先进、成熟，运转可靠性和灵活性高，国内有一定应用实例，且操作、管理及维护相对简单。A^2/O 工艺方案技术虽然同样具有处理效率好，出水水质稳定，技术先进、成熟，国内应用广泛等特点，且占地面积小，能耗低，但该工艺流程较为复杂，设备较多，操作管理较麻烦，运转灵活性不如前置厌氧-氧化沟工艺。综合上述技术和经济两方面的比较，本设计推荐采用前置厌氧-氧化沟工艺。

表 13-3 方案技术比较表

项目	A^2/O 法	前置厌氧-氧化沟法	CASS 工艺
适用规模	大中小型	中小型	小型
处理效果	好	好	好
技术先进性和成熟性	先进、成熟、应用较广	先进、成熟、运用广泛	先进、成熟、运用广泛
能耗	低	高	较高
构筑物数量	多	少	少
工艺流程	较复杂	简单	一般
操作、管理及维护	较复杂	简单	复杂
占地面积	较少	较大	较少
设备数量	较多	较少	一般

(4) 污泥处理工艺选择

污水处理产生的污泥含水率与有机物含量高，不稳定，易腐化，含有大量病毒及寄生虫，若不经妥善处理和处置将造成二次污染，必须进行必要的污泥处理和处置。

污泥处理需根据污水处理工艺、污泥量、污泥性质，结合当地自然环境及处置条件选用符合实际的污泥处理工艺，并根据污泥处置途径选择适宜的污泥脱水方法。

本设计污水处理污泥含有重金属，但泥质污染物位于其限值之内，可以进行填埋、焚烧处置。填埋处置具有使用范围较广，技术、工艺、设备较简单，运行管理较方便等优点，特别是与城市生活垃圾一起处置更是一种比较经济可靠的处理方式。污泥处理处置一般流程为“浓缩—脱水—处置”“浓缩—消化—脱水—处置”。由于本设计污水处理工艺采用生物脱氮除磷工艺，泥龄较长，污泥性质较为稳定，可不进行消化，加之本污水处理厂规模中等，污泥处理处置拟采用“浓缩—脱水—外运填埋”流程。根据《城镇污水处理厂污泥处置 混合填埋用泥质》(GB/T 23485—2009) 要求，污泥与生活垃圾混合填埋时的含水率要求＜60%，故需要高压板框对污泥二次脱水。

污泥浓缩分为重力浓缩法和机械浓缩法两类，具体比较见表 13-4。从表中可以看出，机械浓缩的优势较为明显。本工程污泥浓缩处理工艺推荐采用机械浓缩方案。脱水以机械脱水为主。故本工程拟采用机械浓缩与机械脱水。

表 13-4　污泥浓缩方法比较

浓缩方法	机械浓缩	重力浓缩
主要构筑物	污泥贮泥池、浓缩机房	污泥浓缩池、污泥贮泥池
主要设备	污泥浓缩机、加药设备、搅拌机	浓缩池刮泥机、贮泥池搅拌机
占地面积	小	大
絮凝剂	有	无
对环境影响	对周围环境影响小	气味难闻,对周围环境影响大
总土建费用	小	大
总设备费用	一般	较低
剩余污泥中磷的释放	低	高
浓缩后含水率	低	高
运行费用	高	低

目前污泥机械浓缩设备以浓缩脱水一体机和污泥浓缩脱水分体机最为流行，二者比较见表 13-5。根据比较结果，结合本设计脱氮除磷要求，为减少磷的释放，污泥浓缩脱水拟采用浓缩脱水一体机方案。

表 13-5　污泥浓缩脱水一体机和污泥浓缩脱水分体机比较

项目	污泥浓缩脱水一体机	污泥浓缩脱水分体机
设备台套数	较少	较多
设备费用	较少	较多
污泥脱水设备匹配性	较好	一般
污泥浓缩脱水中间过渡设施	无	有
污泥脱水机房土建尺寸	较小	较大
土建投资	小	较大
磷的释放	较少	较多

（5）消毒技术方案

生活污水中的病原菌主要来自粪便，以肠道传染病菌为主。消毒作用主要是杀死绝大多数病原微生物，防止传染病传播。常用的消毒方式有加氯、臭氧和紫外线消毒三种。

加氯消毒采用投加液氯，特点是成本低、工艺成熟、效果稳定可靠。但加氯法一般要求≥30min 的接触时间，接触池容积较大；氯气是剧毒危险品，存储氯气的钢瓶属高压容器，有潜在威胁，需要按安全规定修建氯库和加氯间；由于液氯消毒会生成有害有机氯化物，采用液氯消毒只能是应急措施，在疫病流行时使用。

臭氧消毒杀菌彻底可靠，危险性较小，对环境基本无副作用，接触时间比加氯法短。但基建投资大，运行成本高。目前，一般只用于游泳池水和饮用水的消毒。

紫外线消毒法是近年来发展最快的一种方法。紫外线消毒是利用紫外 C 波段（波长在 200～280nm）破坏污水中各种病毒、细菌以及其他病原体中的 DNA 结构（键断裂等），使其无法自身繁殖，达到除去水中病原体以及消毒的目的，特别是 253.7nm 波长的紫外线，对大肠杆菌的杀灭效果最好。紫外线消毒的主要优点是灭菌效率高、作用时间短、危险性小、无二次污染等，并且消毒时间短，不需建造较大的接触池，建消毒渠即可，占地面积和土建费用大大减少，运行费用较低，管理维修简单（自动清洗）。缺点是一次性设备投资较高，灯管寿命较短（一般小于10000h），对出水SS浓度有严格要求（要求二沉池采用双堰出水），要防止低水位时紫外线带来的辐射。

基于工程投资和运行成本两个方面考虑，本设计推荐采用紫外线消毒法。

(6) 化学除磷工艺及除磷剂选择

根据生物除磷原理，要使污水处理厂出水磷<1mg/L，采用生物脱氮除磷工艺稳定达标有一定的难度，需要进行化学辅助除磷。化学除磷按除磷剂投加位置分为前置除磷（位于生物单元之前，为一级强化处理）、后置除磷（位于生物单元之后，为三级处理）、协同除磷（位于生物单元内，与生物协同作用）。由于本设计初沉池旱季时并不运转，仅存在采用协同除磷和后置除磷的可能性。化学后置除磷需要增加后续反应池和三级沉淀（过滤）池，投资明显增加，工艺过程复杂。采用协同除磷可以将除磷剂投加到氧化沟中，而不需要增加额外的构筑物。因此本设计拟采用协同除磷方案。

化学除磷常用药剂有十二水硫酸铝钾（明矾）、硫酸亚铁、聚合氯化铝（PAC）和聚合硫酸铁。形成的沉淀产物分别为磷酸铁和磷酸铝。磷酸铁沉淀物最低溶解度对应的pH值为5.5，磷酸铝沉淀物最低溶解度对应的pH值为6.5，而污水pH值一般在6～9，较适宜铝盐。另外，铁盐腐蚀性强，处理出水色度较高，聚铁对悬浮物的去除效果较差，且硫酸亚铁需在曝气池投加，才能发挥絮凝沉淀作用。因此设计选择聚合氯化铝作为化学除磷药剂。

基于上述分析，得本设计污水处理工艺流程（图13-1）。

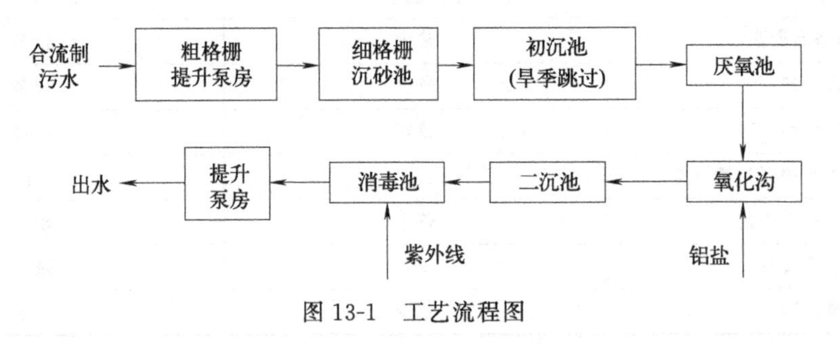

图13-1 工艺流程图

第四节 平面布置与高程布置

一、平面布置

污水处理厂平面布置是指厂内各构筑物、附属设施相对位置的平面空间设计，包括主体构筑物、附属构筑物、管渠等各种管线、道路和绿化等。其中主体构筑物有曝气池、厌氧池、缺氧池、二沉池、污泥浓缩池、预处理设施、提升泵房、污泥回流泵房等；附属构筑物有办公楼、机修车间、化验室、仓库等；各种管渠、管线有污水管渠、污泥管、给水管、空气管、雨水管、消化气管、蒸汽管以及输电线等。

污水处理厂平面布置的合理与否直接影响污水处理厂的高程布置、运维管理、用地面积等。为使平面设计趋于合理，污水处理厂平面布置一般要求遵循下列原则：

① 平面布置必须按照《室外排水设计标准》的相应条款进行设计。

② 污水处理厂总体布置应根据各构筑物的功能要求和水力要求，结合地形和地质条件、

风力与朝向综合考虑，污水处理构筑物、污泥处理构筑物以及生活、管理设施宜分区集中布置。污水处理厂平面布置类似在米字格中书写汉字：多组污水处理设施按左右结构或左中右结构并联布置（水损相同、配水相同），单组污水处理设施宜按上中下结构布置管理区、污水处理区、泥水分离与污泥处置区，中控室和值班室应尽量布置在能够便于观察各处理设施运行情况的位置，各构筑物及其之间管渠力求直通、便捷，其他各种附属设施类似汉字的偏旁部首就近布置在两侧（图 13-2）。

图 13-2 某正在建设的污水处理厂

③ 当分期建设时，应根据规划对远期做出合理安排或预留前述布局的左侧或右侧列，同时注意不同期次的建设规模、进出水管渠、供气等各方面的匹配衔接。

④ 为便于施工、运行管理和检修，各构筑物之间必须留有 5～10m 的间距；消化池与消化气罐等特殊构筑物的间距应按相应规范确定。

⑤ 合理布置超越管（渠），以便在事故检修时，污水能超越后续构筑物或直接排放水体；各并联运行的构筑物间应设置配水井；各处理构筑物宜设置放空管；对于曝气池和间歇污泥浓缩池，需设置放水管。

⑥ 布置配套的雨水管道系统、供水供电系统、道路与消防设施，并使厂区绿化面积不小于全厂总面积的 30%。

二、高程布置

高程布置的主要任务是确定各处理构筑物及其管渠的顶部标高、水面标高，以及确定水泵提升扬程，使污水和污泥管渠通畅，降低水损，节能降耗。

高程布置直接影响污水处理厂的工程造价、运行费用、维护管理和运行操作等。为节能降耗，尽可能使污水与污泥在各构筑物间按重力流动或减少提升次数（污水处理厂尽可能采用一次提升），必须精确计算各构筑物的水头损失，避免不必要的跌水。在做初步设计时，各处理构筑物的水头损失（包括进出水管渠的水头损失）可参照规范给定范围估算，但管渠、闸阀的水头损失或沿程水损与局部水损计算应根据其过水断面尺寸及流速进行详细计算。

污水处理厂高程布置应注意下列事项：

① 选择距离最长、水头损失最大流程进行水头损失计算，并适当留有余地。

② 以最大流量作为构筑物与管渠的设计流量。涉及远期流量的管渠与设备，按远期最大流量考虑。

③ 以受纳水体最高水位作为起点，逆处理流程倒推计算水损，确保洪水季节能够自流排出。如果洪水位高出相应设计高度，应在污水处理厂排放口前设置提升泵站；如果水体最高水位明显低于排水口高程，可在排入口前设跌水井。

④ 回流污泥与剩余污泥也采取一次提升设计。

现以某污水处理厂为例（图 13-3），说明污水处理厂高程计算过程。

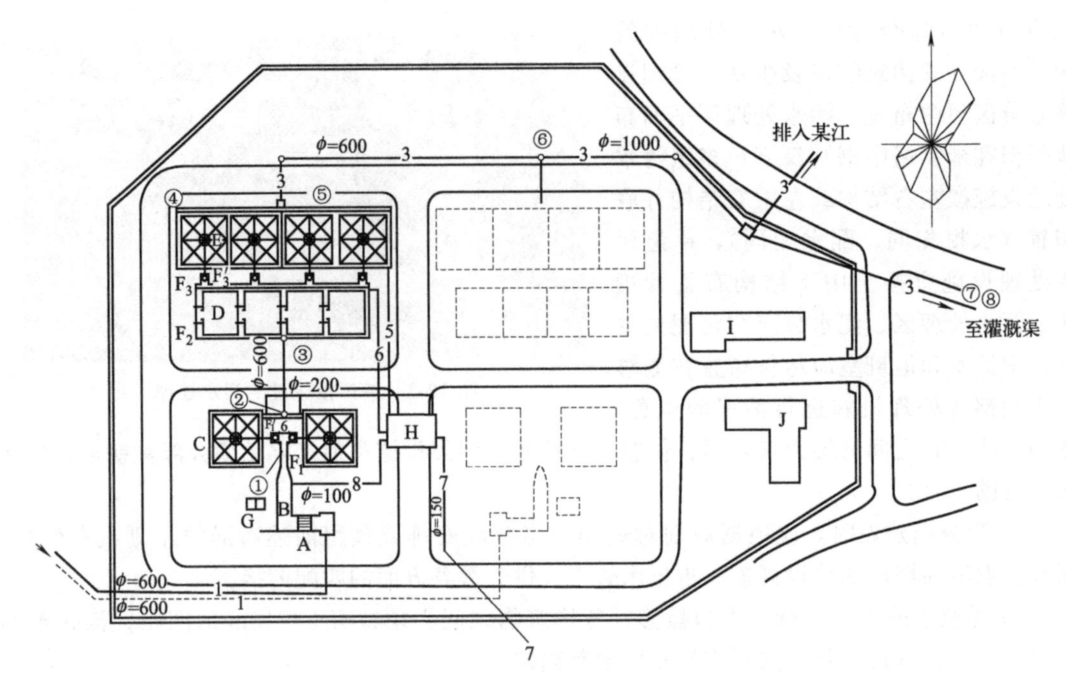

图 13-3 某污水处理厂总平面布置图

A—格栅；B—沉砂池；C—初沉池；D—生化池；E—二沉池；F—渣水分离器；G—污泥池；
H—鼓风机房；I—综合楼 1；J—综合楼 2

已知：该污水处理厂分二期建设，设计流量近期 Q_{max} 300L/s，远期 Q_{max} 600L/s，处理尾水排入灌渠（管渠底部标高 49.25m），污水处理厂地面标高 50.0m。

各处理构筑物连接管渠的水力计算见表 13-6。

表 13-6 处理构筑物之间连接管渠的水力计算

设计点编号	管渠名称	设计流量/(L/s)	管渠设计参数					
			尺寸：D/mm 或 $B\times H$/(m×m)	$\frac{h}{D}$	水深 h/m	坡度 i	流速 v/(m/s)	长度 L/m
⑧~⑦	出厂管入灌溉渠	600	1000	0.8	0.8			
⑦~⑥	出厂管	600	1000	0.8	0.8	0.001	1.01	390
⑥~⑤	出厂管	300	600	0.75	0.45	0.0035	1.37	100
⑤~④	沉淀池出水总渠	150	0.6×1.0		0.35~0.25[④]			28
④~E	沉淀池集水槽	75/2	0.30×0.53[③]		0.38[③]			28
E~F_3'	沉淀池入流管	150[①]	450			0.0028	0.94	10
F_3'~F_3	计量堰	150						
F_3~D	曝气池出水总渠 曝气池集水槽	600 150	0.84×1.0 0.6×0.55		0.64~0.42 0.26[⑤]			48
D~F_2	计量堰	300						
F_2~③	往曝气池配水渠	300[②]	0.84×0.85		0.62~0.54			
③~②	往曝气池配水渠	300	600			0.0024	1.07	27
②~C	沉淀池出水总渠 沉淀池集水槽	150 150/2	0.6×1.0 0.35×0.53		0.35~0.25 0.44			5 28
C×F_1'	沉淀池入流管	150	450			0.0028	0.94	11

续表

设计点编号	管渠名称	设计流量/(L/s)	管渠设计参数					
			尺寸：D/mm 或 $B\times H$/(m×m)	$\frac{h}{D}$	水深 h/m	坡度 i	流速 v/(m/s)	长度 L/m
F_1'～F_1	计量堰	150						
F_1～①	沉淀池配水渠	150	0.8×1.5		0.48～0.46			3

① 包括回流污泥量在内。

② 按最不利条件，即推流式运行时，污水集中从一端入池计算。

③ $B=0.9\times\left(1.2\times\frac{0.075}{2}\right)^{0.4}=0.27$ (m)，取 0.3m；$h_0=1.25\times0.3=0.38$ (m)。

④ 出口处水深：$h_k=\sqrt[3]{\frac{(0.15\times1.5)^2}{9.8\times0.6^2}}=0.25$ (m)（1.5 为安全系数），起端水深可按巴克梅切夫的水力指数公式用试算法确定，得 $h_0=0.35$m。

⑤ 曝气池集水槽采用潜孔出流，此处 h 为孔口至槽底高度。

高程计算如下：

位置	水损计算	水位高程 m
灌渠（点⑧）水位		49.25
排放口水位（点⑦）	跌水　0.8m	50.05
窨井（点⑥）后水位	沿程水损　0.001×390=0.39 (m)	50.44
窨井（点⑥）前水位	管顶平接，两端水位差 0.05m	50.49
二沉池出水水位	沿程水损　0.0035×100=0.35 (m)	50.84
二沉池出水总渠起端水位	沿程水损　0.1m	50.94
二沉池池中水位	集水槽前端水深　0.38m	
	自由跌水　0.10m	
	堰上水头　0.02m	51.44
曝气池出水堰后水位	沿程水损　0.0028×10=0.03 (m)	
	局部水损　$6.0\times0.94^2/(2g)=0.28$(m)	51.75
曝气池出水堰前水深	堰上水头　0.26m	
	自由跌水　0.15m	52.16
曝气池出水渠起端水位	沿程水损　0.22m	52.38
曝气池池中水位	集水槽槽中水位　0.26m	52.64
曝气池进水口前水位	堰上水头 0.38m　自由跌落 0.20m	53.22
曝气池进水管渠（点③）水位	沿程水损 0.08m　局部水损 0.14m	53.44
初沉池出水井（点②）水位	沿程水损 0.07m　局部水损 0.15m	53.66
初沉池池中水位	出水渠沿程水损　0.10m	
	集水槽起端水深　0.44m	
	自由跌水　0.10m	
	堰上水头　0.03m	54.33
沉砂池集水槽后水位	沿程水损 0.04m　局部水损 0.28m	54.65
沉砂池集水槽前水位	堰上水头 0.30m　自由跌水 0.15m	55.10
沉砂池起端水位	沿程水损 0.10m　局部水损 0.05m	
	沉砂池池中水头损失 0.12m	55.37
格栅栅前水位	过栅水损　0.15m	55.52
	总水头损失	6.27m

根据计算结果，绘制污水处理流程高程布置图（图 13-4）。

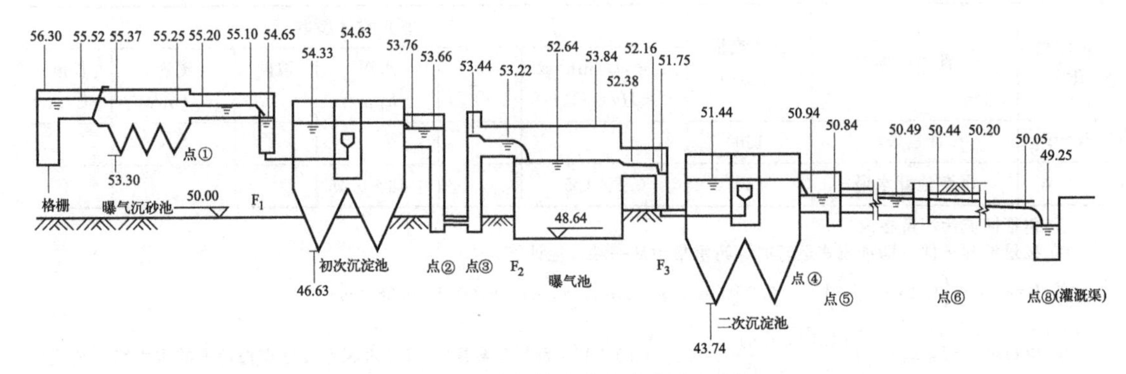

图 13-4 污水处理流程高程布置图

第五节 技术经济性分析

建设项目的技术经济性分析是工程设计的有机组成部分和重要内容，是项目和方案决策的重要依据。技术经济性分析是通过对项目多个方案的投入费用和产出效益进行计算，对拟建项目的经济可行性和合理性进行论证分析，对推荐方案做出全面的技术经济评价，为项目的决策提供依据。城市（镇）污水处理工程对城市（镇）的排水管理、水资源利用、水环境保护等都有重要影响。因此，除需计算项目的直接费用、间接费用外，还应评估项目的社会、环境与经济等综合效益。

一、技术经济性分析的主要内容

① 工艺技术性比较：包括处理工艺的技术先进性与可靠性、工艺运行的稳定性与可操作管理性、工艺及其各单元处理效果、出水水质、污泥处理处置、占地面积等。

② 工程经济性比较：包括工程总投资、运行管理费用（处理成本、折旧与大修费、管理费用等）和水处理成本（能耗药耗、污泥处理费用）。

在进行技术经济性分析时，一个方案的技术经济性指标全部优于另一个方案的可能性较小，故设计时应结合实际情况，因地制宜做出科学的、全面的综合性比较，为工艺方案选择提供准确的依据。

二、建设投资与经营管理费用

（1）基本建设投资

基本建设投资（又称工程投资）指项目从筹建、设计、施工、试运行到正式运行所需的全部资金，分为工程投资估算、工程建设设计概算和施工图预算三种。工程可行性研究阶段采用工程投资估算，初步设计阶段为概算，施工图设计阶段为预算。

基本建设投资由工程建设费用、其他基本建设费用、工程预备费、设备材料价差预备费和建设期利息组成。在估算和概算阶段常称工程建设费用为第一部分费用，其他基本建设费用为第二部分费用。按时间因素，基本建设投资又可分为静态投资和动态投资。静态投资指第一部分费用、第二部分费用和工程预备费。动态投资指包括设备材料价差预备费和建设期利息的全部费用。

第一部分费用（工程建设费用）由建筑工程费用、设备购置费用、安装工程费用、工器具及生产用具购置费组成。第二部分费用（其他基本建设费用）指根据规定应列入投资的费用，包括土地、青苗等补偿和安置费，建设单位管理费，试验研究费，培训费，试运转费，勘察设计费，等等。

（2）经营管理费用

经营管理费用项目包括能源消耗费（动力费）、药剂费、工资福利费、折旧提存费、检修维护费、其他费用（包括行政管理费、辅助材料费等）。

① 动力费 E_1（元/a）

$$E_1=\frac{365\times24\times Pd}{K} \tag{13-1}$$

式中　P——处理系统内水泵、风机和其他机电设备的功率总和（不包括备用设备），kW；

d——电费单价，元/(kW·h)；

K——水量总变化系数。

② 药剂费 E_2（元/a）

$$E_2=365\times10^{-6}Q\Sigma(A_iB_i) \tag{13-2}$$

式中　Q——平均日处理水量，m^3/d；

A_i——i 种化学药剂平均投加量，mg/L；

B_i——i 种化学药剂单价，元/t。

③ 工资福利费 E_3（元/a）

$$E_3=AM \tag{13-3}$$

式中　A——职工每人每年平均工资及福利费，元/(人·a)；

M——职工定员，人。

④ 折旧提存费 E_4（元/a）

$$E_4=Sk \tag{13-4}$$

式中　S——固定资产总值，元/a，S＝工程总投资×固定资产投资形成率，固定资产投资形成率一般取 90%～95%；

k——综合折旧提存率（包括基本折旧及大修折旧），一般取 4.5%～7.0%。

⑤ 检修维护费 E_5（元/a）

检修维护费一般按固定资产总值的 1%提取，受腐蚀较严重的构筑物和设备，应视实际情况予以调整。

$$E_5=S\times1\% \tag{13-5}$$

⑥ 其他费用 E_6（包括行政管理费、辅助材料费等，元/a）

$$E_6=(E_1+E_2+E_3+E_4+E_5)\times10\% \tag{13-6}$$

⑦ 单位水处理成本 T（元/m^3）

$$T=\frac{\Sigma E_i}{365Q}=\frac{E_1+E_2+E_3+E_4+E_5+E_6}{365Q}$$

式中　Q——平均日处理水量，m^3/d。

三、经济比较与分析方法

建设工程经济分析有指标对比法和经济评价法。对于大中型基本建设项目和重要的基本建设项目，应按经济评价法进行评价；对于小型项目可按指标对比法进行比较。

① 指标对比法：指标对比法是对各个设计方案的相应指标进行逐项比较，通过全面分析比较各指标，可以为方案推荐提供重要的经济分析依据。

基建投资和经营管理费用是主要指标，应先予以对比。对比时，若某方案的建设投资与年经营费用两项主要指标均为最小，一般情况下此方案从经济分析的角度可以推荐。但在对比时，常常出现主要指标数值互有大小的情况，采用逐项对比法会有一定困难。这时需采用辅助指标，如占地、材料、关键设备或进口技术等能否解决进行比较确定。

② 经济评价法：经济评价是在可行性研究过程中，采用现代分析方法对拟建项目计算期（包括建设期和生产使用期）内投入产出诸多经济因素进行调查、预测、研究、计算和论证，遴选推荐方案，作为项目决策的重要依据。

我国现行的项目经济评价分为两个层次，即财务评价和国民经济评价。财务评价是在国家现行财税制度和价格的条件下，从企业财务角度分析、预测项目的费用和效益，考查项目的获利能力、清偿能力和外汇效果等财务状况，以评价项目在财务上的可行性。国民经济评价是从国家、社会的角度考查项目，分析计算项目需要国家付出的代价和对国家与社会的贡献，以判别项目的经济合理性。一般情况下，城市基础设施建设应以国民经济评价结论作为项目取舍的主要依据。

四、社会与环境效益评估

污水处理工程社会与环境效益评估的主要内容包括：拟建污水处理厂对城市（镇）的社会、经济发展和人民生活水平提高带来的重要影响；污染物总量削减和水环境质量改善情况，及其对农业和水产养殖业等的产量与质量等方面的积极影响；环境改善对城市（镇）旅游业开发、景观改善等的有利影响。

第六节 工业废水处理站设计

工业废水处理站设计与污水处理厂设计基本相似，不同的是：

① 工业废水处理站建设为企业行为，其设计报批的过程没有污水处理厂设计这么复杂和烦琐，一般通过厂方决定、报相应建设管理部门和环保部门立项审批通过即可。

② 工业废水处理站多靠近工业企业建设，其设计需要根据工业企业具体情况和发展考虑。很多企业为节省占地，往往将废水处理站立体化建设。

③ 工业行业产业类型众多，工业废水成分较生活污水成分复杂，许多行业废水中均含有酸碱、重金属、油类、抗生素、难降解有机物、色度，因而物化处理较为常见。

④ 工业废水水量大多较小、污染物浓度较高，水量、水质波动大，因而废水处理构筑物与生活污水处理有一定差异，如进水管渠较小，格栅窄（多自制），要设水质或水量调节池，二沉池多为竖流式沉淀池，固液分离设施除沉淀池外还有气浮池，等等。

工业废水处理站设计的关键在于选择合适的处理工艺及其构筑物。工艺选择在于生化和物化技术的优化组合，选择先物化后生化工艺还是先生化后物化工艺。若废水可生化性较好，水量大，宜生化在前，物化在后；若可生化性较好，但水量很小，宜先物化，后生化；若可生化性很差，或者含有一定浓度的有毒有害物质，如重金属、石油类、难降解有机物、抗生素等，宜物化在先，生化在后。

以电子行业为例，某芯片加工企业生产废水包括酸碱废水、染料废水、含磷废水、含氟废水、TMAH 废水（含四甲基氢氧化铵 $C_4H_{13}NO$）、Stripper 废水（含丙二醇甲醚乙酸酯、5-氨基四唑等）、有机废水（含乙二醇、丙二醇、乙酸丁酯、丙酸乙酯等）、杂排废水（见表 13-7），废水水质成分十分复杂。但仔细研究可以发现该生产废水可以分成三大类：酸碱废水、含氟含磷无机废水、含染料含醇酯类含难降解有机物的有机废水。由于一般电子元器件、芯片制造企业往往规模较大，废水水量较大，因此该类废水处理以先物化、后生化的处理方法为主。

表 13-7　废水处理系统设计进水参数　　单位：mg/L

序号	种类	pH 值	COD	BOD_5	TP	NH_4^+	TN	F^-	SS
1	酸碱废水	1～12	35	—	0.7	0.5	1	4	45
2	染料废水	12～13	2600	500	0.1	20	200	0.1	—
3	含磷处理废水	1～3	650	—	850	15	30	0.3	—
4	含氟处理废水	1～5	15	—	—	80	—	500	300
5	TMAH 废水	11～13	2000	400	10	20	180	—	200
6	Stripper 废水	9～13	2800	—	15	70	400	1.5	—
7	有机废水	7～10	1000	—	1.1	20	100	0.38	100
8	杂排废水	6～9	50	—	10	1	40	—	450

酸碱废水首先进入单独的酸碱废水调节池，进行水量、水质调节。后经过水泵提升至中和池，进行酸碱中和，调节 pH 值至 6～9 后排放至监测排放池。

含磷、含氟废水先在第一级反应段投加石灰，在第二级反应段投加 $CaCl_2$、PAC 及 PAM，经两级反应沉淀去除废水中绝大部分磷酸盐与氟离子，出水达标排放，沉淀污泥排至浓缩池。

含染料、TMAH、Stripper、醇酯四类有机废水分别调节水质、水量后由水泵提升至中和反应沉淀池进行混合反应沉淀，在反应池投加 PAC 及 PAM，去除水中部分 SS 以及难降解有机物，沉淀污泥提升至污泥浓缩池，出水自流进水解酸化池，提高废水可生化性后再流入 A/O 池，经过两级缺氧/好氧段去除大部分 COD 以及 TN 后，出水进入二沉池，泥水分离后，污水自流至监测排放池，达标后排放。

生产废水处理工艺流程图见图 13-5。

【例 13-2】 某印染厂邻近某市河流，年产值 2000 万元以上，主要织物有麻、棉和化纤，使用染料有硫化染料、分散染料和直接染料，排放废水有退浆废水、煮炼废水、漂白废水、丝光废水、染整废水等。该印染厂生产废水水量 $3000m^3/d$，水质见表 13-8，出水执行《纺织染整工业水污染物排放标准》（GB 4287—2012）直接排放标准，处理出水就近排入河流。试设计适宜工艺流程。

表 13-8　某印染厂生产废水水质

项目	COD_{Cr}/(mg/L)	BOD_5/(mg/L)	SS/(mg/L)	色度/倍	pH 值
原水水质	900	275	250	300	6～9
出水水质	≤100	≤25	≤60	70	6～9

【解】 根据进出水水质计算，COD_{Cr}、BOD_5、SS、色度去除率要求分别达到 88.9%、

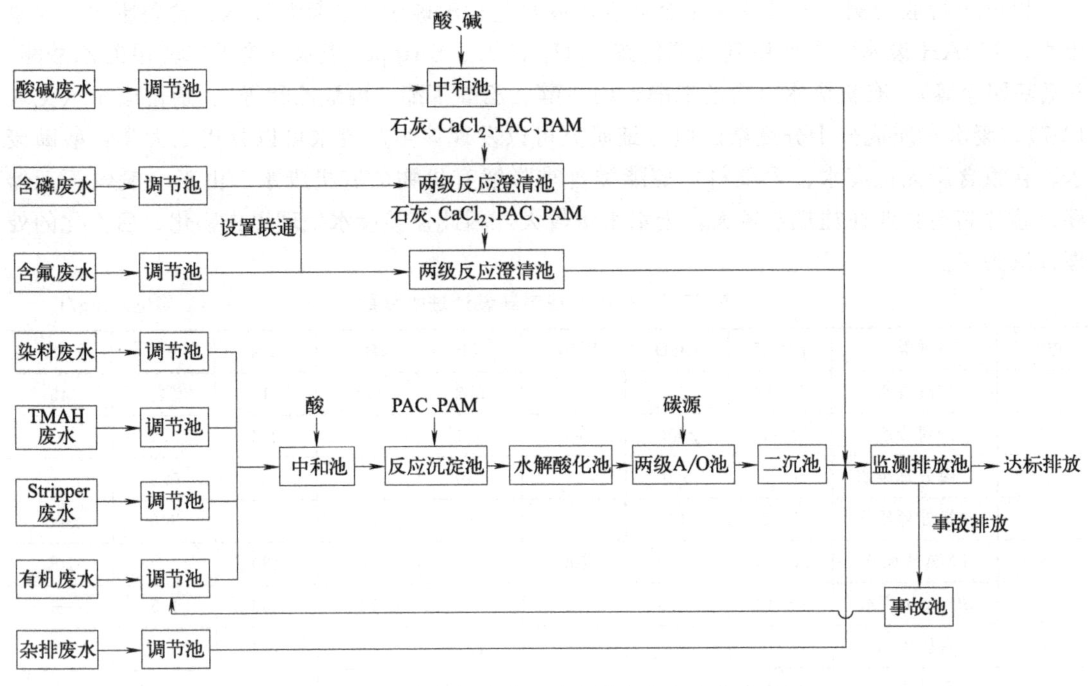

图 13-5 某芯片加工企业生产废水处理工艺流程图

90.9%、76%、76.67%，进水 pH 值不用调节。废水各项指标处理程度一般。

对于印染废水处理，目前常见工艺有先物化后生化和先生化后物化两类工艺。常见的物化工艺有混凝沉淀和混凝气浮；成熟的生化工艺有生物接触氧化。由于水量与 SS 一般，有机污染物浓度较高，可生化性较好，加之厂区用地困难、色度去除相对困难，该废水宜采用先生化后物化工艺进行处理。

废水首先进入调节池调节水量、水质，后进入生化处理环节。

水解酸化主要用于降解废水中的难降解有机物，提高废水的可生化性，使之利于后续好氧处理工艺。生物接触氧化利用固着在填料上的生物膜吸附与氧化废水中的有机物，在池内形成液、气、固三相共存体系，利于氧的转移和底物的传质，提高氧的利用率和生物净化效果，改善出水水质。

生化处理出水进入混凝气浮池。混凝剂先与生化处理出水混合、絮凝，再进入气浮池。气浮以微小气泡作为载体，黏附水中的絮凝颗粒，降低絮体颗粒密度，使其被气泡携带浮升至水面与水分离从而去除。具体工艺流程见图 13-6。

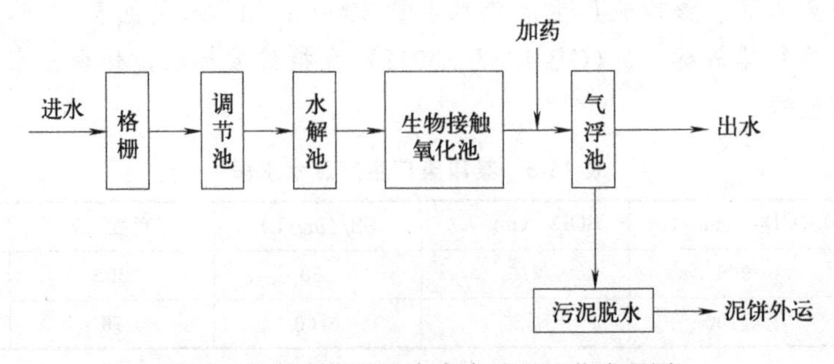

图 13-6 某印染厂生产废水处理工艺流程图

复习思考题

1. 某污水处理厂位于南方某工业城市，合流制排水系统，设计水量为 $20\times10^4m^3/d$，设计处理进、出水水质见表 13-9，污水含有部分重金属元素，尾水排入城市取水口下游，排放执行《城镇污水处理厂污染物排放标准》(GB 18918—2002) 一级 B 标准。河流年平均流量为 $1260m^3/s$，最枯月流量 $164m^3/s$，洪水位会低于污水处理厂排放口高程。试选择适宜工艺流程。

表 13-9　污水处理厂设计进、出水水质

项　目	pH 值	SS	BOD_5	COD_{Cr}	NH_3-N(TN)	TP
进水水质	6～8	160	120	300	25(33.3)	8.0
出水水质	6～9	≤20	≤20	≤60	≤8	≤1
处理程度		87.5%	83.3%	80%	68%	87.5%

注：除 pH 外，其他项目单位为 mg/L。

2. 上题水量、水质和排放标准均不变，将合流制排水系统改为分流制，试选择适宜工艺流程。

3. 将复习思考题 1 的设计水量改为 $1\times10^4m^3/d$，试选择适宜工艺流程。

4. 复习思考题 1 的设计水量和排放标准不变，水质氮和磷含量分别为 16mg/L、2mg/L，试选择适宜工艺流程。

5. 复习思考题 1 的设计水量和排放标准不变，水质氮和磷含量分别为 35mg/L、2mg/L，试选择适宜工艺流程。

6. 污水处理厂设计和工业废水处理站工艺流程选择中，应考虑哪些因素？

7. 污水处理厂高程设计中应注意哪些事项？

参考文献

[1] 成官文. 水污染控制工程 [M]. 北京：化学工业出版社，2009.

[2] 张忠祥，钱易，章非娟. 环境工程手册：水污染防治卷 [M]. 北京：高等教育出版社，1996.

[3] 高廷耀，顾国维，周琪. 水污染控制工程 [M]. 北京：高等教育出版社，2007.